U0387662

"十三五"国家重点图书出版规划项目

智能制造
系｜列｜丛｜书

数字孪生及车间实践

陶飞　戚庆林　张萌　程江峰　著

DIGITAL TWIN AND ITS
APPLICATION IN SHOP-FLOOR

清华大学出版社
北京

图书在版编目(CIP)数据

数字孪生及车间实践/陶飞等著. —北京:清华大学出版社,2021.10(2024.9重印)
(智能制造系列丛书)
ISBN 978-7-302-58918-1

Ⅰ. ①数… Ⅱ. ①陶… Ⅲ. ①智能制造系统 Ⅳ. ①TH166

中国版本图书馆 CIP 数据核字(2021)第 171771 号

责任编辑:刘 杨 冯 昕
封面设计:李召霞
责任校对:赵丽敏
责任印制:宋 林

出版发行:清华大学出版社
   网 址:https://www.tup.com.cn, https://www.wqxuetang.com
   地 址:北京清华大学学研大厦 A 座   **邮 编:**100084
   社 总 机:010-83470000   **邮 购:**010-62786544
   投稿与读者服务:010-62776969,c-service@tup.tsinghua.edu.cn
   质量反馈:010-62772015,zhiliang@tup.tsinghua.edu.cn
印 装 者:涿州市般润文化传播有限公司
经 销:全国新华书店
开 本:170mm×240mm **印 张:**23.75   **字 数:**476 千字
版 次:2021 年 11 月第 1 版   **印 次:**2024 年 9 月第 5 次印刷
定 价:79.00 元

产品编号:085194-01

智能制造系列丛书编委会名单

主　任：

　　周　济

副主任：

　　谭建荣　李培根

委　员（按姓氏笔画排序）：

王　雪	王飞跃	王立平	王建民
尤　政	尹周平	田　锋	史玉升
冯毅雄	朱海平	庄红权	刘　宏
刘志峰	刘洪伟	齐二石	江平宇
江志斌	李　晖	李伯虎	李德群
宋天虎	张　洁	张代理	张秋玲
张彦敏	陆大明	陈立平	陈吉红
陈超志	邵新宇	周华民	周彦东
郑　力	宗俊峰	赵　波	赵　罡
钟诗胜	袁　勇	高　亮	郭　楠
陶　飞	霍艳芳	戴　红	

丛书编委会办公室

主　任：

　　陈超志　张秋玲

成　员：

郭英玲	冯　昕	罗丹青	赵范心
权淑静	袁　琦	许　龙	钟永刚
刘　杨			

制造业是国民经济的主体,是立国之本、兴国之器、强国之基。习近平总书记在党的十九大报告中号召:"加快建设制造强国,加快发展先进制造业。"他指出:"要以智能制造为主攻方向推动产业技术变革和优化升级,推动制造业产业模式和企业形态根本性转变,以'鼎新'带动'革故',以增量带动存量,促进我国产业迈向全球价值链中高端。"

智能制造——制造业数字化、网络化、智能化,是我国制造业创新发展的主要抓手,是我国制造业转型升级的主要路径,是加快建设制造强国的主攻方向。

当前,新一轮工业革命方兴未艾,其根本动力在于新一轮科技革命。21世纪以来,互联网、云计算、大数据等新一代信息技术飞速发展。这些历史性的技术进步,集中汇聚在新一代人工智能技术的战略性突破,新一代人工智能已经成为新一轮科技革命的核心技术。

新一代人工智能技术与先进制造技术的深度融合,形成了新一代智能制造技术,成为新一轮工业革命的核心驱动力。新一代智能制造的突破和广泛应用将重塑制造业的技术体系、生产模式、产业形态,实现第四次工业革命。

新一轮科技革命和产业变革与我国加快转变经济发展方式形成历史性交汇,智能制造是一个关键的交汇点。中国制造业要抓住这个历史机遇,创新引领高质量发展,实现向世界产业链中高端的跨越发展。

智能制造是一个"大系统",贯穿于产品、制造、服务全生命周期的各个环节,由智能产品、智能生产及智能服务三大功能系统以及工业智联网和智能制造云两大支撑系统集合而成。其中,智能产品是主体,智能生产是主线,以智能服务为中心的产业模式变革是主题,工业智联网和智能制造云是支撑,系统集成将智能制造各功能系统和支撑系统集成为新一代智能制造系统。

智能制造是一个"大概念",是信息技术与制造技术的深度融合。从20世纪中叶到90年代中期,以计算、感知、通信和控制为主要特征的信息化催生了数字化制造;从90年代中期开始,以互联网为主要特征的信息化催生了"互联网+制造";当前,以新一代人工智能为主要特征的信息化开创了新一代智能制造的新阶段。

这就形成了智能制造的三种基本范式,即:数字化制造(digital manufacturing)——第一代智能制造;数字化网络化制造(smart manufacturing)——"互联网＋制造"或第二代智能制造,本质上是"互联网＋数字化制造";数字化网络化智能化制造(intelligent manufacturing)——新一代智能制造,本质上是"智能＋互联网＋数字化制造"。这三个基本范式次第展开又相互交织,体现了智能制造的"大概念"特征。

对中国而言,不必走西方发达国家顺序发展的老路,应发挥后发优势,采取三个基本范式"并行推进、融合发展"的技术路线。一方面,我们必须实事求是,因企制宜、循序渐进地推进企业的技术改造、智能升级,我国制造企业特别是广大中小企业还远远没有实现"数字化制造",必须扎扎实实完成数字化"补课",打好数字化基础;另一方面,我们必须坚持"创新引领",可直接利用互联网、大数据、人工智能等先进技术,"以高打低",走出一条并行推进智能制造的新路。企业是推进智能制造的主体,每个企业要根据自身实际,总体规划、分步实施、重点突破、全面推进,产学研协调创新,实现企业的技术改造、智能升级。

未来 20 年,我国智能制造的发展总体将分成两个阶段。第一阶段:到 2025年,"互联网＋制造"——数字化网络化制造在全国得到大规模推广应用;同时,新一代智能制造试点示范取得显著成果。第二阶段:到 2035 年,新一代智能制造在全国制造业实现大规模推广应用,实现中国制造业的智能升级。

推进智能制造,最根本的要靠"人",动员千军万马、组织精兵强将,必须以人为本。智能制造技术的教育和培训,已经成为推进智能制造的当务之急,也是实现智能制造的最重要的保证。

为推动我国智能制造人才培养,中国机械工程学会和清华大学出版社组织国内知名专家,经过三年的扎实工作,编著了"智能制造系列丛书"。这套丛书是编著者多年研究成果与工作经验的总结,具有很高的学术前瞻性与工程实践性。丛书主要面向从事智能制造的工程技术人员,亦可作为研究生或本科生的教材。

在智能制造急需人才的关键时刻,及时出版这样一套丛书具有重要意义,为推动我国智能制造发展作出了突出贡献。我们衷心感谢各位作者付出的心血和劳动,感谢编委会全体同志的不懈努力,感谢中国机械工程学会与清华大学出版社的精心策划和鼎力投入。

衷心希望这套丛书在工程实践中不断进步、更精更好,衷心希望广大读者喜欢这套丛书、支持这套丛书。

让我们大家共同努力,为实现建设制造强国的中国梦而奋斗。

周济

2019 年 3 月

技术进展之快,市场竞争之烈,大国较劲之剧,在今天这个时代体现得淋漓尽致。

世界各国都在积极采取行动,美国的"先进制造伙伴计划"、德国的"工业 4.0 战略计划"、英国的"工业 2050 战略"、法国的"新工业法国计划"、日本的"超智能社会 5.0 战略"、韩国的"制造业创新 3.0 计划",都将发展智能制造作为本国构建制造业竞争优势的关键举措。

中国自然不能成为这个时代的旁观者,我们无意较劲,只想通过合作竞争实现国家崛起。大国崛起离不开制造业的强大,所以中国希望建成制造强国、以制造而强国,实乃情理之中。制造强国战略之主攻方向和关键举措是智能制造,这一点已经成为中国政府、工业界和学术界的共识。

制造企业普遍面临着提高质量、增加效率、降低成本和敏捷适应广大用户不断增长的个性化消费需求,同时还需要应对进一步加大的资源、能源和环境等约束之挑战。然而,现有制造体系和制造水平已经难以满足高端化、个性化、智能化产品与服务的需求,制造业进一步发展所面临的瓶颈和困难迫切需要制造业的技术创新和智能升级。

作为先进信息技术与先进制造技术的深度融合,智能制造的理念和技术贯穿于产品设计、制造、服务等全生命周期的各个环节及相应系统,旨在不断提升企业的产品质量、效益、服务水平,减少资源消耗,推动制造业创新、绿色、协调、开放、共享发展。总之,面临新一轮工业革命,中国要以信息技术与制造业深度融合为主线,以智能制造为主攻方向,推进制造业的高质量发展。

尽管智能制造的大潮在中国滚滚而来,尽管政府、工业界和学术界都认识到智能制造的重要性,但是不得不承认,关注智能制造的大多数人(本人自然也在其中)对智能制造的认识还是片面的、肤浅的。政府勾画的蓝图虽气势磅礴、宏伟壮观,但仍有很多实施者感到无从下手;学者们高谈阔论的宏观理念或基本概念虽至关重要,但如何见诸实践,许多人依然不得要领;企业的实践者们侃侃而谈的多是当年制造业信息化时代的陈年酒酿,尽管依旧散发清香,却还是少了一点智能制造的气息。有些人看到"百万工业企业上云,实施百万工业 APP 培育工程"时劲头十足,可真准备大干一场的时候,又仿佛云里雾里。常常听学者们言,CPS(cyber-physical systems,信息物理系统)是工业 4.0 和智能制造的核心要素,CPS 万不能离开数字孪生体(digital twin)。可数字孪生体到底如何构建? 学者也好,工程师也好,少有人能够清晰道来。又如,大数据之重要性日渐为人们所知,可有了数据后,又如何分析? 如何从中提炼知识? 企业人士鲜有知其个中究竟的。至于关键词"智能",什么样的制造真正是"智能"制造? 未来制造将"智能"到何种程度? 解读纷纷,莫衷一是。我的一位老师,也是真正的智者,他说:"智能制造有几分能说清楚? 还有几分是糊里又糊涂。"

所以,今天中国散见的学者高论和专家见解还远不能满足智能制造相关的研究者和实践者们之所需。人们既需要微观的深刻认识,也需要宏观的系统把握;既需要实实在在的智能传感器、控制器,也需要看起来虚无缥缈的"云";既需要对理念和本质的体悟,也需要对可操作性的明晰;既需要互联的快捷,也需要互联的标准;既需要数据的通达,也需要数据的安全;既需要对未来的前瞻和追求,也需要对当下的实事求是……如此等等。满足多方位的需求,从多视角看智能制造,正是这套丛书的初衷。

为助力中国制造业高质量发展,推动我国走向新一代智能制造,中国机械工程学会和清华大学出版社组织国内知名的院士和专家编写了"智能制造系列丛书"。本丛书以智能制造为主线,考虑智能制造"新四基"[即"一硬"(自动控制和感知硬件)、"一软"(工业核心软件)、"一网"(工业互联网)、"一台"(工业云和智能服务平台)]的要求,由 30 个分册组成。除《智能制造:技术前沿与探索应用》《智能制造标准化》《智能制造实践》3 个分册外,其余包含了以下五大板块:智能制造模式、智能设计、智能传感与装备、智能制造使能技术以及智能制造管理技术。

本丛书编写者包括高校、工业界拔尖的带头人和奋战在一线的科研人员,有着丰富的智能制造相关技术的科研和实践经验。虽然每一位作者未必对智能制造有全面认识,但这个作者群体的知识对于试图全面认识智能制造或深刻理解某方面技术的人而言,无疑能有莫大的帮助。丛书面向从事智能制造工作的工程师、科研人员、教师和研究生,兼顾学术前瞻性和对企业的指导意义,既有对理论和方法的描述,也有实际应用案例。编写者经过反复研讨、修订和论证,终于完成了本丛书的编写工作。必须指出,这套丛书肯定不是完美的,或许完美本身就不存在,更何况智能制造大潮中学界和业界的急迫需求也不能等待对完美的寻求。当然,这也不能成为掩盖丛书存在缺陷的理由。我们深知,疏漏和错误在所难免,在这里也希望同行专家和读者对本丛书批评指正,不吝赐教。

在"智能制造系列丛书"编写的基础上,我们还开发了智能制造资源库及知识服务平台,该平台以用户需求为中心,以专业知识内容和互联网信息搜索查询为基础,为用户提供有用的信息和知识,打造智能制造领域"共创、共享、共赢"的学术生态圈和教育教学系统。

我非常荣幸为本丛书写序,更乐意向全国广大读者推荐这套丛书。相信这套丛书的出版能够促进中国制造业高质量发展,对中国的制造强国战略能有特别的意义。丛书编写过程中,我有幸认识了很多朋友,向他们学到很多东西,在此向他们表示衷心感谢。

需要特别指出,智能制造技术是不断发展的。因此,"智能制造系列丛书"今后还需要不断更新。衷心希望,此丛书的作者们及其他的智能制造研究者和实践者们贡献他们的才智,不断丰富这套丛书的内容,使其始终贴近智能制造实践的需求,始终跟随智能制造的发展趋势。

2019 年 3 月

当前,世界正处于百年未有之大变局,在变局和危机中,各行各业转型升级的需求十分迫切。数字化转型和智能化升级已经成为释放巨大发展动能的关键因素,也成了各国关于未来全球发展的共识。党的十九大提出了"加快建设制造强国,加快发展先进制造业,推动互联网、大数据、人工智能和实体经济深度融合"。2020年底召开的中央经济工作会议也指出:"要大力发展数字经济"。数字孪生契合了我国以信息技术为产业转型升级赋能的战略需求,成为应对百年未有之大变局的关键因素。数字孪生与各产业的深化融合能够有力推动各产业的数字化和智能化发展。数字孪生日趋成为各界研究热点,及众多企业业务布局的新方向,应用发展前景广阔。作为改变未来世界的热门技术之一,数字孪生正从概念阶段走向实际应用阶段,成了产业变革的强大助力。

基于更加精细、更加动态的模型和更丰富、更多源的数据驱动及虚实闭环交互,数字孪生为观察物理世界、认识物理世界、理解物理世界、控制物理世界、改造物理世界提供了一种有效手段。在制造领域,数字孪生逐渐成为了优化整个制造链和创新产品的重要手段,将改变整个产品的设计、开发、制造和服务过程,并在供应链优化、预测性运维、优化流程与控制等领域发挥重要作用,为实现智能制造提供了一种有效途径。

车间是制造活动的执行基础,数字孪生车间是数字孪生在制造中的典型应用。通过建立物理车间的多维、多层级、多领域精准模型,并结合大量车间孪生数据的分析,数字孪生车间可实现对车间当前状态的评估、对过去发生问题的诊断,以及对未来趋势的预测,并给予分析的结果,模拟各种可能性,提供更全面的决策支持,从而解决了车间智能生产过程中面临的"描述车间是什么""刻画车间正在做什么""预测车间将会发生什么"的问题。数字孪生车间通过在虚拟环境中对生产全过程进行仿真、优化及重构,能够有序、协调、可控、高效地生产出高质量的产品,从而最大限度地提高生产效率。

在本书中,作者系统性地回顾、分析和总结了数字孪生的起源、内涵、学术研究和企业应用现状。在此基础上提出了数字孪生五维模型,并基于数字孪生五维模型研究了数字孪生的理论技术体系、工具体系、标准体系以及数字孪生与新一代信息技术的关系。结合数字孪生的理论研究,提出了数字孪生车间的概念,并研究了数字孪生车间中设备故障预测与健康管理、生产过程参数选择决策方法、车间设备动态调度方法和物料准时配送方法,设计了原型系统,开展了案例研究。

本书总结了作者对数字孪生、数字孪生五维模型及数字孪生车间的研究。全书由3篇,共14章构成,各章内容自成体系,又在逻辑上前后呼应。第1篇包含3章,主要介绍了数字孪生的内涵及研究应用现状。第1章探讨了数字孪生的起源、概念,分析了知名学者、研究机构和企业对数字孪生的理解,总结了数字孪生的理想特征、应用价值和适用准则;第2章利用科学文献计量方法从学术论文、专利、标准、白皮书、学术会议、国内有关科技部门对数字孪生研究资助情况等多个角度综合分析了数字孪生的学术研究现状;第3章总结分析了数字孪生在航空航天、汽车、电力、船舶、医疗、城市、建筑、农业、轨道交通、油气、港口、煤矿、机床等15个领域以及世界著名企业(如西门子、ANSYS、达索、PTC、微软、空客等)的数字孪生应用实践。第2篇包含4章,主要阐述了数字孪生的理论研究。第4章阐述了数字孪生五维模型,并结合合作企业的实际应用需求,探索了数字孪生五维模型在卫星工程、船舶、车辆、复杂装备、医疗、智慧城市等10个领域的应用;第5章阐述了数字孪生与物联网、大数据、人工智能、5G等新IT的融合,以实现更好的数字孪生功能;第6章阐述了基于数字孪生五维模型的数字孪生理论方法和关键技术;第7章从五维角度总结数字孪生的工具体系。第3篇包含7章,重点介绍了数字孪生车间的相关研究。第8章介绍了数字孪生车间的提出背景,以及数字孪生车间的概念、运行机制、特点及关键技术;第9章阐述了数字孪生车间中设备的故障预测和健康管理方法及案例;第10章阐述了数字孪生车间生产过程参数选择决策方法及案例;第11章阐述了数字孪生车间设备动态调度方法及案例;第12章提出了数字孪生车间物料准时配送方法及案例;第13章和第14章分别介绍了数字孪生车间设备管控系统及数字孪生车间原型系统。

本书提出的相关理论和方法,如数字孪生五维模型、数字孪生理论技术、工具和标准体系、数字孪生车间设备预测和健康管理方法、物料准时配送方法等不仅适用于数字孪生车间的研究和实践,同样适用于数字孪生在城市、医疗、航空航天、船舶、汽车等领域的研究与应用。本书可作为机械、制造、计算机、自动化、管理、信息等相关学科的教师、研究生、本科生及研发技术人员的教材和参考书。由于作者水平有限,本书许多内容还有待进一步完善和深入研究,对于书中的疏漏和不足之处,诚望各位读者批评指正。

本书是在作者所在北京航空航天大学数字孪生研究组已有研究成果的基础上进行系统性的逻辑梳理、总结和扩展,并进一步提出了新的观点和见解。本书中对数字孪生发表论文的统计分析,数字孪生的理想特征,应用准则,应用价值,适用准则,五维模型及十大领域应用,模型构建准则,数字孪生的使能技术、工具体系和标准体系,数字孪生与 CPS、大数据及云雾边的关系,数字孪生车间概念及物料配送方法、数字孪生驱动的设备故障预测、参数选择决策和车间调度等部分内容曾发表在 *Nature*、《计 算 机 集 成 制 造 系 统*》、Journal of Manufacturing Systems*、*Engineering*、*IEEE Access*、*Procedia CIRP*、*CIRP Annals—Manufacturing Technology*、*IEEE Transaction on Industrial Informatics* 等期刊上。

本书内容主要是作者所在北京航空航天大学数字孪生研究组,自 2016 年至 2021 年间研究成果的梳理、总结和深入。在此,特别感谢北京航空航天大学数字孪生研究组成员张贺、刘蔚然、马昕、张连超、程颖、左颖、王尚刚、陈雷、肖斌,以及本书第一作者的其他博士生和硕士生对本书的宝贵贡献。自 2016 年以来,他们与陶飞教授一起参与了北京航空航天大学的数字孪生研究。感谢新加坡国立大学 Andrew Y. C. Nee 教授、瑞典皇家理工学院 Lihui Wang 教授、澳大利亚新南威尔士大学 Ang Liu 教授、法国巴黎萨克雷大学 Nabil Anwer 教授等对北京航空航天大学数字孪生研究工作及本书给予的帮助。

在第 2、6、7 章中,应特别感谢山东大学胡天亮教授、通用技术集团机床工程研究院有限公司黄祖广部长、北自所(北京)科技发展股份有限公司徐慧副总经理、北京卫星环境工程研究所易旺民博士等的贡献。感谢北京卫星环境工程研究所、中国机械工业第六设计研究院有限公司为本书案例研究提供相关素材支撑。

感谢所有参加 2017 年至 2021 年 5 届数字孪生与智能制造服务会议的参与者。他们帮助推动和发展了数字孪生在中国制造业中的研究和应用。

本书的部分内容得到了来自中国的以下研究项目的资助:国家重点研发计划(2020YFB1708400)、国家自然科学基金(NSFC)(52005024,52005026)、香江学者计划(G-YZ3N)。

作者非常感谢清华大学出版社张秋玲编辑、刘杨编辑及其他同志的支持。

最后,衷心感谢作者的家人一直以来的爱与鼓励。

作　者

2021 年 8 月

Contents | **目录**

第 3 章　数字孪生工业应用

第 2 篇　数字孪生理论技术体系

第 4 章　数字孪生五维模型及理论思考　　　107

第 5 章　新一代信息技术使能数字孪生　　　141

第11章　数字孪生车间设备动态调度方法与技术　　258

第12章　数字孪生车间物料准时配送方法与技术　　278

第13章 数字孪生车间设备管控系统设计与开发 317

第14章 数字孪生车间原型系统与应用案例 341

第1篇

第1篇

数字孪生内涵及研究应用概况

第 1 章

数字孪生起源及内涵

当前,世界正处于百年未有之大变局,在变局和危机中,各行各业转型升级的需求十分迫切。数字化转型和智能化升级已经成为释放巨大发展动能的关键因素,也成了各国关于未来全球发展的共识。以制造业为例,美、德、英、法等纷纷提出了各自的国家制造发展战略,"制造强国"也成为了我国的重点发展战略,其中最基础的技术驱动因素就是数字化和智能化。数字孪生是以多维模型和融合数据为驱动,通过实时连接、映射、分析、交互来刻画、仿真、预测、优化和控制物理世界,使物理系统的全要素、全过程、全价值链达到最大限度的优化。数字孪生与各产业的深化融合能够有力推动各产业数字化、网络化、智能化发展进程,成为了产业变革的强大助力[1]。数字孪生契合了我国以信息技术为产业转型升级赋能的战略需求,成为了应对当前百年未有之大变局的关键因素。数字孪生日趋成为各界研究热点,应用发展前景广阔。本章将从数字孪生的起源、内涵、特征、应用价值和适用准则等几方面介绍数字孪生。

1.1 哪里来:数字孪生的起源

模型是数字孪生的核心要素,而从模型到数字孪生经历了从物理的"实物模型"到数字化展示的"数字化模型"再到物理对象与虚拟模型交互共生的数字孪生的技术发展过程。笔者团队 2021 年在《计算机集成制造系统》期刊上发表的《数字孪生模型构建理论及应用》文章中分析了从模型到数字孪生的过程[2]。

模型是生产制造活动中的重要要素,在不同历史阶段和不同技术背景下,呈现出不同形式,发挥了不同作用。人类从青铜时代就开始借助"模型"制造青铜器。例如我国在商周时代铸造青铜器采用的"块范法"和"失蜡法"即是以模型为基础的。"块范法"和"失蜡法"首先选用陶、木、竹、骨、石、蜡等材料制成青铜器的"实物模型",然后再在该模型的基础上做成铸型,通过向型腔内浇铸铜液,凝固冷却后得到青铜铸器。类似地,清朝负责皇室建筑(如宫殿、皇陵、园林等)的"样式雷"家族利用建筑的"烫样"(即"实物模型")将设计方案变成立体的微缩景观,从而提前了解建筑效果,进而指导实际建造。这些在实际建筑动工之前按 1∶100 或 1∶200 的比例先制作的"烫样"不仅在外观上展示了建筑的样貌,还体现了建筑的台基、瓦顶、柱枋、门窗等详细内部结构。此外,实际物理对象的"实物模型"除了能辅助生产制造外,还能替代其原型的部分功能。例如,著名的秦始皇陵兵马俑就是代替了活人为秦始皇陪葬。为真实再现秦军士兵精神面貌,这些兵俑被工匠们用高超技艺表现得十分逼真,脸型、眼睛、表情、年龄等各不相同又活灵活现。另外,三国时代诸葛亮为给蜀汉 10 万大军运输粮食而发明的运输工具"木牛流马"具备了真实牛马的功能和作用,从而代替了真实的牛马进行粮食运输[2]。

上述"实物模型"可实现对应的物理对象或功能的复制,但这类模型存在一定程度的时空局限。如在时间尺度上,实物模型主要以静态再现外观或结构为主,不能充分表现物理对象随时间的变化特性;在空间尺度上,针对大场景的物理对象(如整座城市、整个园区)、内部结构复杂的物理对象(如发动机),这类实物模型难以完整刻画。随着计算机、信息、网络通信等技术的成熟和普及使用,人们可以利用数字化技术突破时空局限,建立物理对象的"数字化模型",从而解决上述问题。如利用计算机图形学技术、虚拟现实及增强现实技术已实现了在虚拟世界中创建数字化圆明园(即圆明园的数字化模型),从而再现了圆明园的历史原貌。另外,采用全息影像技术,复活已故歌手在舞台上的演唱表演,观众不仅可以看到和歌手外貌一样的数字化虚拟歌手,还可以听到一模一样的歌声,实现了对已故人物的虚拟复活[2]。

无论是上述辅助制造和进行部分功能替代的"实物模型",还是进行数字化展示的"数字化模型",对物理对象在多维多时空尺度上的刻画还不够;此外其工作或运行过程都相对独立,缺乏与对应物理对象的动态交互。随着新一代信息技术的进一步发展和深入落地应用,人们日益提升的工业和生活实际需求对模型提出了能够与物理对象进行交互的要求。同时,人们还想知道物理世界不同尺度的时空有什么、正在发生什么、未来会发生什么,从而预测可能出现的问题并制定相应的措施。数字孪生在此背景下应运而生,并引起了深刻的产业变革。物理实体及其对应的虚拟模型、数据、连接和服务是数字孪生的核心组成部分。通过多维虚拟模型和融合数据双驱动,以及物理对象和虚拟模型的交互,数字孪生能够描述物理对象的多维属性,刻画物理对象的实际行为和实时状态,分析物理对象的未来发展趋势,从而实现对物理对象的监控、仿真、预测、优化等实际功能服务和应用需求,甚至在一定程度达到物理对象与虚拟模型的共生[2]。

如图 1.1 所示,数字孪生可追溯至美国密歇根大学的 Michael Grieves 教授 2002年在其产品生命周期管理(product lifecycle management,PLM)课程上提出的"与物理产品等价的虚拟数字表达"(a virtual, digital equivalent to a physical product)的概念[3]。虽然受限于数据采集技术、数字化描述技术、计算机性能和算法不够成熟,Michael Grieves 教授所提出的早期概念在当时并未受到广泛关注,也没有被称为数字孪生,但却具备了数字孪生的基本组成要素,因此可以被认为是数字孪生的雏形。

如图 1.1 所示,2010 年,"数字孪生"由美国国家航空航天局(NASA)首次书面提出并得到了进一步发展[4]。NASA 在 "Modeling, simulation, information technology & processing roadmap"一文中详细说明了对于航天器数字孪生的概念

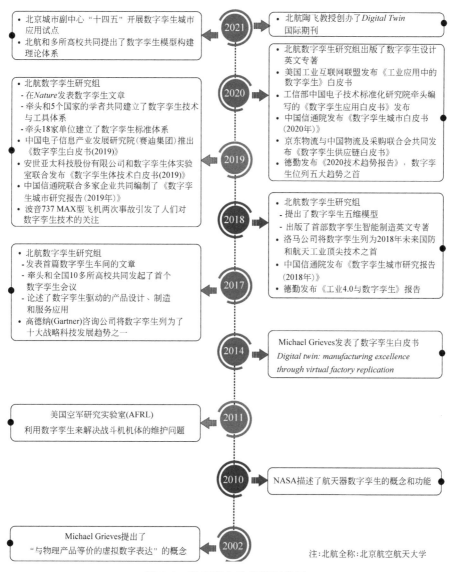

- 北京城市副中心"十四五"开展数字孪生城市应用试点
- 北航和多所高校共同提出了数字孪生模型构建理论体系

2021

- 北航陶飞教授创办了 *Digital Twin* 国际期刊

- 北航数字孪生研究组出版了《数字孪生设计英文专著
- 美国工业互联网联盟发布《工业应用中的数字孪生》白皮书
- 工信部中国电子技术标准化研究院牵头编写的《数字孪生应用白皮书》发布
- 中国信通院发布《数字孪生城市白皮书(2020年)》
- 京东物流与中国物流与采购联合会共同发布《数字孪生供应链白皮书》
- 德勤发布《2020技术趋势报告》,数字孪生位列五大趋势之首

2020

- 北航数字孪生研究组
  - 在 *Nature* 发表数字孪生文章
  - 牵头和5个国家的学者共同建立了数字孪生技术与工具体系
  - 牵头18家单位建立了数字孪生标准体系
- 中国电子信息产业发展研究院(赛迪集团)推出《数字孪生白皮书(2019)》
- 安世亚太科技股份有限公司和数字孪生体实验室联合发布《数字孪生体技术白皮书(2019)》
- 中国信通院联合多家企业共同编制了《数字孪生城市研究报告(2019年)》
- 波音737 MAX型飞机两次事故引发了人们对数字孪生技术的关注

2019

2018

- 北航数字孪生研究组
  - 提出了数字孪生五维模型
  - 出版了首部数字孪生智能制造英文专著
- 洛马公司将数字孪生列为2018年未来国防和航天工业顶尖技术之首
- 中国信通院发布《数字孪生城市研究报告(2018年)》
- 德勤发布《工业4.0与数字孪生》报告

- 北航数字孪生研究组
  - 发表首篇数字孪生车间的文章
  - 牵头和全国10多所高校共同发起了首个数字孪生会议
  - 论述了数字孪生驱动的产品设计、制造和服务应用
- 高德纳(Gartner)咨询公司将数字孪生列为了十大战略科技发展趋势之一

2017

2014

Michael Grieves发表了数字孪生白皮书
Digital twin: manufacturing excellence through virtual factory replication

美国空军研究实验室(AFRL)利用数字孪生来解决战斗机机体的维护问题

2011

2010

NASA描述了航天器数字孪生的概念和功能

Michael Grieves提出了"与物理产品等价的虚拟数字表达"的概念

2002

注:北航全称:北京航空航天大学

图 1.1　数字孪生的起源与发展

和功能。该路线图的草案最早在 2010 年就已出现并传播,但正式版直到 2012 年才发表[5]。与此同时,2011 年,美国空军研究实验室(Air Force Research Laboratory,AFRL)在一次演讲中也明确提到了数字孪生,AFRL 希望利用数字孪生来解决战斗机机体(airframe)的维护问题。2012 年,NASA 和 AFRL 合作共同提出了未来飞行器的数字孪生体范例[6],以应对面对未来飞行器高负载、轻质量以及极端环境下服役更长时间的需求。

如图 1.1 所示,2014 年 Michael Grieves 教授发表了关于数字孪生的白皮书,根据该白皮书,数字孪生的基本概念模型包括 3 个主要部分:实体空间中的物理产品；虚拟空间中的虚拟产品；将虚拟产品和物理产品联系在一起的数据和信息的连接[7]。Gartner 连续 3 年将数字孪生列为 2017—2019 年间具有战略价值的十大技术趋势之一[8-9]。数字孪生日益受到了学术界和工业界的广泛关注。同时，如图 1.2 所示，笔者团队在 2017 年提出了数字孪生车间的概念，设计了数字孪生

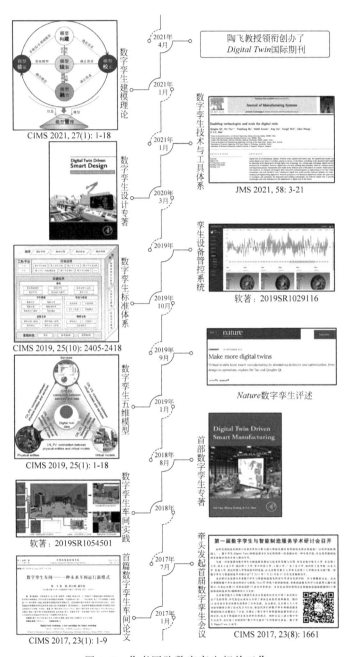

图 1.2　作者团队数字孪生相关工作

车间的运行机制,讨论了数字孪生车间的特点以及关键技术,为数字孪生在制造中的应用提供了理论支持[10]。之后,为了促进数字孪生在更多领域的进一步应用,作者团队扩展了三维数字孪生模型,提出了数字孪生五维模型[11]。为推动数字孪生理念和技术进一步落地推广应用,作者团队研究并建立了数字孪生建模准则和理论体系[2]、数字孪生技术和工具体系[12],以及数字孪生标准体系[13],指导了数字孪生国际标准制定并立项,并受邀在 *Nature* 发表数字孪生评述文章[1]。此外,作者团队的相关工作总结形成了数字孪生在设计、制造和服务中的系列英文专著,其中关注设计的 *Digital Twin Driven Smart Design*,和关注智能制造的 *Digital Twin Driven Smart Manufacturing* 已出版,关注服务的 *Digital Twin Driven Service* 截至 2020 年 12 月 31 日已完成初稿,并将于 2021 年出版。2021 年 3 月北航陶飞教授与 Taylor & Francis 集团合作创办了 *Digital Twin* 国际期刊,该期刊目标是刊发数字孪生及其在制造、工业工程、城市、医疗、船舶等领域的研究进展和应用,该期刊是数字孪生方面的国际综合类期刊。

1.2　是什么:数字孪生的概念

2017 年以来,数字孪生的研究和应用越来越热。在学术界,数字孪生的研究论文每年呈指数级增长,全世界各主要国家的高校和科研机构几乎都有学者关注和研究数字孪生,并取得了很多研究成果和进展[14]。在工业界,各大工业软件的巨头,如西门子公司、PTC 公司、达索公司等,以及知名实业公司,如空客集团、波音公司、特斯拉公司等都在积极实践数字孪生[12]。虽然数字孪生得到了业界广泛关注和研究,但其概念和内涵上却并没有一个统一的定义。随着数字孪生研究和实践的不断推进,人们赋予数字孪生各种定义。

Michael Grieves 教授等人在 2017 年发表的"*Digital Twin:Mitigating Unpredictable,Undesirable Emergent Behavior in Complex Systems*"一文中称:其最早在 2002 年的 PLM 课程上提出的 PLM 的概念模型已具有了数字孪生的所有元素,即真实空间、虚拟空间、从真实空间到虚拟空间的数据流链接、从虚拟空间到真实空间和虚拟子空间的信息流链接[3]。并进一步定义了数字孪生[3]:"数字孪生(DT)是一组虚拟信息结构,可从微观原子级别到宏观几何级别全面描述潜在的或实际的物理制成品。在最佳状态下,可以通过数字孪生获得任何物理制成品的信息。"同时,Michael Grieves 教授将数字孪生可以解决的问题分成了两类:一是可预测的行为(predicted behavior);二是不可预测的行为(unpredicted behavior)。随后又进一步将行为分为期望值(desirable)和非期望值(undesirable)。从而得到 4 类结果(如图 1.3 所示):①预计得到的期望结果;②预计得到的非期望结果;③未预料到的期望结果;④未预料到的非期望结果[3]。Michael Grieves 对数字孪生的定义过于笼统,没有具体的描述和解释。直到 2010 年 NASA 发布了关于航天器的数字孪生的详细定义："数字孪生是充分利用物理模型、传感器更新、运行历史等数据，集成多学科、多尺度、多物理量、多概率的仿真过程，从而虚拟空间反映相对应的实体装备的全生命周期过程。"[5]

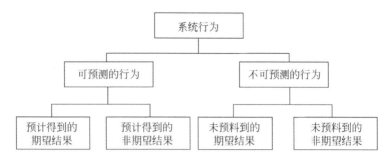

图 1.3　系统行为分类[3]

不同科研机构、企业和学者也提出了自己对数字孪生的理解，表 1.1 是知名学者或研究机构对数字孪生的理解，表 1.2 是各企业对数字孪生的理解。

表 1.1　知名学者或研究机构对数字孪生的理解或定义

知名学者/ 研究机构	对数字孪生的理解或定义	角度
Michael Grieves	数字孪生(DT)是一组虚拟信息结构，可从微观原子级别到宏观几何级别全面描述潜在的或实际的物理制成品。在最佳状态下，可以通过数字孪生获得任何物理制成品的信息。数字孪生有两种类型：数字孪生原型（digital twin prototype）和数字孪生实例（digital twin instance）。数字孪生在数字孪生环境（digital twin environment）中运行[3]。数字孪生包括 3 个主要部分：实体空间中的物理产品；虚拟空间中的虚拟产品；将虚拟产品和物理产品联系在一起的数据和信息的连接[7]。	通用
赵沁平院士	数字孪生通过数据通道将物理对象和虚拟对象的运行状态数据及时互通，实现物理对象运行状态的监测、预测、控制和虚拟对象的演化与进化。数字孪生将网络的连接对象扩展为实物及其虚拟孪生，将实物对象空间与虚拟对象空间联通，成为一种虚实混合空间，互联网络也发展成为新一代的数字孪生网[15]。	网络
李培根院士	数字孪生是"物理生命体"的数字化描述。"物理生命体"是指"孕育"过程（即实体的设计开发过程）和服役过程（运行、使用）中的物理实体（如产品或装备），数字孪生体是"物理生命体"在其服役和孕育过程中的数字化模型。数字孪生不能只是物理实体的镜像，而是与物理实体共生。数字孪生支持从创新概念开始到得到真正的产品的过程[16]。	通用

知名学者/ 研究机构	对数字孪生的理解或定义	角度
赵敏 宁振波	数字孪生是在"数字化一切可以数字化的事物"大背景下，通过软件定义，在数字虚体空间中所创建的虚拟事物，与物理实体空间中的现实事物形成了在形、态、质地、行为和发展规律上都极为相似的虚实精确映射，让物理孪生体与数字孪生体具有了多元化映射关系，具备了不同的保真度（逼真、抽象等）[17]。	通用
陶飞教授带领的北京航空航天大学数字孪生研究组	数字孪生是基于五维模型的综合体，由物理实体、虚拟模型、孪生数据、服务及交互连接五部分组成，通过多维虚拟模型和融合数据双驱动及虚实闭环交互，来实现监控、仿真、评估、预测、优化、控制等功能服务和应用需求，从而在单元级、系统级和复杂系统级多个层次的工程应用中监控物理世界的变化，模拟物理世界的行为，评估物理世界的状态，预测物理世界的未来趋势，优化物理世界的性能，并控制物理世界运行[2,11]。	通用
NASA	数字孪生是充分利用物理模型、传感器更新、运行历史等数据，集成多学科、多尺度、多物理量、多概率的仿真过程，从而虚拟空间反映相对应的飞行实体的全生命周期过程[5]。	航空航天
AFRL	数字孪生是一种已经完工和需要日常维护的飞机的超现实模型，该模型与用于制造和维护机身所需的材料、制造规格、控制方式和制造流程等紧密相关[18]。	飞行器
牛津大学	在医疗保健领域，数字孪生表示了一种综合虚拟工具的愿景，该工具使用机理和统计模型将随着时间推移获得的临床数据连贯动态地整合在一起[19]。	医疗
剑桥大学	数字孪生是对人造或自然环境中的资产、过程或系统的逼真的数字表示[20]。	建筑
南乌拉尔国立大学	发动机数字孪生是发动机的仿真模型，可以执行较高准确性的虚拟测试，从而可以代替实际测试[21]。	发动机
麻省理工学院（MIT）	数字孪生是机器人的虚拟版本，该虚拟版本的创建是为了在仿真模式下测试机器人的功能，以代替测试物理机器人[22]。	机器人
佐治亚理工学院	大量产品和过程数据的收集和汇总可以构建制造过程所需组件的数字模型，这些数字模型即被称为"数字孪生"。数字孪生几乎是实时更新的，可用于查看、分析和控制零件或过程的状态[23]。	制造

续表

知名学者/ 研究机构	对数字孪生的理解或定义	角度
柏林工业大学弗劳恩霍夫（Fraunhofer）生产系统和设计技术研究所	数字孪生是特定资产（产品、机器、服务、产品服务系统或其他无形资产）的数字表示，它通过模型、信息和数据来模拟其属性、状况和行为[24]。	制造
斯图加特大学	数字孪生是包含了物理实体所有状态和功能的数字表示，并且能与其他数字孪生协作以实现全局智能化，从而达到分散式自我控制的作用[25]。	制造

表 1.2　知名企业对数字孪生的理解

企业	数字孪生理念	相关产品或工具
德国西门子股份公司	数字孪生是实际产品或流程的虚拟表示，用于理解和预测对应物的性能特点。在西门子的数字孪生应用中，数字孪生产品（digital twin product）、数字孪生生产（digital twin production）和数字孪生绩效（digital twin performance）形成了一个完整的解决方案体系[26]。	Teamcenter、PLM
美国通用电气公司（GE）	数字孪生是工业资产的动态数字表示，使公司能够更好地理解和预测其机器的性能，找到新的收入来源，并改变其业务运营方式[27]。	Predix
美国 ANSYS 公司	数字孪生是通过数学方法建立系统中关键部件、关键数据流路径和各个检测点传感器等器件的数学模型，并将数学模型根据系统逻辑进行连接生成数字化仿真模型，通过外部传感器采集真实系统载荷量，通过有线或无线传输将信号注入仿真模型，驱动仿真模型与真实系统同时工作，从而运维人员可以在数字仿真模型中很直观地观察到真实系统无法测量或难以测量的实时监测数据[28]。	Twin Builder
美国参数技术公司（PTC）	数字孪生是工业现场的特定实体的一种数字化表示形式，它包括了过去和现在的配置状态并顾及到了系列化部件、软件的版本、选项和变体[29]。	PTC Creo 仿真软件
美国微软公司	Azure Digital Twins 是一个物联网平台，可以创建真实事物、位置、业务流程和人员的数字表示，有助于开发更好的产品，优化运营和成本并创造突破性客户体验的见解[30]。	Azure
法国达索公司	数字孪生是一种产品实体的虚拟等价物，它可以通过企业员工间的更好协作和流程的持续改进来提升制造品质[31]。	3D Experience

企业	数字孪生理念	相关产品或工具
欧洲空客公司	数字孪生是一种贯穿概念、设计到使用和服务的整个产品生命周期的与真实产品等价的数字化对应物,通过它能了解产品的过去、当前和可能的未来状态,并促进与产品相关的智能服务的开发[32]。	—
德国 SAP 公司	联通的物理对象的一种实时数字表示形式(或软件模型)[33]。	SAP 莱昂纳多平台

1.3　新理解:数字孪生的理想特征

正如 1.2 节所述,当前越来越多的学者和企业关注数字孪生并开展研究与实践,但从不同的角度出发,对数字孪生的理解存在着不同的认识。笔者团队 2020 年在《计算机集成制造系统》期刊上发表的《数字孪生十问:分析与思考》文章中通过对数字孪生的当前认识进行总结与分析进而对数字孪生的理想特征进行探讨[14],并在 2019 年"第三届数字孪生与智能制造服务学术会议"上作了题为《数字孪生十问:分析与思考》的大会报告。笔者团队总结数字孪生的理想特征见表 1.3,具体内容如下。

表 1.3　数字孪生的理想特征[15]

维度	部分认识	理想特征
模型	① 数字孪生是三维模型 ② 数字孪生是物理实体的 copy ③ 数字孪生是虚拟样机	**多**:多维(几何、物理、行为、规则)、多时空、多尺度 **动**:动态、演化、交互 **真**:高保真、高可靠、高精度
数据	① 数字孪生是数据/大数据 ② 数字孪生是 PLM ③ 数字孪生是 Digital Thread ④ 数字孪生是数字影子	**全**:全要素/全业务/全流程/全生命周期 **融**:虚实融、多源融、异构融 **时**:实时更新、实时交互、及时响应
连接	① 数字孪生是物联平台 ② 数字孪生是工业互联网平台	**双**:双向连接、双向交互、双向驱动 **跨**:跨协议、跨接口、跨平台
服务/功能	① 数字孪生是仿真 ② 数字孪生是虚拟验证 ③ 数字孪生是可视化	**双驱动**:模型驱动+数据驱动 **多功能**:仿真验证、可视化、管控、预测、优化、控制等
物理	① 数字孪生是数字化表达或虚体 ② 数字孪生与实体无关	**异**:模型因对象而异、数据因特征而异、功能/服务因需求而异

1. 模型维度

一类观点认为数字孪生是三维模型、是物理实体的 copy[34]，或是虚拟样机[35]。这些认识从模型需求与功能的角度，重点关注了数字孪生的模型维度。综合现有文献分析，理想的数字孪生模型涉及几何模型、物理模型、行为模型、规则模型等多维、多时空、多尺度模型，且期望数字孪生模型具有高保真、高可靠、高精度的特征，进而能真实刻画物理世界。此外，有别于传统模型，数字孪生模型还强调虚实之间的交互，能实时更新与动态演化，从而实现对物理世界的动态真实映射。

2. 数据维度

根据文献[3]，Michael Grieves 教授曾在美国密歇根大学 PLM 课程中提出了与数字孪生相关的概念，因而有一种观点认为数字孪生就是 PLM。与此类似，还有观点认为数字孪生是数据/大数据，是数字影子，或是 Digital Thread。这些认识侧重了数字孪生在产品全生命周期数据管理、数据分析与挖掘、数据集成与融合等方面的价值。数据是数字孪生的核心驱动力，数字孪生数据不仅包括贯穿产品全生命周期的全要素/全流程/全业务的相关数据，还强调数据的融合，如信息物理虚实融合、多源异构融合等。此外，数字孪生在数据维度还应具备实时动态更新、实时交互、及时响应等特征。

3. 连接维度

一类观点认为数字孪生是物联网平台或工业互联网平台，这些观点侧重从物理世界到虚拟世界的感知接入、可靠传输、智能服务。从满足信息物理全面连接映射与实时交互的角度和需求出发，理想的数字孪生不仅要支持跨接口、跨协议、跨平台的互联互通，还强调数字孪生不同维度（物理实体、虚拟模型、孪生数据、服务/应用）间的双向连接、双向交互、双向驱动，且强调实时性，从而形成信息物理闭环系统。

4. 服务/功能维度

一类观点认为数字孪生是仿真[36]，是虚拟验证，或是可视化，这类认识主要从功能需求的角度，对数字孪生可支持的部分功能/服务进行解读。目前，数字孪生已在不同行业不同领域得到应用，基于模型和数据双驱动，数字孪生不仅能在仿真、虚拟验证和可视化等方面体现其应用价值，还可针对不同的对象和需求，在产品设计、运行监测、能耗优化、智能管控、故障预测与诊断、设备健康管理、循环与再利用等方面提供相应的功能与服务[37]。由此可见，数字孪生的服务/功能呈现多元化。

5. 物理维度

一类观点认为数字孪生仅是物理实体的数字化表达或虚体，其概念范畴不包括物理实体。实践与应用表明，物理实体对象是数字孪生的重要组成部分，数字孪生的模型、数据、功能/服务与物理实体对象是密不可分的。数字孪生模型因物理实体对象而异、数据因物理实体特征而异、功能/服务因物理实体需求而异。此外，信息物理交互是数字孪生区别于其他概念的重要特征之一，若数字孪生概念范畴不包括物理实体，则交互缺乏对象。

综上所述，虽然对数字孪生存在多种不同认识和理解，但物理实体、虚拟模型、数据、连接、服务是数字孪生的核心要素，且数字孪生模型是与物理实体共生的[16]。不同阶段（如产品的不同阶段）的数字孪生呈现出不同的特点，对数字孪生的认识与实践离不开具体对象、具体应用与具体需求。从应用和解决实际需求的角度出发，实际应用过程中不一定要求所建立的"数字孪生"具备所有理想特征，能满足用户的具体需要即可。

1.4　紧相关：数字孪生的相近概念

数字孪生与CPS：关联与比较

数字孪生的术语虽然是最近几年才出现的，但是数字孪生技术内涵的探索与实践，早已在多年前就开始，并取得了相当多的成果。之前在计算机领域和复杂产品工程领域出现的"信息物理系统""虚拟仿真""虚拟样机""数字线程""数字影子""平行系统"等概念，就是对数字孪生的一种先行实践活动，一种技术上的孕育和前奏。

1.4.1　数字孪生与 CPS

伴随着大数据、云计算、人工智能、移动互联等技术的高速发展，工业 4.0 和智能制造越来越受到关注，其目标是实现制造的物理世界和信息世界的互联互通与智能化操作。工业 4.0 即是基于 CPS 的工业革命，同时数字孪生也为工业 4.0 提供了技术支持，助力了智能制造的实现[38]。CPS 和数字孪生都体现了实体与虚拟对象双向连接，以虚控实，虚实融合，然而两个概念的历史渊源和工程意义并不完全相同，二者既有联系，也有区别。笔者团队 2019 年在 *Engineering* 期刊上发表的"Digital twins and cyber-physical systems toward smart manufacturing and industry 4.0：correlation and comparison"文章中分析了数字孪生与 CPS 的关系，总结如下[39]。

物理空间长期以来在工业领域中起着重要作用。过去，人们将距离相近的物理实体组织起来以处理设计和制造任务，但是局限于人力和地域，这样做很难实现高效率。直到 20 世纪，诸如计算机、仿真、互联网和无线网络等技术帮助人们创建了与物理空间并行的虚拟空间。该虚拟空间可以将物理实体虚拟化，借助计算机的运算能力对其进行组织并实现对资产的远距离协作管理。虚拟空间的创建为更加高效地执行相关计划和操作提供了可能性。由于 CPS 提供了一种融合物理与虚拟空间的体系架构，因此近年来吸引了众多实业家、研究者和从业人员的关注。

CPS旨在将通信和计算机的运算能力嵌入到物理实体中,以实现由虚拟端对物理空间的实时监视、协调和控制,从而达到虚实紧密耦合的效果。许多与CPS相关的系统在不同领域迅速兴起,例如信息物理生产系统(CPPS)[40]、基于云的CPS[41]、信息物理社会系统[42]等。就如同互联网通过互联的计算机网络改变了人们的交互方式一样,CPS也将通过物理和虚拟空间的整合来改变人类与实体的交互方式。

CPS源自嵌入式系统的广泛应用,可以追溯到2006年。美国国家科学基金会(NSF)的Helen Gill用"信息物理系统"一词来描述传统的IT术语无法有效说明的日益复杂的系统[43]。CPS随后被列为美国研究投资的重中之重[44]。然而,目前对CPS的研究主要集中在概念、架构、技术和挑战的讨论上[45]。与嵌入式系统、物联网、传感器和其他技术相比,CPS更加基础,因为CPS不直接涉及实现方法或特定应用[46]。因此,正如NSF所言,CPS的研究计划是寻找新的科学基础和技术[47],CPS更侧重科学研究。

从广义上看,CPS和数字孪生具有类似的功能,并且都描述了信息物理融合。但是,CPS和数字孪生并不完全相同,如表1.4所示。

表1.4　数字孪生与CPS的对比[39]

类别	CPS	数字孪生
起源	由Helen Gill于2006年在美国国家科学基金会提出[43]	2010年NASA发布了关于航天器的数字孪生的详细定义[4]
发展	工业4.0将CPS列为发展核心	直到2012年才得到广泛关注
范畴	偏科学范畴	偏工程范畴
组成	CPS和数字孪生都有两个部分,分别是物理世界和信息世界	
	CPS更注重强大的3C功能	数字孪生更加注重虚拟模型
信息物理映射	一对多映射	一对一映射
核心要素	CPS更强调传感器和执行器	数字孪生更强调模型和数据
控制	CPS和数字孪生的控制包括2个部分,即"物理资产或过程影响信息表达"和"信息表达控制物理资产或过程",以将系统维持在可接受的操作正常水平	
层次	CPS和数字孪生均可分为3个级别,分别是单元级、系统级和复杂系统级(SoS)级别	

数字孪生与CPS大约在同一时间被提出。然而,直到2012年NASA和美国空军开始使用数字孪生概念时数字孪生才受到广泛关注。相比之下,自Helen Gill提出CPS,CPS就受到了学术界和政府的广泛关注。工业4.0将CPS列为核心。然而,经过几年的发展,数字孪生开始流行起来。在构成上,CPS和数字孪生都涉及物理世界和信息世界。通过信息物理交互和控制,CPS和数字孪生都实现了对物理世界的精确管理和操作。然而,对于信息世界,CPS和数字孪生各有侧重点。数字孪生更侧重于虚拟模型,从而在数字孪生中实现一对一映射,而CPS强调3C功能,从而导致一对多映射关系。在CPS和数字孪生的功能实现方面,传感器和

执行器支持物理世界和信息世界之间的交互以实现数据和控制交换。相比之下,模型在数字孪生中起着重要的作用,有助于根据各种数据解释和预测物理世界的行为。从层次结构的角度看,二者均可分为单元级、系统级和复杂系统级。但是,由于它们具有不同的侧重点,CPS 和数字孪生在每个级别上具有不同的组成部分。最后,通过与新一代信息技术的集成,CPS 和数字孪生可以提供优化的解决方案,从而增强制造系统的能力,有助于实现智能制造。

1.4.2　数字孪生与虚拟仿真

建模仿真最早来源于 20 世纪 60—70 年代的计算机语言编写的数字算法,当时只是简单用于计算特定物理现象,解决设计问题;之后的 20 年,随着计算机的普及以及计算能力的提高,仿真技术的应用逐渐遍及各个学科和不同层面,并向产品和系统的全生命周期扩展[48]。仿真是用将包含了确定性规律和完整机理的模型转化成软件的方式来模拟物理世界的一种技术,只要模型正确,并拥有了完整的输入信息和环境数据,就可以基本正确地反映物理世界的特性和参数[49]。因此,数字化模型的仿真技术是创建和运行数字孪生体、保证数字孪生体与对应物理实体实现有效闭环的核心技术。

传统的建模仿真是一个独立单元建模仿真[50],而数字孪生是从设计到制造、运营、维护的整个流程,贯穿了产品的创新设计环节、生产制造环节以及运营维护资产管理环节的价值链条,是整体而非局部,是包含物料、能量、价值的数字化集成而非孤立存在的。传统建模仿真和数字孪生的关注点不同,前者关注建模的保真度,也就是可否准确还原物理对象特性和状态,后者关注动态中的变化关系。数字孪生是动态的,在数字对象与物理对象之间必须能够实现动态的虚实交互才能让数字孪生运行具有持续改善的工业应用价值[51]。

1.4.3　数字孪生与虚拟样机

虚拟样机技术是 20 世纪 80 年代逐渐兴起、基于计算机技术的一个概念。虚拟样机是一种三维虚拟模型,它通过计算机辅助工具(例如 CAD 和 CAE)代替了物理原型,以在计算环境中测试和评估产品[51-52]。虚拟样机可以用作虚拟替代品,以在设计阶段早期检测故障并预测物理产品的性能,并且一旦发现错误或故障,就可以轻松进行修改和操作。虚拟样机制作完成后,可以将其发送给客户以获取反馈,然后再提供物理产品[52]。因此,虚拟样机有助于避免生产过程中的重大错误,缩短产品的设计周期并提高客户参与度,从而实现快速、经济、高效的产品开发[52]。

虚拟样机可以视为数字孪生的基础。它们具有以下相似之处[52]:①它们都构建了三维虚拟模型来替换相应的物理产品,从而在虚拟空间中进行物理空间中的活动(例如产品测试、评估和验证),从而减少了时间和经济成本;②与使用物理原型的传统设计方法相比,它们的虚拟模型可以在设计阶段产生更多不同规模的见解,以优化产品;③客户可以参与设计阶段,通过与模型交互来提供经验和意见,从而优化产品。

但是,虚拟样机与数字孪生不同。与虚拟样机相比,数字孪生具有以下优势[52]:①虚拟样机主要用于产品设计阶段以进行评估和验证,而数字孪生中的虚拟模型在从创建到处置的整个生命周期中都与物理副本相对应。由于数字孪生集成了产品在不同阶段的大量实际数据,因此可以考虑物理空间中可能发生的所有情况,并在设计阶段进行更全面的验证,以消除潜在的故障。此外,借助产品生命周期数据,数字孪生能够激发设计创新。②虚拟样机与实物之间几乎没有联系。而数字孪生中的虚拟模型在生命周期中始终与产品保持联系,实时反映实际状态和基本见解,为设计人员提供有价值的信息,从而及时改进产品,快速适应市场。③虚拟样机仅提供期望的理想产品,但是数字孪生可以提供理想产品和实际产品。在数字孪生中,理想的产品模型是在设计阶段构建的,而实际的产品模型则是在设计之后通过整合在制造、操作、维护、处置等过程中生成的实际产品数据而逐步形成的。两种产品模型之间的差异可以被直观地找到并消除。

1.4.4　数字孪生与数字线程

数字线程(Digital Thread)源于飞机行业,由美国空军的卡夫特(Kraft)定义为"可扩展/可配置和代理的企业级分析框架,可无缝地加速企业数据中权威数据、信息和知识的受控相互作用。基于数字系统模型模板的信息知识系统,通过提供访问能力,将不同的数据转化为可操作的信息并将其转化为可操作的信息,从而在整个系统的生命周期中为决策者提供信息。"[52-53]。数字线程的主要动机是通过数字技术提高未来军事计划的性能。数字线程的广泛定义是"一种通信框架,它允许跨越传统孤立的功能角度,在整个生命周期中实现连接的数据流和产品数据的集成视图"[54]。它可以将数字连接目标融合到一个框架中,并且可以在正确的时间将正确的信息传递到正确的位置[52]。

数字孪生是由数字线程使能的,因为数字孪生中使用的用于评估、分析、更新等所有数据(例如模型、传感器数据和知识)都是从线程中捕获的[55]。结合数字线程,数字孪生可以在整个生命周期中获得最佳的可用数据,以实现高质量的镜像和仿真[52]。数字线程贯穿产品生命周期,并与数字孪生保持交互以驱动其运行,从线程中提取的数据来自产品链、价值链和资产链的不同阶段以及各种信息系统,包括设计模型、过程和工程数据、生产数据和维护数据等[52]。可以将不同的数据进行链接,并集成在一起,同时根据需要连续注入数字孪生中[52]。在这些数据的驱动下,数字孪生对实物资产进行分析、优化和预测,生成大量的模拟数据,然后将这些数据反馈给线程[52]。

1.4.5　数字孪生与数字影子

数字影子(Digital Shadow)是一种数据配置文件,在其整个生命周期内与相应实体耦合,并承载所有数据和知识,以反映历史、当前和预期的未来状态[24,52]。数字影子中的数据不会分散,而是一起存储在单个电子文档中,并由专用软件服务或软件代理积极处理[52,56]。这使得数据能够被统一有效地集成和处理,以生成有意义的信息。数字影子的主要目的是支持决策制定,以提高物理资源的利用率和效率,从而实现更加可持续的世界[56]。在数字影子下,数字安全性和数字风险始终是至关重要的问题[52]。

由于数字孪生是在整个生命周期中承载物理对应方数据的虚拟表示形式,因此它类似于数字影子的概念。但是,这两个术语仍然存在差异,并且在以下几个方面,数字孪生优于数字影子[52]:①数字孪生可以提供高保真数字镜像模型来直观、透彻地描述实体;②基于该模型,可以在执行之前验证物理过程和活动,从而降低了失败的风险;③该模型与实体同步运行,可以提供实际性能与模拟性能之间的比较以捕获它们之间的差异,这对于评估、优化和预测很有用;④数字孪生中的数据不仅来自物理世界,而且还来自虚拟模型,并且某些数据是通过对两个世界的数据进行融合操作而得出的,例如综合、统计、关联、聚类、进化、回归和概括。因此,通俗地说,数字影子是人动影子动,影子动而人不动;数字孪生是人与影子互相影响的,在数字孪生中,数据更加丰富,可以生成更准确、更全面的信息。

1.4.6　数字孪生与平行系统

中国科学院自动化研究所王飞跃研究员于 1994 年提出了影子系统(shadow systems)[57]的思想,并于 2004 年发表了《平行系统方法与复杂系统的管理和控制》的文章,为应对复杂系统难以建模与实验不足等问题,首次提出了集人工系统、计算实验、平行执行为一体的平行系统技术体系平行系统的概念[58]。平行系统(parallel systems)包括两部分:一个是现实的实际系统;一个是与之对应的一个或多个虚拟或理想的人工系统[58]。通过实际系统与人工系统之间的相互连接、虚实互动,对二者的行为进行实时的动态对比、分析和预测,以虚实互动的方式调整实际系统和人工系统的管理和控制方式,实现对实际系统的优化管理与控制、对相关行为和决策的实验与评估、对有关人员和系统的学习与培训[58]。平行系统实现了从知识表示、决策推理到场景自适应优化的闭环反馈,以完成对各自未来的状况的"借鉴"和"预估",人工引导实际,实际逼近人工,达到有效解决方案以及学习和培训的目的。平行系统利用人工系统与实际系统的虚实交互、双向验证,实现两者的协同进化以及对整个系统的多目标优化管理与控制,是一个引导型的模型控制和优化系统。其中的人工系统是对实际系统的软件化定义,不仅是实际系统的数字化"仿真",也为实际系统运行提供可替代版本。平行系统可以基于人工系统生成大量场景,并在其中基于试错实验涌现分析出系统的全局最优控制方案,自适应地进行优化控制,能够实现对复杂系统更优的管理与控制[58]。平行系统的本质就是把复杂系统中"虚"和"软"的部分,通过可定量、可实施、可重复、可实时的计算实验,使之硬化,以解决实际复杂系统中不可准确预测、难以拆分还原、无法重复实验等问题[58]。

平行系统和数字孪生是实现 CPS 和 CPSS 的代表性解决方案,是复杂系统智能管理与控制的有效手段,都为解决信息、物理、社会融合这一科学问题提供了新的解决思路[58]。平行系统和数字孪生都可归纳为虚实融合,以虚控实。两者的主要思路都是以数据驱动,构建与物理实体相对应的虚拟系统,通过在虚拟系统上进行实验、分析,解析并优化控制难以用数理模型分析的复杂系统,为实现实体和信息融合的 CPS 提供了清晰的新思路、方法和实施途径。

1.5　有何用: 数字孪生的应用价值

数字孪生能够突破许多物理条件的限制,通过数据和模型双驱动的仿真、预测、监控、优化和控制,实现服务的持续创新、需求的即时响应和产业的升级优化。基于模型、数据和服务等各方面的优势,数字孪生正在成为提高质量、增加效率、降低成本、减少损失、保障安全、节能减排的关键技术,同时数字孪生应用场景正逐步延伸拓展到更多和更宽广的领域,作者团队在《计算机集成制造系统》期刊上发表的《数字孪生十问:分析与思考》文章中总结了数字孪生的功能和作用[14]。数字孪生具体功能、应用场景及作用如图 1.4 和表 1.5 所示。

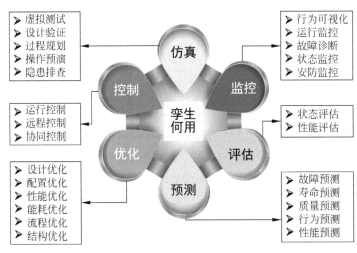

图 1.4　数字孪生应用价值

表 1.5　数字孪生的功能与作用[14]

数字孪生功能	应用场景	作　　用
模拟仿真	➤虚拟测试(如风洞试验) ➤设计验证(如结构验证、可行性验证) ➤过程规划(如工艺规划) ➤操作预演(如虚拟调试、维修方案预演) ➤隐患排查(如飞机故障排查)	减少实物实验次数 缩短产品设计周期 提高可行性、成功率 降低试制与测试成本 减少危险和失误
监控	➤行为可视化(如虚拟现实展示) ➤运行监控(如装配监控) ➤故障诊断(如风机齿轮箱故障诊断) ➤状态监控(如空间站状态监测) ➤安防监控(如核电站监控)	识别缺陷 定位故障 信息可视化 保障生命安全
评估	➤状态评估(如汽轮机状态评估) ➤性能评估(如航空发动机性能评估)	提前预判 指导决策
预测	➤故障预测(如风机故障预测) ➤寿命预测(如航空器寿命预测) ➤质量预测(如产品质量控制) ➤行为预测(如机器人运动路径预测) ➤性能预测(如实体在不同环境下的表现)	减少宕机时间 缓解风险 避免灾难性破坏 提高产品质量 验证产品适应性
优化	➤设计优化(如产品再设计) ➤配置优化(如制造资源优选) ➤性能优化(如设备参数调整) ➤能耗优化(如汽车流线性提升) ➤流程优化(如生产过程优化) ➤结构优化(如城市建设规划)	改进产品开发 提高系统效率 节约资源 降低能耗 提升用户体验 降低生产成本
控制	➤运行控制(如机械臂动作控制) ➤远程控制(如火电机组远程启停) ➤协同控制(如多机协同)	提高操作精度 适应环境变化 提高生产灵活性 实时响应扰动

1.6　谁可用：数字孪生的适用准则

　　企业在应用数字孪生前,面临的首要决策问题是:本企业是否需要用数字孪生? 是否适用数字孪生? 是否值得使用数字孪生? 事实上,数字孪生并非适用于所有对象和企业。为辅助企业根据自身情况做出正确决策,笔者团队在《计算机集成制造系统》期刊上发表的《数字孪生十问:分析与思考》文章中尝试从产品类型、复杂程度、运行环境、性能、经济与社会效益等不同维度总结了数字孪生适用准则[14],如表 1.6 所示,以供参考。

表 1.6 数字孪生的适用准则[14]

维度	适用准则	数字孪生的作用	举例
产品类型	适用资产密集型/产品单价值高的行业产品	基于真实刻画物理产品的多维、多时空尺度模型和生命周期全业务/全要素/全流程孪生数据,开展产品设计优化、智能生产、可靠运维等	➤高端能源装备(如风力发电机、汽轮机、核电装备) ➤高端制造装备(如高档数控机床) ➤高端医疗装备 ➤运输装备(如直升机、汽车、船舶)
复杂程度	适用复杂产品/过程/需求	支持复杂产品/过程/需求在时间与空间维度的解耦与重构,对关键节点/环节进行仿真、分析、验证、性能预测等	➤复杂过程(如离散动态制造过程、复杂制造工艺过程) ➤复杂需求(如复杂生产线快速个性化设计需求) ➤复杂系统(如生态系统、卫星通信网络) ➤复杂产品(3D打印机、航空发动机)
运行环境	适用极端运行环境	支持运行环境自主感知、运行状态实时可视化、多粒度多尺度仿真以及虚实实时交互等	➤极高或极深环境(如高空飞行环境) ➤极热或极寒环境(如高温裂解炉环境) ➤极大或极小尺度(如超大型钢锭极端制造环境、微米/纳米级精密加工环境) ➤极危环境(如核辐射环境)
性能	适用高精度/高稳定性/高可靠性仪器仪表/装备/系统	为其安装、调试及运行提供实时的性能评估、故障预测、控制与优化决策等	➤高精度(如精密光学仪器、精准装配过程) ➤高稳定性(如电网系统、暖通空调系统、油气管道) ➤高可靠性(如铁路运营、工业机器人)
经济效益	适用需降低投入产出比的行业	支持行业内的信息共享与企业协同,从而实现对行业资源的优化配置与精益管理,实现提质增效	➤制造行业(如汽车制造) ➤物流运输业(如仓库储存、物流系统) ➤冶金行业(如钢铁冶炼) ➤农牧业(如农作物健康状态监测)
社会效益	适用社会效益大的工程/场景需求	支持工程/场景的实时可视化、多维度多粒度仿真、虚拟验证与实验、沉浸式人机交互,为保障安全提供辅助等	➤数字孪生城市(如城市规划、城市灾害模拟、智慧交通) ➤数字孪生医疗(如远程手术、患者护理、健康监测) ➤古迹文物修复(如巴黎圣母院修复) ➤数字孪生奥运会(如场景模拟)

本章小结

数字孪生充分利用模型、数据、智能并集成多学科技术,为实现信息世界与物理世界交互融合提供了有效手段。随着数字化转型和智能化升级成为全球热点,数字孪生受到了空前的重视,在越来越多的行业领域及应用场景发挥了重要价值。近年来,学术界对数字孪生的研究热度不减,研究越发深入;各个领域越来越多的企业开始部署数字孪生,助力数字孪生落地应用。数字孪生的研究发展与实践应用对经济社会发展的影响也日益深刻。本章从数字孪生从哪里来、是什么、有何用、谁可用以及对数字孪生的新理解等方面介绍了数字孪生的起源、内涵、应用价值、适用准则和理想特征。并介绍了与数字孪生相关的概念,包括CPS、虚拟仿真、虚拟样机、数字线程、数字影子和平行系统等。希望本章内容能帮助读者了解数字孪生,并作为本书后续章节的基础。

参考文献

[1] TAO F,QI Q. Make more digital twins[J]. Nature,2019,573:490-491.

[2] 陶飞,张贺,戚庆林,等.数字孪生模型构建理论及应用[J].计算机集成制造系统,2021,27(1):1-15.

[3] GRIEVES M, VICKERS J. Digital twin: mitigating unpredictable, undesirable emergent behavior in complex systems[M]. Transdisciplinary perspectives on complex systems. Springer,Cham,2017:85-113.

[4] SHAFTO M,CONROY M,DOYLE R,et al. Draft modeling, simulation, information technology & processing roadmap[J]. Technology Area,11,2010.

[5] SHAFTO M,CONROY M,DOYLE R,et al. Modeling,simulation,information technology & processing roadmap[J]. Technology Area,11,2012.

[6] GLAESSGEN E,STARGEL D. The digital twin paradigm for future NASA and US Air Force vehicles[C]//Proceedings of the 53rd AIAA/ASME/ASCE/AHS/ASC Structures, Structural Dynamics and Materials Conference 20th AIAA/ASME/AHS Adaptive Structures Conference 14th AIAA; 2012 Apr 23-26; Honolulu,Hawaii,USA.

[7] GRIEVES M. Digital twin: manufacturing excellence through virtual factory replication [J]. White paper,2014,1:1-7.

[8] QI Q,TAO F,ZUO Y,et al. Digital twin service towards smart manufacturing[J]. Procedia Cirp,2018,72:237-242.

[9] Gartner. Top 10 Strategic Technology Trends for 2019 [EB/OL]. https://www.gartner.com/smarterwithgartner/gartner-top-10-strategic-technology-trends-for-2019/

[10] 陶飞,张萌,程江峰,等.数字孪生车间:一种未来车间运行新模式[J].计算机集成制造系统,2017,23(1):1-9.

[11] 陶飞,刘蔚然,张萌,等.数字孪生五维模型及十大领域应用[J].计算机集成制造系统,

2019,25(1)：1-18.

[12] QI Q,TAO F,HU T,et al. Enabling technologies and tools for digital twin[J]. Journal of Manufacturing Systems,2021,58：3-21.

[13] 陶飞,马昕,胡天亮,等. 数字孪生标准体系[J]. 计算机集成制造系统,2019,25(10)：2405-2418.

[14] 陶飞,张贺,戚庆林,等. 数字孪生十问：分析与思考[J]. 计算机集成制造系统,2020,26(1)：1-17.

[15] 中国工程院院士赵沁平：发展数字孪生互联网络 支撑虚拟现实深度应用[EB/OL]. https://mp. weixin. qq. com/s/h785pKqCMqqw_NyINCqijg.

[16] 李培根. 浅说数字孪生[EB/OL]. http://www. 360doc. com/content/20/0811/15/15624612_929661656. shtml.

[17] 赵敏,宁振波. 什么是数字孪生? 终于有人讲明白了[EB/OL]. https://www. sohu. com/a/404962583_115128? _f＝index_pagefocus_5.

[18] GOCKEL B, TUDOR A, BRANDYBERRY M, et al. Challenges with structural life forecasting using realistic mission profiles[C]//Proceedings of 53rd AIAA/ASME/ASCE/AHS/ASC Structures,Structural Dynamics and Materials Conference 20th AIAA/ASME/AHS Adaptive Structures Conference 14th AIAA. 2012：1813.

[19] CORRAL-ACERO J,MARGARA F,MARCINIAK M,et al. The "Digital Twin"to enable the vision of precision cardiology[J]. European Heart Journal,2020,41(48)：4556-4564.

[20] LU Q,XIE X,HEATON J,et al. From BIM towards digital twin：Strategy and future development for smart asset management[C]//Proceedings of International Workshop on Service Orientation in Holonic and Multi-Agent Manufacturing. Springer,Cham,2019：392-404.

[21] MALOZEMOV A A,BONDAR V N,EGOROV V V,et al. Digital twins technology for internal combustion engines development[C]//2018 Global Smart Industry Conference (GloSIC). IEEE,2018：1-6.

[22] VERNER I,CUPERMAN D,FANG A,et al. Robot online learning through digital twin experiments：a weightlifting project[M]. Online Engineering & Internet of Things. Springer,Cham,2018：307-314.

[23] CORONADO P D U,LYNN R,LOUHICHI W,et al. Part data integration in the shop floor digital twin：mobile and cloud technologies to enable a manufacturing execution system[J]. Journal of Manufacturing Systems,2018,48：25-33.

[24] STARK R,KIND S,NEUMEYER S. Innovations in digital modelling for next generation manufacturing system design[J]. CIRP Annals,2017,66(1)：169-172.

[25] WEBER C, KÖNIGSBERGER J, KASSNER L, et al. M2DDM—a maturity model for data-driven manufacturing[J]. Procedia CIRP,2017,63：173-178.

[26] SIEMENS. Digital Twin[EB/OL]. https://www. plm. automation. siemens. com/global/zh/our-story/glossary/digital-twin/24465.

[27] GE Digital. Digital Twins：The Bridge between Industrial Assets and the Digital World (2017)[EB/OL]. https://www. ge. com/digital/blog/digital-twins-bridge-between-industrial-assets-and-digital-world.

[28] 基于 ANSYS 平台的数字孪生[EB/OL]. http://www. peraglobal. com/content/details_

155_20903. html.

[29] PTC. Digital Twin[EB/OL]. https://www. ptc. com/en/digital-transformation/service/ digital-twin-service.

[30] Azure. 数字孪生[EB/OL]. https://azure. microsoft. com/zh-cn/services/digital-twins/.

[31] Dassault Systèmes. Dassault Systèmes Sponsors "Digital Twin" White Paper as Strategy to Extend Virtual World of Design to Real World of Manufacturing [EB/OL]. http://www. apriso. com/library/Whitepaper_Dr_Grieves_DigitalTwin_ManufacturingExcellence. php.

[32] STARK R,KIND S,NEUMEYER S. Innovations in digital modelling for next generation manufacturing system design[J]. CIRP Annals,2017,66(1): 169-172.

[33] AMMERMANN D,Digital Twins and the Internet of Things (IoT) [EB/OL]. https:// blogs. sap. com/2017/09/09/digital-twins-and-the-internet-of-things-iot/.

[34] ALAM K M,EL SADDIK A. C2PS: A digital twin architecture reference model for the cloud-based cyber-physical systems[J]. IEEE access,2017,5: 2050-2062.

[35] VASSILIEV A,SAMARIN V,RASKIN D,et al. Designing the built-in microcontroller control systems of executive robotic devices using the digital twins technology[C]//2019 International Conference on Information Management and Technology (ICIMTech). IEEE,2019,1: 256-260.

[36] ROSEN R, VON WICHERT G, LO G,et al. About the importance of autonomy and digital twins for the future of manufacturing[J]. IFAC-PapersOnLine, 2015, 48 (3): 567-572.

[37] TAO F,ZHANG H, LIU A, et al. Digital twin in industry: State-of-the-art[J]. IEEE Transactions on Industrial Informatics,2018,15(4): 2405-2415.

[38] SAUER O. The Digital Twin-An Essential Key Technology for Industrie 4. 0 [EB/OL]. https://ercim-news. ercim. eu/en115/special/2107-the-digital-twin-an-essential-key-technology- for-industrie-4-0.

[39] TAO F,QI Q,WANG L,et al. Digital twins and cyber-physical systems toward smart manufacturing and industry 4. 0: correlation and comparison[J]. Engineering,2019,5(4): 653-661.

[40] MONOSTORI L. Cyber-physical production systems: roots from manufacturing science and technology[J]. at-Automatisierungstechnik,2015,63(10): 766-776.

[41] REDDY Y B. Cloud-based cyber physical systems: Design challenges and security needs [C]//Proceedings of 2014 10th International Conference on Mobile Ad-hoc and Sensor Networks. IEEE,2014: 315-322.

[42] LIU Z,YANG D,WEN D,et al. Cyber-physical-social systems for command and control [J]. IEEE Intelligent Systems,2011,26(4): 92-96.

[43] GILL H. NSF perspective and status on cyber-physical systems[C]//NSF Workshop on Cyber-physical Systems,Oct 16-17,2006,Austin,TX,USA.

[44] PARROTT A,WARSHAW L. Industry 4. 0 and the digital twin: manufacturing meets its match[J]. Retrieved January,2017,23: 2019.

[45] LIU Y,XU X. Industry 4. 0 and cloud manufacturing: a comparative analysis[J]. Journal of Manufacturing Science and Engineering,2017,139(3).

[46] LEE E A. The past,present and future of cyber-physical systems: a focus on models[J].

Sensors,2015,15(3)：4837-4869.

[47] MONOSTORI L, KÁDÁR B, BAUERNHANSL T, et al. Cyber-physical systems in manufacturing[J]. Cirp Annals,2016,65(2)：621-641.

[48] 建模仿真正在成为智能工厂应用的新趋势[EB/OL]. http://www. danbokj. com/h-nd-243. html♯_np＝2_1688.

[49] 如何区别数字孪生与仿真[EB/OL]. https://www. sohu. com/a/399498380_120676554? _trans_＝000014_bdss_dkmwzacjP3p；CP＝.

[50] 数字孪生与传统建模仿真有何区别[EB/OL]. https://www. sohu. com/a/353179774 _120116143.

[51] CHOI S H,CHAN A M M. A virtual prototyping system for rapid product development [J]. Computer-Aided Design,2004,36(5)：401-412.

[52] TAO F, ZHANG M, NEE A Y C. Digital twin driven smart manufacturing [M]. Amsterdam：Elsevier,Academic Press,London,UK,2019.

[53] KRAFT E. HPCMP CREATE^{TM}-AV and the Air Force Digital Thread[C]//Proceedings of 53rd AIAA Aerospace Sciences Meeting,2015：0042.

[54] LEIVA C. Demystifying the digital thread and digital twin concepts[J]. Industry Week. August,2016,1：2016.

[55] KRAFT E M. The air force digital thread/digital twin-life cycle integration and use of computational and experimental knowledge[C]//Proceedings of 54th AIAA aerospace sciences meeting,2016：0897.

[56] DALMOLEN S, CORNELISSE E, MOONEN H, et al. Cargo's Digital Shadow A blueprint to enable a cargo centric information architecture [J]. eFreight Conference,2012.

[57] WANG F Y. Shadow systems：a new concept for nested and embedded cosimulation for intelligent systems[J]. Tucson,Arizona State,USA：University of Arizona,1994.

[58] 杨林瑶,陈思远,王晓,等. 数字孪生与平行系统：发展现状、对比及展望[J]. 自动化学报, 2019,45(11)：2001-2031.

第 2 章

数字孪生学术研究现状

当前,数字孪生已经成为全球信息技术发展的新焦点,备受学术界、工业界、金融界、政府部门关注。当前数字孪生在国内外非常热,各相关会议几乎都有数字孪生的交流和报道。不仅如此,目前数字孪生技术发展已上升到国家策略层面,成为不少国家数字化转型和智能化升级的有力抓手。如美国的工业互联网联盟将数字孪生作为工业互联网落地的核心和关键,德国工业 4.0 参考架构将数字孪生作为重要内容等。本章对数字孪生的学术论文发表情况、论著引用情况、专利申请情况、学术活动组织情况、国内有关科技部门对数字孪生研究资助情况等进行分析,旨在掌握数字孪生研究目前所处态势,从而让读者了解数字孪生的研究现状,为研判数字孪生未来研究发展趋势提供支持。

2.1　数字孪生国内外学术研究现状分析

数字孪生以多维模型和融合数据为驱动,助力产业数字化转型和智能化升级,正在掀起一场产业革命[1],得到了学术界、工业界、政府部门的广泛关注。科学文献计量方法可以从多个维度揭示一个领域或学科发展方向的概貌,进而能够从各个角度全面地审视一个学科发展方向的结构和研究热点、重点等信息[2]。笔者团队 2020 年 1 月在《计算机集成制造系统》期刊上发表的《数字孪生十问:分析与思考》一文中采用文献计量方法,通过统计分析发文量、关键词、发文机构、发文期刊等探究了数字孪生领域研究的趋势变化,总结分析了数字孪生的学术研究现状[3]。本书在此论文分析基础上,将文献计量的统计时间扩展到了 2020 年 12 月 31 日。选择 Scopus 数据库进行文献的搜索与筛选,搜索方式利用 Scopus 的高级搜索功能,检索式字符串为"TITLE-ABS-KEY({digital twin}OR{digital twins})",即搜索摘要、论文标题或关键字字段中有"digital twin"或"digital twins"的文献。搜索结果显示 1973 年和 1993 年各有 1 篇文献,但这两篇文章所提及的"digital twin"并非本书所指的数字孪生。此外,2004 年和 2005 年分别有 2 篇和 4 篇论文发表,而 2006—2009 年无相关论文发表。根据搜索结果数量分布情况,本章选取 2010 年 1 月 1 日到 2020 年 12 月 31 日期间发表收录的论文进行统计分析,以阐明近年数字孪生的研究现状[3]。

数字孪生
十问:分析
与思考

2.1.1 发文量时间分布统计分析

2010年1月1日至2020年12月31日,共有2897篇数字孪生相关论文发表或出版,如图2.1所示(数据来源于Scopus数据库)。图2.2统计了这段时间各类型文献的年度发表情况,包括期刊论文、会议论文和其他类型文献(如书的章节、社论、微调查(short survey)等)。从数字孪生文献数量年度图可知,从2010—2020年

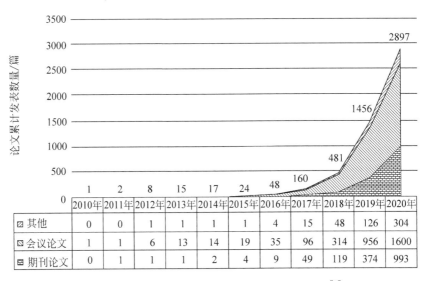

	2010年	2011年	2012年	2013年	2014年	2015年	2016年	2017年	2018年	2019年	2020年
其他	0	0	1	1	1	1	4	15	48	126	304
会议论文	1	1	6	13	14	19	35	96	314	956	1600
期刊论文	0	1	1	1	2	4	9	49	119	374	993

图 2.1　2010—2020年数字孪生文献数量累计图[3]

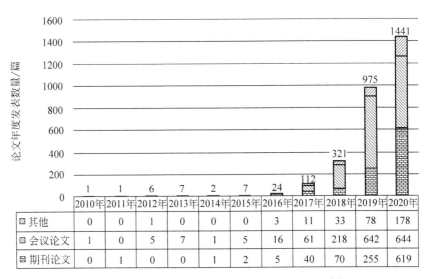

	2010年	2011年	2012年	2013年	2014年	2015年	2016年	2017年	2018年	2019年	2020年
其他	0	0	1	1	0	0	3	11	33	78	178
会议论文	1	0	5	7	1	5	16	61	218	642	644
期刊论文	0	1	0	0	1	2	5	40	70	255	619

图 2.2　2010—2020年数字孪生文献数量年度图[3]

数字孪生论文数量一直呈增长趋势,且增长速度不断加快。2015 年以前,数字孪生还处于萌芽起步阶段,发表的数字孪生文献较少,单年论文发表量少于 10 篇[3]。2016 年后,数字孪生文献发表数量进入快速增长期,之后每年文献发表数量都成倍增长。预计未来几年,数字孪生论文发表数量还将呈迅猛增长趋势[3]。数字孪生相关论文的数量变化说明数字孪生近年来引起了越来越多科研人员的关注与研究,未来一段时间内会有更多的专家、学者、机构等开展对数字孪生的深度研究。

此外,根据发表文章的类型分布统计可知,当前发表的论文主要以会议论文为主,会议论文的数量逐年增长,数字孪生的热度不断增长,越来越多的学者参与数字孪生学术交流。此外,期刊论文近年也呈明显增长趋势,期刊论文数量从 2016 年的 5 篇增长到 2020 年的 619 篇,这种变化从侧面表明了当前对数字孪生的研究越来越深入,越来越系统[3]。

2.1.2　发表论文国家分布统计分析

统计结果显示,世界各主要国家都已开展了数字孪生研究并有相关研究成果发表。表 2.1 列举了发表数字孪生相关文章数量排名前 50 的国家(按国家发文量排序,来源于 Scopus 数据库,截至 2020 年 12 月 31 日),研究成果主要来自美国、德国、英国、法国、意大利等 G7 发达国家,以及中国、俄罗斯、印度、巴西、南非(金砖五国)等发展迅速的国家。这些国家具有较高的科技水平和一定的信息化基础,能为数字孪生的研究、发展与应用提供支撑环境[3]。

表 2.1　已开展数字孪生研究且在学术刊物上有论文发表的国家[3]

序号	国家	序号	国家	序号	国家	序号	国家	序号	国家
1	德国	11	韩国	21	丹麦	31	南非	41	卢森堡
2	美国	12	加拿大	22	日本	32	新西兰	42	伊朗
3	中国	13	芬兰	23	比利时	33	斯洛文尼亚	43	摩洛哥
4	俄罗斯	14	挪威	24	希腊	34	波兰	44	哥伦比亚
5	英国	15	奥地利	25	匈牙利	35	爱沙尼亚	45	沙特阿拉伯
6	意大利	16	瑞士	26	葡萄牙	36	土耳其	46	塞尔维亚
7	法国	17	荷兰	27	捷克	37	以色列	47	保加利亚
8	西班牙	18	澳大利亚	28	罗马尼亚	38	乌克兰	48	印度尼西亚
9	印度	19	新加坡	29	墨西哥	39	阿联酋	49	拉脱维亚
10	瑞典	20	巴西	30	斯洛伐克	40	爱尔兰	50	马来西亚

针对开展数字孪生相关研究的国家,选取表 2.1 中排名前 10 的国家进行进一步剖析,以洞察数字孪生论文研究的国际形势,如图 2.3 所示(来源于 Scopus 数据库)。从图中可以看出德国、美国和中国 3 个国家发表的数字孪生论文总数位列前 3,且比其他国家多出很多,相关统计数据表明,数字孪生的国际研究竞争十分激烈。中、美、德 3 国针对数字孪生的研究情况如下[3]:

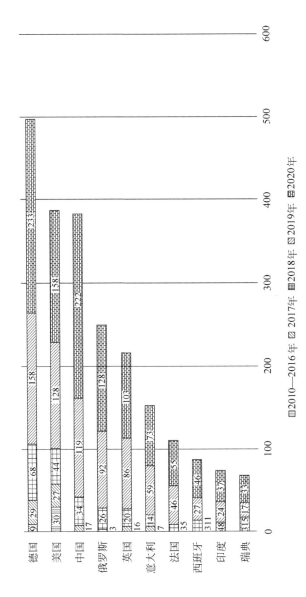

图 2.3　在学术刊物上发表数字孪生论文数排名前 10 的国家[3]

（1）数字孪生的概念诞生于美国,美国也是最早开展数字孪生研究与应用的国家。因此,在早期阶段,美国发表的数字孪生论文数量最多,在相关研究中处于领先地位。2010—2016 年美国单年论文发表总数一直位居世界第一[3]。早期,美国是以 NASA、AFRL 等为代表的研究机构主要将数字孪生应用于航空航天的健康监测[4]、运行维护[5]、寿命预测[6]等方面。近年佐治亚理工学院、美国国家标准与技术研究院（NIST）、宾夕法尼亚州立大学等研究机构在智能工厂[7]、智慧城市[8]、3D 打印[9]等方面开展了应用探索,试图挖掘数字孪生在更广阔领域的应用价值。截至 2020 年 12 月 31 日,美国累计发表数字孪生文章总数位居世界第二。

（2）工业 4.0 是一个工业发展方向或战略,德国提出工业 4.0 后,一直在论证和寻求能让其落地的使能技术。数字孪生相对其他概念更易落地实施,正好契合德国工业 4.0 的需求。工业 4.0 主要提出单位之一德国弗劳恩霍夫研究院指出,数字孪生是工业 4.0 的关键技术[10]。以西门子公司、亚琛工业大学为代表的工业 4.0 主推和实施机构,开展了大量数字孪生的研究与实践。其中,亚琛工业大学的数字孪生发文数量位列世界第二,西门子公司位列第三。2017—2020 年德国单年发表的数字孪生文章总量位居世界第一,截至 2020 年 12 月 31 日,德国累计发文总数位居世界第一[3]。

（3）与美国、德国相比,数字孪生在中国的研究和受到关注相对较晚。中国的数字孪生发展与推动主要包含以下 3 个方面:第一,在论文和学术会议方面。2017 年 1 月《计算机集成制造系统》期刊上发表的《数字孪生车间———一种未来车间运行新模式》论文[11],是国际上首篇数字孪生车间论文,引起了国内学术界尤其是青年学者对数字孪生的关注。2017 年 7 月,北航牵头国内 12 家高校共同发起并在北京航空航天大学召开了"第一届数字孪生与智能制造服务学术研讨会",吸引了大量高校学者参会,并带动了国内学术界和企业界开始关注数字孪生的研究与应用。会后来自 15 个单位的 22 位学者于 2018 年 1 月共同在《计算机集成制造系统》期刊上发表了《数字孪生及其应用探索》的论文[12],使更多高校学者开始关注数字孪生。并且,《计算机集成制造系统》期刊 2019 年第 25 卷第 6 期组织了一期数字孪生技术专辑,共收录了 27 篇与数字孪生密切相关的文章。第二,随着工信部"智能制造综合标准化与新模式应用"和"工业互联网创新发展工程"专项,科技部"网络化协同制造与智能工厂"等国家层面的专项实施,有力促进了数字孪生的发展。第三,中国信息通信研究院[13]、中国电子技术标准化研究院[14]、赛迪信息产业（集团）有限公司[15]、e-works 数字化企业网[16]、走向智能研究院[17]、安世亚太科技股份有限公司[18]、上海优也信息科技有限公司[19]、工业 4.0 研究院[20]等单位及李培根院士、谭健荣院士、倪光南院士、赵敏总经理等专家在数字孪生的概念、技术、标准、应用实践等方面开展了大量工作,对数字孪生在中国的推广与发展起到了重要作用[3]。各方因素促使了数字孪生在中国的快速发展,使 2020 年中国单年发表的数字孪生文章总量高达 222 篇,位居世界第二。并且中国在数字孪生领域的发文总量已与美国基本持平。

2.1.3 文献出版物分布统计分析

从发表数字孪生文章的出版物来分析,出版数字孪生文章最多的 10 个刊物如表 2.2 所示(来源于 Scopus 数据库)。国际生产工程学会(CIRP)是制造领域的重要国际学术组织,在制造学科享誉盛名,CIRP 每年都会组织多个学术会议以让学者进行学术交流,其下属刊物 *Procedia CIRP* 专注于出版高质量的 CIRP 会议论文,从而使与会者的学术思想能够快速传播,经统计 *Procedia CIRP* 发表的数字孪生文章最多,且内容与智能制造密切相关,作者主要为国际作者。类似的 *Procedia Manufacturing* 也是专注于发表制造工程领域所有重要会议上的论文,目前 *Procedia Manufacturing* 发表的数字孪生文章排名第 5,也是与制造密切相关。《计算机集成制造系统》是面向先进制造技术研究与应用的期刊,在 2019 年第 25 卷第 6 期《计算机集成制造系统》组织了一期数字孪生技术专辑,收录了 27 篇数字孪生密切相关的文章,使得该刊物发表的数字孪生文章目前排名第 6。*Journal of Manufacturing Systems* 是在先进制造领域影响力非常大的国际期刊,为制造业信息化的研究发展起到了重要推动作用,2019 年 *Journal of Manufacturing Systems* 组织了一期"Digital Twin towards Smart Manufacturing and Industry 4.0"的专刊,收录了 28 篇文章,并于 2021 年 1 月出版,该刊物发表的数字孪生文章目前排名第 7。由出版数字孪生论文的刊物分析可知,当前数字孪生的研究与应用主要集中在制造领域[3]。此外,发表的数字孪生文章数量排名第 2 的期刊 *IFIP Advances in Information and Communication Technology* 是国际信息处理联合会

表 2.2　2010—2020 年出版数字孪生论文数排名前 10 的刊物[3]

来源出版物名称	论文数量
Procedia CIRP	93
IFIP Advances in Information and Communication Technology	79
IOP Conference Series Materials Science and Engineering	60
Lecture Notes in Computer Science	56
Procedia Manufacturing	52
计算机集成制造系统	42
Journal of Manufacturing Systems	42
IEEE Access	40
ZWF Zeitschrift fuer Wirtschaftlichen Fabrikbetrieb	40
Journal of Physics：Conference Series	36

(IFIP)的所属期刊,主要是发表信息和通信科学技术领域的最新成果。同时,发表的数字孪生文章数量排名第 4 的期刊 *Lecture Notes in Computer Science* 定位是主要发表在计算机科学和信息技术研发和教学方面最新成果的期刊。这两个期刊发表的文章属于计算机、信息和通信科学技术领域,说明了数字孪生是一个"制造-计算机-信息"等交叉学科的研究方向。

除上述出版数字孪生论文排名前 10 的期刊外,还有很多期刊特别设立了数字孪生专刊,专门探讨和展示数字孪生的最新进展。2020 年 *Journal of Manufacturing and Materials Processing* 期刊组织的专刊 "From the Digital Twin to the Digital Big Brother：Establishing Real-Time Relationship Between Smart Products and Smart Production Environments" 提出了 Digital Big Brother 的概念以表达涵盖产品研发阶段、持续监控智能产品全生命周期、汇聚生命周期中的数据,并向研发者和生产者提供反馈的智能生产系统[21]。该期专刊的目的是探索在智能产品/服务与智能生产环境之间建立实时联系的最新技术。2020 年 *Engineering Fracture Mechanics* 期刊组织了专刊 "Special Issue on Digital Twin" 重点关注了航空航天领域飞行器的可靠性。该期专刊旨在分析和对比数字孪生的各种观点和应用的异同,及数字孪生的当前发展水平,并确定未来方向[22]。2020 年 *IEEE Internet Computing* 期刊组织了一期数字孪生专刊聚焦于了数字孪生建模理论方法、数字孪生使能技术、标准、应用领域安全等各个方面的最新研究进展[23]。2020 年 *International Journal of Product Lifecycle Management* 针对产品生命周期中不确定性的管理问题组织了一期专刊 "Uncertainty in the Digital Twin Context",旨在将数字孪生背景下的不确定性的不同观点汇聚在一起进行交流探讨[24]。2020 年 *Advances in Civil Engineering* 期刊组织的专刊 "Digital Twin Technology in the Architectural, Engineering and Construction（AEC）Industry" 收录了建筑和土木工程领域的数字孪生最新研究成果和发展挑战[25]。

2021 年越来越多的期刊开始组织关于数字孪生的专刊。*ASME Journal of Energy Resources Technology* 期刊聚焦于能源领域中的数字孪生技术发展,组织了专刊 "Digital Twins in Energy and Automotive Industries"[26]。*Applied Sciences* 期刊组织了专刊 "Digital Twins in Industry",旨在研究工业、商业和金融等多领域的数字孪生技术的工业应用和实现[27]。*Sensors* 期刊以数字孪生与物联网的集成、数字孪生的智能应用、基于数字孪生和 AI 的数据驱动方案、面向数字孪生的区块链和安全等为主题组织了专刊 "Machine Learning for IoT Applications and Digital Twins"[28]。*Information* 期刊为了探讨数字孪生与认知计算相结合的潜在原因和好处,组织了专刊 "Cognitive Digital Twins：Challenges and Opportunities for Process and Manufacturing Industries" 以记录认知数字孪生的当前最新技术,确定未来的方向,并探讨认知数字孪生在加工制造业中的应用和实现[29]。国际地理信息杂志 *International Journal of Geo-Information* 组织了一期专刊"Digital Twins and Land Administration Systems"以收集数字孪生与土地管理相结合的最新研究成果和未来发展方向[30]。*Journal of Manufacturing and Materials Processing* 聚焦数字孪生与智能机加工的集成组织了专刊"Progress in Digital Twin Integration for Smart Machining"旨在收集使用基于物理的模型、替代模型和监督机器学习方法的数字模型、数字阴影或数字孪生的最新进展[31]。*IEEE Software* 期刊为将数字孪生应用于软件和系统开发专门组织了一期数字孪生专刊聚焦于数字孪生软件工程领域[32]。*Remote Sensing* 期刊针对数字孪生在遥感领域的应用组织了一期专刊"Remote Sensing and Digital Twins"鼓励学者就遥感在数字孪生生命周期的各个阶段和各个方面的应用进行剖析与探讨[33]。*Electronics* 期刊针对数字孪生在医疗领域的应用组织了专刊"Digital Twin Technology：New Frontiers for Personalized Healthcare"聚焦于数字孪生在医学成像(超声、光学、光声、X 射线、核磁共振等)、图像处理、计算流体力学以及人工智能等方面[34]。

2.1.4　发表论文研究机构统计分析

本节统计了论文发表作者所属的研究机构数量以及分布情况,截至 2020 年 12 月 31 日,全球已有超过 1000 个高校、企业和科研院所开展了数字孪生研究且有相关研究成果在学术刊物公开发表。如图 2.4 所示(来源于 Scopus 数据库),其中高校 672 所,占 50.68％,德国亚琛工业大学、英国剑桥大学和牛津大学、美国斯坦福大学等世界一流高校正在开展数字孪生理论研究,且这一数量呈现逐年增长趋势,足见学术界高度关注和重视数字孪生理论研究[3]。

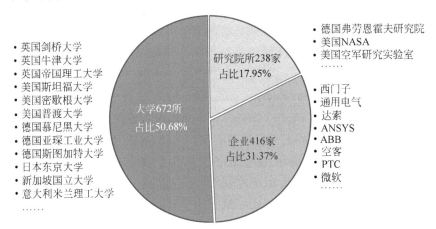

图 2.4　在学术刊物上发表数字孪生论文的机构统计分析情况[3]

从在学术刊物上发表论文角度分析,一般是高校学术界占主体,而企业发表学术论文的积极性和比例往往不高。但在数字孪生领域,近 10 年共有 416 家企业(占 31.37%)开展数字孪生研究并在学术刊物上有学术成果公开发表,包括西门子、GE、空客、ABB 等世界知名企业。如果将在非学术刊物上有数字孪生相关成果(如网络技术报告、网络技术博文等)发表的企业也统计上,相关数据将更大,占比也将更高。充分说明企业当前也高度关注数字孪生技术,正在开展数字孪生应用实践,表明数字孪生具有很强的工程化应用价值和潜力[3]。

此外,美国空军、NASA、德国航空航天中心、德国弗劳恩霍夫研究院等 238 家各国重要军事和科研机构也高度关注数字孪生研究,且在学术刊物上有研究成果发表[3],说明数字孪生在航空航天等国之重器领域得到了高度关注。

在学术刊物上发表论文的数量在一定程度上能反映一个机构在相应领域的研究实力和影响力。图 2.5(来源于 Scopus 数据库)为截至 2020 年 12 月 31 日在学术刊物上 2011—2020 年发表数字孪生研究成果前 20 的研究机构分布情况。论文数量排名前 10 的机构中:高校包括北京航空航天大学、德国亚琛工业大学、俄罗斯圣彼得堡彼得大帝理工大学、俄罗斯南乌拉尔国立大学、英国剑桥大学、德国慕尼黑大学和瑞典查尔姆斯理工大学等;企业有西门子公司且排名第 3。某种程度上说明这些机构已形成一定的数字孪生研究团队。研究学者与研究机构往往是密不可分的,据统计当前全球已有上万名专家或学者参与了数字孪生研究且有相关成果在学术刊物上发表[3]。

2.1.5　发表论文研究方向和高频关键词统计分析

论文关键词能够反映研究的关注点,高频关键词能够体现一个领域的热门研究话题,因此本节统计了 2017—2020 年数字孪生文章高频关键词,以剖析数字孪生的关注热门领域或相关技术,如表 2.3 所示(来源于 Scopus 数据库)。统计结果显示,当前全球对数字孪生的研究集中在制造领域,近 4 年关键词"Manufacture"(制造)出现频次增长迅速,从 2017 年的 26 次增至 2020 年的 124 次,均位列高频关键词的前列。此外,高频关键词还揭露出数字孪生与新一代信息技术(New IT)联系紧密,近 4 年高频关键词覆盖"Big Data"(大数据)、"Internet of Things"(物联网)、"Artificial Intelligence"(人工智能)、"Virtual Reality"(虚拟现实)、"Augmented Reality"(增强现实)等 New IT 概念和技术,可预测数字孪生未来将进一步与 New IT 深度集成和融合,并促进相关领域发展[3]。此外,在统计的所有数字孪生文献中,智能制造相关的文献数量占 50% 以上,说明世界各国在智能制造领域的竞争十分激烈,都将数字孪生作为落地智能制造的重要技术手段[3]。

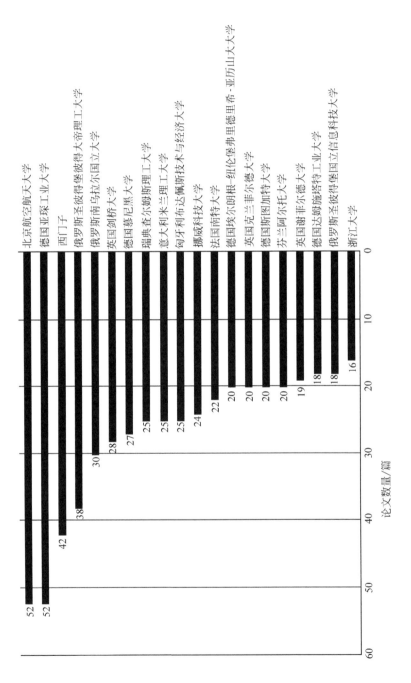

图 2.5　在学术刊物上发表数字孪生论文数排名前 20 的单位[3]

表 2.3 2017—2020 年发表的数字孪生论文中的高频关键词统计分析[3]

| 2017 年关键词 | | 2018 年关键词 | | 2019 年关键词 | | 2020 年关键词 | | 2017—2020 年关键词 | |
关键词	频次	关键词	频次	关键词	频次	关键词	频次	关键词	频次
Digital Twin	34	Digital Twin	131	Digital Twin	311	Digital Twin	992	Digital Twin	1468
Manufacture	26	Manufacture	46	Manufacture	93	Industry 4.0	135	Life Cycle	323
Life Cycle	17	Virtual Reality	40	Life Cycle	90	Manufacture	124	Industry 4.0	318
Cyber Physical Systems	14	Industry 4.0	38	Industry 4.0	83	Life Cycle	117	Manufacture	308
Embedded Systems	13	Life Cycle	38	Internet of Things	83	Digital Twins	99	Embedded Systems	240
Industry 4.0	13	Embedded Systems	37	Embedded Systems	79	Internet of Things	94	Internet of Things	235
Virtual Reality	10	Cyber Physical System	31	Virtual Reality	68	Decision Making	93	Virtual Reality	184
Internet of Things	9	Internet of Things	28	Cyber Physical System	57	Embedded Systems	83	Decision Making	179
Big Data	8	Digital Twins	20	Simulation	45	Artificial Intelligence	77	Cyber Physical System	178
Decision Making	7	Product Design	19	Machine Learning	41	Machine Learning	72	Digital Twins	175
Optimization	7	Smart Manufacturing	18	Decision Making	39	Cyber Physical System	60	Artificial Intelligence	138
Real Time Systems	7	Automation	17	Digital Twins	37	Automation	52	Machine Learning	128
Information Management	6	Big Data	17	Product Design	33	Virtual Reality	46	Simulation	117

续表

2017年关键词		2018年关键词		2019年关键词		2020年关键词		2017—2020年关键词	
关键词	频次	关键词	频次	关键词	频次	关键词	频次	关键词	频次
Learning Systems	6	Decision Making	17	Offshore Oil Well Production	30	Smart Manufacturing	44	Information Management	110
Product Design	6	Systems Engineering	15	Artificial Intelligence	28	Information Management	43	Automation	109
Augmented Reality	5	Flow Control	14	Information Management	28	Simulation	40	Product Design	106
Automation	5	Learning Systems	14	Smart Manufacturing	27	Industrial Research	38	Smart Manufacturing	102
Computer Aided Design	5	Artificial Intelligence	13	Augmented Reality	26	Big Data	36	Big Data	86
Distributed Computer Systems	5	Augmented Reality	13	Automation	26	Deep Learning	35	Industrial Research	84
Finite Element Method	5	Industrial Research	13	Data Analytics	24	Forecasting	35	Learning Systems	79

2.2　数字孪生论文引用分析

引用次数较高的论文一般能够说明该论文在其领域的影响力。本节通过在 Web of Science 核心合集搜索数字孪生"digital twin or digital twins"关键词,得到被引数量较高的 20 篇数字孪生相关论文,如表 2.4 所示。同时在 Google Scholar 中搜索了上述被引数量较高的 20 篇论文的被引数。通过分析可知当前引用次数较高的论文包括数字孪生在智能制造领域的应用探索与研究、数字孪生研究最新进展的综述、数字孪生模型架构等内容。其中本书笔者团队 2018 年在 *The International Journal of Advanced Manufacturing Technology* 国际期刊发表的 "Digital twin-driven product design,manufacturing and service with big data"一文,在 Web of Science 核心合集中被引用 362 次,在 Google Scholar 中被引用 861 次,说明数字孪生在驱动产品设计、制造与服务等方面的影响力与认可度较高,有相对较多学者跟进研究。Rosen Roland 等 2015 年在 *IFAC-PapersOnLine* 上发表的文章讨论了数字孪生对未来制造业的重要性,在 Web of Science 核心合集中被引用 234 次,在 Google Scholar 中被引用 563 次,该文章依然聚焦在了制造领域。排名第 3 的文章是 Schleich Benjamin 等发表在 *CIRP Annals-Manufacturing Technology* 期刊上的"Shaping the digital twin for design and production engineering"一文,其 Web of Science 核心合集中被引用 188 次,在 Google Scholar 中被引用 445 次,该文主题依然是聚焦在产品设计和生产制造工程。此外,高被引论文大都集中在生产制造领域,说明数字孪生在制造领域的研究与应用最受关注。

表 2.4　Web of Science 核心合集被引数量较高的数字孪生相关论文

序号	Web of Science 核心合集被引频次	Google Scholar 引用次数	作者	文献名称	期刊	发表年份
1	362	861	Tao Fei,Cheng Jiangfeng, Qi Qinglin,et al.	Digital twin-driven product design, manufacturing and service with big data	The International Journal of Advanced Manufacturing Technology	2018
2	234	563	Rosen Roland, Von Wichert Georg,Lo George,et al.	About the importance of autonomy and digital twins for the future of manufacturing	IFAC-PapersOnLine	2015

续表

序号	Web of Science 核心合集被引频次	Google Scholar 引用次数	作者	文献名称	期刊	发表年份
3	188	445	Schleich Benjamin, Anwer Nabil, Mathieu Luc, et al.	Shaping the digital twin for design and production engineering	CIRP Annals-Manufacturing Technology	2017
4	176	435	Qi Qinglin, Tao Fei	Digital twin and big data towards smart manufacturing and industry 4.0: 360 degree comparison	IEEE Access	2018
5	162	337	Tao Fei, Zhang Meng	Digital twin shop-floor: a new shop-floor paradigm towards smart manufacturing	IEEE Access	2017
6	162	423	Uhlemann Thomas H.-J., Lehmann Christian, Steinhilper Rolf	The digital twin: realizing the cyber-physical production system for industry 4.0	Procedia CIRP	2017
7	155	441	Negri Elisa, Fumagalli Luca, Macchi Marco	A review of the roles of digital twin in CPS-based production systems	Procedia Manufacturing	2017
8	150	388	Ghobakhloo Morteza	The future of manufacturing industry: a strategic roadmap toward Industry 4.0	Journal of Manufacturing Technology Management	2018
9	141	293	Alam Kazi Masudul, El Saddik Abdulmotaleb	C2PS: A digital twin architecture reference model for the cloud-based cyber-physical systems	IEEE Access	2017

续表

序号	Web of Science 核心合集被引频次	Google Scholar 引用次数	作者	文献名称	期刊	发表年份
10	105	342	Kritzinger Werner，Karner Matthias，Traar Georg，et al.	Digital twin in manufacturing： a categorical literature review and classification	IFAC-PapersOnLine	2018
11	104	236	Söderberg Rikard，Wärmefjord Kristina，Carlson Johan S. ，et al.	Toward a digital twin for real-time geometry assurance in individualized production	CIRP Annals-Manufacturing Technology	2017
12	100	267	Tao Fei，Zhang He，Liu Ang，et al.	Digital twin in industry： state-of-the-art	IEEE Transactions on Industrial Informatics	2019
13	87	197	Uhlemann Thomas H. -J. ，Schock Christoph，Lehmann Christian，et al.	The digital twin： demonstrating the potential of real time data acquisition in production systems	Procedia Manufacturing	2017
14	86	200	Schroeder Greyce N. ，Steinmetz Charles，Pereira Carlos E. ，et al.	Digital twin data modeling with automationML and a communication methodology for data exchange	IFAC-PapersOnLine	2016
15	73	231	El Saddik Abdulmotaleb	Digital twins the convergence of multimedia technologies	IEEE MultiMedia	2018
16	72	132	Knapp G. L. ，Mukherjee T. ，Zuback J. S. ，et al.	Building blocks for a digital twin of additive manufacturing	Acta Materialia	2017

续表

序号	Web of Science 核心合集被引频次	Google Scholar 引用次数	作者	文献名称	期刊	发表年份
17	71	135	Tao Fei，Zhang Meng，Nee A，et al.	Digital twin driven prognostics and health management for complex equipment	CIRP Annals-Manufacturing Technology	2018
18	70	160	Zhuang Cunbo，Liu Jianhua，Xiong Hui	Digital twin-based smart production management and control framework for the complex product assembly shop-floor	The International Journal of Advanced Manufacturing Technology	2018
19	67	238	Tao Fei，Sui Fangyuan，Liu Ang，et al.	Digital twin-driven product design framework	International Journal of Production Research	2019
20	67	123	Zhang Hao，Liu Qiang，Chen Xin，et al.	A digital twin-based approach for designing and multi-objective optimization of hollow glass production line	IEEE Access	2017

2.3 数字孪生白皮书

自 2014 年 Michael Grieves 教授撰写了数字孪生白皮书 *Digital Twin：Manufacturing Excellence through Virtual Factory Replication*（虽然 Grieves 强调这是一份白皮书，但实际上只有 6 页），已陆续有多家单位发布了数字孪生相关的白皮书。数字孪生相关白皮书信息见表 2.5。

表 2.5 数字孪生相关白皮书

序号	主要编写单位	白皮书名称	年份
1	中国电子信息产业发展研究院（赛迪集团）	《数字孪生白皮书（2019）》	2019
2	数字孪生体实验室、安世亚太科技股份有限公司	《数字孪生体技术白皮书（2019）》	2019
3	美国工业互联网联盟（IIC）	《工业应用中的数字孪生》白皮书	2020
4	中国电子技术标准化研究院牵头	《数字孪生应用白皮书》	2020

序号	主要编写单位	白皮书名称	年份
5	中国信息通讯研究院	《数字孪生城市白皮书(2020)》	2020
6	京东物流与中国物流与采购联合会	《数字孪生供应链白皮书》	2020
7	亚信科技、咪咕文化科技有限公司、数字孪生体联盟	《中国 5G 城市数字孪生白皮书》	2020
8	中国信通院和工业互联网产业联盟	《工业数字孪生白皮书(征求意见稿)》	2020

2019 年 12 月 19 日在 2019 通信产业大会暨第十四届通信技术年会上,中国电子信息产业发展研究院(赛迪集团)推出了《数字孪生白皮书(2019)》,该白皮书从发展态势、定义内涵、应用场景和未来展望 4 个部分详细介绍了从数字孪生[35]。

2019 年 12 月 27 日,数字孪生体实验室与安世亚太科技股份有限公司联合发布了《数字孪生体技术白皮书(2019)》,该白皮书分为 2 个部分,第一部分关注对数字孪生体的抽象和总结,第二部分则分别在工业、产业、民生和军事 4 个领域选择了相关场景做了实例化概述[36]。

2020 年 2 月 18 日,美国工业互联网联盟(Industrial Internet Consortium,IIC)发布了《工业应用中的数字孪生》白皮书,从工业互联网的视角阐述了数字孪生的定义、行业价值、体系架构、标准及工业数字孪生的部署实施路径,并通过不同行业实际应用案例描述了工业互联网与数字孪生的关系[37]。

2020 年 11 月 11 日,由工信部中国电子技术标准化研究院牵头编写的《数字孪生应用白皮书》在 2020 年新一代信息技术产业标准化论坛上正式发布,该白皮书对数字孪生相关定义、特征进行了阐述,针对当前数字孪生技术热点、应用领域、产业情况和标准化现状进行了梳理分析[38]。

2020 年 12 月 15 日,中国信息通讯研究院(信通院)发布了《数字孪生城市白皮书(2020)》,在此之前信通院分别在 2018 年和 2019 年发布了两次数字孪生城市研究报告,即《数字孪生城市研究报告(2018)》(聚焦在了数字孪生城市概念和架构)和《数字孪生城市研究报告(2019)》(聚焦在了关键技术和核心平台),2020 年发布的白皮书"从政产学研用"多视角系统分析今年以来数字孪生城市发展十大态势及九大核心能力,针对当前数字孪生城市发展中面临共性问题,提出策略与建议[39]。

此外,2020 年 11 月 20 日,在中国移动全球合作伙伴大会上,亚信科技携手咪咕文化科技有限公司(简称"咪咕")、数字孪生体联盟联合发布了《中国 5G 城市数字孪生白皮书》[40]。2020 年 8 月 15 日,京东物流与中国物流与采购联合会在"2020 全球物流技术大会"共同发布了业内首个《数字孪生供应链白皮书》,介绍了数字孪生在供应链中的应用及实践建议[41]。此外,中国信通院和工业互联网产业联盟共同组织编写了《工业数字孪生白皮书(征求意见稿)》,分析了工业数字孪生的内涵特征,系统梳理工业数字孪生技术、产业、应用的发展现状,并在一定程度上对未来发展趋势进行了预测[42]。

2.4 数字孪生专利发展现状

专利文献作为技术信息最有效的载体,囊括了全球 90％以上的最新技术情报,相比一般技术刊物所提供的信息早 5～6 年,而且 70％～80％发明创造只通过专利文献公开,并不见诸于其他科技文献,相对于其他文献形式,专利更具有新颖、实用的特征[43]。对专利的统计分析能够帮助数字孪生的研究和应用者了解数字孪生的全球竞争态势。

截至 2020 年 12 月 31 日,在世界知识产权组织(WIPO)官方开发与管理的专利 Scopus 数据库中共检索到与数字孪生紧密相关的专利 673 项。如图 2.6 所示,根据检索到数字孪生相关专利的数量年度分布可知,2015—2020 年数字孪生相关的专利数量呈现明显增长趋势,说明数字孪生研究与创新已经进入快速发展阶段。

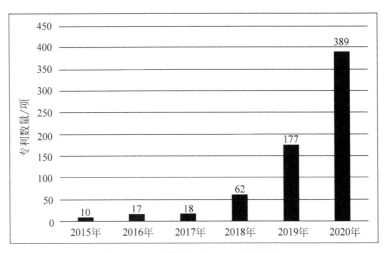

图 2.6 专利数量时间分布统计情况

统计结果显示,截至 2020 年已申请了数字孪生相关专利的国家和地区有中国、美国、韩国、日本、英国、加拿大、德国、印度等国和欧盟,如图 2.7 所示。2020年,中国受理 238 项,美国受理 92 项,欧盟受理 33 项,日本受理 11 项,说明中、美、欧依然是数字孪生应用的大国或地区。由 2.1.2 节所知,这些国家和地区都发表了一定数量的数字孪生相关论文,具备了一定的理论研究基础,这些理论研究为数字孪生技术与应用创新、专利申请提供了支撑。

根据 2.1 节的分析,企业在论文发表方面相比高校略占弱势,但是在技术创新与申请专利等方面却具有较大优势。目前专利申请数量排名前 10 的机构包括了 9家企业,高校仅有 1 所。专利申请数量排名前 10 的 9 家企业包括西门子、通用电气、霍尼韦尔国际、IBM 等国际企业。其中,西门子申请专利高达 60 项,通用电气

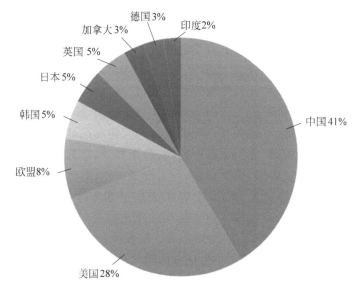

图 2.7　截至 2020 年数字孪生相关专利国家和地区分布

申请专利高达 28 项,ASSIA Inc. 申请专利 16 项,CATENA NETWORKS,INC. 申请专利 14 项,霍尼韦尔国际、LG 电子以及 IBM 均申请了 7 项专利。专利申请数量跻身排名前 10 的高校是北京航空航天大学,其中北京航空航天大学笔者团队截至 2020 年 12 月 31 日已授权了 12 个数字孪生专利,受理了 8 项数字孪生专利,涉及数字孪生模型构建、组装、融合、一致性判定,数据高效处理与融合,虚实交互,数字孪生车间任务调度、设备管控等各个方面。

由此可知,国际企业十分重视专利的申请与相应知识产权的保护,一些国家通过数字孪生相关专利的申请,为更好地占据数字孪生市场,提高企业的竞争力奠定了基础,这也从侧面体现出数字孪生巨大的工程应用前景与价值。

2.5　数字孪生标准发展现状

标准是按照规定的程序,经协商一致制定,为各种活动或其结果提供规则、指南或特性,供共同使用和重复使用的一种文件[44]。近年来,ISO、IEC、ITU、IEEE 等国际和区域标准化组织都积极推进数字孪生标准化工作。我国的中国电子技术标准化研究院、全国自动化系统与集成标准化技术委员会及多家企业等都积极开展了数字孪生的相关国家标准和企业标准的立项和发布工作。

2.5.1　数字孪生国内标准现状

截至 2021 年,国内各个标准化组织积极开展了数字孪生相关标准研究工作,如表 2.6 所示。全国自动化系统与集成标准化技术委员会负责起草《自动化系统与集成 复杂产品数字孪生体系架构》[45]。中关村现代信息消费应用产业技术联盟围绕数字孪生公共信息模型(CIM)平台开展了标准研究[46]。中国电子装备技术开发协会发布了《数字孪生仿真数据管理系统(SDM)数据模型规范》《数字孪生智能制造系统平台组织结构及权限管理规范》《数字孪生定制移动 App 通用安全技术规范》和《数字孪生移动应用程序通用测试规范》4 个团体标准[47-50]。北京航空航天大学围绕数字孪生车间展开了相关的系列团体标准研究,该系列团体标准共包括通用要求、模型构建、虚实交互一致性、数据处理、仿真要求、信息系统集成要求 6 个部分,目前通用要求、模型构建、虚实交互一致性 3 个团体标准已立项公示[51]。中国技术市场协会发布了《智能建造数字孪生车间技术要求》团体标准[52]。此外,也有部分企业开展了企业标准的相关研究[53]。博创智能装备股份有限公司发布了《注塑机数字孪生平台》标准。精航伟泰测控仪器(北京)有限公司发布了《基于模型系统工程的数字孪生在线协同设计平台标准》。磁石云(天津)数字科技有限公司发布了《面向 5G＋数字创意的数字孪生可视化远程协同设计系统标准》。安徽巨一科技股份有限公司发布了《面向新能源汽车动力系统智能生产线的机器人数字孪生体模型》和《面向新能源汽车动力系统智能生产线的机器人数字孪生联调测试》两项企业标准。

表 2.6　数字孪生相关国内标准

标准名称	归口单位	类别	进行阶段
自动化系统与集成 复杂产品数字孪生体系架构(20203707-T-604)	全国自动化系统与集成标准化技术委员会	国家标准	起草阶段
数字孪生公共信息模型(CIM)平台总体框架	中关村现代信息消费应用产业技术联盟	团体标准	已立项
T/CAEE 006—2020 数字孪生仿真数据管理系统(SDM)数据模型规范	中国电子装备技术开发协会	团体标准	公布
T/CAEE 008—2020 数字孪生智能制造系统平台组织结构及权限管理规范	中国电子装备技术开发协会	团体标准	公布
T/CAEE 010—2020 数字孪生定制移动 App 通用安全技术规范	中国电子装备技术开发协会	团体标准	公布
T/CAEE 011—2020 数字孪生移动应用程序通用测试规范	中国电子装备技术开发协会	团体标准	公布
数字孪生车间　第 1 部分:通用要求	北京航空航天大学	团体标准	立项
数字孪生车间　第 2 部分:模型构建	北京航空航天大学	团体标准	立项
数字孪生车间　第 3 部分:虚实交互一致性	北京航空航天大学	团体标准	立项
T/TMAC 025—2020 智能建造数字孪生车间技术要求	中国技术市场协会	团体标准	公布

标准名称	归口单位	类别	进行阶段
Q/BCJX—2020 注塑机数字孪生平台	博创智能装备股份有限 公司	企业标准	公布
Q/110108JHWT 001—2020 基于模型系统工程的数字孪生在线协同设计 平台标准	精航伟泰测控仪器（北 京）有限公司	企业标准	公布
Q/300000CSY001—2020 面向 5G＋数字创意的数字孪生可视化远程 协同设计系统标准	磁石云（天津）数字科技 有限公司	企业标准	公布
Q/JEE 030—2020 面向新能源汽车动力系统智能生产线的机器 人数字孪生体模型	安徽巨一科技股份有限 公司	企业标准	公布
Q/JEE 029—2020 面向新能源汽车动力系统智能生产线的机器 人数字孪生联调测试	安徽巨一科技股份有限 公司	企业标准	公布

2.5.2　数字孪生国际标准现状

近几年，国际标准化组织（ISO）相继开展了数字孪生相关标准的研究工作，具体标准研究进展如表 2.7 所示。国际标准化组织 ISO/TC 184/SC 4 Industrial data 标准工作组目前正在推进两个数字孪生相关标准研究，分别围绕数字孪生体的可视化组件和数字孪生系统框架方面开展[54-58]。国际电信联盟 ITU-T SG17 标准工作组的工作主要围绕智慧城市领域，分别在数字孪生系统安全机制和智慧社区安全机制方面开展相关工作[59]。IEEE（电气与电子工程师协会）成立了数字孪生标准工作组 P2806 和 P2806.1，分别负责研究智能工厂物理实体的数字化表征和连接性要求[60-61]。ISO/IEC JTC1 围绕数字孪生概念术语和应用案例展开了研究[62-63]。其中 IEEE P2806 标准组和 ISO/IEC JTC1 标准组是由中国电子技术标准化研究院牵头。IEC/ISO/JWG21 拟围绕制造领域中数字孪生参考模型架构等方面开展相关标准研究工作[64]。

表 2.7　数字孪生相关国际标准

标准名称	组　织	领　域	进行阶段
ISO/PRF TR 24464： Automation systems and integration— Industrial data—Visualization elements of digital twins	ISO/TC 184/SC 4 Industrial data	制造	公布

续表

标准名称	组　　织	领　　域	进行阶段
ISO/DIS 23247： Automation systems and integration-Digital Twin framework for manufacturing	ISO/TC 184/SC 4 Industrial data	制造	征询意见阶段
Security measure for digital twin system of smart cities	ITU-T SG17	智慧城市	已立项
Security measure for smart residential community	ITU-T SG17	智慧城市	已立项
System architecture of digital representation for physical objects in factory environments	IEEE P2806	制造	已立项
Standard for connectivity requirements of digital representation for physical objects in factory environments	IEEE P2806.1	制造	已立项
Digital twin-Concepts and terminology	ISO/IEC JTC1	制造	已立项
Digital twin-Use cases	ISO/IEC JTC1	制造	已立项
Unified reference model for smart manufacturing	IEC/ISO/JWG21	制造	已立项

2.5.3　数字孪生标准体系框架

基于对数字孪生标准的建设需求和研究现状,综合考虑标准体系的合理性、完整性、系统性和可用性,笔者团队 2019 年 10 月在《计算机集成制造系统》发表的《数字孪生标准体系》中设计了数字孪生标准体系,如图 2.8 所示[65]。该框架包括基础共性标准、关键技术标准、工具/平台标准、测评标准、安全标准、行业应用标准 6 个方面,以指导数字孪生相关标准的制定。

（1）数字孪生基础共性标准:包括术语标准、参考架构标准、适用准则 3 个部分,围绕数字孪生的概念、参考框架、适用条件等方面,为整个标准体系提供支撑作用[65]。其中,①术语标准是定义数字孪生有关概念以及相应缩略语,帮助使用者理解数字孪生的概念,并为其他各部分标准的制定提供支持,此外,术语标准还应包括具体应用领域的相关术语。②参考架构标准是对数字孪生的单元级、系统级和复杂系统级 3 个层级的分层规则、数字孪生体系架构以及各部分参考架构进行规范,帮助使用者明确数字孪生分层方法、体系结构以及各部分之间的关系等。③适用准则是规范数字孪生的适用性要求,帮助使用者决策是否适用数字孪生。数字孪生基础共性相关标准及主要内容如图 2.9 所示。

（2）数字孪生关键技术标准:包括物理实体标准、虚拟模型标准、孪生数据标准、连接与集成标准、服务标准 5 个部分,用于规范数字孪生关键技术的研究与实施,保证数字孪生实施中的关键技术的有效性,破除协作开发和模块互换性的技术

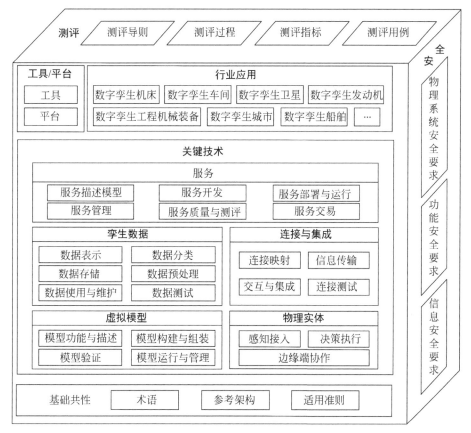

图 2.8　数字孪生标准体系[65]

壁垒[65]。①物理实体标准主要对物理实体的感知接入、决策执行、边缘端协作方面进行规范,相关标准及主要内容如图 2.10 所示。②虚拟模型标准主要对模型功能与描述、模型构建与组装、模型验证、模型运行与管理进行规范,相关标准及主要内容如图 2.11 所示。③孪生数据标准主要是对数字孪生系统涉及的孪生数据表示、分类、存储、预处理、使用与维护、测试进行规范,相关标准及主要内容如图 2.12所示。④连接与集成标准主要对数字孪生物理实体、虚拟模型、服务、数据库的数据连接与集成进行规范,相关标准及主要内容如图 2.13 所示。⑤服务标准主要对服务描述模型、服务开发、服务部署与运行、服务管理、服务质量与测评、服务交易进行规范,相关标准及主要内容如图 2.14 所示。

　　(3) 数字孪生工具/平台标准:包括工具标准和平台标准 2 个部分,用于规范软硬件工具/平台的功能、性能、开发、集成等技术要求[65]。如图 2.15 所示,①工具标准规范数字孪生中涉及的软硬件工具相关技术要求,包括工具功能、工具性能、工具运行环境、工具二次开发、工具集成、工具使用与维护等。②平台标准规范数字孪生实现过程涉及的平台相关技术要求,包括平台功能、平台性能(包括平台

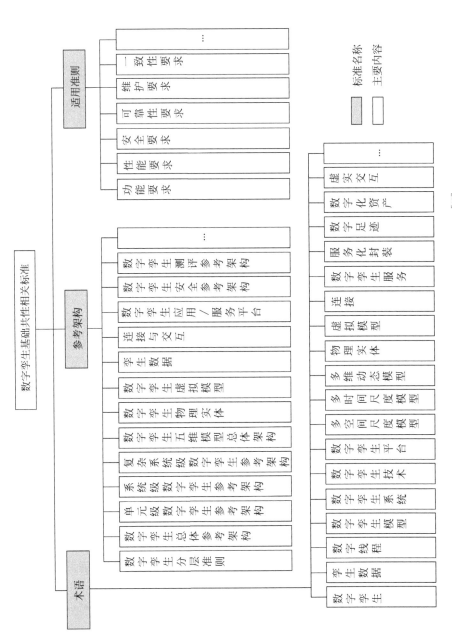

图 2.9　数字孪生基础共性相关标准及主要内容[65]

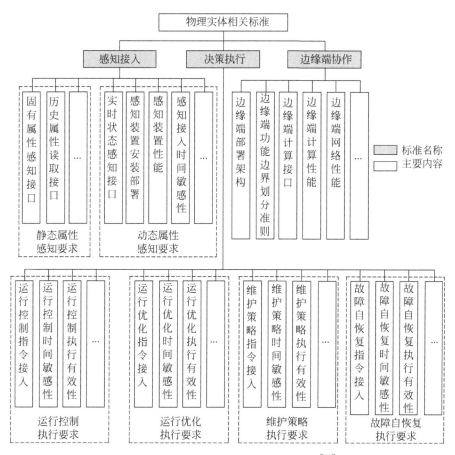

图 2.10 物理实体相关标准及主要内容[65]

基本性能、可靠性、扩展性、安全性)、平台运行环境、平台使用和维护、平台接口与集成、平台安全等。

(4) 数字孪生测评标准:包括测评导则、测评过程标准、测评指标标准、测评用例标准 4 个部分,用于规范数字孪生体系的测试要求与评价方法[65]。其中,①测评导则规范数字孪生体系的测试与评价过程的基本要求。②测评过程标准规范数字孪生体系的测试与评价过程相关技术要求。③测评指标标准规范数字孪生体系测试与评价过程涉及的各类指标要求。④测评用例标准规范数字孪生体系的测试与评价用例相关技术要求。数字孪生测评相关标准主要内容如图 2.16 所示。

(5) 数字孪生安全标准:包括物理系统安全要求、功能安全要求、信息安全要求 3 个部分,用于规范数字孪生体系中的人员安全操作、各类信息的安全存储、管理与使用等技术要求[65]。其中,①物理系统安全要求规范数字孪生体系中物理系统的安全要求。②功能安全要求规范数字孪生体系中设计、制造、安装、运维等过程的安全功能相关技术要求。③信息安全要求:规范数字孪生体系中涉及的各类

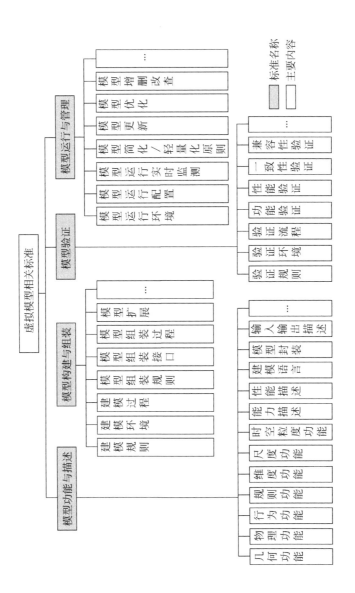

图 2.11 虚拟模型相关标准及主要内容[65]

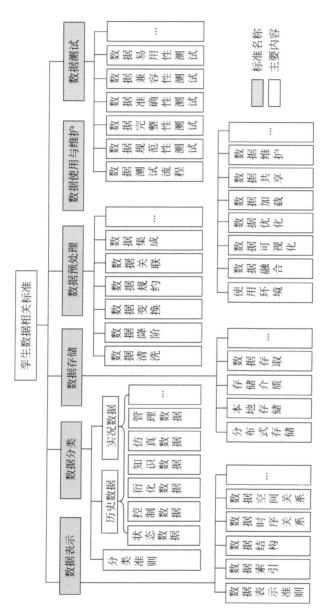

图 2.12　孪生数据相关标准及主要内容[65]

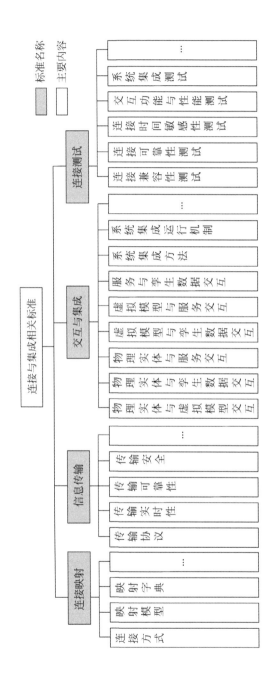

图 2.13　连接与集成相关标准及主要内容[65]

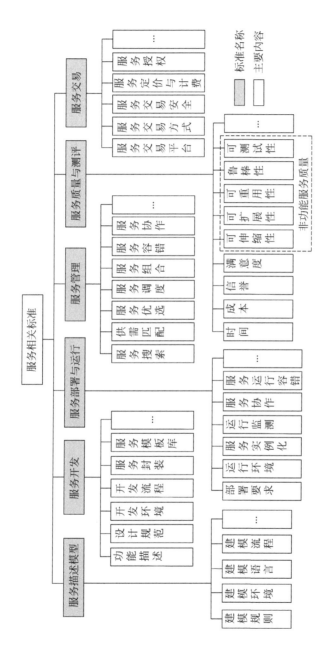

图 2.14　服务相关标准及主要内容[65]

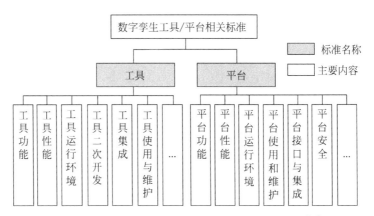

图 2.15　数字孪生工具/平台相关标准及主要内容[65]

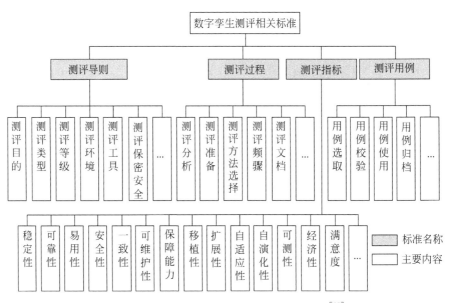

图 2.16　数字孪生测评相关标准及主要内容[65]

信息安全相关技术要求。数字孪生安全相关标准主要内容如图 2.17 所示。

（6）数字孪生行业应用标准考虑数字孪生在不同行业/领域、不同场景应用的技术差异性，在基础共性标准、关键技术标准、工具/平台标准、测评标准、安全标准的基础上，对数字孪生在机床、车间、卫星、发动机、工程机械装备、城市、船舶、医疗等具体行业应用的落地进行规范。

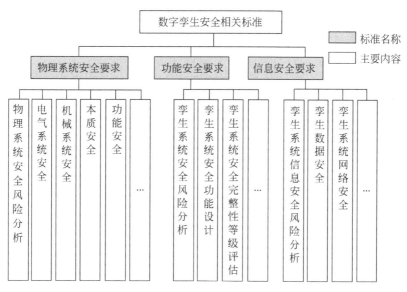

图 2.17　数字孪生安全相关标准及主要内容[65]

2.6　数字孪生研究演进

　　从军用到民用,是许多高新技术走过的共同道路。从激光武器到激光手术,从战争通信到商业通信,从军用 GPS 到民用 GPS,从计算导弹精度的军用计算机到如今处处可见的家用计算机……这些高新技术在军事资金和资源的支持下得以发展和改进,随后才逐渐引进民用中,进而改变人们的生活。

　　数字孪生经历数年的理论研究与技术探索,也已经从军用上的"一枝独秀",发展为民用上的"遍地开花"。数字孪生提出初期,美国航空航天局和美国空军研究实验室非常重视其在航空航天领域的应用潜力,投入了大量的资金进行研究探索,使得数字孪生在初始阶段的研究基本集中在航空航天领域,包括针对航空航天设备的健康监测、运行维护与寿命预测等方面。而随着相关技术和概念的普及,由于数字孪生的概念很好地契合了工业向智能化发展的趋势,使其引起了制造领域中许多学者与研究机构的关注,并开展了诸多理论研究与应用探索或实践,包括数字孪生在产品设计、制造过程、运行维护与回收管理等产品全生命周期的应用价值。目前数字孪生的概念被传播到越来越多的领域中,并开始逐渐走进人们的生活。如今,不仅在军工、航空航天、制造领域,在电力、汽车、船舶、医疗、城市管理等领域均有数字孪生的相关报道与应用需求,并且持续有更多不同领域的专家、研究机构、企业加入到数字孪生应用的探索中。

2.7　数字孪生与智能制造服务学术会议

随着越来越多的学者、企业和研究院所关注数字孪生、探索数字孪生、应用数字孪生,交流、沟通、探讨数字孪生成为当前的需求,一些数字孪生相关会议在这样的背景下不断召开,为学者、企业、研究所分享与探究数字孪生研究新理论、新技术、新方法、新应用提供了平台,进而不断推动数字孪生的发展与进步。笔者团队于2017年联合国内12所高校共同发起并承办了第一个数字孪生会议,即"第一届数字孪生与智能制造服务学术研讨会"。此后,越来越多的国家、学术组织、学者等筹办和承办数字孪生相关的学术会议和论坛。目前举办数字孪生相关会议的国家包括中国、美国、英国、澳大利亚、芬兰、西班牙、荷兰、加拿大、丹麦、斯洛文尼亚等10多个国家,会议主办方涵盖IEEE,CIRP等国际知名组织或者协会,会议主题主要涉及数字孪生与智能制造以及数字孪生与工业互联网的研究现状与未来发展。

"数字孪生与智能制造服务学术会议"是由北京航空航天大学、北京理工大学、西北工业大学、武汉理工大学、华中科技大学、上海大学、广东工业大学、郑州轻工业学院、山东大学、东南大学、武汉科技大学等高校共同发起的,并得到了北京智能制造创新联盟和《计算机集成制造系统》编辑部的大力支持。该会议旨在促进国内数字孪生与制造服务理论与技术的发展与应用。

"第一届数字孪生与智能制造服务学术会议"于2017年7月25—27日在北京航空航天大学召开,由北京航空航天大学和北京理工大学联合承办,来自全国10多所高校的70余名学者参会,12位专家学者对其研究成果作了分享交流。该会议是国内从事数字孪生与智能制造服务的青年学者自发组织的第一次数字孪生与智能制造服务学术会议,据了解该会议也是国际上第一个以数字孪生为主题的会议。会议主要围绕数字孪生驱动的设计与制造,新一代信息技术背景下的智能制造、智能制造服务科学与实践等主题开展研讨。会议最后,参会代表们对数字孪生和制造服务领域的热点问题进行了讨论,开阔了与会人员的研究视野,引发了数字孪生研究的热潮。

"第一届数字孪生与智能制造服务学术会议"确定了数字孪生和智能制造服务学术会议的定位,打造了一个数字孪生交流与聚力的平台,会上众多的演讲嘉宾及学术报告,能够使与会者更好地了解数字孪生的发展现状以及未来发展趋势,扩大了国内数字孪生研究的影响力,为中国数字孪生学术研究与企业应用的下一步发展,以及解决工业研究与开发的瓶颈问题提供了新交流平台。

"第二届数字孪生与智能制造服务学术会议"由郑州轻工业大学承办,《计算机集成制造系统》期刊编辑部协办,于2018年7月21—22日在河南郑州召开,来自全国60多所高校、科研院所和企业的200多名学者参与了学术交流与研讨。该会议的主题为新一代信息技术背景下的智能制造技术,数字孪生驱动的设计、制造与服务关键技术,智能制造服务理论与实践等。20 位来自国内知名高校和企业的专家代表围绕会议主题进行了学术报告,与会专家纷纷围绕会议主题开展交流与讨论。以该会议为契机,《计算机集成制造系统》期刊编辑部组织了"数字孪生技术"专辑,并于 2019 年 6 月出版。

"第三届数字孪生与智能制造服务学术会议"由广东工业大学承办,《计算机集成制造系统》期刊编辑部协办,于 2019 年 7 月 27—28 日在广东广州召开,来自全国 75 所高校、科研院所和企业的 240 多名学者齐聚广州,参与学术交流与研讨。该会议邀请了行业内顶级专家,研讨主题包括:数字孪生驱动的制造新模式、新理念、新方法;数字孪生驱动的设计、制造与服务关键技术;数字孪生系统开发与应用实践;智能制造服务的关键使能技术与工具。大会的报告内容丰富且精彩,专家们关于数字孪生与智能制造服务的学术报告开阔了与会人员的研究视野。

"第四届数字孪生与智能制造服务学术会议"由西北工业大学承办,西安科技大学、《计算机集成制造系统》期刊编辑部、中国运筹学会排序分会、中国机械工程学会生产工程分会(生产系统)和陕西省机械工程学会工业工程与管理分会协办,国家自然科学基金委工程与材料科学部、中国机械工程学会指导,于 2020 年 10 月 30 日—11 月 1 日在西北工业大学召开。该会议采用了线上与线下协同进行,并用大会报告、分组报告等形式进行学术交流。来自全国 100 多所高校、科研院所和企业的 360 余名专家、学者和青年才俊汇聚一堂。会议邀请了 6 位专家做了大会报告,并邀请了海外专家做了线上大会报告,21 位专家在设立的 3 个分会场中针对"数字孪生＋设计""数字孪生＋制造""数字孪生＋服务"等 3 个研究主题作了口头报告。这是一场多学科交叉的学术会议,与会专家学者展示研究成果、交流学术思想,深入探讨了数字孪生与智能制造服务学科发展中的热点前沿与挑战机遇,共同为推动数字孪生的探索研究与应用实践、推进现代制造业向智能制造服务转型升级、促进我国制造业高质量发展贡献了智慧和力量。

"第五届数字孪生与智能制造服务学术会议"定于 2021 年由上海大学承办,在上海召开,并已于 2021 年 1 月 28 日在数字孪生公众号发布了第一次会议通知。

2.8　国内有关科技部门对数字孪生研究资助的情况

随着科研机构和企业在数字孪生的概念、技术、标准、应用实践等方面开展了大量工作,数字孪生在中国的推广与发展也得到了国家战略支持。在工信部"工业互联网创新发展工程"专项等国家层面的数字孪生有关专项项目实施的同时,科技部"网络化协同制造与智能工厂"等国家重点研发计划也将数字孪生写入了指南,有力促进了数字孪生的发展。从 2017 年数字孪生在中国受到广泛关注开始,在笔者团队发表的第一篇数字孪生车间文章及共同发起的首次数字孪生会议的带动下,数字孪生被科技部写入了国家重点研发计划指南,在 2018 年的《基础前沿与关键技术指南》中指出要研究大数据驱动的制造过程数字孪生仿真,并构建典型指南生产线数字孪生平台。2019 年和 2020 年科技部进一步加大了对数字孪生的支持力度,每年在基础研究、共性关键技术和应用示范等方面共支持了 8 项研究方向指南。

与此同时,国家自然科学基金委员会(NSFC)也开始支持数字孪生的有关研究。自 2017 年开始,NSFC 陆续支持了数字孪生方面的研究项目 13 项,涵盖了青年科学基金、面向项目和联合基金项目。此外,2020 年 NSFC 修改了部分学科申请代码,其中在工程与材料科学部的 E05 机械设计与制造学科申请代码中,新增了"数字孪生车间与智能工厂"研究方向。工信部、科技部和 NSFC 对数字孪生项目的支持反映了国家对数字孪生研究与应用的重视,并将有效促进数字孪生的研究与应用发展。此外,国防科工局等国防领域单位也资助了许多数字孪生相关的项目。

本章小结

本章从数字孪生国内外学术研究现状分析、数字孪生论文引用分析、数字孪生学术活动组织分析、数字孪生专利发展现状以及数字孪生标准发展现状等 5 个维度剖析了数字孪生的研究进展,并分析了数字孪生与智能制造服务学术会议的发展情况以及国家对数字孪生研究的项目支持。从中可以看出,数字孪生无论在理论研究方面,还是在技术应用方面都具有较大的发展潜力。值得注意的是,当前数字孪生已经迈入了快速发展的阶段,各国之间的竞争也日趋激烈。

参考文献

[1] TAO F, QI Q. Make more digital twins [J]. Nature, 2019, 573: 490-491.

[2] 管文玉, 凌卫青. 基于文献计量的数字孪生研究可视化知识图谱分析[J]. 计算机集成制造系统, 2020, 26(1): 18-27.

[3] 陶飞, 张贺, 戚庆林, 等. 数字孪生十问: 分析与思考[J]. 计算机集成制造系统, 2020, 26(1): 1-17.

[4] GLAESSGEN E, STARGEL D. The digital twin paradigm for future NASA and US Air Force vehicles[C]// Proceedings of the 53rd AIAA/ASME/ASCE/AHS/ASC Structures, Structural Dynamics and Materials Conference. Reston, Va., USA: AIAA, 2012: 1818.

[5] TUEGEL E. The airframe digital twin: some challenges to realization[C]//Proceedings of the 53rd AIAA/ASME/ASCE/AHS/ASC Structures, Structural Dynamics and Materials Conference. Reston: AIAA, 2012: 1812.

[6] GOCKEL B, TUDOR A, BRANDYBERRY M, et al. Challenges with structural life forecasting using realistic mission profiles[C]//Proceedings of the 53rd AIAA/ASME/

ASCE/AHS/ASC Structures，Structural Dynamics and Materials Conference. Reston：AIAA，2012：1813.

[7]　SHAO G，JIBIRA D. Digital manufacturing：requirements and challenges for implementing digital surrogates［C］//Proceedings of the 2018 Winter Simulation Conference. Washington，D. C. ，USA：IEEE Press，2018：1226-1237.

[8]　MOHAMMADI N，TAYLOR J. Smart city digital twins［C］//Proceedings of 2017 IEEE Symposium Series on Computational Intelligence（SSCI）. Washington，D. C. ，USA：IEEE，2017：1-5.

[9]　MUKHERJEE T，DEBROY T. A digital twin for rapid qualification of 3D printed metallic components［J］. Applied Materials Today，2019，14：59-65.

[10]　SAUER O. The Digital Twin-An Essential Key Technology for Industrie 4. 0［EB/OL］. https://ercim-news. ercim. eu/en115/special/2107-the-digital-twin-an-essential-key-technology-for-industrie-4-0.

[11]　陶飞，张萌，程江峰，等. 数字孪生车间：一种未来车间运行新模式［J］. 计算机集成制造系统，2017，23（1）：1-9.

[12]　陶飞，刘蔚然，刘检华，等. 数字孪生及其应用探索［J］. 计算机集成制造系统，2018，24（1）：1-18.

[13]　中国信息通信研究院. 数字孪生城市研究报告（2019 年）［EB/OL］. http://www. caict. ac. cn/kxyj/qwfb/bps/201910/t20191011_219155. htm，2019-10.

[14]　中国电子技术标准化研究院物联网研究中心. ISO/IEC JTC 1 AG 11 数字孪生咨询组第一次面对面会议在印度新德里召开［EB/OL］. http://www. cesi. cn/201911/5812. html，2019-11-18.

[15]　赛迪研究院：《数字孪生白皮书（2019）》［EB/OL］. http://news. ccidnet. com/2019/1219/10505019. shtml，2019-12-19.

[16]　e-works. 数字孪生与工业智能论坛.［EB/OL］. http://www. e-works. net. cn/report/2019shuziluans/2019shuziluans. html，2019.

[17]　赵敏，宁振波. 四谈"数字孪生"——研究/应用新进展［EB/OL］. https://mp. weixin. qq. com/s/Q3F_3jBVzFziRRyXT25ZKQ，2019-11. 17.

[18]　安世亚太科技股份有限公司数字孪生体实验室. 数字孪生体技术白皮书［EB/OL］. http://www. peraglobal. com/upload/contents/2019/12/20191230095610_31637. pdf，2019. 12.

[19]　林诗万：数字孪生体在工业互联网的作用与意义（附 PPT）［EB/OL］. https://www. chainnews. com/articles/011225432505. htm.

[20]　胡松. 数字孪生体（Digital Twin）是谁提出的？［EB/OL］. http://www. innobase. cn/？p=1658，2018-06-29.

[21]　Journal of Manufacturing and Materials Processing. Special Issue "From the Digital Twin to the Digital Big Brother：Establishing Real-Time Relationship Between Smart Products and Smart Production Environments"［EB/OL］. https://www. mdpi. com/journal/jmmp/special_issues/DTDBB.

[22]　Engineering Fracture Mechanics. Special Issue on Digital Twin［EB/OL］. https://www. journals. elsevier. com/engineering-fracture-mechanics/call-for-papers/special-issue-on-digital-twin.

［23］ IEEE Internet Computing. Special Issue on Digital Twin［EB/OL］. https://www. computer. org/digital-library/magazines/ic/call-for-papers-special-issue-on-digital-twins.

［24］ International Journal of Product Lifecycle Management. Special Issue on："Uncertainty in the Digital Twin Context"［EB/OL］. https://www. researchgate. net/publication/ 341930887_Call_for_Papers_International_Journal_of_Product_Lifecycle_Management_ Special_Issue_on_Uncertainty_in_the_Digital_Twin_Context.

［25］ Advances in Civil Engineering. Digital Twin Technology in the Architectural，Engineering and Construction（AEC）Industry［EB/OL］. https://www. hindawi. com/journals/ace/ si/568017/.

［26］ ASME Journal of Energy Resources Technology. Special Journal Issue on Digital Twins in Energy and Automotive Industries［EB/OL］. https://www. asme. org/topics-resources/ society-news/asme-news/special-journal-issue-on-digital-twins-in-energy-and-automotive- industries.

［27］ Applied Sciences. Special Issue "Digital Twins in Industry"［EB/OL］. https://www. mdpi. com/journal/applsci/special_issues/Digital_Twins_Industry.

［28］ Sensors. Special Issue "Machine Learning for IoT Applications and Digital Twins"［EB/ OL］. https://www. mdpi. com/journal/sensors/special_issues/Machine_Learning_IoT_ Digita♯info.

［29］ Information. Special Issue "Cognitive Digital Twins：Challenges and Opportunities for Process and Manufacturing Industries"［EB/OL］. https://www. mdpi. com/journal/ information/special_issues/digital_manufacturing_industries♯info.

［30］ International Journal of Geo-Information. Special Issue "Digital Twins and Land Administration Systems"［EB/OL］. https://www. mdpi. com/journal/ijgi/special_ issues/Digital_Twins_Land_Administration♯info.

［31］ Journal of Manufacturing and Materials Processing. Special Issue "Progress in Digital Twin Integration for Smart Machining"［EB/OL］. https://www. mdpi. com/journal/ jmmp/special_issues/digital_twin_integration.

［32］ IEEE Software. Special Issue on Digital Twins［EB/OL］. https://www. computer. org/ digital-library/magazines/so/call-for-papers-special-issue-on-digital-twins-2.

［33］ Remote Sensing. Special Issue "Remote Sensing and Digital Twins"［EB/OL］. https:// www. mdpi. com/journal/remotesensing/special_issues/Digital_Twins♯info.

［34］ Electronics. Special Issue "Digital Twin Technology：New Frontiers for Personalized Healthcare"［EB/OL］. https://www. mdpi. com/journal/electronics/special_issues/ digital_twin_technology_healthcare♯info.

［35］ 赛迪《数字孪生白皮书（2019）》［EB/OL］. https://www. 163. com/dy/article/ F0R87VOU0511CSHM. html.

［36］ 《数字孪生体技术白皮书(2019)》[EB/OL]. https://www. sohu. com/a/363497305_680938.

［37］ 《数字孪生应用白皮书》(2020 版)[EB/OL]. https://www. sohu. com/a/432275487_680938.

［38］ 《工业应用中的数字孪生》白皮书[EB/OL]. http://www. sxgyy. org. cn/index. php? m= content&c=index&a=show&catid=21&id=160.

［39］ 《数字孪生城市白皮书(2020)》［EB/OL］. https://baijiahao. baidu. com/s? id= 1686418103903350223&wfr=spider&for=pc.

[40]　《中国 5G 城市数字孪生白皮书》[EB/OL]. https://www. bsia. org. cn/site/content/6904. html.

[41]　《数字孪生供应链白皮书》[EB/OL]. http://www. echinagov. com/news/288639. htm.

[42]　《工业数字孪生白皮书(征求意见稿)》[EB/OL]. https://www. sohu. com/a/390989468_774700.

[43]　YU W D,LO S S. Patent analysis-based fuzzy inferencesystem for technological strategy planning[J]. Automation in Construction,2009,18(6)：770-776.

[44]　全国标准化原理与方法标准化技术委员会.标准化工作指南：第 1 部分　标准化和相关活动的通用术语：GB/T 20000. 1—2014[S]. 北京：中国标准出版社,2015：3.

[45]　自动化系统与集成 复杂产品数字孪生体系架构[EB/OL]. http://std. samr. gov. cn/gb/search/gbDetailed? id=B4C3114E7E467688E05397BE0A0A61B6.

[46]　中关村现代信息消费应用产业技术联盟《数字孪生公共信息模型(CIM)平台总体框架》团体标准立项公告[EB/OL]. http://www. ttbz. org. cn/Home/Show/16238.

[47]　中国电子装备技术开发协会关于批准发布《数字孪生仿真数据管理系统(SDM)数据模型规范》团体标准的公告[EB/OL]. http://www. ttbz. org. cn/UploadFiles/StandardFpdFile/20200513152619420. pdf.

[48]　中国电子装备技术开发协会关于批准发布《数字孪生智能制造系统平台组织结构及权限管理规范》团体标准的公告[EB/OL]. http://www. ttbz. org. cn/UploadFiles/StandardFpdFile/20200513153224390. pdf.

[49]　中国电子装备技术开发协会关于批准发布《数字孪生定制移动 APP 通用测试规范》团体标准的公告[EB/OL]. http://www. ttbz. org. cn/UploadFiles/StandardFpdFile/20200513160952647. pdf.

[50]　中国电子装备技术开发协会自我承诺[EB/OL]. http://www. ttbz. org. cn/StandardManage/Detail/35414/.

[51]　立项公示：拟中国机械工业联合会团体标准计划项目[EB/OL]. http://cmis. mei. net. cn/back/news/keditor/attached/file/20210310/20210310122899809980. docx.

[52]　关于批准发布《智能建造 数字孪生车间技术要求》等 6 项团体标准的公告[EB/OL]. http://www. ttbz. org. cn/UploadFiles/StandardFpdFile/20201221144047693. pdf.

[53]　企业标准信息公共服务平台[EB/OL]. http://www. cpbz. gov. cn/standardProduct/toAdvancedResult. do.

[54]　ISO/PRF TR 24464 Automation systems and integration—Industrial data—Visualization elements of digital twins [EB/OL]. https://www. iso. org/standard/78836. html.

[55]　ISO/DIS 23247-1 Automation systems and integration—Digital Twin framework for manufacturing—Part 1：Overview and general principles [EB/OL]. https://www. iso. org/standard/75066. html.

[56]　ISO/DIS 23247-2 Automation systems and integration—Digital Twin framework for manufacturing—Part 2：Reference architecture [EB/OL]. https://www. iso. org/standard/78743. html.

[57]　ISO/DIS 23247-3 Automation systems and integration—Digital Twin framework for manufacturing—Part 3：Digital representation of manufacturing elements [EB/OL]. https://www. iso. org/standard/78744. html.

[58]　ISO/DIS 23247-4 Automation systems and integration—Digital Twin framework for

manufacturing—Part 4： Information exchange ［EB/OL］. https：//www. iso. org/standard/78745. html.

［59］ 雄安新区省级标准化试点单位两项智慧城市标准获国际立项［EB/OL］. http：//scjg. hebei. gov. cn/info/39060.

［60］ P2806-System Architecture of Digital Representation for Physical Objects in Factory Environments［EB/OL］. https：//standards. ieee. org/project/2806. html.

［61］ P2806. 1-Standard for Connectivity Requirements of Digital Representation for Physical Objects in Factory Environments ［EB/OL］. https：//standards. ieee. org/project/2806_1. html.

［62］ ISO/IEC AWI 30173 Digital twin-Concepts and terminology ［EB/OL］. https：//www. iso. org/standard/81442. html.

［63］ ISO/IEC AWI 30172 Digital Twin-Use cases ［EB/OL］. https：//www. iso. org/standard/81578. html.

［64］ IEC/AWI 65815 Unified reference model for smart manufacturing ［EB/OL］. https：//www. iso. org/standard/82374. html.

［65］ 陶飞,马昕,胡天亮,等. 数字孪生标准体系［J］. 计算机集成制造系统,2019（10）：2405-2418.

第 3 章

数字孪生工业应用

基于模型和数据融合,数字孪生所体现出的监控、仿真、预测、优化和控制等功能,与当前各行业所强调的数字化、智能化发展需求密切相关,也因为数字孪生与相关业务的密切结合性,从而也使其成为各行业提质增效的一个重要抓手。基于更加精细、更加动态的模型和更丰富、更多源的数据驱动,数字孪生在设计仿真优化、运行监控、预测性维护、供应链优化等领域发挥了重要作用,在越来越多的企业中得到了广泛的应用。数字孪生已被应用于了工业生产、智慧城市、孪生医疗、航空航天、交通等 15 个领域。随着企业能力和成熟度的提高,今后将有更多企业使用数字孪生技术优化流程、改进新产品、新服务和业务模式。本章从数字孪生的应用领域和各大企业的应用实践方面总结概述了数字孪生的工业应用。

3.1 数字孪生在各领域中的应用概述

从行业应用的角度来看,当前国内外企业界高度关注数字孪生技术,数字孪生目前已经在航空航天、电力、汽车制造、油气、健康医疗、船舶航运、城市管理、农业、建筑、安全急救、环境保护等 15 个领域开展了数字孪生应用探索[1],如图 3.1 所示。

3.1.1 数字孪生+航空航天

数字孪生技术最初是由 NASA 和美国空军提出并实践探索的,因此航空航天是采用数字孪生最早的工业领域。随后,许多大公司,例如诺斯罗普·格鲁曼公司(Northrop Grumman)、空中客车公司、波音公司、通用电气公司(GE)等也将数字孪生技术与其相关业务相结合,开展飞机维护、生产、装配、安全和安保管理等工作。以下列举部分应用案例。

为了预测太空飞行器的故障并设计维护策略,NASA 建立了飞行器数字孪生以反映飞行器的实际情况。通过向飞行器的数字孪生体提供实时数据,可以优化飞行器的性能,提前预测潜在的故障,帮助地面工程师更好地了解故障并提供有效的解决方案。目前,NASA 还尝试使用数字孪生来确保飞行器失灵时机组人员的安全。[1]

美国空军研究实验室(AFRL)发布了一项计划,即"螺旋 1",用于在航空航天

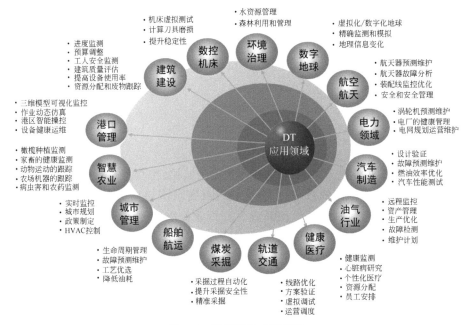

图 3.1　数字孪生应用领域

领域开发数字孪生。AFRL 已与 GE 和诺斯罗普·格鲁曼公司签署了一项价值 2000 万美元的商业合同，以进行相关研究。该研究整合了最先进的技术，旨在准确识别物理实体和模型之间的差异。[2]

美国洛克希德·马丁公司将数字孪生列为 2018 年顶尖技术之首[3]。为了提高 F-35 战斗机的生产效率，降低生产成本，他们将数字孪生应用于 F-35 战斗机的总装线(见图 3.2)，可以将以往生产线建成后弃之不用的模型重新利用起来，在感兴趣的位置添加标签采集相关数据，通过三维模型的变化实时监测生产线运行[4]。通过数字孪生，可实现对制造性、检测性和保障性的评价与优化，支撑航空航天装备生产、使用和保障。此外，诺斯罗普·格鲁曼公司在现有基础设施的基础上，处理 F-35 进气道加工缺陷的决策时间缩短了 33%，这项研究使得该公司在 2016 年获得了美国国防部的国防制造技术成就奖[4]。

2011 年，欧洲空中客车公司采用 Ubisense(UBI)的智能定位解决方案(图 3.3)，实时连接 A350XWB 总装线中的物理实体，使整个工业过程和设备应用透明化，并掌握工厂中设备的分布。从那时起，UBI 的解决方案一直被引入空中客车的装配线和飞机项目中，涉及 A330、A380 和 A400M。在此基础上，空客进一步在关键工具、材料和零件上部署了射频识别技术(radio frequency identification，RFID)标签，并最终为飞机的装配线建立了数字孪生体，该数字孪生体可以根据模型预测瓶颈难题并优化操作性能。[4]

俄罗斯目前正在联合其国内数十家企业将数字孪生应用于俄罗斯所有处于开

位于德克萨斯州沃斯堡的
F-35战斗机总装生产线

美空军和波音公司对
F-15创建的数字孪生模型

F-35战斗机进气道的数字孪生

诺斯罗普·格鲁曼公司处理
F-35进气道加工缺陷的决策
时间缩短了33%,该项目获
得了2016年度美国国防制造
技术成就奖

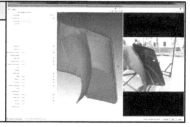

图 3.2　数字孪生在 F-15 和 F-35 中的应用[4]

空客A350WXB图卢兹总装线

空客集团A400M飞机部装线环境的数字孪生
可建模并实时监测数万平米空间和数千个对象

空客A400M
总装线数字孪生

图 3.3　空中客车公司的数字孪生应用[4]

发、生产和运营阶段的航空发动机中,特别是 TV7-117ST 涡桨发动机(用于伊尔-
112V 飞机)、AI-222-25 涡扇发动机(雅克 130 飞机)和其他民用航空发动机。[5]例
如,俄罗斯联合发动机公司(UEC)旗下的子公司克里莫夫公司已经完成了 TV7-
117ST-01 发动机的数字孪生项目第一阶段,对 TV7-117ST-01 发动机进行了数字
化处理,并对设计依据、设计文档、测试结果等进行了分析。然后,使用 CML-Benc
数字平台为新的设计范例生成数据阵列,并据此开发一系列虚拟测试台(VIS)和

虚拟测试站点(VIP),包括一个材料数学模型和一个虚拟发动机测试平台。基于该技术,将来可以使发动机单个零件的质量问题最低减少多达50％。

达索航空公司开发了基于数字孪生理念建立的虚实开发与仿真平台3DExperience,用于"阵风"系列战斗机和"隼"系列公务机的设计过程改进,使成本浪费降低25％,首次将质量改进提升了15％以上。[6]

对于数字孪生的应用,航空航天是一个相对较早且成熟的领域,已经进行了大量研究。数字孪生在此领域中起着重要作用,可以在虚拟空间中执行实时预测和高保真验证,从而提高飞机的可靠性并减少事故和资源使用量。

3.1.2　数字孪生＋汽车

汽车工业涉及汽车整个生命周期的不同阶段,例如设计、生产和维护。当前,随着汽车结构变得越来越复杂,对高精度测试和维护的要求也越来越高。EPLAN、PACCAR等一些公司已经在汽车行业的数字孪生应用方面做了一系列的工作。

GE公司认为,数字线程和数字孪生可以用于跟踪机车的整个生命周期。使用数字线程和数字孪生,可以以数字方式跟踪机车的设计、配置、制造、操作和维修方式。特别地,由于可以实时获取每个组件/零部件的健康状况和相关变量的变化,工程师可以从燃油效率到计划外停机等角度优化机车的运行。[7]国际商业机器公司(IBM)认为数字孪生将在几年内为汽车带来巨大的价值。工程师可以在制造真实车辆之前构造数字孪生,以模拟汽车在不同条件下的性能、与不同驾驶员的交互方式以及其脆弱性等,还可以查看在任何给定时间发生的情况,并找出何时、为什么以及如何发生故障,以降低计划外停机的成本和风险。[8]

针对汽车的生产制造,EPLAN公司针对汽车行业自动化生产线设计,提出了基于MBSE的机电一体化系统工程数字化策略,并基于主数据的数字主线打通了多维数字孪生模型(见图3.4),从而提供了从方案设计、详细工程设计、基于OPC UA的PLC软硬件在线通信、基于数字孪生和数据采集与监视控制系统(supervisory control and data acquisition,SCADA)的故障诊断与检测的完整机电一体化系统工程实践。由此帮助客户保证生产力,提高所生产的零部件质量,同时降低能耗需求。[9]保时捷公司将所有生产流程都通过IT系统与数字孪生进行实时对比,能够在客户发现问题之前发现问题。[10]日本马自达也在车身上采用了可视化数据样机模型,让工程师能够看到发动机内部结构、燃油效率、发动机的性能改进情况等。[11]

针对车辆使用与维护,物联网(IoT)软件公司Bsquare为卡车发动机以及其他零件建立了数字孪生模型,为卡车制造商PACCAR创建维修方案。通过充分利用由传感器收集的实时数据和DataV系统中的信息,可以创建特定条件下的发动机模型以支持卡车维修。基于此,可以减少维护频次,并使维护时间减少20％。[12-13]

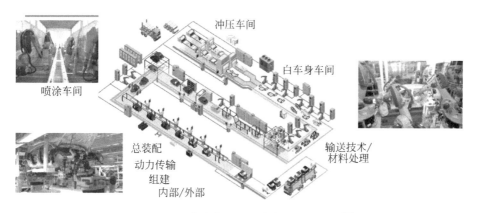

图 3.4　基于数字孪生的汽车主机生产工艺[9]

特斯拉公司为其生产和销售的每一辆电动汽车都建立数字孪生模型,相对应的模型数据都保存在公司数据库中。每辆电动车每天报告其日常经验,通过数字孪生的模拟程序使用这些数据来发现可能的异常情况并提供纠正措施。通过数字孪生模拟,特斯拉每天可获得相当于 160 万 mile(1mile≈1.6km)的驾驶体验,并在不断的学习过程中反馈给每辆车。[11]英国克莱斯特通过让消费者佩戴虚拟头盔,配合语音展开整个汽车工厂之旅,现场消费者可以看到车是怎么制造的。车辆分解成不同界面的单元,而且全部在观看者的视野范围,通过穿戴式虚拟眼镜,消费者可以看到克雷斯特、美国密歇根州的装配工厂、车身和储藏车间,展示整个车辆的制造过程。

在自动驾驶和车路协同方面,数字孪生平台公司 51WORLD 在深圳正式启动了地球克隆计划 4,并发布了 51Sim-One 车路云协作孪生平台,具备两大应用场景:一是应用在整车企业做传感器仿真、环测试系统等;二是应用在道路交通领域,通过对车与路智慧监测,打造出云控的可视化平台。[14]

由于数字孪生在汽车行业的状态监测、操作优化和故障预测中显示出明显的优势,因此可以认为是在该领域极有前途的技术。

3.1.3　数字孪生+电力

电力工业与工业发展和人们的日常生活息息相关,涉及电力的产生、传输、分配和销售,是一个国家/地区的基本产业。GE、西门子、上海电力经研院等企业已经开始探索将数字孪生引入了该行业。

GE 建立了一个数字风电场以重新定义风电的未来。通过连续收集实时数据(例如天气、组件消息、服务报告),为每个风力涡轮机建立数字孪生,以优化设备维护策略,提高可靠性并增加年度能源产量。数字孪生的应用,使发电效率有望提高20%。为了帮助客户实现这一目标,GE 提供了一个集成风力发电机产品硬件和软

件的解决方案,以及在 Predix 软件平台上构建的一组软件应用程序。[15-16]

西门子公司为芬兰的电力系统提供了一种解决方案,试图为电网创建数字孪生,以用于规划、运营和维护设施。数字孪生电网带来的主要好处包括:①将模拟中的大多数手动工作转换为自动化工作;②提升数据的利用率;③数据接口的标准化;④基于链接到数字网格的大数据,提供改善决策的巨大可能性。[17]

上海电力经研院构建了变电站的数字孪生雏形——变电站全景监视平台在500kV 五角场变电站,于 2018 年 3 月率先应用[18]。该平台应用数字孪生技术建立虚拟变电站三维模型,通过变电站内 4000 多个采集点、19141 个信息点,实时感知变电站内主控、辅控、安防等设备的各类状态信息,实现监控数据与三维数字模型的联动,实时反映实体变电站运行状态。同时,数字孪生技术的二三维联动使该平台具备地形浏览、设备查询、设备告警等功能。此外,依托状态感知、智能决策分析等技术,在数字孪生系统中构建变电站运维辅助“大脑”——专家知识库和状态判别模块,实现了对设备状态的快速分析、诊断判别和风险预测,进一步提升输变电工程的可视化、精细化管理水平和智能决策能力。目前,500kV 五角场变电站全景监视平台已被列为上海市建筑信息模型技术应用试点项目。[18]2019 年,国网上海市电力公司以张江 35kV 蔡伦站为试点,打造了一个“会思考”的电网设备数字孪生系统,利用传感器采集的高密度实时数据,建立真实设备在虚拟空间中的映射,准确把控设备的实时状态变化。同时利用环形验证、专家知识以及人工智能技术,提供设备远程运维、设备异常趋势预警、检修策略精准决策、设备缺陷精确处置等智慧决策支撑。[19]此外,2020 年 6 月,在临港新片区,博艺站作为首座 110kV 数字孪生变电站正式投运(图 3.5)[19],为构建万物互联、全面感知、虚实交互的智慧城市按下了“快进键”。国网上海市电力公司聚焦张江、临港两大国家战略,逐步将数字孪生系统的支撑范围推广至全类型电网设备,推动从数字孪生变电站向数字孪生能源互联网的跨越升级,为地区经济社会发展提供“世界会客厅”级的供能保障。

北京必可测科技股份有限公司是中国发电厂健康管理的解决方案提供商,已将数字孪生技术应用于其业务。其开发了一套智能解决方案,包括整个电厂的可视化管理、汽轮机的三维在线监控系统、用于培训的交互式虚拟仿真以及地下管网可视化等。通过提供可视化信息和分析工具,BKC 正在帮助客户提高工厂运营效率,降低成本并节省能源消耗。[20]

廊坊热电厂通过使用“SmartEarth 智慧工厂数字孪生系统”产品,根据热电厂现场和已有数据,构建了热电厂高精度数字孪生模型;基于热电厂数字孪生模型和数据,结合智能分析模型,预测设备运行趋势以及可能会出现的故障,实现设备全生命周期智能化管理(图 3.6 所示),也实现了热电厂区工作人员的高精度定位,满足安全管控要求。[21]

显然,数字孪生具有使电网、发电厂和基本设备保持较高可靠性的能力,这对于确保工厂和企业的平稳运行以及确保每个人的正常生活至关重要。

图 3.5　博艺站：110kV 数字孪生变电站[19]

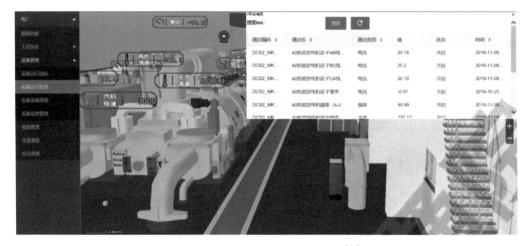

图 3.6   廊坊热电厂设备监测管理[21]

3.1.4   数字孪生＋船舶

海事行业已有数百年的历史,涉及海上运输、海洋开发和国防建设,对进出口贸易有很强的推动作用。目前,该行业中的一些公司计划通过先进技术来改善相关业务。因此,数字孪生已引起了广泛关注。

GE 试图与美国海军和国防部的海上运输提供商军用海上运输司令部(MSC)合作,以改善舰船性能和任务准备。为此,GE 将为关键船用设备实现高速数据采集,并为该设备建立数字孪生。借助 Predix 平台,将来自物理设备的实时数据与来自虚拟模型的模拟数据进行比较,检测差异,从而发现性能下降导致潜在的故障。基于这些差异,操作员可以在相应问题发生之前识别并进行处理,从而提高设备的可靠性和可用性,并降低维护成本。[22]

DNV GL 开发了一种利用数字孪生技术监测船体状况的方法。[23]该方法可以充分利用设计阶段准备的计算分析模型,为实体船舶建立"虚拟姊妹船",结合真实遭遇的波浪环境和位置数据,在营运阶段监测关键结构细节。此外,从海运业不同利益相关者(船舶拥有者、设备制造商、主管部门、大学、海事院校、咨询服务机构)的角度分析了数字孪生带来的价值。[24]

国内奇梦科技秀品牛数字孪生团队打造了船舶动力系统综合运维监控数字孪生平台,如图 3.7 所示。该平台首先构建了船舶整船、各个分系统、设备的三维几何模型,通过采集上百艘包括科研船、客运船、货船、施工船在内的多种类型数据,实现孪生船舶和物理船舶的实时映射。通过对船舶位置、动力系统、电力系统等数据的整合分析,随时了解船上设备的运转情况以及设备故障的快速定位,并调取船舶的历史数据及时为船舶故障提出维修参考建议。[25]

有了数字孪生,传统的船舶工业将受益于先进的数字技术,未来整个船舶的关

图 3.7　秀品牛船舶动力系统智能运维平台[25]

键设备和 PLM 的预测分析将成为其应用重点角度。

3.1.5　数字孪生＋医疗

在医疗健康行业中,相关公司和组织提供医疗服务、制造医疗设备并开发药品以维持和改善人们的健康状况,是世界上最大的产业之一,与每个人都息息相关。数字孪生可以应用于医疗健康行业以加快其数字化进程。

GE 卡姆登医疗集团已将医院的数字孪生变为现实。通过先进的数据监控和处理技术,实时感知医院基础设施的使用情况,并构建医院的数字孪生体,数字孪生有助于床位安排、人员安排和手术室分配等,从而最大限度地照顾患者。[26]

达索公司进行了一个“生命心脏项目”(LHP),通过生物技术传感器和扫描技术为人类心脏建立数字孪生。其构建的心脏数字孪生体是具有电和肌肉特性的心脏的个性化全尺寸模型,可以模拟真实心脏的行为。其不仅可以支持贴紧心脏起搏器、反转腔室、切割任何横截面以及运行假设等各种操作,还可以对心脏进行虚拟分析,以便在疾病开始之前为心脏病患者提供护理。[27-28]

阿姆斯特丹大学的研究人员试图将数字孪生用于构建为人类的数字克隆,准确地模仿人类的呼吸、行走,甚至腿部骨折和疾病发展等行为。如图 3.8 所示,人体的数字克隆将极大地促进个性化医学的发展,从而将基于对大多数患者的平均最佳治疗效果来改变传统治疗方法,还可以更快、更有效地引入新药物,并减少医学研究中对动物的使用。[29]

英国牛津大学、GE、IBM 等 20 所著名高校、研究所、企业等机构的 39 名学者联合发表在顶级期刊 *European Society of Cardiology* 的论文,提出为每个患者

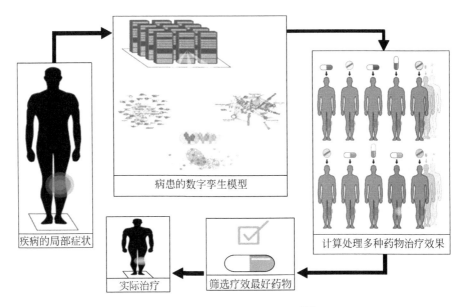

图 3.8　数字孪生个性化医疗[29]

构建数字孪生,如图 3.9 所示。通过机理模型和统计模型之间的协同作用,提高进行诊断和预后的能力,还可以通过模型预测来准确预测恢复健康的途径,从而为每一位患者提供量身定制的疗法,以加快心血管研究的发展,并推动精密医学的发展。[30]

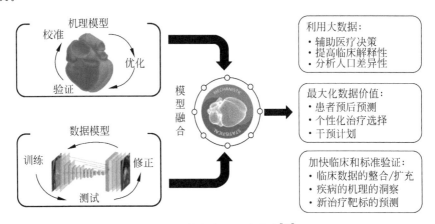

图 3.9　数字孪生心脏诊疗[30]

　　在医疗健康行业中,数字孪生在人类健康管理方面具有广阔的前景,因为它可以改善现有的医疗服务和基础设施,一方面可以提供更好的患者护理,另一方面可以开发出创新的方式来处理疑难病例。

3.1.6　数字孪生＋城市

城市是人类居住的区域,人口密度高,基础设施和建筑物完备。为了改善城市环境和人们的生活质量,数字孪生已应用于该领域。2021 年 3 月 1 日,北京城市副中心举行新闻发布会,全面解读《北京城市副中心(通州区)国民经济和社会发展第十四个五年规划和二〇三五年远景目标纲要》,确定要在北京城市副中心打造数字孪生城市运行底座,开展数字孪生城市应用试点[31]。2020 年 12 月,中国信息通信研究院发布《数字孪生城市白皮书(2020)》,从“政产学研用”多视角系统分析数字孪生城市发展的十大态势及九大核心能力,针对数字孪生城市发展中面临的共性问题,提出策略与建议,以期为我国新型智慧城市发展提供有益参考[32]。

雄安新区紧扣新区同步规划建设数字城市的总体理念,综合运用云计算、大数据、区块链、人工智能、智能硬件、AR/VR 等新技术,构建全域感知、万物互联、泛在计算、数据驱动、虚实结合的新型智慧城市。其最大的创新(见图 3.10),是在建设物理城市的同时,通过万物互联感知,汇集多方数据搭建城市智能模型,形成与新区同生共长的数字孪生城市,使雄安新区成为世界上第一个从城市原点就开始构建全数字过程的城市。[33]此外,中国雄安集团数字城市科技有限公司联合中国联通、中国电科信息科学研究院、韩国 ETRI 等单位提交的《智慧城市数字孪生系统安全机制》和《智慧社区安全机制》两项智慧城市领域标准,已在国际电信联盟ITU-T SG17 工作组会议上立项并获得通过。[34]

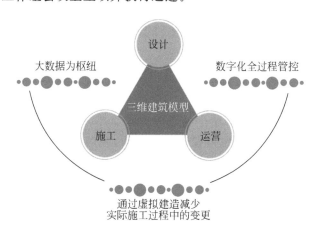

图 3.10　雄安数字孪生城市建设要求[34]

如图 3.11 所示,新加坡政府与达索公司合作开展建立数字孪生城市,描述城市中从公交车站到建筑物的所有事物,以测试大胆的新想法。[35]借助数字孪生体,可以获得巨大的收益,其中包括:①提供城市多角度可视化视图;②通过虚拟实验优化相关管理措施;③优化长期规划和决策;④支持大规模仿真。

Cityzenith 建立了用于城市管理的“5D 智能世界平台”。它将数字图像与可用

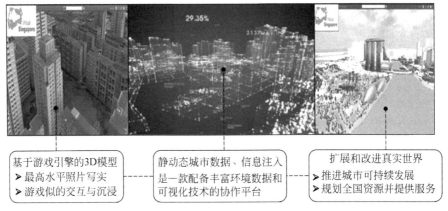

达索公司为新加坡创建的数字孪生城市——虚拟新加坡，
用于协作决策、沟通可视化、城市规划决策以及太阳能能效
分析，以解决新加坡面临的新兴和复杂挑战

基于游戏引擎的3D模型
➤ 最高水平照片写实
➤ 游戏似的交互与沉浸

静动态城市数据、信息注入
是一款配备丰富环境数据和
可视化技术的协作平台

扩展和改进真实世界
➤ 推进城市可持续发展
➤ 规划全国资源并提供服务

图 3.11　新加坡数字孪生城市[35]

数据集集成在一起，并通过上下文数据架构覆盖物联网网络，从而为整个城市创建
虚拟化的表示。[36]借助该平台，可以以数字化的方式开发基础设施，并且可以实现
城市更完整的数字生命周期。目前，该平台已在包括芝加哥、伦敦、多哈等在内的
100 多个城市中使用。

很明显，数字孪生是城市管理中的重要技术。借助数字孪生提供的高保真虚
拟化和模拟功能，可以优化城市管理，从而建设具有运行、分析和预测能力的智慧
城市。

3.1.7　数字孪生＋建筑

施工建造是建立建筑物或基础设施的重要过程，包括设计、建造、装修和管理
等阶段。它可以为人们提供住宿和娱乐的空间，并且与经济、文化和生活息息相
关。IBM、安世亚太、达索等公司试图将数字孪生引入这一领域，构建与真实建筑
高逼真的 BIM 模型，从而打造更便宜、更绿色、更耐用的建筑。

IBM Watson 展示了如何在建筑中使用数字孪生来控制供暖、通风和空调
（HVAC）系统并监控室内气候条件。[37]例如，在一个建筑物中，部署有 600 个房间
传感器（例如温度读数、光传感器和占用监控）、250 个智能电表和 169 台 HVAC
机器，根据收集的数据创建建筑物的数字孪生体，以帮助工程师调节能耗并检测潜
在的使用需求，为技术人员提供指导服务、维护策略和气候控制知识。

2015 年，达索系统公司与巴黎市政府合作的"数字巴黎"项目，通过数字化建
模、仿真，完整地还原了巴黎古城的建造过程，真实还原了巴黎圣母院的原貌和几
百年的建造过程，在数字世界中再现了一块砖、一扇门、一扇窗的安装过程，同时也

完美地构建了巴黎圣母院的数字孪生体。因此,在 2019 年巴黎圣母院发生大火,塔楼倒塌、建筑受损之后,基于前期构建的圣母院数字孪生体,为其修复提供了支撑。[38]

安世亚太通过 STEPS 人群疏散仿真与建筑数字孪生体的融合应用,快速实现了办公大楼、机场、地铁、车站、剧场等人口密集区域的人员应急疏散和分布状况仿真。[39]如图 3.12 所示,当现实物理城市运行过程中发生突发事件需要进行人群疏散和应急救援时,采用相关模拟仿真软件,结合建筑数字孪生体快速进行模拟分析,可以找到最佳人群疏散路径和应急救援方案。STEPS 仿真软件已经被成功应用于一些世界级的大项目,包括加拿大埃得蒙顿机场、印度德里地铁、英国生命国际中心等。

图 3.12　地铁站内人员行动仿真与学校人员应急疏散仿真示例[39]

VEERUM 为大型建筑工地提供数字孪生解决方案,在影响实际成本和进度之前预测并解决虚拟空间中的问题。[40]VEERUM 首席执行官费舍尔(Fisher)说,创建物理施工现场的数字孪生体更加有利于项目团队决策的制定,并从设计到施工更高效地交付项目。例如,由于数字孪生提供了对土壤类型和移动量的持续监控,项目团队可以了解项目进度和周围环境,并及时进行必要的更改。

Intellectsoft 正在建筑工地上探索数字孪生应用[41]。对于建筑而言,使用数字孪生意味着人们可以同步使用已建成和设计好的模型,每天或者每时每刻检测两个部分之间的差异,从而在项目早期发现潜在的问题。由于数字孪生提供了自动的资源分配监视和废物跟踪功能,因此它还为资源管理提供了一种预测性的精益管理方法,可以帮助管理人员及早了解工人的不当行为,以防止发生危险。

普华永道(PWC)讨论了建筑行业的数字化转型。其指出,数字孪生可以应用于各种建筑物。例如,在办公楼环境中,数字孪生可以随时显示人员的数量和位置,可以为管理系统提供有价值的数据,以进行预测性分析和优化。[42]

在建筑中,使用数字孪生可以将物理空间和虚拟空间结合在一起,以建造更便宜、更绿色、更耐用的建筑物,并为建造完成的建筑物提供更有效的资产管理方法。

3.1.8　数字孪生＋农业

农业是一个国家的重要领域,通过种植/养殖动植物,生产粮食、纤维、药用植物和其他产品以维持和改善生活。目前,由于世界人口的快速增长,该领域承受着巨大的压力。幸运的是,数字孪生的出现可能有助于改变当前的状况。

来自瓦赫宁根大学的 Verdouw 和 Kruize[43] 相信数字孪生可以作为管理农场的一种有效手段,并具有革新农业的能力。他们以不同的主题探讨了数字孪生技术在农业中的潜在应用,为相关公司提供指导。潜在的应用主要包括:①远程监控奶牛以监测其健康状况;②记录和识别植物病虫害;③监控畜牧场的饲料筒仓并优化补给;④跟踪奶牛的机械设备,监测相关机械的能源消耗;⑤监测橄榄蝇虫害的发生和扩散;⑥监测蜂房以识别疾病、害虫感染、农药暴露和毒性。

微软也认为数字孪生有能力加速农业变革,包括农场供应、生产、收获、包装和分配以及销售和营销,为客户提供解决方案,以抓住未来的巨大机遇并支持农业产业的可持续性发展。[44]

目前,在农业部门中有关数字孪生的实际案例相对较少。但是,由于数字孪生在远程监控、虚拟化和预测分析等方面显示出巨大的潜力,因此未来它将成为农业产业必不可少的技术。

3.1.9　数字孪生＋轨道交通

轨道交通,如铁路、地铁、轻轨等,在国民生产生活中起到了重要的作用。随着轨道交通行业的数字化应用度越来越高,数字孪生技术将覆盖在每一条线路、管网系统、运维系统和控制系统等所有有数据的地方。

如图 3.13 所示,挪威 Bybanen 轻轨系统的改造和升级中,使用了 Bentley 公司的 iTwin Design Review 工具将来自 Bentley 开放式建模软件的数字信息直接连接到更新的数字化设计校审工作流,提供了变革性的数字化解决方案,每个团队成员都可以可视化并了解随时间发生的变更,查看对设计产生的影响,并快速有效地做出响应。通过使用 iTwin Design Review 支持的协同工程和设计校审实现了正确的首次工程设计,将解决施工错误的成本降低了 25％。通过优化变更管理和不同工程专业之间的无缝沟通,Bentley 的数字孪生模型技术每周可助力节省约300 小时工时。[45]

广东希睿数字科技有限公司为轨道交通开发了专门的数字孪生平台 DT-O&M[46],实现了应用场景从物理实体到数字孪生的全映射,结合多传感监测、物联网、边缘计算、大数据、机器学习等前沿技术,实现了运维管理智能化:虚实融合控制、全生命周期管理和预防性运维。针对站台屏蔽门,从设计、生产、施工安装、调试、运营、维保等方面,提供全过程、全方位、网络化的数字化管理和三维可视化展示,助力轨道交通行业数字化转型;针对轨道交通的运营,模拟地铁运营,进行轨交调试、客流分析、故障预警,确保轨交运营安全,提高乘客的乘车体验和轨道运营效率;针对轨道交通的培训,通过 VR 技术,进行安全培训、运维培训、维修保养培训等,提高效率、节约成本。

图 3.13　挪威 Bybanen 数字孪生轻轨[45]

　　川藏铁路沿线地形地质复杂、气候条件恶劣、生态环境脆弱、人迹罕至,是人类迄今为止建设难度最大的铁路工程。在此背景下,朱庆教授在建设川藏铁路的探索中,引入数字孪生技术,做了大量工作,如图 3.14 所示。通过数字孪生,实现从规划、设计、建设,到运维全生命周期的精细化、高效统筹管理,以及建设工程信息的透明化和可追溯。数字孪生铁路空间信息平台可以提供全路标准化、高性能的"透明地球",支撑物理空间和信息空间中孪生铁路全生命周期的精准映射与融合协同。[47]

　　目前,数字孪生技术在轨道交通领域中的应用才刚刚开始,主要停留在铁路系统的设计规划与建设中,而在高铁列车使用维护中的应用相对欠缺。

3.1.10　数字孪生＋油气

　　石油天然气是国民日常生活、社会日常运转、经济持续发展的重要基础,油田的探测、建设、作业生产对稳定性、安全性和经济性提出了非常高的要求。数字孪生技术的引入,为其提供了一种有效的解决途径。

　　Aker Solution 公司成立了一家软件与数字服务公司——ix3[48],ix3 创建了一个名为 Integral 的数字孪生平台,将设计、制造、测试数据与实时作业数据结合在一起。从能源资产的设计阶段到退役阶段,该软件可实现整体的监控、评估、维护与优化,从而提高能源资产的设计与作业效率。该平台支持的功能包括:①早期阶段应用程序,可快速验证不同设计方案,帮助优化最终解决方案,从而加快概念开发;②详细设计应用程序,可推动自动化设计,并确保设计的固有安全性;③模拟应用程序,可在海上作业前测试与评估复杂的安装作业;④作业应用程序,可为海上作业、维护、生产优化提供性能与完整性数据;⑤水下产品与系统应用程序,

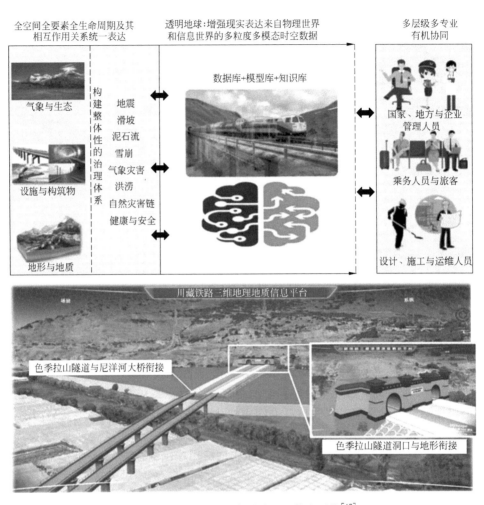

全空间全要素全生命周期及其　　　透明地球:增强现实表达来自物理世界　　　多层级多专业
相互作用关系统一表达　　　　　和信息世界的多粒度多模态时空数据　　　有机协同

气象与生态

构建整体性的治理体系

地震
滑坡
泥石流
雪崩
气象灾害
洪涝
自然灾害链
健康与安全

数据库+模型库+知识库

国家、地方与企业
管理人员

乘务人员与旅客

设施与构筑物

地形与地质

设计、施工与运维人员

川藏铁路三维地理地质信息平台

色季拉山隧道与尼洋河大桥衔接

色季拉山隧道洞口与地形衔接

图 3.14　数字孪生川藏铁路地理信息系统[47]

可整理实时作业数据,并应用分析功能进行状态监测与预测性维护。[48]

　　挪威国家石油公司 Equinor 将数字孪生引入 Johan Sverdrup 油田中,公司计划通过数字孪生技术,不断了解 Johan Sverdrup 油田发生的事情。如通知更换零件,然后系统自动生成工作任务单和准备订购新设备的订单,将新零件进行 3D 打印,并通过无人机输送到现场,最后由机器人安装。此外,Equinor 和 Aucotec 公司合作,开发了基于数据驱动的协同平台,超过 35 万个 Johan Sverdrup 油田的文档正被迁移到协同平台,并进行数字化处理,从而对平台进行数字化维护。另外,Equinor 公司与微软合作创建了一个名为 OMNIA 的云数据平台,可便捷访问公司数据,利用这些数据可进行预测维护和生产优化。[49]

　　英国 BP 石油公司将数字孪生应用到 APEX 系统的开发中。APEX 系统是一种利用集成资产模型的生产优化工具,同时也是一种用于现场的、强大的监控工具,能够及时发现问题,避免对生产造成严重的负面影响。BP 仅用了一年时间便将 APEX 扩展到了 30 项生产设施中。APEX 能够将过去需要 24h 才能完成的系统优化过程缩短到 20min。2017 年,APEX 系统在 BP 公司的全球投资组合中每天增加 3 万桶油气产量。[50]

当前数字孪生在油气开采行业的应用探索正在紧锣密鼓地展开,相信未来数字孪生技术将在油气开采过程中的资产状态监控、资产健康运维、稳定安全开采等方面发挥巨大的作用。

3.1.11　数字孪生＋港口

港口的日常运转是一个涉及各场景监控、作业调度、安全管理、进出港管理等多个方面的复杂系统,通过引入数字孪生技术,有助于实现港区的全面可视化监控、生产作业优化、安全管理与智能化管控。

天津数字孪生智慧港口构建了港口的仓库、堆位、罐区、集装箱、货架、船舶等的三维可视化模型,并通过物联网、大数据、云计算实现港区三维场景仿真,形成与实体港口同步的"孪生"数字港口,实现了数据的全面集成、信息直观可视、预警实时智能、处置规范高效,为天津港智能管控中心实现扁平化、集约化运作发挥了强大的作用,如图 3.15 所示。该港口的功能包括:①港区作业动态模拟仿真。可以帮助调度指挥人员准确、实时、全面监测和掌握全港生产作业信息,实现对设备的预测性维护、基于模拟仿真的决策推演以及综合防灾、应急处置的快速响应。②港区智能操控。实时掌握港口各部门的详细情况,并能实现对各环节的远程操作、远程传话和调度控制,从而加快推动天津港数字化转型智能化升级,提升港口运营效率。③虚实融合数据驱动。利用全港地形的三维仿真场景和实时堆场作业及船舶位置数据,展示白天和夜间巡航交接班业务关注的天气、潮汐、环境因素,实现重点物资、重点船舶进出航道智能控制。天津港数字化转型,大幅度提升了全港作业效率,优化了各流程环节,港口装卸运载效率提升了 30%。[21]

图 3.15　天津港数字孪生智慧港口管控系统[21]

深圳妈湾智慧港口运用数字孪生技术建设了与真实港口1:1真实还原的数字孪生智慧港口(见图3.16),对港口动态作业场景进行数据驱动仿真,实现港口作业场景全方位实时动态还原、设备作业视角灵活切换、拖车作业路径可视、设备和集装箱搜索定位、堆场及箱务立体空间化管理、作业效率统计分析等功能。[21]

图3.16   深圳妈湾数字孪生智慧港口[21]

3.1.12   数字孪生＋环境治理

随着世界范围内人口的不断增长,以及全球农业、工业的发展,环境问题日趋严峻。为了开展环境治理,各个国家正积极探索各种先进技术的使用,与此同时,数字孪生技术也正在被积极研究应用于环境治理。

泰瑞数创科技有限公司基于其核心产品 SmartEarth 数字孪生底座,打造了一套完善的巡检和问责系统[51]。通过利用遥感卫星、倾斜摄影等技术获取高精度数据,与政务、环保、土地等相关行业的业务数据整合,形成了可视化的"地理信息服务一张图"。再通过三维实景自动建模,构建了一个与生态环境一模一样的"数字孪生"世界,透过卫星影像采集的数据与数字孪生做比对,能够有效发现水土流失、违规建筑、森林砍伐等环境生态发生的变化。此外,通过对数据的深度挖掘和分析,还拥有生态保护区的巡视巡检、违法告警、态势追踪、灾害评估等功能。比如巡检人员在巡视过程中,可随时将情况记录并拍照上传至系统中,管理人员会根据问题的严重程度进行处置流转,以确保问题得到及时有效的处理。

云南省玉溪市开展了"智慧三湖项目",基于 GIS、IoT 等技术与数据,结合自主研发的软件平台,还原包括抚仙湖、星云湖、杞麓湖及周边流域共计1446平方千米的数字孪生场景,通过 SuperAPI SDK 第三方 Web 应用的方式实现三湖全要素三维场景的快速嵌入与双向交互,灵活接入三湖环保部门管理者所关注的生态环保数据,从而进行环保水质的智能化反演,为管理者提供智慧化决策[21]。

3.1.13　数字孪生＋机床

机床是制造业中的重要设备。随着客户对产品质量要求的提高,机床也面临着提高加工精度、减少次品率、降低能耗等严苛的要求,因此国际著名机床厂商正在不断探索数字孪生在机床领域中的应用。

在欧盟领导的欧洲研究和创新计划项目中,研究人员开发了机床的数字孪生体,以优化和控制机床的加工过程,如图 3.17 所示。在建立机床的数字孪生体时,利用 CAD 和 CAE 技术建立了机床动力学模型、加工过程模型、能源效率模型和关键部件寿命模型。这些模型能够计算材料去除率和毛边的厚度变化,以及预测刀具破坏的情况。除了优化刀具加工过程中的切削力外,还可以模拟刀具的稳定性,允许对加工过程进行优化。此外,模型还预测了表面粗糙度和热误差。机床数字孪生体把这些模型和测量数据实时连接起来,为控制机床的操作提供辅助决策。该机床的数字孪生体已经在两个工业项目中进行了应用验证。一个是来自航空行业,测试了三台位于 MASA(Logrono,西班牙)的 Gepro 机床。另外一个是来自汽车行业,采用位于法国 Cleon 雷诺工厂的三台 Comau 机床进行了验证[52]。

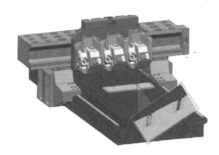

图 3.17　数字孪生机床(欧洲研究和创新计划)[52]

西门子公司将数字孪生技术应用于从产品研发、设计、生产直到服务的全过程,从而提高生产力、可用性和过程可靠性,优化设计、加工过程乃至维护和服务[53]。采用西门子控制技术的机床,其虚拟机床的控制系统与西门子的 Sinumerik 数控系统使用相同的语言代码。借助虚拟 NC 内核,可生成仿真和试运转的"数字化双胞胎",即完全对应的虚拟镜像,从而提前对程序和复杂运动序列进行虚拟测试,以提高实体机床后续加工的精确度和可靠性,最大限度缩短调整时间。这些优势在小批次、定制化产品的生产中更为明显。

数控机床专家 NUM(欧洲第二大数控系统制造商)将数字孪生技术应用于数控机床,为了与 NUM 强大的开放式架构 Flexium＋CNC 平台配合使用,NUM 提供了两种版本的数字孪生技术,其中一个版本使用裸板 Flexium＋控制器和在系统工业计算机上运行的虚拟化软件来模拟机床自动化。另一个版本使用实际的Flexium+控制器,该控制器最终将被整合到机器中,通过 EtherCAT 连接到一台独立计算机上,计算机运行专业的高速硬件仿真软件来模拟孪生机器的机电一体化,如图 3.18 所示。利用仿真、实时数据采集、分析和机器学习技术,在构建物理原型之前,可以对机器的动态性能进行全面评估。还可用于客户演示、虚拟调试和操作人员培训,所有这些都在实际制造机床之前完成。该技术使机床制造商可以使用强大的工业 4.0 仿真技术来大大缩短产品上市时间[54]。

图 3.18　基于开放式架构 Flexium+的数字孪生应用架构[3]

3.1.14　数字孪生+煤矿

煤炭开采挖掘风险大、环境恶劣,对自动化、智能化要求逐步提高。数字孪生技术的应用,有助于提升煤炭开采挖掘的安全性、自动化、智能化。

北京鼎视盛兴科技有限公司针对煤矿数字孪生系统提出完整解决方案[55]。通过与工作面成套设备智能集中控制系统互联通信,实现工作面成套设备,包括采煤机、液压支架、刮板输送机、转载机、破碎机、顺槽泵站、开关、移动变电站等设备的实时数字驱动展示、工况信息展示等。在监控软件单击某一设备时,三维仿真软件可以弹出该设备窗口,单独显示该设备的具体状态。

中国矿业大学葛世荣教授团队提出了数字孪生智采工作面(digital twin smart mining workface,DTSMW)系统的概念、架构及构建方法,通过融合应用 5G 通信技术、物联网技术和仿生智能技术,从而搭建一个智采工作面的数字孪生远程操作平台[56]。新的 DTSMW 系统具有开采过程仿真、优化和监控功能,可以实现开采工艺数字孪生、开采过程数字孪生、设备性能数字孪生、生产管理数字孪生和生产安控数字孪生。针对 DTSMW 系统数据的高度依赖性,首次将智采工作面复杂信息归纳为环境信息流、控制信息流和能量信息流,如图 3.19 所示,用于描述采煤过程的环境、控制和能量状态。并将信息流的数据分为周期性数据、随机性数据和突发性数据进行建模处理,以确保数字孪生智采工作面的数据驱动及稳定运行。

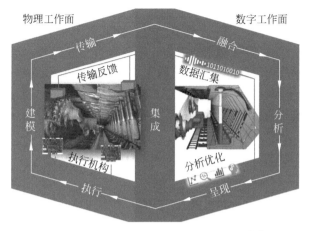

图 3.19   DTSMW 系统信息流循环模型[56]

西安科技大学张旭辉教授团队将数字孪生和虚拟现实技术引入到煤矿采掘悬臂式掘进机智能控制中[57]，构建了数字孪生驱动的悬臂式掘进机智能操控系统，从工况数据感知、数字孪生体构建、人-机-环交互 3 个方面实现地面虚拟掘进与井下实际掘进的深度融合；搭建悬臂式掘进机远程虚拟操控实验平台，验证了孪生数据驱动下的虚实同步等功能，达到了煤矿巷道开拓质量控制标准。数字孪生驱动和虚拟现实呈现的井下设备智能操控方法，在煤矿巷道可视化掘进系统和智能掘进机器人系统中应用效果良好，为煤矿井下综采综掘工作面设备的远程智能监测与控制提供了全新的思路。

3.1.15   数字孪生＋地球

数字地球概念在 1998 年最早由美国提出[58]，是融合地球观测、地理信息系统、全球定位系统、通信网络、传感器网、电磁识别器、虚拟现实、网格计算等技术，真实地镜像地球，以期应对自然资源枯竭、粮食和水安全、能源短缺、环境退化、自然灾害、人口爆炸以及全球气候变化等问题。谷歌公司的谷歌地球（Google Earth）由于借助美国在遥感对地观测和全球卫星定位导航等领域的先发优势，成为发展最早和目前最为成熟的数字地球产品。

由欧盟中期天气预报中心（ECMWF）、欧洲航天局（ESA）和欧洲气象卫星开发组织（EUMETSAT）的气候学家和计算机科学家，于 2020 年联合发起了"目的地地球倡议"（destination earth initiative）项目，并披露了项目的具体实施措施、可能的挑战和解决方法。该项目旨在构建一个全面的、高精度数字孪生地球，能够在空间和时间尺度上精确监测和模拟地球气候的发展、人类活动和极端时间等，由这一数字孪生地球构成的庞大信息系统，将能开发和测试更加可持续发展的情景，更好地制定环境政策。从而推动欧洲地区"碳中和"和数字化战略（digital strategy）

的顺利实现[59]。

我国也正在积极推进"北斗＋高分"融合,将高分卫星的对地观测数据和北斗卫星的定位、授时、导航等功能结合起来。通过高分卫星获得高时空分辨率,通过北斗卫星获得实时动态高精度,用高分数据构建数字地球"象参考框架集",这就是构建数字孪生地球的内在逻辑。将这些地球信息全部数字化,将推动数字地球向更高层级进化,这一进化的最终形态称之为"数字孪生地球"[60]。

3.2　数字孪生在产品全生命周期中的应用

从产品全生命周期的角度来看,数字孪生的工业应用主要集中在设计、生产、故障预测和健康管理(PHM)等领域,在这些领域数字孪生显示出了比传统解决方案更多的优势。作者团队在 *IEEE Transactions on Industrial Informatics* 期刊上发表的"Digital twin in industry：State-of-the-art"一文中总结分析了在产品全生命周期中的应用[61]。图 3.20 是根据已发表文献及网络报道,对当前数字孪生在工业中的应用进行分类。

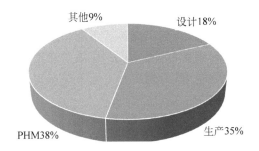

图 3.20　数字孪生在产品生命周期不同阶段的应用分布[61]

3.2.1　数字孪生驱动的产品设计

数字孪生应用于产品设计,以更快速、更有效和更明智的方式设计新产品。Canedo 认为数字孪生是管理工业物联网的新方法,可以通过添加数字孪生的数据反馈来显著改善产品设计。[62]

数字孪生搭建起了产品设计和生产协同的桥梁。在设计阶段构建产品数字孪生系统,一方面可以实现产品功能、性能的仿真与虚拟验证;另一方面可以对产品生产制造阶段的加工工艺进行虚拟仿真,从而实现产品设计与生产的协同。Yu 等提出了一种新的数字孪生模型来管理三维产品配置。他们认为,数字孪生在设计中的应用可以加强设计与制造之间的协作。[63] Tao 等提出了数字孪生驱动的设计框架,由于大多数设计决策是在预期空间、解释空间和外部空间之间没有充分交互的情况下做出的,因此设想了数字孪生在不同设计阶段的某些潜在应用,例如产品规划、概念设计和详细设计。在此基础上以自行车设计为例,演示了基于数字孪生驱动的产品设计框架与流程(见图 3.21)。[64] Schleich 等提出了一种新的数字孪生模型来管理几何变量,他们认为,数字孪生使设计人员即使在早期阶段也可以评估产品的质量。[65] Zhang 等提出了一种基于数字孪生的方法来设计生产线,并以玻璃生产线为例,验证了该方法的有效性。[66]

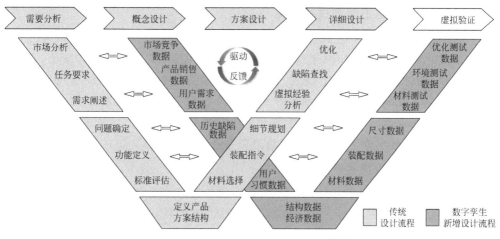

图 3.21 数字孪生驱动的设计流程[64]

3.2.2 数字孪生驱动的智能制造

中国工程院 2020 年发布的《全球工程前沿 2020》,在机械与运载领域,将"数字孪生驱动的智能制造"列为 Top 1 技术,同时也被列为 28 个工程研究前沿之首[67]。笔者团队在 2018 年出版了国际上第 1 部数字孪生英文专著 *Digital Twin Driven Smart Manufacturing*[1]。数字孪生应用于产品的生产制造过程,可以可视化和更新生产制造的实时状态,使生产过程更加可靠、灵活和可预测。Weyer 等预测数字孪生代表了下一代仿真,因此,数字孪生在开发先进的信息物理生产系统中扮演着至关重要的角色。他们认为,由于数字孪生可以同步物理和虚拟空间,因此生产操作员可以依靠数字孪生来监控复杂的生产过程,及时进行调整并优化生产过程[68]。

1. 数字孪生可以根据实际情况和仿真来促进生产操作的调整

Rosen 等讨论了数字孪生在生产运营中的应用,由于数字孪生可以集成各种数据(例如环境数据、操作数据和过程数据),因此,即使在正在进行的操作中,自治系统也可以响应生产状态的更改。[69] Bielefeldt 等结合形状记忆合金、敏感颗粒和有限元分析技术来检测、监测和分析商用飞机机翼的结构损伤。[70]

2. 数字孪生促进生产设施的数字化和范式转换

Brenner 和 Hummel 研究了在罗伊特林根大学 ESB 商学院物流学习工厂中实

施数字孪生的硬件和软件要求,以实现人、机和产品之间的流畅交互。[71] Tao 和 Zhang 提出了数字孪生车间的概念,包括物理车间、虚拟车间、车间服务系统和生产数据。此外,还提出了数字孪生在智能制造中的应用模式。[72] Ameri 和 Sabbagh 描述了如何在能力提取、供应链和数字化过程方面开发"数字工厂",即物理工厂的数字孪生。[73]

3. 数字孪生促进生产过程优化

Konstantinov 等讨论了如何使现有工具适用于数字孪生,以及如何应用 vueOne(一套虚拟工程工具)来优化磁体插入的过程。[74] Uhlemánn 等指出,在生产优化中,与价值流映射相比,数字孪生具有更多的优势。[75] Söderberg 等基于钣金装配站的案例研究,讨论了预生产和生产阶段数字孪生几何模型的构建与管理。[76] Vachálek 等专注于数字孪生驱动的生产线优化,通过将计算机模拟与物理系统连接起来,数字孪生可以减少材料浪费并延长机器寿命。[77]

4. 数字孪生促进生产过程控制

Uhlemann 等提出了一种在生产系统中实施数字孪生的数据获取方法,实现了实时的有效生产控制。[78] Schluse 等引入了 EDTs(experimentable digital twins),以实现虚拟空间和物理空间之间的紧密集成,并增强了仿真技术,认为 EDT 是基于仿真的系统工程,优化和控制的促成因素。[79]

3.2.3 数字孪生驱动的服务

目前,大多数数字孪生相关的产品服务应用基本上与 PHM 有关。数字孪生首先应用于飞机的 PHM。Tuegel 等通过多物理场建模、多尺度损伤建模、结构有限元模型和损伤模型的集成,不确定性量化和高分辨率结构分析,应用数字孪生预测飞机的结构寿命,从而促进飞机寿命的管理。[80] Tuegel 还提出了一种新概念,即 ADT(airframe digital twin),以维持机身,减少不确定性并提高耐用性。此外,还提出了实施 ADT 的一些技术挑战,例如如何分配初始条件、集成不同模型、减少不确定性等。[81] Li 等建立了基于动态贝叶斯网络的数字孪生模型,以监控飞机机翼的运行状态,建立了概率论模型来代替确定性物理模型,基于飞机机翼前缘的案例研究,数字孪生模型可以更准确地诊断和预后。[82] Zakrajsek 和 Mall 建立了数字孪生模型来预测飞机轮胎着陆带来的磨损和故障概率。数字孪生模型在预测下沉率、偏航角和速度变化的失败概率方面优于传统模型。[83] Glaessgen 和 Stargel 指出,美国空军使用的常规方法不足以满足实时监控和准确预测的需求,因此,他们呼吁集成历史数据、战队数据和传感器数据的新数字孪生。此外,还总结了数字孪生的一些属性(例如,超高保真模型、高计算和数据处理能力以及车辆健康管理系统),以及 PHM 的好处(例如,提高可靠性和及时评估任务参数)。[84]

数字孪生在 PHM 中的应用不限于飞机。Gabor 等开发了基于仿真的数字孪生模型来预测信息物理系统的行为。该模型分为 4 个层次：物理必要性、机器与环境的接口、即时反应和计划中的反应。[85]Knapp 等在增材制造过程中应用数字孪生来预测冷却速率、温度梯度、显微硬度、速度分布和凝固参数，结果与水平设定方法和热传导模型相比，可以更准确地预测冷却速率和熔化速率。[86]

与传统的 PHM 相比，数字孪生驱动的 PHM 具有许多优势。Hochhalter 等将数字孪生与敏感材料相结合以克服传统方法的缺点，即过分依赖于经验数据，对不确定性的响应较差。对非标准标本的案例研究表明，数字孪生使维修和更换的预测更为准确。[87]Reifsnider 和 Majumdar 在多物理场仿真的基础上建立了一个高保真数字孪生模型，在不引起损伤的情况下进行故障诊断。此外，该方法显示出对裂纹发展的高度敏感性。[88]Cerrone 等提出了裂纹路径预测方法，创建了一个样本数字孪生模型来处理剪切载荷下裂缝路径的扩散，从而得出了更准确的预测。[89]

此外，一些研究人员还进行了与 PHM 中数字孪生相关的其他工作。笔者团队研究了数字孪生在产品使用和维护中的应用，规定了 9 项原则以提高维护效率和减少维护失败[90]，并探讨了数字孪生驱动的 PHM 的潜在应用[91]。Gockel 等通过使用有限元模型和计算流体动力学模型建立了飞机结构的数字孪生，并认为数字孪生可以降低成本并提高可靠性，这同时也是美国空军的两个优先研究的课题[92]。笔者团队将数字孪生驱动的服务框架、模型、流程、方法和实践等总结编著了英文专著 *Digital Twin Driven Service*，将于 2021 年底出版。数字孪生驱动的服务英文专著能够使读者全面了解数字孪生驱动的服务，并将其作为产品系列设计和优化、故障诊断、健康管理、能效评估等服务应用的有效方法。

3.3　数字孪生在世界著名企业中的应用实践

从著名企业来看，当前西门子、ANASYS、达索、PTC、微软、空客、洛克希德·马丁、GE、MapleSoft、Bentley 等行业龙头国际企业积极关注数字孪生技术，并围绕产品设计、制造和服务等方面开展了一系列的数字孪生应用探索。

3.3.1　西门子的数字孪生实践

西门子公司紧跟德国工业 4.0 和智能制造的发展趋势，近年来高度重视数字孪生技术的研究与应用探索，通过最近两年时间的研发，已经把数字孪生融入其数字化战略中，并深入到解决方案中。2017 年底，西门子正式发布了完整的数字孪生应用模型，包括：①数字孪生产品（digital twin product），可以使用数字孪生进行有效的新产品设计；②数字孪生生产（digital twin production），在制造和生产规划中使用数字孪生；③数字孪生体性能（digital twin performance），使用数字孪生捕获、分析和践行操作数据，从而形成了一个完整的解决方案体系，并把西门子现有的产品及系统包揽其中,例如 Teamcenter、PLM 等。[93]

在车辆领域,西门子通过数字孪生将现实世界和虚拟世界无缝融合(见图 3.22),通过产品的数字孪生,制造商可以对产品进行数字化设计、仿真和验证,包括机械以及其他物理特性,并且将电气和电子系统一体化集成。新的技术提供了新的汽车设计与制造模式,基于数字孪生制造商能够规划和验证生产过程、创造工厂布局、选择生产设备并且仿真与预测,同时优化人员和制造过程的工作条件。在自动生成可编辑控制器的代码后,通过虚拟调试技术,即可在虚拟环境中验证自动化系统,从而实现快速高效的现场调试。随后,利用虚拟世界来控制物理世界,将可编辑控制器代码下载到车间的设备中,通过全集成自动化,实现高效可靠生产;通过制造运营管理系统,可实现生产排程和生产执行及质量检测;通过 MindSphere 平台(见图 3.23)可随时监控所有机器设备,构建生产和产品及性能的数字孪生,实现对实际生产的分析与评估。此外,通过物理世界可持续反馈至产品和生产的数字孪生,实现了现实世界中生产和产品的不断改进,缩短了产品设计优化的周期。[94]

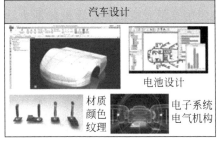
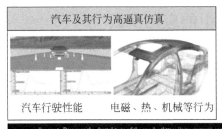

图 3.22　西门子车辆数字孪生[94]

通常认为人的呼吸是很自然的事情,每个人每天呼吸 17000～23000 次。目前,一些感染了 COVID-19 的患者在呼吸方面存在重大问题,并且难以维持生命。拥有超过 25000 种呼吸产品的 Vyaire Medical 公司是医疗技术领域的全球市场领导者,能够提供用于诊断、治疗和监测生命各个阶段呼吸状况的服务。该公司利用西门子提供的技术支持,即使用 Simcenter 开发其产品的数字孪生,通过消除构建和测试物理原型的耗时过程显著减少了开发时间。在开发新产品的早期阶段,能

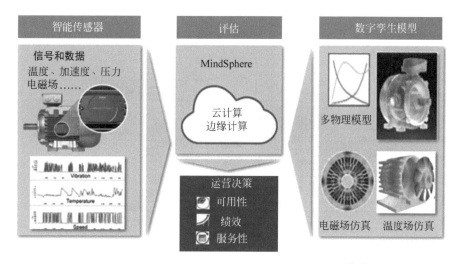

图 3.23　基于 MindSphere 平台的西门子数字孪生[95]

够基于数字孪生开展仿真分析,而不是构建昂贵的物理原型,从而实现了缩短时间周期并加快工作进度的应用效果。[96]

此外,西门子在风力涡轮机方面也开展了相关应用。[97]当风力涡轮机或风力发电场开始运行时,会生成其他数据。记录、分析并返回操作性能数据,以作为反馈支持产品、运行过程的优化和风力涡轮机的优化等。基于数字孪生的特性能够提高工程效率、缩短上市时间、简化调试、优化流程并改善服务,其优势具体包含以下 3 个方面:

(1)数字孪生模型支持开始批量生产之前进行数字化设计并测试风能设备。风力涡轮机的数字孪生可以在调试之前对关键阶段进行仿真,从而确保安全实施。此外,维修人员还可以在实际调试之前进行虚拟培训。

(2)数字孪生指导风力涡轮机的运行。数字孪生能够连续记录运行和性能数据,并对该数据进行全面分析,从而可支持以可持续的方式优化风力发电机的生产和性能。

(3)数字孪生辅助设备维护和保养。通过确保最大程度地利用维护间隔,即维护时间不能过早也不能过晚,以避免任何计划外的停机时间,可以将停机时间降至最低。维护后或由于更换组件而对风力发电厂所做的更改直接记录在系统中,所有有关系统状况的文档始终保持最新的状态。

3.3.2　ANSYS 的数字孪生实践

如图 3.24 所示,ANSYS 构建了泵的数字孪生。他们在泵上布置了加速度计、压力传感器、流量计等,与控制器采集的数据共同支撑泵数字孪生模型的构建,基于模型的动态交互等特点提供实时检测与修复模拟等服务,通过泵的数字孪生有助于更好地理解和优化产品性能,并辅助故障检测与个性化维修指导。例如,通过泵的数字孪生模型发现了某异常振动产生的根本原因,即压力下降导致气蚀形成气泡,产生振动。[98]

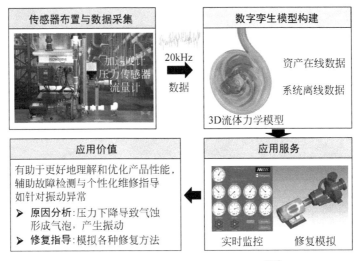

图 3.24　ANSYS 构建的泵数字孪生[98]

ANSYS 还将数字孪生应用于油气行业,提供设备运维管理等服务。[99]石油和天然气行业一直在寻找降低能源生产成本的方法。为了实现此目标,油气行业可以将数字孪生应用于行业中的各种工业设备上。该行业可以基于数字孪生进行管道的实时监测,并使用数字孪生模型来预测腐蚀、屈曲和疲劳等如何影响实际资产。此外,这些数据还可用于优化未来设计、预测维护周期、防止泄漏、减少停机时间并提高吞吐量。

3.3.3　达索的数字孪生实践

达索公司基于数字孪生技术开展了“生命心脏项目(LHP)”,[100]以通过生物技术传感器和扫描技术为人类心脏建立数字孪生。数字孪生是具有电和肌肉特性的心脏的个性化全尺寸模型,可以模拟真实心脏的行为。它不仅可以支持各种操作,例如贴紧心脏起搏器、反转腔室、切割任何横截面以及运行假设,而且还可以对心脏进行虚拟分析,以便在发病之前为心脏病患者提供护理。

此外,达索公司还开展了数字孪生城市的应用探索。[101]新加坡政府正在以3D 形式构建城市的数字孪生,以供设计师、规划师和决策者探索未来。首先,真实世界的 3D 虚拟表示可以使官员更容易“解释和交流”,因为“3D 是自然语言”。其次,官员可以鸟瞰城市,也可以选择放大区域的特定特征。在最广泛的层面上,“虚拟新加坡”将显示实际建筑物的地形、形状和位置,这对于洪水分析非常有用。此外,规划人员还可以获取建筑物的详细视图,包括纹理、屋顶和窗户,以进行诸如规划太阳能电池板屋顶或紧急疏散路线之类的事情。单击建筑物可以显示其消耗的电量。他们可以走到行人的高度,查看阴影通道的可及性、交通和可用性。新加坡的城市数字孪生拥有丰富的数据,包括关于交通信号灯和公交车站等位置的静态数据,以及诸如公交车位置和登革热传播等动态数据,此外还有有关人们行为方式的数据,例如有多少人进出公交车,从而实现对交通的优化。该数字孪生城市平台还将用于更长期的计划和决策。例如,新加坡人口老龄化将要求对基础设施进行重大更改。未来公民和企业也可以访问虚拟的新加坡,例如,公司可以使用"虚拟新加坡"测试无人驾驶汽车,而无需将其放置在交通繁忙的道路上。

3.3.4　PTC 的数字孪生实践

PTC 曾将数字孪生应用于自行车上。该自行车的数字孪生可以实时监控自行车的性能。此外,当自行车骑行并且其组成部件移动时,虚拟空间的自行车数字孪生模型也会同步移动。该原型的开发涉及 3 个主要步骤:第一步是组装带有零件的自行车;第二步是在这些组件和 PTC 的 ThingWorx IoT 平台之间创建通信连接;第三步是将 ThingWorx 输入连接到仪表板风格的界面,并以有意义的自行车性能信息的形式为用户提供来自传感器的数据流的实时视图。该数字孪生能够通过分析现实世界中的产品使用情况和状况数据,告知功能和功能需求,从而更好地适应市场并提供增值服务。此外,对于产品的设计也提供了数字的支持。[102]

T-Systems 是全球领先的信息和通信技术提供商之一。随着基础架构的老化,T-Systems 在客户端面临的最大挑战是数字转换。PTC 与其合作创建了 T-Systems 数字孪生模型,在汽车行业中有效地设计和监控刹车片。在 ThingWorx 中收集和可视化现实数据,在 Windchill PLM 系统中,将这些实际数据连接到产品数据。利用 PTC 技术,T-Systems 可以收集实时数据,并以有意义的方式反馈给客户。[103]

3.3.5　微软的数字孪生实践

微软将 Azure Digital Twins 作为一个 IoT 平台[104],可对环境的全面数字模型的构建赋能,目标对象包括建筑物、工厂、能源网络,甚至是整个城市。通过构建数字孪生模型,可以达到驱动更好的产品生产、优化操作流程、减少成本费用与提高客户体验等目的。Azure Digital Twins 具有如下功能,因此可以实现从数据获取、数字孪生体建模、数字孪生体的实时表示,到孪生数据存储与分析的全流程业务。

(1)使用开放式语言构建数字孪生模型。在 Azure Digital Twin 中,使用"模型"将物理环境中的人、空间、事件等因素映射到相应的数字实体,并使用开放式的建模语言——数字孪生定义语言(digital twins definition language,DTDL)进行模型的构建,其可以从状态属性、遥测事件、组件及关系等各方面对模型进行描述。在 Azure Digital Twins 模型构建中,可以使用模型继承的方法来构建新的模型,从而提高构建模型的效率与通用性。[104]

(2) 保障数字孪生体对其实体的实时表示。在 Azure Digital Twin 中,通过数据处理与业务逻辑可以实现数字孪生体对其相应实体的实时表示。在该功能中,Azure Digital Twin 通过连接外部计算资料来保障数据处理的能力,同时可利用 API 实现对数字孪生体中各组分的属性值、关系、模型信息等条件的查询,以深入了解数字孪生体。[104]

(3) 丰富的数据来源。Azure Digital Twins 可接收来自 IoT 及业务系统的输入作为驱动数字孪生体的数据。Azure Digital Twins 通过在其中新建 IoT 中心或将已有的 IoT 中心与可管理设备相连接,可以实现 IoT 数据的接入;通过相应的 API 接口或其他服务的连接器,可以实现从其他数据源中获取数据以驱动数字孪生体的运行。[104]

(4) 完整的数据存储与处理服务提供。Azure Digital Twins 可将数字孪生体中的数据传递到下游的 Azure 服务,以实现数据的存储及进一步处理。例如,使用 Azure Data Lake 存储数据,使用 Azure Synapse Analytics 或其他微软数据分析工具对数据进行分析。[104]

3.3.6　空客的数字孪生实践

空中客车公司(以下简称空客)在飞机组装过程中使用数字孪生技术以提高自动化程度并减少交货时间。[105]

在碳纤维增强基复合材料(carbon fiber-reinforced polymer,CFRP)机身结构的组装过程中,因为 CFRP 组件的存在,在组装过程中要求剩余应力不得超过特定值。为达到减小剩余应力的目的,空客开发了应用数字孪生技术的大型配件装配系统,对装配过程进行自动控制以减少剩余应力。该系统的数字孪生模型具有以下特点:[105]

(1) 建立数字孪生体的行为模型。在该装配系统中创建的数字孪生模型不仅仅是相应实际零部件的三维 CAD 模型,同时基于装备的传感器,也对各组件的行为模型进行建模,包括组件的力学行为模型及形变行为模型。

(2) 建立不同层级的数字孪生体。在该装配系统中,不仅对各组件建立相应的数字孪生模型,同时对系统本身也建立了相应的数字孪生模型。系统本身的数字孪生体用于系统设计,为每个装配过程提供预测性仿真。

(3) 虚实交互与孪生体的协调工作。在装配过程中,多个定位单元均配备有传感器、驱动器与控制器,各个定位单元在收集传感器数据的同时,还需与相邻的定位单元相配合。传感器将获得的待装配体的形变数据与位置数据传输到定位单元的数字孪生体,孪生体通过对数据的处理计算相应的校正位置,在有关剩余应力值的限制范围内引导组件的装配过程。

3.3.7　洛克希德·马丁公司的数字孪生实践

作为洛克希德·马丁公司的第五代战斗机——F-35 战机引入并融合了多项创新技术,生产流程复杂,而且其供应链包括 1400 多个供应商(其中有 80 多个不在美国)。为编排全球范围内的供应链,提升质量、降低成本,满足交付要求,多项关键策略已被采取作为 F-35 战机生产系统的一部分,其中包括数字孪生技术。在 F-35 战机的开发与生产过程中,分 4 个阶段应用数字线程技术。[106]

第一阶段基于工程学生成精确的 3D 工程模型和 2D 工程图。生成的 3D 模型与 2D 工程图,以及已有部件的模型及已有相关分析数据会被纳入通用产品生命周期管理系统中,以实现可访问性和配置的集成。在设计、制造及维护过程中,3D 模型大大降低了工程设计与更改的成本,改善了设施的开发与安装过程。

第二阶段将数字线程所构建的工程数据与多种自动化技术相结合,以支持工厂的自动化。

第三阶段将数字线程直接提供给现场工作人员。基于数字线程,可以创建如工作指令图形之类的产品,对现场工作的机械师或者维护人员进行指导,减少他们了解任务的时间;或者通过光学投影技术,直观地将工作指令投影到飞机上,引导工作人员的动作并预示下一步的行动。

第四阶段则是对已制造的产品进行验证。通过使用先进的非接触式度量技术,如激光扫描和结构化光技术,可以在产品的构建或制造过程的早期识别偏差并迅速纠正,通过阻止缺陷向下游移动来降低成本。

通过与多种技术的结合使用,数字线程技术为 F-35 战机的生产系统带来了诸多好处,如减少设计与开发的成本、提高制造过程中产品质量、减少人工装配工作量等。

3.3.8　通用电气公司的数字孪生实践

几十年来,通用电气公司(General Electric Company,GE)收集了大量资产设备(如航空发动机)的数据,通过数据挖掘分析,能够预测可能发生的故障和时间,但无法确定故障发生的具体原因。为解决这一问题,GE 近年来格外重视数字孪生技术的应用与探索,推出了全球第一个专为工业数据分析和开发的云服务平台 Predix。该平台可连接工业设备,获得设备全生命周期数据,同时将设备机理模型与数据挖掘分析相结合,提供实时服务支持。截至 2018 年已经拥有 120 万个数字孪生体,可以处理 30 万种不同的设备资产问题。

GE 认为,数字孪生体的构建必须将设备机理模型和数据驱动分析结合起来,过程极为复杂,对于普通用户而言,通常不具备这种专业能力。GE 将已有的大量资产设备数据和模型叠加,通过 Predix 平台,提供了一个通用的数字孪生模型目录,包括多个工业数据分析模型以及超过 300 个资产和流程模型。这样用户就可以利用现有的通用模型进行模型构建、仿真、训练,从而快速构建数字孪生体,并可在现场运行或在云端大规模运行,将模型推向使用端,然后再将它们产生的信息传回云端。

如图 3.25 所示,以风力涡轮机为例,Predix 提供的通用数字孪生体必须针对特定电厂的具体风力涡轮机进行定制。Predix 中的风力涡轮机通用模型包含具有材料和组件细节的 PLM 系统信息、3D 几何模型、可根据物理算法预测行为的仿真模型等。此外,该模型还包含维护服务日志、缺陷和解决方案详情。一般这种机器工作寿命很久,需要承受极端的天气状况,而且与其他众多涡轮机一起运行。因此,风力涡轮机案例的建模必须包括整个风电厂。每台风力涡轮机大体相似,但其所处位置和条件(包括风向、尾流效应、维护记录等)都不相同。根据不断变化的风力条件来优化风力涡轮机,并在现场协调不同数字孪生体之间的相互作用,在无需对硬件设备进行较大改变的情况下,将风电厂的发电量提高了 5%,充分说明了建立数字孪生体为风电厂所带来的实质性的帮助与提升。

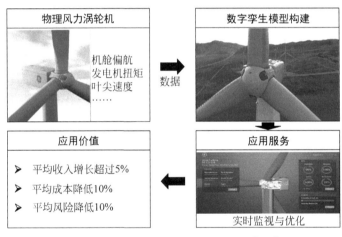

图 3.25　GE 风力涡轮机的数字孪生[15-16]

另外,GE 在航空发动机领域也引入了数字孪生技术。GE 认为,从概念设计阶段就开始建立航空发动机数字孪生体能更容易把设计过程和结构模型与运行数据联系起来。反过来说,发动机数字孪生体也能帮助优化设计,缩短设计周期。目前,GE 通过汇总设计、制造、运行和其他方面的数据,以及在物理层面对发动机的了解,结合积累的航空发动机全生命周期数据,建立能够高保真刻画具有多种行为特征的数字发动机孪生模型,并向物理空间传递在特定场景下所呈现的行为信息,从而实现对航空发动机运维过程的精准监测、故障诊断、性能预测和控制优化。基于航空发动机运维过程的数字孪生应用,GE 还正式发布了预测性维修和维护产品——TrueChoice,帮助客户优化全生命周期内的所有成本。

GE 用实践证明,传统的仿真技术不再仅仅只是作为工程师设计更出色产品和降低物理测试成本的利器。通过打造数字孪生体,仿真技术的应用将扩展到各个运营领域,涵盖产品的健康管理、远程诊断、智能维护、共享服务等应用。未来,随着数字孪生概念变得更加普及,企业通过它能获得的优势将巨大无比。

3.3.9　MapleSoft 公司的数字孪生实践

传统上,生产系统的调试大都是实物测试,难以提前发现设计中存在的缺陷,导致设计周期长、成本高、设计空间小等问题。尤其在初期,概念生成、有限元分析、计算流体动力学、原型生成、生产设计和生产方面的成本将成数倍增加。针对此问题,MapleSoft 软件公司开发了模型驱动的数字孪生产品 MapleSim,可用于辅助产品设计中所有阶段的虚拟调试与仿真,显著降低开发新产品的风险。[107]

MapleSim 用于多领域复杂系统建模和仿真。[108] MapleSim 提供图形化的设计环境,只需要通过简单直观的鼠标操作,就可以完成各种复杂系统的建模。MapleSim 使用了高级符号技术与高指数微分代数方程(differential-algebraic equation,DAE)混合求解器,自动生成系统的"完全参数化的模型",用于各种高级分析任务,以及实现高性能仿真和实时应用。图 3.26 是 MapleSim 创建数字孪生的流程。

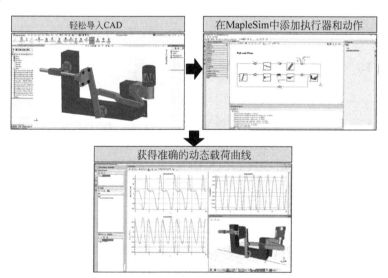

图 3.26　MapleSim 创建数字孪生的流程[109]

知名采矿设备公司 FLSmith 在 MapleSim 中搭建了提升式径向堆垛机的多领域动态模型,基于这一平台和模型,为工程师提供了一个虚拟环境来评估系统的动态响应,以达到虚拟调试的效果,并研究其在不同条件下的动态响应,如操作人员行为、载荷分布和崎岖地形。[109]

这款堆垛机的 MapleSim 虚拟模型由主框架、可伸缩框架、移动和被动履带、悬挂组件、框架提升组件、调平液压组件以及附加在主框架上的外部组件的质量组成[110]，具有以下特点：①模型中每个组件的位置和质量都是参数化的，可以修改，如果有需要可以添加更多组件；②部分组件设计成偏心的，用来影响主框架的重心，进而影响整个堆垛机的稳定性；③可扩展框架的扩展和收缩按照用户自定义的速率执行，用来表示影响系统动态的另一个因素；④整体模型除了包含主框架，还包含可伸缩框架的运动、提升气缸的运动、液压系统的控制以及地形的影响。

这一模型为 FLSmidth 的工程师提供了一个虚拟环境，可以应用多种方法来评估系统的动态响应。[110]例如：①可以检查滚轮等部件的最大载荷以及在极端加速或减速（如执行紧急停车）情况下结构的最大摆动量；②可以用来检查地形变化对此系统的影响——检测此堆垛机可以安全跨越障碍物的最大高度，以及坑洼地段的最大深度，分析影响平衡的稳定性设计参数，如气缸直径；③可以检查液压系统的动力学以及整个系统的重量分布，从而确定影响结构稳定的因素；④可以进行多种类型的深入分析，例如使用这一模型来评估整个堆垛机的子系统负载，用来验证现有的设计，或者新设计的部件选型。

FLSmidth 堆垛机的 MapleSim 模型是完全参数化的，这使其能够用于多种用途。[110]这一高保真刻画现有堆垛机的数字孪生模型，可以用于调查操作安全极限，测试设计变更，并验证提出的改进方案，也可以配置成全新的方案设计，用于新设计早期研发阶段的可行性评估，对于虚拟调试具有重要意义。

3.3.10 Bentley 公司的数字孪生实践

Bentley 公司将数字孪生技术引入公司开发的软件工具和解决方案中。其提供的基础设施工程数字孪生模型支持对基础设施资产进行全生命周期可视化，跟踪变更，并执行分析，从而优化资产性能。Bentley 公司基础设施数字孪生模型可将工程数据、实景数据和物联网数据相结合，获得基础设施地上和地下的整体视图。沉浸式可视化和分析可见性可帮助用户更好地作出决策。

比如，Bentley 公司提供了 iTwin Services Subscription 工具[111]，通过这个工具，可以兼容来自不同供应商的基础设施模型和不同数据源，使得创建、可视化和分析数字孪生模型成为一件简单的事。该工具首先将工程数据、实景数据和物联网数据进行统一整合，然后基于构建的基础设施三维可视化模型，为用户提供三维/四维沉浸式体验。该工具支持快速交付实时数字孪生模型，使用混合现实实现数据可视化，并可以利用人工智能和机器学习，让决策者对数据产生新的认识。

Bentley 公司还提供了 iTwin Design Review 工具[112]，提供了变革性的数字化解决方案，每个团队成员都可以可视化并了解随时间发生的变更，查看对设计产生的影响，并快速有效地作出响应。他们通过使用 iTwin Design Review 支持的协同工程和设计校审实现了正确的首次工程设计。通过优化变更管理和不同工程专业之间的无缝沟通,Bentley 公司的数字孪生模型技术可以有效降低设计周期。

本章小结

　　数字孪生作为践行智能制造、工业 4.0、工业互联网、CPS、智慧城市等先进理念的一种使能技术和方法,当前被企业界广泛关注,其中不乏各个领域顶尖的世界知名公司,如西门子、ANSYS、空中客车、洛克希德·马丁、GE 等,并积极开展数字孪生在各领域中的应用实践与探索,如航空航天、汽车、轨道交通、电力、船舶、城市、农业等。此外,涉及产品全生命周期管理的数字孪生应用受到了格外的关注,众多学者和企业开始探索数字孪生驱动的产品设计、数字孪生驱动的生产制造以及数字孪生驱动的服务相关理论和应用方法。数字孪生作为全新的生命体、全新的思维模式,未来,将结合一个个具体的应用场景,展现百花齐放百家争鸣的态势,促进企业转型升级、提升城市管理能力、改善产品全生命周期智能化水平,也将有力推进未来世界的科技化进程。

参考文献

[1]　TAO F,ZHANG M,NEE A Y C. Digital twin driven smart manufacturing[M].Amsterdam:Elsevier,2019.

[2]　王鸿庆. 数字孪生[EB/OL]. http://news. hexun. com/2016-05-19/183940101. html.

[3]　MURRAY L. Lockheed Martin forecasts tech trends for defense in 2018[EB/OL]. https://dallasinnovates. com/lockheed-martin-forecasts-tech-trends-fordefense-in-2018/.

[4]　刘亚威. 美国洛马公司利用数字孪生提速 F-35 战斗机生产[EB/OL]. http://www. sohu. com/a/212980157_613206.

[5]　两机动力控制. 俄罗斯使用数字孪生技术对 TV7-117ST-01 发动机进行了优化[EB/OL]. https://www. sohu. com/a/363174806 _ 229282? scm = 1002. 44003c. fe017c. PC _ ARTICLE_REC.

[6]　孟松鹤. 数字孪生及其在航空航天中的应用[EB/OL]. http://www. 360doc. com/content/20/0811/14/22368478_929653378. shtml.

[7]　MILLER J. Why Digital threads and twins are the future of trains[EB/OL]. https://www. ge. com/digital/blog/why-digital-threads-and-twins-are-future-trains.

[8]　Wired Brand Lab. Digital twin:bridging the physical-digital divide[EB/OL]. https://www. ibm. com/blogs/internet-of-things/iot-digital-twin-enablers/.

[9]　张俊. 数字孪生体技术促进汽车行业自动化产线设计演化[EB/OL]. https://www. gg-robot. com/art-68092. html.

[10]　HUBER W,李敬,KASPER K. 数字孪生价值几何[EB/OL]. https://cn. linkedin. com/pulse/数字孪生价值几何-jing-li-henry-? trk=articles_directory.

[11]　谭建荣. 产品数字孪生与汽车智能制造关键技术趋势[EB/OL]. https://www. sohu. com/a/333599141_255301.

[12] SWEDBERG C. Digital twins bring value to big RFID and IoT data [EB/OL]. http://www.rfidjournal.com/articles/view? 17421.

[13] RAYNOVICH R S. Who Will Pay for Industrial IoT [EB/OL]. https://www.bsquare.com/blog/who-will-pay-for-industrial-iot/.

[14] 中国汽车报. 推进平台化、车路云协同,51WORLD 数字孪生技术加速赋能汽车业[EB/OL]. http://www.360doc.com/content/20/1126/07/54396214_947867250.shtml.

[15] GE Renewable Energy. Digital wind farm-the next evolution of wind energy [EB/OL]. https://www.ge.com/content/dam/gepower-renewables/global/en _ US/downloads/brochures/digital-wind-farm-solutions-gea31821b-r2.pdf.

[16] GE Renewable Energy. A breakdown of the digital wind farm [EB/OL]. https://www.ge.com/renewableenergy/stories/meet-the-digital-wind-farm.

[17] Siemens. For a digital twin of the grid Siemens solution enables a single digital gridmodel of the Finnish power system [EB/OL]. https://www.siemens.com/press/pool/de/events/2017/corporate/2017-12-innovation/inno2017-digitaltwin-e.pdf.

[18] 上海电力经研院. 数字孪生技术让电网更智慧[EB/OL]. http://www.chinapower.org.cn/detail/301583.html.

[19] 电网智囊团. 国内首个"会思考"的电网设备数字孪生系统[EB/OL]. http://www.elecfans.com/d/1297356.html.

[20] "数字孪生"上线：在数字空间重建现实世界需要分几步[EB/OL]. https://new.qq.com/omn/20191028/20191028A08U3W00.html.

[21] 中国信息通信研究院. 数字孪生城市典型场景与应用案例(2020 年)[EB/OL]. http://www.caict.ac.cn/kxyj/qwfb/ztbg/202012/P020201218505065762275.pdf.

[22] GE Aviation. GE signs digital contract with military sealift command to improve mission readiness [EB/OL]. https://www.businesswire.com/news/home/20180205005801/en/GE-Signs-Digital-Contract-Military-Sealift-Command.

[23] DNVGL. Digital twin at work [EB/OL]. https://www.dnvgl.com/feature/digital-twins.html.

[24] DNVGL. Digital Twins for Blue Denmark [EB/OL]. http://www.safety4sea.com/wp-content/uploads/2018/03/DMA-Digital-Twins-for-Blue-Denmark-2018_03.pdf.

[25] 秀品牛. 船舶动力系统综合运维监控数字孪生平台[EB/OL]. http://www.kimo-tech.com/h-nd-39.html.

[26] Science Service. Healthcare solution testing for future｜Digital twins in healthcare [EB/OL]. https://www.dr-hempel-network.com/digital-health-technolgy/digital-twins-in-healthcare/.

[27] Sealevel. Sealevel's sliced bread of tech: digital twins in 2018 [EB/OL]. http://www.sealevel.com/community/blog/sealevels-sliced-bread-of-tech-digital-twins-in-2018.

[28] SCOLES S. A digital twin of your body could become a critical part of your health care [EB/OL]. http://www.slate.com/articles/technology/future_tense/2016/02/dassault_s_living_heart_project_and_the_future_of_digital_twins_in_health.html.

[29] University of Amsterdam. Your digital twin: closer than you think [EB/OL]. http://ivi.uva.nl/content/news/2018/04/your-digital-twin.html.

[30] CORRAL-ACERO J,MARGARA F,MARCINIAK M,et al. The 'Digital Twin' to enable

the vision of precision cardiology[J]. European Heart Journal, 2020(41)：4556-4564.

[31]　十四五：北京副中心开展数字孪生城市试点[EB/OL]. https://mp. weixin. qq. com/s/_ YLeKyWRGxm5uq8o68BFCw.

[32]　中国信息通信研究院. 数字孪生城市白皮书（2020 年）[EB/OL]. http://www. caict. ac. cn/kxyj/qwfb/bps/202012/t20201217_366332. htm.

[33]　中国雄安集团. 探索雄安之数字城市[EB/OL]. http://www. chinaxiongan. cn/GB/ 419268/419275/index. html.

[34]　河北日报. 雄安新区数字孪生城市获两项国际标准立项[EB/OL]. http://he. people. com. cn/n2/2020/0513/c192235-34014508. html.

[35]　Dassault Systèmes. Meet Virtual Singapore, the city's 3D digital twin [EB/OL]. https:// govinsider. asia/digital-gov/meet-virtual-singapore-citys-3d-digital-twin/.

[36]　CHATHA A. Smart Cities Sparking Innovation in Digital Twin Visualization Platforms [EB/OL]. https://industrial-iot. com/2017/05/smart-cities-digital-twin-visualization- platforms/.

[37]　Breaking Down the Digital Twin with IBM [EB/OL]. http://www. machinedesign. com/ mechanical/breaking-down-digital-twin-ibm.

[38]　通过数字孪生技术，巴黎圣母院重生[EB/OL]. https://www. sohu. com/a/393802302_ 120685993? _trans_＝000014_bdss_dklzxbpcgP3p：CP＝.

[39]　安世亚太. "数字孪生建筑"应用简述 [EB/OL]. https://zhuanlan. zhihu. com/ p/165344702.

[40]　VEERUM's digital twin technology puts construction sites at managers' fingertips[EB/ OL]. https://concierge. innovation. gc. ca/en/about-us/success-stories/veerums-digital- twin-technology-puts-construction-sites-managers-fingertips.

[41]　Intellectsoft. Advanced imaging algorithms in digital twin reconstruction of constructionsites [EB/OL]. https://www. intellectsoft. net/blog/advanced-imaging- algorithms-for-digital-twin-reconstruction.

[42]　GAGLIARDI C. Digital transformation in the construction and engineering industry-part two [EB/OL]. http://pwc. blogs. com/industry _ perspectives/2017/05/digital- transformation-in-the-construction-and-engineering-industry-part-two. html.

[43]　VERDOUW C, KRUIZE J W, WOLFERT S, et al. Digital twins in farm management [C]//PA17-The International Tri-Conference for Precision Agriculture, 2017.

[44]　Microsoft Services. The promise of a digital twin strategy [EB/OL]. https://info. microsoft. com/rs/157-GQE-382/images/Microsoft％27s％20Digital％20Twin％20％ 27How-To％27％20Whitepaper. pdf.

[45]　中国公路网. Bentley 数字孪生技术助力交付扩建挪威轻轨[EB/OL]. http://www. chinahighway. com/article/65385914. html.

[46]　广东希睿数字科技有限公司. 轨道交通[EB/OL]. https://www. xraitech. com/railtraffic. html.

[47]　数字孪生体实验室. PPT 分享｜数字孪生川藏铁路实景三维空间信息平台关键技术 [EB/OL]. https://mp. weixin. qq. com/s/ug-GjGF-J738sqVs3nuYuA.

[48]　大安 TOM. 油气田全生命周期中的数字孪生[EB/OL]. http://www. oilsns. com/ article/413824.

［49］ 全国能源信息平台. 挪威国油 Johan Sverdrup"北海巨型油田"的数字化进程［EB/OL］. https://baijiahao. baidu. com/s? id=1655221175278874683&wfr=spider&for=pc.

［50］ 行业观察. 数字化转型获益数十亿美元,油气巨头 BP 是如何做到的［EB/OL］. http://www. oilsns. com/article/404497.

［51］ 搜狐. 泰瑞数创数字孪生环保解决方案让人与自然更和谐共生［EB/OL］. https://www. sohu. com/a/390525029_120111604

［52］ 安世亚太. 数字孪生制造的典型应用案例［EB/OL］. http://www. itpartner. cn/news/1918. html.

［53］ 搜狐. 西门子以"数字化双胞胎"应用推进机床工业的数字化［EB/OL］. https://www. sohu. com/a/348565330_680938.

［54］ NUM 推出用于 CNC 机床的数字孪生技术［EB/OL］. http://www. skjcsc. com/newsdetail/2020/09/14/29025. html.

［55］ 煤矿数字孪生. 煤矿数字驱动系统［EB/OL］. https://www. sohu. com/a/439235165_120974870.

［56］ 葛世荣,张帆,王世博,等. 数字孪生智采工作面技术架构研究［J］. 煤炭学报,2020,45(6):1925-1936.

［57］ 张旭辉,张超,王妙云,等. 数字孪生驱动的悬臂式掘进机虚拟操控技术研究［J］. 计算机集成制造系统:1-18. https://kns. cnki. net/kcms/detail/11. 5946. TP. 20201026. 1618. 050. html.

［58］ The digital earth-Al gore［EB/OL］. http://www. digitalearth-isde. org/userfiles/The_Digital_Earth_Understanding_our_planet_in_the_21st_Century. doc.

［59］ European Commission. Destination earth（DestinE）［EB/OL］. https://ec. europa. eu/digital-single-market/en/destination-earth-destine.

［60］ 郭超凯. 数字孪生地球:从理念到实践还有多远［EB/OL］. https://www. chinanews. com/gn/2020/11-25/9347105. shtml.

［61］ TAO F,ZHANG H,LIU A,et al. Digital twin in industry:State-of-the-art［J］. IEEE Transactions on Industrial Informatics,2018,15(4):2405-2415.

［62］ CANEDO A. Industrial IoT lifecycle via digital twins［C］//Proceedings of the Eleventh IEEE/ACM/IFIP International Conference on Hardware/Software Codesign and System Synthesis,2016:1-1.

［63］ YU Y,Fan S T,Peng G Y,et al. Study on application of digital twin model in product configuration management［J］. Aeronaut. Manuf. Technol,2017,526(7):41-45.

［64］ TAO F,SUI F,LIU A,et al. Digital twin-driven product design framework［J］. International Journal of Production Research,2019,57(12):3935-3953.

［65］ SCHLEICH B,ANWER N,MATHIEU L,et al. Shaping the digital twin for design and production engineering［J］. CIRP Annals,2017,66(1):141-144.

［66］ ZHANG H,LIU Q,CHEN X,et al. A digital twin-based approach for designing and multi-objective optimization of hollow glass production line［J］. IEEE Access,2017,5:26901-26911.

［67］ 中国工程院全球工程前沿项目组. 全球工程前沿 2020［M］. 北京:高等教育出版社,2020.

［68］ WEYER S,MEYER T,OHMER M,et al. Future modeling and simulation of CPS-based factories:an example from the automotive industry［J］. IFAC-PapersOnLine,2016,49

(31)：97-102.

[69]　ROSEN R，VON WICHERT G，LO G，et al. About the importance of autonomy and digital twins for the future of manufacturing[J]. IFAC-PapersOnLine，2015，48（3）：567-572.

[70]　BIELEFELDT B，HOCHHALTER J，HARTL D. Computationally efficient analysis of SMA sensory particles embedded in complex aerostructures using a substructure approach [C]//ASME 2015 Conference on Smart Materials，Adaptive Structures and Intelligent Systems. American Society of Mechanical Engineers Digital Collection，2015.

[71]　BRENNER B，HUMMEL V. Digital twin as enabler for an innovative digital shopfloor management system in the ESB Logistics Learning Factory at Reutlingen-University[J]. Procedia Manufacturing，2017，9：198-205.

[72]　TAO F，ZHANG M. Digital twin shop-floor：a new shop-floor paradigm towards smart manufacturing[J]. IEEE Access，2017，5：20418-20427.

[73]　AMERI F，SABBAGH R. Digital factories for capability modeling and visualization[C]// IFIP International Conference on Advances in Production Management Systems. Springer，Cham，2016：69-78.

[74]　KONSTANTINOV S，AHMAD M，ANANTHANARAYAN K，et al. The cyber-physical e-machine manufacturing system：Virtual engineering for complete lifecycle support[J]. Procedia CIRP，2017，63：119-124.

[75]　UHLEMANN T H J，LEHMANN C，STEINHILPER R. The digital twin：Realizing the cyber-physical production system for industry 4. 0[J]. Procedia Cirp，2017，61：335-340.

[76]　SÖDERBERG R，WÄRMEFJORD K，CARLSON J S，et al. Toward a digital twin for real-time geometry assurance in individualized production[J]. CIRP Annals，2017，66（1）：137-140.

[77]　VACHÁLEK J，BARTALSKÝ L，ROVNÝ O，et al. The digital twin of an industrial production line within the industry 4. 0 concept[C]//2017 21st International Conference on Process Control（PC）. IEEE，2017：258-262.

[78]　UHLEMANN T H J，SCHOCK C，LEHMANN C，et al. The digital twin：demonstrating the potential of real time data acquisition in production systems [J]. Procedia Manufacturing，2017，9：113-120.

[79]　SCHLUSE M，PRIGGEMEYER M，ATORF L，et al. Experimentable digital twins-streamlining simulation-based systems engineering for industry 4. 0[J]. IEEE Transactions on Industrial Informatics，2018，14（4）：1722-1731.

[80]　TUEGEL E J，INGRAFFEA A R，EASON T G，et al. Reengineering aircraft structural life prediction using a digital twin [J]. International Journal of Aerospace Engineering，2011，2011.

[81]　TUEGEL E. The airframe digital twin：some challenges to realization[C]//53rd AIAA/ ASME/ASCE/AHS/ASC Structures，Structural Dynamics and Materials Conference 20th AIAA/ASME/AHS Adaptive Structures Conference 14th AIAA，2012：1812.

[82]　LI C，MAHADEVAN S，LING Y，et al. Dynamic Bayesian network for aircraft wing health monitoring digital twin[J]. Aiaa Journal，2017，55（3）：930-941.

[83]　ZAKRAJSEK A J，MALL S. The development and use of a digital twin model for tire

touchdown health monitoring[C]//58th AIAA/ASCE/AHS/ASC Structures, Structural Dynamics, and Materials Conference, 2017：0863.

[84] GLAESSGEN E, STARGEL D. The digital twin paradigm for future NASA and US Air Force vehicles[C]//53rd AIAA/ASME/ASCE/AHS/ASC structures, structural dynamics and materials conference 20th AIAA/ASME/AHS adaptive structures conference 14th AIAA, 2012：1818.

[85] GABOR T, BELZNER L, KIERMEIER M, et al. A simulation-based architecture for smart cyber-physical systems [C]//2016 IEEE international conference on autonomic computing (ICAC). IEEE, 2016：374-379.

[86] KNAPP G L, MUKHERJEE T, ZUBACK J S, et al. Building blocks for a digital twin of additive manufacturing[J]. Acta Materialia, 2017, 135：390-399.

[87] HOCHHALTER J D, LESER W P, NEWMAN J A, et al. Coupling damage-sensing particles to the digitial twin concept[M]. NASA/TM-2014-218257 L-20401 NF1676L-18764, Hampton, VA, USA, 2014.

[88] REIFSNIDER K, MAJUMDAR P. Multiphysics stimulated simulation digital twin methods for fleet management[C]//54th AIAA/ASME/ASCE/AHS/ASC Structures, Structural Dynamics, and Materials Conference. 2013：1578.

[89] CERRONE A, HOCHHALTER J, HEBER G, et al. On the effects of modeling as-manufactured geometry：toward digital twin[J]. International Journal of Aerospace Engineering, 2014, 2014.

[90] TAO F, CHENG J, QI Q, et al. Digital twin-driven product design, manufacturing and service with big data [J]. The International Journal of Advanced Manufacturing Technology, 2018, 94(9/10/11/12)：3563-3576.

[91] 陶飞,刘蔚然,刘检华等. 数字孪生及其应用探索[J]. 计算机集成制造, 2018, 24(1)：1-18.

[92] GOCKEL B, TUDOR A, BRANDYBERRY M, et al. Challenges with structural life forecasting using realistic mission profiles[C]//53rd AIAA/ASME/ASCE/AHS/ASC Structures, Structural Dynamics and Materials Conference 20th AIAA/ASME/AHS Adaptive Structures Conference 14th AIAA. 2012：1813.

[93] SIEMENS. 数字化双胞胎 [EB/OL]. https：//www. plm. automation. siemens. com/global/zh/our-story/glossary/digital-twin/24465.

[94] SIEMENS. Discover the digital twin of the product [EB/OL]. https：//new. siemens. com/global/en/markets/automotive-manufacturing/digital-twin-product. html.

[95] 中国企业家手机报. 数字孪生技术内涵-经信研究·黄培：制造业谋定典型应用场景[EB/OL]. http：//www. qyjsjb. com/v. php? info_id=11072.

[96] SIEMENS. Digital twin of respiratory products [EB/OL]. https：//new. siemens. com/global/en/company/stories/industry/digitaltwin-simulation-vyairemedical. html

[97] SIEMENS. A wind of change through digitalization [EB/OL]. https：//new. siemens. com/global/en/markets/wind/equipment/digitalization. html

[98] ANSYS. Creating a digital twin for a pump [EB/OL]. https：//www. ansys. com/zh-tw/about-ansys/advantage-magazine/volume-xi-issue-1-2017/creating-a-digital-twin-for-a-pump.

[99]　HAIDARI A. Oil & gas digital twins for prognostics & health management [EB/OL]. https://www. ansys. com/blog/oil-and-gas-digital-twins-improve-prognostics-health-management #: ~: text = The%20oil%20and%20gas%20industry%20can%20use%20ANSYS, data%20it%20can%20be%20called%20a%20digital%20twin.

[100]　SCOLES S. A digital twin of your body could become a critical part of your health care [EB/OL]. https://slate. com/technology/2016/02/dassaults-living-heart-project-and-the-future-of-digital-twins-in-health-care. html.

[101]　Dassault Systèmes. South Australia to share vision for the future economy [EB/OL]. https://govinsider. asia/digital-gov/south-australia-share-vision-future-economy/.

[102]　PTC. Digital doppelgänger [EB/OL]. https://develop3d. com/prototype/digital-doppelg aenger-PTC-Digital-Twin/.

[103]　THOMPSON S. What is digital twin technology [EB/OL]. https://www. ptc. com/en/product-lifecycle-report/what-is-digital-twin-technology.

[104]　Microsoft Azure. Azure digital twins [EB/OL]. https://azure. microsoft. com/en-us/services/digital-twins/.

[105]　ASCon Systems. Digital twin is about to rollout by Airbus [EB/OL]. https://ascon-systems. de/en/digital-twin-is-about-to-rollout-by-airbus/.

[106]　KINARD D. The digital thread-key to F-35 joint strike fighter affordability [EB/OL]. https://www. aerospacemanufacturinganddesign. com/article/amd-080910-f-35-joint-strike-fighter-digital-thread/

[107]　Maplesoft. 多学科系统级建模[EB/OL]. https://www. maplesoft. com. cn/products/maplesim/index. shtml.

[108]　Maplesoft. Maplesoft Engineering Solutions team helps FLSmidth develop revolutionary mining equipment [EB/OL]. https://www. maplesoft. com/company/casestudies/stories/flsmidth. aspx.

[109]　Maplesoft. 数字孪生/数字双胞胎用于虚拟调试[EB/OL]. https://www. maplesoft. com. cn/products/digitaltwins/index. shtml.

[110]　Maplesoft. FLSmith 利用 MapleSim 建立大型矿山设备系统模型[EB/OL]. https://mp. weixin. qq. com/s/y6ZacuNOdCgZRYRui4xd6A.

[111]　Bentley. Digital twin cloud services for infrastructure engineering [EB/OL]. https://www. bentley. com/en/products/product-line/digital-twins.

[112]　Bentley. Optimize engineering design reviews [EB/OL]. https://www. bentley. com/en/products/product-line/digital-twins/itwin-design-review.

第2篇

数字孪生理论技术体系

第 4 章

数字孪生五维模型及理论思考

作为实现信息世界与物理世界交互融合的有效手段,数字孪生得到了学术界的广泛关注和研究,并被企业界引入到越来越多的领域进行落地应用,成为了产业变革的强大助力[1]。数字孪生在相关领域的应用过程中,所需解决的首个挑战是如何根据不同的应用对象与业务需求创建对应的数字孪生模型。因为缺乏通用的数字孪生参考模型与创建方法的指导,导致数字孪生相关领域的落地应用受到了严重阻碍。针对上述问题,笔者团队在《计算机集成制造系统》期刊上发表的"数字孪生五维模型及十大领域应用"文章中提出了数字孪生五维模型,并探索了基于数字孪生五维模型的十大领域应用[2]。本章对前期的数字孪生五维模型做了详细介绍,并对数字孪生应用准则进行说明,最后总结了基于数字孪生五维模型的理论难题与科学问题思考。

4.1 数字孪生五维模型

在 Michael Grieves 教授发表的关于数字孪生的白皮书中,数字孪生的基本概念模型包括 3 个主要部分:实体空间中的物理产品;虚拟空间中的虚拟产品;将虚拟产品和物理产品联系在一起的数据和信息的连接。[3]近年来,随着相关理论技术的不断拓展与应用需求的持续升级,数字孪生的发展与应用呈现出如下新趋势与新需求:①应用领域扩展需求;②与新一代信息技术深度融合需求;③信息物理融合数据需求;④智能服务需求;⑤普适工业互联需求;⑥动态多维多时空尺度模型需求等。[2]

模型是数字孪生的基础与核心,而传统数字孪生三维模型已无法满足现阶段技术发展与应用需求。在此背景下,为推动数字孪生在越来越多的行业领域及应用场景发挥重要价值,笔者团队提出了数字孪生五维模型[2],以适应新趋势与新需求,使数字孪生进一步在更多领域落地应用。2018 年 11 月 17—19 日,笔者团队陶飞教授应邀在第五届全国现代制造集成技术学术会议上做了题为《数字孪生五维模型及十大领域应用探索》的学术报告。会后,笔者团队将报告内容进行了整理,带领北航数字孪生研究组与国内 10 多家合作单位共同完成了《数字孪生五维模型及十大领域应用》一文,该文刊登在了《计算机集成制造系统》2019 年第 1 期。

数字孪生五维模型及十大领域应用

数字孪生五维模型如式(4.1)所示[2]：
$$M_{DT} = (PE, VE, Ss, DD, CN) \tag{4.1}$$
式中，PE 表示物理实体；VE 表示虚拟模型(VE)；Ss 表示服务；DD 表示孪生数据，CN 表示交互连接，即各组成部分间的连接。根据式(4.1)，数字孪生五维模型结构如图 4.1 所示。数字孪生五维模型能满足上述数字孪生应用的新需求。首先，M_{DT} 是一个通用的参考架构，能适用不同领域的不同应用对象。其次，它的五维结构能与物联网、大数据、人工智能等新一代信息技术集成与融合，满足信息物理系统集成、信息物理数据融合、虚实双向连接与交互等需求。再次，孪生数据(DD)集成融合了信息数据与物理数据，满足信息空间与物理空间的一致性与同步性需求，能提供更加准确、全面的全要素/全流程/全业务数据支持。服务(Ss)对数字孪生应用过程中面向不同领域、不同层次用户、不同业务所需的各类数据、模型、算法、仿真、结果等进行服务化封装，并以应用软件或移动端 App 的形式提供给用户，实现对服务的便捷与按需使用。交互连接(CN)实现物理实体、虚拟模型、服务及孪生数据之间的普适工业互联，从而支持虚实实时互联与融合。虚拟模型从多维度、多空间尺度、多时间尺度对物理实体进行刻画和描述。

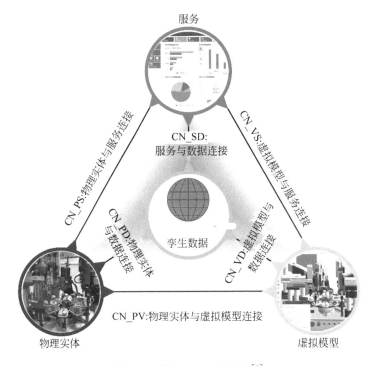

图 4.1　数字孪生五维模型[4]

4.1.1　物理实体

物理实体(PE)是数字孪生的根基。数字孪生通过数字化方式为 PE 创建虚拟模型,以反映其属性、模拟其行为、预测其趋势。[4]PE 是客观存在的,指一类可感知、可交互的物理系统或物理活动过程,通常由各种部件、子系统组成,并具有独立完成至少一种任务的能力。PE 根据自然法则开展活动并应对不确定的环境。对 PE 的感知通常通过各种传感器、执行器实现,通过接触或非接触的传感器的状态感知或与 PE 的执行器的接口连接等方式,实时监测 PE 的运行状态和环境数据。根据功能和结构,PE 可以分为 3 个级别,分别是单元级、系统级和复杂系统(SOS)级。[5]

4.1.2　虚拟模型

虚拟模型包括几何模型(G_v)、物理模型(P_v)、行为模型(B_v)和规则模型(R_v),这些模型能从多时间尺度、多空间尺度对 PE 进行描述与刻画:[6]

$$VE = (G_v, P_v, B_v, R_v) \tag{4.2}$$

G_v 为描述 PE 几何参数(如形状、尺寸、位置等)与关系(如装配关系)的三维模型,与 PE 具备良好的时空一致性,对细节层次的渲染可使 G_v 从视觉上更加接近 PE。G_v 可利用三维建模软件(如 SolidWorks、3D MAX、ProE、AutoCAD 等)或仪器设备(如三维扫描仪)来创建。[2]

P_v 在 G_v 的基础上增加了 PE 的物理属性、约束、特征等信息,通常可用 ANSYS、ABAQUS、Hypermesh 等工具从宏观及微观尺度进行动态的数学近似模拟与刻画,如结构、流体、电场、磁场建模仿真分析等。[2]

B_v 描述了不同粒度不同空间尺度下的 PE 在不同时间尺度下的外部环境与干扰,以及内部运行机制共同作用下产生的实时响应及行为,如随时间推进的演化行为、动态功能行为、性能退化行为等。创建 PE 的行为模型是一个复杂的过程,涉及问题模型、评估模型、决策模型等多种模型的构建,可利用有限状态机、马尔可夫链、神经网络、复杂网络、基于本体的建模方法进行 B_v 的创建。[2]

R_v 包括基于历史关联数据的规律规则、基于隐性知识总结的经验,以及相关领域标准与准则等。这些规则随着时间的推移自增长、自学习、自演化,使 VE 具备实时的判断、评估、优化及预测的能力,从而不仅能对 PE 进行控制与运行指导,还能对 VE 进行校正与一致性分析。R_v 可通过集成已有的知识获得,也可利用机器学习算法不断挖掘产生新规则。[2]

对上述 4 类模型进行组装、集成与融合,可以创建对应 PE 的完整 VE。同时通过模型校核、验证和确认(VV&A)来验证 VE 的一致性、准确度、灵敏度等,保证 VE 能真实映射 PE。[7]此外,可使用 VR 与 AR 技术实现 VE 与 PE 虚实叠加及融合显示,增强 VE 的沉浸性、真实性及交互性。[2]

4.1.3 孪生数据

孪生数据(DD)是数字孪生的驱动[7],主要包括 PE 数据(D_p)、VE 数据(D_v)、Ss 数据(D_s)、知识数据(D_k)及融合衍生数据(D_f):[8]

$$DD = (D_p, D_v, D_s, D_k, D_f) \tag{4.3}$$

D_p 主要包括体现 PE 规格、功能、性能、关系等的物理要素属性数据与反映 PE 运行状况、实时性能、环境参数、突发扰动等的动态过程数据,可通过传感器、嵌入式系统、数据采集卡等进行采集。[2]

D_v 主要包括 VE 相关数据,如几何尺寸、装配关系、位置等几何模型相关数据,材料属性、载荷、特征等物理模型相关数据,驱动因素、环境扰动、运行机制等行为模型相关数据,约束、规则、关联关系等规则模型相关数据,以及基于上述模型开展的过程仿真、行为仿真、过程验证、评估、分析、预测等的仿真数据。[2]

D_s 主要包括 FService 相关数据(如算法、模型、数据处理方法等)与 BService 相关数据(如企业管理数据、生产管理数据、产品管理数据、市场分析数据等)。

D_k 包括专家知识、行业标准、规则约束、推理推论、常用算法库与模型库等。

D_f 是对 D_p、D_v、D_s、D_k 进行数据转换、预处理、分类、关联、集成、融合等相关处理后得到的衍生数据,通过融合物理实况数据与多时空关联数据、历史统计数据、专家知识等信息数据得到信息物理融合数据,从而反映更加全面与准确的信息,并实现信息的共享与增值。[2]

4.1.4 服务

服务(Ss)是指对数字孪生应用过程中所需各类数据、模型、算法、仿真、结果进行服务化封装,形成的以工具组件、中间件、模块引擎等形式支撑数字孪生内部功能运行与实现的功能性服务(FService),以及以应用软件、移动端 App 等形式满足不同领域、不同用户、不同业务需求的业务性服务(BService),其中 FService 为 BService 的实现和运行提供支撑。[2]

FService 主要包括:①面向 VE 提供的模型管理服务,如建模仿真服务、模型组装与融合服务、模型 VV&A 服务、模型一致性分析服务等;②面向 DD 提供的数据管理与处理服务,如数据存储、封装、清洗、关联、挖掘、融合等服务;③面向 CN 提供的综合连接服务,如数据采集服务、感知接入服务、数据传输服务、协议服务、接口服务等。[2]

BService 主要包括:①面向终端现场操作人员的操作指导服务,如虚拟装配服务、设备维修维护服务、工艺培训服务;②面向专业技术人员的专业化技术服务,如能耗多层次多阶段仿真评估服务、设备控制策略自适应服务、动态优化调度服务、动态过程仿真服务等；③面向管理决策人员的智能决策服务，如需求分析服务、风险评估服务、趋势预测服务等；④面向终端用户的产品服务，如用户功能体验服务、虚拟培训服务、远程维修服务等。这些服务对于用户而言是一个屏蔽了数字孪生内部异构性与复杂性的黑箱，通过应用软件、移动端 App 等形式向用户提供标准的输入输出，从而降低数字孪生应用实践中对用户专业能力与知识的要求，实现便捷的按需使用。[2]

4.1.5　交互连接

交互连接(CN)实现数字孪生各组成部分的互联互通，包括 PE 和 DD 的连接(CN_PD)、PE 和 VE 的连接(CN_PV)、PE 和 Ss 的连接(CN_PS)、VE 和 DD 的连接(CN_VD)、VE 和 Ss 的连接(CN_VS)、Ss 和 DD 的连接(CN_SD)：[8]

$$CN = (CN\_PD, CN\_PV, CN\_PS, CN\_VD, CN\_VS, CN\_SD) \quad (4.4)$$

CN_PD 实现 PE 和 DD 的交互。可利用各种传感器、嵌入式系统、数据采集卡等对 PE 数据进行实时采集，通过 MTConnect、OPC-UA、MQTT 等协议规范传输至 DD；相应地，DD 中经过处理后的数据或指令可通过 OPC-UA、MQTT、CoAP 等协议规范传输并反馈给 PE，实现 PE 的运行优化。[2]

CN_PV 实现 PE 和 VE 的交互。CN_PV 与 CN_PD 的实现方法与协议类似，采集的 PE 实时数据传输至 VE，用于更新校正各类数字模型；采集的 VE 仿真分析等数据转化为控制指令下达至 PE 执行器，实现对 PE 的实时控制。[2]

CN_PS 实现 PE 和 Ss 的交互。同样地，CN_PS 与 CN_PD 的实现方法及协议类似，采集的 PE 实时数据传输至 Ss，实现对 Ss 的更新与优化；Ss 产生的操作指导、专业分析、决策优化等结果以应用软件或移动端 App 的形式提供给用户，通过人工操作实现对 PE 的调控。[2]

CN_VD 实现 VE 和 DD 的交互。通过 JDBC、ODBC 等数据库接口，一方面将 VE 产生的仿真及相关数据实时存储到 DD 中，另一方面实时读取 DD 的融合数据、关联数据、生命周期数据等驱动动态仿真。[2]

CN_VS 实现 VE 和 Ss 的交互。可通过 Socket、RPC、MQSeries 等软件接口实现 VE 与 Ss 的双向通信，完成直接的指令传递、数据收发、消息同步等。[2]

CN_SD 实现 Ss 和 DD 的交互。与 CN_VD 类似，通过 JDBC、ODBC 等数据库接口，一方面将 Ss 的数据实时存储到 DD，另一方面实时读取 DD 中的历史数据、规则数据、常用算法及模型等支持 Ss 的运行与优化。[2]

4.2　数字孪生应用准则

2017 年 7 月 25 日在北航召开了"第一届数字孪生与智能制造服务学术研讨会"，来自全国 20 多所高校的 70 余名学者参加了会议研讨。会后，参考 CIRP 的

Keynote Paper 模式,北航邀请并组织国内 10 多个单位的学者共同撰写了《数字孪生及其应用探索》一文[7],该文刊登在了《计算机集成制造系统》2018 年第 1 期。基于数字孪生五维模型实现数字孪生驱动的应用,首先要针对应用对象及需求,分析物理实体特征,以此建立虚拟模型,构建连接实现虚实信息数据的交互,并借助孪生数据的融合与分析,最终为使用者提供各种服务应用。为推动数字孪生的落地应用,数字孪生驱动的应用可遵循以下准则,如图 4.2 所示[7]。

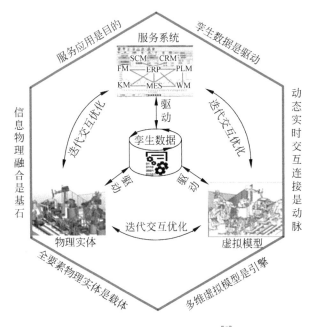

图 4.2　数字孪生应用准则[7]

（1）**信息物理融合是基石**：物理要素的智能感知与互联、虚拟模型的构建、孪生数据的融合、交互连接的实现、应用服务的生成等,都离不开信息物理融合。同时,信息物理融合贯穿于产品全生命周期各个阶段,是每个应用实现的根本。因此,没有信息物理的融合,数字孪生的落地应用就是空中楼阁。[7]

（2）**多维虚拟模型是引擎**：多维虚拟模型是实现产品设计、生产制造、故障预测、健康管理等各种功能最核心的组件。在数据驱动下,多维虚拟模型将应用功能从理论变为现实,是数字孪生应用的“心脏”。因此,没有多维虚拟模型,数字孪生应用就没有了核心。[7]

（3）**孪生数据是驱动**：孪生数据是数字孪生最核心的要素,它源于物理实体、虚拟模型、服务系统,同时在融合处理后又融入到各部分中,推动了各部分的运转,是数字孪生应用的“血液”。因此,没有多元融合数据,数字孪生应用就失去了动力源泉。[7]

（4）**动态实时交互连接是动脉**：动态实时交互连接将物理实体、虚拟模型、服务系统连接为一个有机的整体,使得信息与数据得以在各部分间交换传递,是数字孪生应用的"血管"。因此,没有了各组成部分之间的交互连接,如同人体割断动脉,数字孪生应用也就失去了活力。[7]

(5) **服务应用是目的**:服务将数字孪生应用生成的智能应用、精准管理和可靠运维等功能以最为便捷的形式提供给用户,同时给予用户最为直观的交互,是数字孪生应用的"五感"。因此,没有服务应用,数字孪生应用实现就是无的放矢。[7]

(6) **全要素物理实体是载体**:不论是全要素物理资源的交互融合,还是多维虚拟模型的仿真计算,抑或是数据分析处理,都建立在全要素物理实体之上,同时物理实体带动各个部分的运转,令数字孪生得以实现,是数字孪生应用的"骨骼"。因此,没有了物理实体,数字孪生应用就成了无本之木。[7]

4.3　基于数字孪生五维模型的十大领域应用探索

数字孪生五维模型需要针对应用需求及场景对象分析物理实体的特征,建立物理实体忠实镜像的虚拟模型,构建连接实现虚实信息数据的交互,并借助孪生数据的融合与分析,最终为使用者提供各种服务系统中的具体应用。笔者团队跟中国空间技术研究院、中国兵器工业集团、中国电子科技集团、国家电网等企业合作,结合企业实际应用需求,探索了数字孪生五维模型在卫星工程、船舶、车辆、飞机、发电厂、复杂装备、医疗、智慧城市等 10 多个领域的应用。

4.3.1　数字孪生卫星工程

数字孪生卫星:概念、关键技术及应用

近年来,基于低轨卫星通信系统的卫星互联网引起了各界高度关注,形成了全球性的发展热潮。卫星互联网项目因其星座规模大、建设周期短、项目流程长、投入成本高的特点,对卫星产业的研制、应用、管理水平提出了全新的要求。为适应卫星产业面对的技术发展、产业升级、工程需求的挑战,提升卫星产业数字化、网络化、智能化、服务化水平,本书作者团队将数字孪生技术引入卫星工程中,参照数字孪生五维模型,与卫星工程中的关键环节、关键场景、关键对象紧密结合,提出了数字孪生卫星工程的概念[9],如图 4.3 所示。基于模型与数据对物理空间的卫星工程进行实时的模拟、监控、反映,并借助算法、管理方法、专家知识、软件等对卫星工程进行分析、评估同步,进而辅助卫星工程各阶段管控与协同。

在空间维度上,数字孪生卫星工程将数字孪生与卫星工程中的关键对象与关键场景结合。以低轨卫星通信系统为例,数字孪生卫星关键对象/场景主要包括数字孪生卫星试验验证系统、数字孪生卫星总装车间、数字孪生卫星产品、数字孪生卫星网络,如图 4.4 所示。基于数字孪生五维模型理论和单元级、系统级、复杂系统级的组成划分,构建的数字孪生卫星试验验证系统、数字孪生卫星总装车间、数字孪生卫星产品、数字孪生卫星网络既实现对其物理对象/场景的实时映射,各自

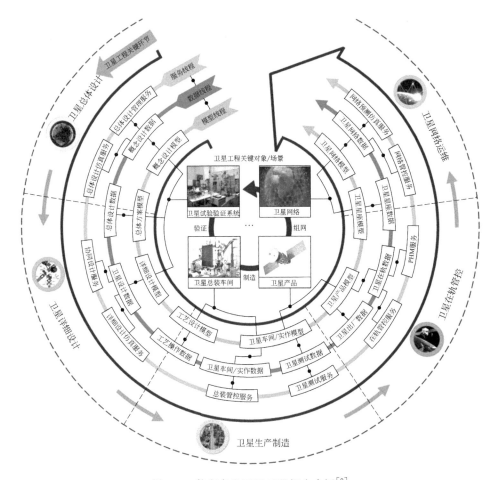

图 4.3 数字孪生卫星工程概念内涵[9]

实现相应的仿真验证、迭代优化、管理控制等功能,也通过彼此间的协作与交互,在不同阶段实现相互支持、功能协同、系统融合,共同支撑卫星系统工程的实施与管理[9]。

在时间维度上,数字孪生卫星工程将数字孪生与卫星工程中的关键环节结合。以低轨卫星通信系统工程为例,数字孪生主要应用于卫星总体设计、卫星详细设计、卫星生产制造、卫星在轨管控和卫星网络运维阶段,数字孪生卫星将上述各个环节彼此紧密联系,打通各环节间的模型壁垒、数据壁垒、服务壁垒,进而形成数字孪生卫星的核心要素,即贯穿卫星工程全生命周期的模型线程(model thread)、数据线程(data thread)、服务线程(service thread),如图 4.5 所示,实现对各阶段的模型、数据、服务的标准化定义、高效转换、安全调用和彼此关联。同时,以数字孪生卫星试验验证系统、数字孪生卫星总装车间、数字孪生卫星产品、数字孪生卫星网

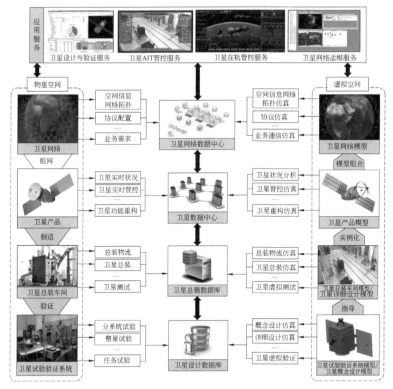

图 4.4 空间维度的数字孪生卫星工程[9]

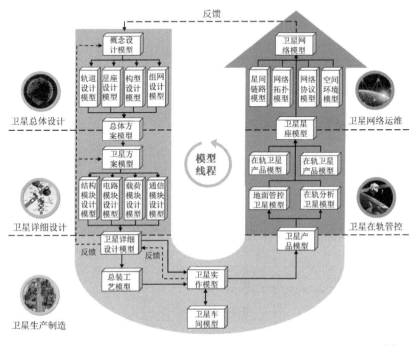

图 4.5 时间维度上数字孪生卫星工程的模型线程、数据线程和服务线程[9]

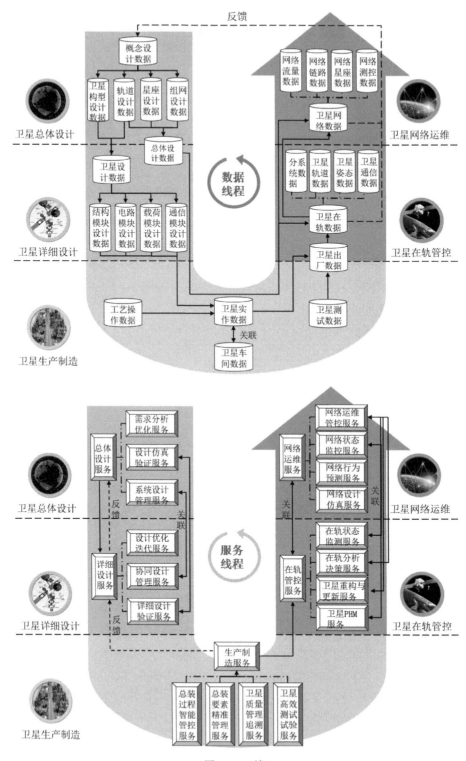

图 4.5 （续）

络为主要对象,对工程的实时状态进行映射并实现高效的优化、验证、决策、运维等应用服务,辅助卫星工程各阶段及整体的实施和管理,以提升效率和效果。[9]

4.3.2　数字孪生船舶全生命周期管控

面对全球制造业产业转型升级趋势,设计能力落后、运维管控数字化水平低、配套产业发展滞后等问题仍制约着船舶行业的发展。如图 4.6 所示,将数字孪生技术与船舶工业结合,开展基于数字孪生的船舶设计、制造、运维、使用等全生命周期一体化管控,是解决上述问题的有效手段[2]。

1. 船舶全生命周期现状

(1) 当前船舶设计存在以下不足:①缺乏完整、充分、有效的船舶全生命周期数据支持,无法形成有效的知识库辅助设计决策;②设计模型复杂,各学科模型难以统一;③缺乏精确的仿真方法,设计验证困难、周期长[2]。

(2) 船舶建造的质量影响着产品的最终性能、质量、研制周期及成本。目前,船舶建造正在向数字化建造转型,但仍存在着原型设计与工艺设计脱节、零件管理复杂、二维工艺文件直观性差等问题[2]。

(3) 船舶舱内信息相对封闭,舱外环境复杂多变,航行时难以监控。同时,对于大型舰船,其航行运转需要船内各个系统的配合,整体系统调度缺乏数字化统一管控[2]。

(4) 安全运维对船舶具有极其重要的意义,准确有效的运维方法能够大大提高船舶故障预测、健康管理的效率从而减少成本。目前,对船舶整体结构的故障预测与健康管理的工作相对缺乏,既受限于实时数据的缺乏,同时也在理论方法上有着大量不足[2]。

2. 基于数字孪生五维模型的船舶数字孪生运行机制

为综合刻画船舶真实环境中所涉及的实体对象并描述其属性与规则、实时仿真并推演其运行状态、主动预测并改进其动态行为以最终实现船舶全生命周期管控能力提升,参考数字孪生五维模型,船舶数字孪生五维模型主要包括物理船舶、虚拟船舶、船舶孪生数据、船舶应用服务和前 4 项之间的连接关系,具体如下:

① 物理船舶,主要指船舶全生命周期管控中的船舶原型、船舶部件,及船舶航行与维修过程中涉及的各类实体对象集合;

② 虚拟船舶,主要指船舶全生命周期管控中的各类模型,包括船舶设计模型、船舶工艺模型、船舶运行实况模型与船舶诊断维护模型等;

③ 船舶孪生数据,主要负责为船舶物理实体、虚拟模型和应用服务提供充足数据支撑,包括船舶设计仿真数据、船舶建造优化数据、船舶航行监控数据与船舶维修诊断数据等虚实融合、交互迭代与动态演化的孪生数据;

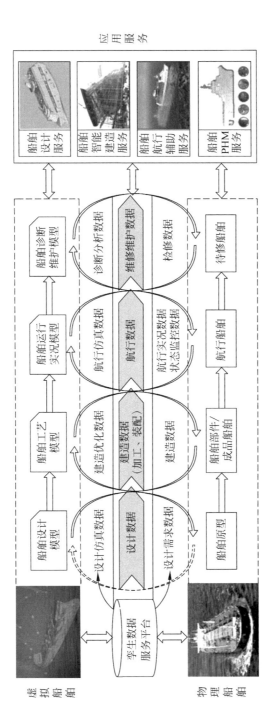

图 4.6　数字孪生船舶全生命周期管控[8]

④ 船舶应用服务,主要针对船舶全生命周期中涉及的船舶设计服务、船舶智能建造服务、船舶辅助航行服务及船舶 PHM 服务等;

⑤ 连接,主要支持以上 4 个部分之间多要素/跨阶段/全业务流程数据的互联互通,从而支持船舶全生命周期孪生数据的生成、迭代、融合与演化,是船舶数字孪生体系架构虚实镜像、交互与融合的基本载体。

基于上述船舶数字孪生五维模型,船舶数字孪生主要解决两个核心问题,包括船舶孪生数据的集成与融合机制,以及船舶孪生数据的交互与迭代机制。从而,同时支持虚拟船舶中多层级虚拟镜像的共生仿真和物理船舶中多要素物理实体的共生演化。**在船舶孪生数据的集成与融合**方面,实时、高维、多源异构孪生数据的协同,是驱动整个船舶数字孪生体及其应用的基础。船舶孪生数据主要来源于船舶环境中多要素物理实体、环境、活动等空间的实时感知数据、虚拟环境中多层级虚拟镜像的仿真数据、船舶应用服务相关描述信息与历史数据等,以及以上数据在统计、关联、聚类、演化、回归及泛化等操作下的衍生数据。**在船舶孪生数据的交互与迭代方面**,通过实时物理数据、虚拟仿真数据等的关联、比对和整合,提取适用于当前船舶服务目标的高质量数据子集,实现船舶孪生数据的交互融合和优化,形成船舶孪生体虚实间的彼此映射和交互作用的"催化剂"。

基于船舶数字孪生五维模型,在船舶设计中,大量船舶数字孪生数据能够支持知识数据库的建立,并辅助相关的建模工作;采用数字孪生建模技术及模型融合理论,能够为各学科模型构建与融合提供解决思路;同时,数字孪生高拟真的仿真环境,可以提高设计验证能力,加快设计速度,提高设计精度[2]。在船舶建造中,搭建基于数字孪生的船舶智能建造系统,将数字孪生船舶设计与工艺仿真结合,可以实现对现场的实时监控、数字化管理和工艺优化,同时以三维工艺文件的形式辅助工人操作,并将工人的装配经验和知识转化为知识库,可用于后续的工艺指导和仿真训练[2]。在船舶航行时,数字孪生船舶辅助航行平台,一方面可以采集实时数据,监控船舶各种状况,实时反馈给船员;另一方面能够调度管控船舶各系统,并借助相关优化策略,辅助船员控制航行[2]。数字孪生驱动的船舶故障预测与健康管理能够基于动态实时数据的采集与处理,实现快速捕捉故障现象,准确定位故障原因,同时评估设备状态,进行预测维修[2]。

4.3.3　数字孪生车辆抗毁伤评估

车辆作为人类最主要的交通工具,是一个涵盖材料科学、机械设计、控制科学等多学科交叉融合的复杂系统。其性能的好坏不仅仅与它自身的工作性能有关,也与其安全性能有关,特别是在多样化的工作条件下,车辆的壳体材料、内部构造、零部件以及功能等在工作过程中均可能出现异常状况,并造成车辆使用的不安全。究其原因就是不同的毁伤源(例如碰撞、粉尘、外部攻击等外部毁伤源和内部摩擦、高温损伤等内部毁伤源)会对车辆造成不同程度的影响,因此在车辆正式下线之前会经过一系列的性能测试,如风洞测试、碰撞测试、NVH测试、场地测试等,其核心目标就是要对车辆进行抗毁伤性能评估,最终提升车辆的抗毁伤能力。现阶段对其毁伤评估一般采用物理模拟毁伤的方式,但是这种方式费用高且精度低、置信度差,在一定程度上阻碍了抗毁伤评估技术的发展。参照数字孪生五维模型,本文提出一种基于数字孪生技术的车辆抗毁伤评估方法,从材料、结构、部件及功能等多维度对车辆的抗毁伤性能进行综合评价[2]。该系统的运行机制如图4.7所示。

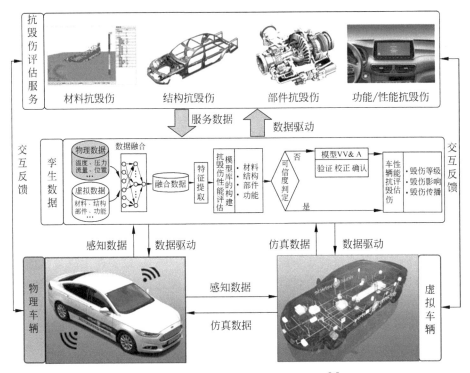

图4.7　数字孪生车辆抗毁伤性能评估[2]

　　基于数字孪生的车辆抗毁伤性能评估是通过对实体车辆与虚拟车辆的实时信息交互与双向真实映射,实现物理车辆、虚拟车辆以及服务的全生命周期、全要素、全业务数据的集成和融合,从而提供可靠的抗毁伤评估服务。数字孪生车辆由物理车辆、虚拟车辆、孪生数据、动态实时连接以及服务5部分组成。

　　(1)物理车辆由车辆本身(如车身、发动机、底盘、电气设备等硬件)及其传感系统共同组成,传感系统从车辆实体中采集毁伤相关数据并传递到虚拟空间,支持虚拟车辆的高精度仿真。

　　(2)虚拟车辆是包含几何模型、物理模型、行为模型以及规则模型的多维度融合的高保真模型,能够真实刻画和映射物理车辆的状态。其中,几何模型是车辆的三维模型信息,即物理车辆的发动机、底盘、车身、电气设备、物理车辆初始设计的三维模型信息;物理模型主要是为刻画车辆的物理学特性所用的模型,即车辆发动机温度、变速器齿轮应力、车轴形变量等模型;行为模型主要是虚拟车间控制端输入函数,包括正常人为驾驶信息输入以及车辆的温度、湿度、光照、风尘等所需的信息;规则模型是在车辆毁伤过程中,作为施加毁伤后的毁坏约束规则,从而保证变形结果符合车辆的物理学特性。

(3)孪生数据主要是由车辆的物理数据与虚拟数据等数据进行融合所得,从而进行虚拟车辆抗毁伤性能的特征提取并辅助模型的构建。其中,物理数据主要是物理车辆在不同工况运行过程中所产生的温度、压力、流量和位置等数据,虚拟数据主要是通过车辆虚拟模型仿真运行所产生的材料、结构、部件和功能等数据。

(4)动态实时连接是在现代信息传输技术的驱动下,通过高效快捷准确的检测技术,实现实体车辆、虚拟车辆、服务等之间的实时信息交互。主要包括虚拟车辆与物理车辆、虚拟车辆与车辆抗毁伤评估服务系统以及物理车辆与车辆抗毁伤评估服务系统之间的信息交互与反馈。

(5)车辆抗毁伤性能评估服务是整合车辆的历史数据以及实时数据进行分析、处理、评估,从车辆的材料、结构、部件、功能等多维度的综合分析,从而获取车辆在不同工况环境下的抗毁伤性能能力。

基于数字孪生车辆能够实现对车辆的材料性能、结构变化、部件完整性以及功能运行进行精确的仿真,从而对车辆在不同种类、不同程度、不同方位毁伤源条件下的抗毁伤状态进行精准预测与可靠评估,使车辆的毁伤情况和抗毁伤性能得到更加全面和深入的了解与分析。此外,相关数据的积累能够促进下一代车辆产品抗毁伤性能的改进和优化[2]。

4.3.4　数字孪生电厂智能管控

火力发电是目前我国最主要的发电方式。由于火力发电厂需要长时间运行,并且工作环境复杂、温度高、粉尘多,电厂设备不可避免地会发生故障,因此实现电厂设备健康平稳运行从而保证电力的稳定供给及电力系统的可靠与安全具有至关重要的意义。为实现上述目标,北京必可测科技股份有限公司开发了基于数字孪生的电厂智能管控系统(见图 4.8),实现了汽轮发电机组轴系可视化智能实时监控、可视化大型转机在线精密诊断、地下管网可视化管理以及可视化三维作业指导等应用服务。[2]

1. 汽轮发电机组轴系可视化智能实时监控系统

该系统基于采集的汽轮机轴系实时数据、历史数据以及专家经验等,在虚拟空间构建了高逼真度的轴系三维可视化虚拟模型,从而能够观察汽轮机内部的运行状态;能够对汽轮机状态进行实时评估,从而准确预警并防止汽轮机超速、汽轮机断轴、大轴承永久弯曲、烧瓦、油膜失稳等事故;可以帮助优化轴承设计、优化阀序及开度、优化运行参数,从而大大提高汽轮发电机组的运行可靠度。

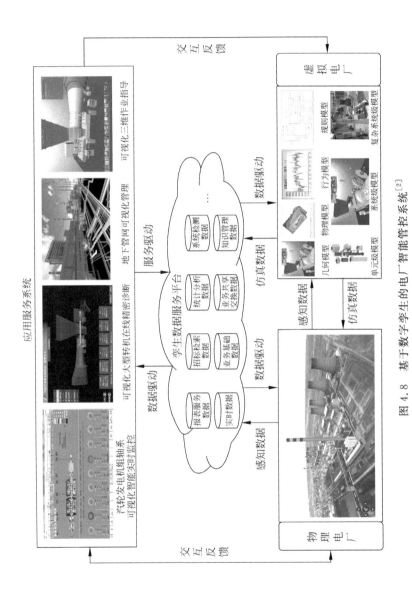

图 4.8 基于数字孪生的电厂智能管控系统[2]

2．可视化大型转机在线精密诊断系统

该系统基于构建的大型转机虚拟模型及孪生数据分析结果，可以实时远程地显示设备状态、元件状态、问题严重程度、故障描述、处理方法等信息，能够实现对设备的远程在线诊断。工厂运维人员能够访问在线系统报警所发出的电子邮件、页面和动态网页，并能够通过在线运行的虚拟模型查看转机状态的详细情况。

3．地下管网可视化管理系统

运用激光扫描技术，结合平面设计图，建立完整、精确的地下管网三维模型。该模型可以真实地显示所有扫描部件、设备的实际位置、尺寸大小及走向，且可将管线的图形信息、属性信息及管道上的设备、连接头等信息进行录入。基于该模型实现的地下管网可视化系统不仅能够三维地显示、编辑、修改、更新地下管网系统，还可对地下管网有关图形、属性信息进行查询、分析、统计与检索等。

4．可视化三维作业指导系统

基于设备的实时数据、历史数据、领域知识及三维激光扫描技术等建立完整、精确的设备三维模型。该模型可以与培训课程联动，形成生动的培训教材，从而帮助新员工较快地掌握设备结构；也可以与检修作业指导书关联，形成三维作业指导书，规范员工的作业；还可以作为员工培训和考核的工具。

基于数字孪生的电厂智能管控系统实现了对关键设备的透视化监测、故障精密远程诊断、可视化管理及员工作业精准模拟等，能够满足设备的状态监测、远程诊断、运维管控等的各项需求，并实现了与用户之间直观的可视化交互。

4.3.5　数字孪生飞机起落架结构优化设计

起落架是飞机起飞、着陆、滑跑、地面移动和停放所必需的支持系统，是飞机的主要部件之一。然而，在飞机的着陆与滑跑等使用过程中，起落架承受很大的垂直及水平方向冲击载荷，这种冲击载荷被认为是影响起落架结构静强度以及造成其疲劳损伤的重要因素之一，因此也是起落架结构优化设计应主要考虑的影响因素。

起落架冲击载荷计算方法主要包括理论计算法与物理试验法。然而，理论计算过程颇为复杂，且可靠性低；而试验方式难以模拟起落架复杂多变的工作场景。由于难以准确预测起落架冲击载荷，在大多数情况下往往以牺牲起落架质量为代价保证飞机安全，这却影响了飞机性能，同时增加了飞行成本。为此，笔者团队与沈阳飞机工业集团合作，探索了基于数字孪生的起落架载荷预测辅助优化设计方法[2]，如图 4.9 所示。基于数字孪生的设计方法，一方面可采用机器学习算法挖掘多维、多尺度孪生数据（包括飞机质量、飞行速度、环境温湿度等物理数据，零部件应力、变形等仿真数据，以及通过加权平均、神经网络、D-S 证据推理等方法计算的融合数据）与起落架冲击载荷间的关联关系，实现对冲击载荷的准确预测。另一方面，基于预测的冲击载荷，可在数字空间对其零部件尺寸进行迭代优化，在保证起

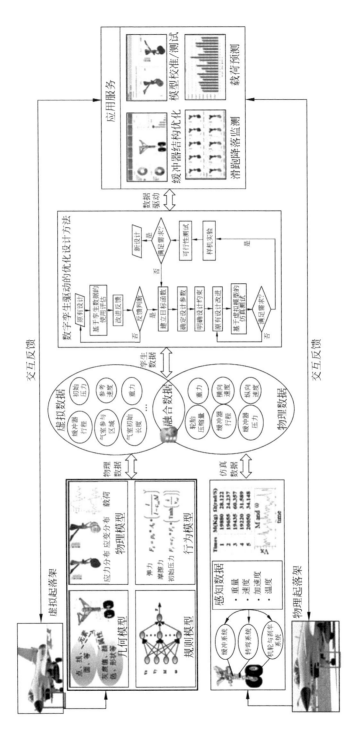

图 4.9　数字孪生驱动的飞机起落架结构优化设计[2]

落架满足强度要求的前提下,实现其轻量化设计。在此过程中,每次改变零部件尺寸,都需要基于起落架虚拟模型进行多维度、多尺度、多物理量仿真实验,以测试在冲击应力的作用下,修改后的零部件是否会引发起落架结构损坏。通过反复迭代的测试、验证及优化保证新设计可行可靠。

与传统的产品设计方法相比,数字孪生的引入能够基于综合了大量试验、实测、计算案例的孪生数据实现对起落架冲击载荷的准确预测;并且能够将设计方法的验证方式由小批量产品试制为主转变为以高逼真虚拟仿真验证为主,大大缩短研发周期,降低研发成本。

4.3.6　数字孪生复杂装备故障预测与健康管理

复杂装备具有结构复杂、运行周期长、工作环境恶劣等特点。实现复杂装备的失效预测、故障诊断、维修维护,保证复杂装备的高效、可靠、安全运行,对整个系统极重要。故障预测与健康管理(PHM)技术可利用各类传感器及数据处理方法,对设备状态监测、故障预测、维修决策等进行综合考虑与集成,从而提升设备的使用寿命与可靠性。然而,现阶段 PHM 技术存在模型不准确、数据不全面、虚实交互不充分等问题,这些问题的根本是缺乏信息物理的深度融合[2]。

因此,笔者团队将数字孪生五维模型引入 PHM 中,提出了基于数字孪生的 PHM 方法[8]。该方法首先对物理实体建立数字孪生五维模型并校准;然后,基于模型与交互数据进行仿真,对物理实体参数与虚拟仿真参数的一致性进行判断;根据二者的一致/不一致性,可分别对渐发性与突发性故障进行预测与识别;最后,根据故障原因及动态仿真验证进行维修策略的设计[2]。

该方法在风力发电机的健康管理上进行了应用探讨,如图 4.10 所示。首先,可在物理风机的齿轮箱、电机、主轴、轴承等关键零部件上部署相关传感器进行数据的实时采集与监测。基于采集的实时数据、风机的历史数据及领域知识等可对虚拟风机的几何-物理-行为-规则多维虚拟模型进行构建,实现对物理风机的虚拟映射。基于物理风机与虚拟风机的同步运行与交互,可通过物理与仿真状态交互与对比、物理与仿真数据融合分析,以及虚拟模型验证分别实现面向物理风机的状态检测、故障预测,及维修策略设计等功能。这些功能可封装成服务,并以应用软件的形式提供给用户。

除了风力发电机的健康管理应用外,笔者团队还基于数字孪生五维模型理论,针对复材加工设备热压罐运行、故障数据获取不全面,难以支撑热压罐故障预测与健康管理功能实现的问题,提出了基于数字孪生的热压罐故障预测方法。如图 4.11 所示,该方法构建了热压罐数字孪生五维模型,将热压罐整体的加工行为、故障行为分解到零部件层级,对零部件的行为进行参数化描述。孪生模型仿真运行,生成相应的数据,该数据将用于补充实际难以采集到的数据空缺,支撑热压罐故障预测与健康管理功能的实现。在获得充分数据的基础上,进行孪生数据驱动的热压罐状态评估、故障诊断、故障预测和维护决策。

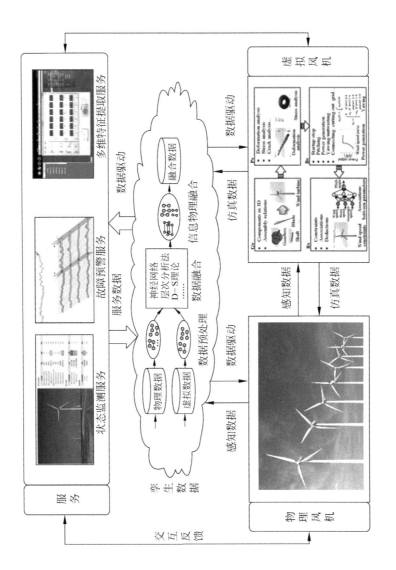

图 4.10　基于数字孪生的风力发电机齿轮箱故障预测[2]

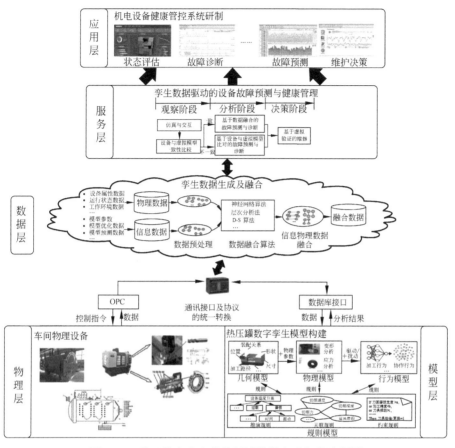

图 4.11　基于数字孪生的热压罐数据生成与故障预测

　　此外,针对机械加工数控机床运行过程中主轴轴承易发生故障的特点,提出了基于数字孪生的轴承故障预测方法。如图 4.12 所示,该方法通过振动传感器实际采集主轴转动时轴承的振动原始信号。首先对原始数据信号进行预处理,然后利用重叠采样的方式进行信号的增强。同时根据实际的工况(马力、转速等)对轴承孪生模型进行模态分析得到了多阶次的振动模态仿真数据。利用卷积神经网络的卷积核对初始的振动信号进行特征提取,并在全连接层与仿真所得的模态数据进行数据融合。通过反向传播和历史数据训练,得到故障预测模型。最终将故障预测结果输出到展示层,方便用户决策。

　　基于数字孪生五维模型的 PHM 方法可利用连续的虚实交互、信息物理融合数据,以及虚拟模型仿真验证增强设备状态监测与故障预测过程中的信息物理融合,从而提升 PHM 方法的准确性与有效性。

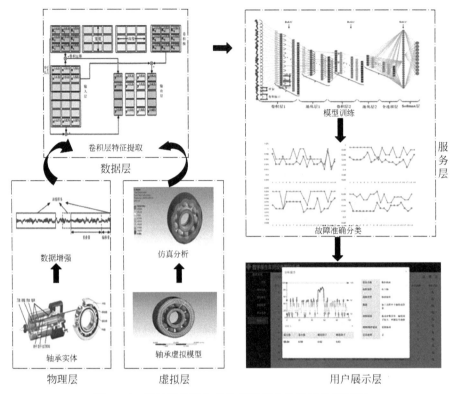

图 4.12 基于数字孪生的数控机床主轴轴承故障预测

4.3.7 数字孪生立体仓库

自动化立体仓库是一种利用高层立体货架来实现货物的高效自动存取的仓库,由存储货架、出入库设备、信息管控系统组成,集仓储技术、精准控制技术、计算机信息管理系统于一身,是现代物流系统的重要组成部分。但目前用传统方法设计的立体仓库仍然存在着出入库调度效率低、仓库利用率低、吞吐量有待提高等问题。如图 4.13 所示,基于数字孪生五维模型可为立体仓库的再设计优化、远程运维以及共享仓库等问题提供有效解决方案。[2]

1. 基于数字孪生的立体仓库再设计优化[2]

基于数字孪生的立体仓库设计是通过建立立体仓库中各个设备的数字孪生五维模型,依托设计演示平台实现近物理的半实物仿真设计。利用平台,可以对仓库布局进行三维图像设计,同时基于货架设备、运输设备、机器人等进行半实物仿真验证,并完成几何建模、动作脚本编写、指令接口与信息接口定义,实现模块化封装和定制模型接口设计。

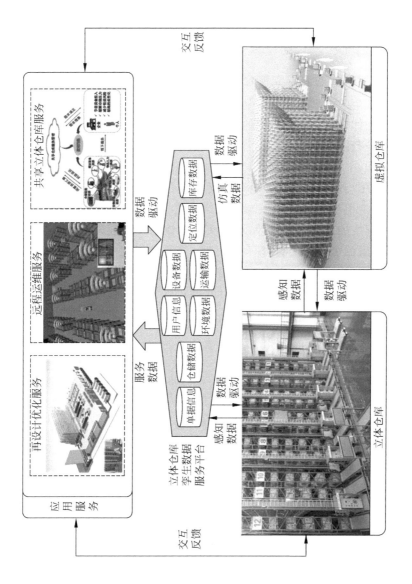

图 4.13　数字孪生立体仓库[2]

2. 基于数字孪生的立体仓库远程运维[2]

借助立体仓库及其设备的五维模型,搭建面向用户的远程运维服务平台,可实现基于数字孪生的立体仓库远程运维。通过建立与立体仓库完全映射的虚拟模型,借助立体仓库的数据信息,结合各类算法方法,实现对立体仓库的实时模拟与优化仿真,对仓库进行实时状态与信息监控的同时,将货存管理、货位管理、费用管理、预警管理、预测性维护、作业调度等功能以软件服务的形式提供给不同需求的使用者。

3. 基于数字孪生的共享立体仓库[2]

基于数字孪生的共享立体仓库是连接仓储资源供需的最优化资源配置的一种新方式。共享立体仓库首先将闲置的仓储设施、搬运设备、货物运输、终端配送、物流人力等资源进行统一整合与汇集,然后上传到共享仓库服务管理云平台进行统一的调度与管理,平台将这些资源以分享的形式按需提供给需要使用的企业和个人,以期达到效用均衡。共享立体仓库不仅节省了企业和个人的资金投入,缓解了存储压力,还减少了投资风险,具有较高的柔性化。

基于数字孪生的立体仓库设计,可以实现立体仓库的准确、快速设计,节约设计成本,便于仓库的个性化定制,具有针对性;在设计过程中平台可接收实时传输的数据信息,便于设计校对与更改,实现迭代优化设计;通过远程运维服务平台可以远程调度处理仓库信息,提高仓库运行效率;共享立体仓库可以实现资源的最大化有效利用,节省资源,降低成本。

4.3.8 数字孪生医疗

随着经济的发展和生活水平的提高,人们越来越意识到健康的重要。然而,疾病"**预防缺**"、患者"**看病难**"、医生"**任务重**"、手术"**风险大**"等问题依然困扰着医疗服务的发展。数字孪生技术的进步和应用使其成为了改变医疗行业现状的有效切入点。[10]

未来,每个人都将拥有自己的数字孪生体。如图 4.14 所示,结合医疗设备数字孪生(如手术床、监护仪、治疗仪等)与医疗辅助设备数字孪生(如人体外骨骼、轮椅、心脏支架等),数字孪生将会成为个人健康管理、健康医疗服务的新平台和新实验手段。基于**数字孪生五维模型**,数字孪生医疗系统主要由以下部分组成:[2]

(1)生物人体。通过各种新型医疗检测和扫描仪器以及可穿戴设备,可对生物人体进行动静态多源数据采集。

(2)虚拟人体。这是基于采集的多时空尺度、多维数据,通过建模完美地复制出的虚拟人体。其中,几何模型体现的是人体的外形和内部器官的外观和尺寸;物理模型体现的是神经、血管、肌肉、骨骼等的物理特征;生理模型是脉搏、心率等生理数据和特征。生化模型是最复杂的,要在组织、细胞和分子的多空间尺度,甚

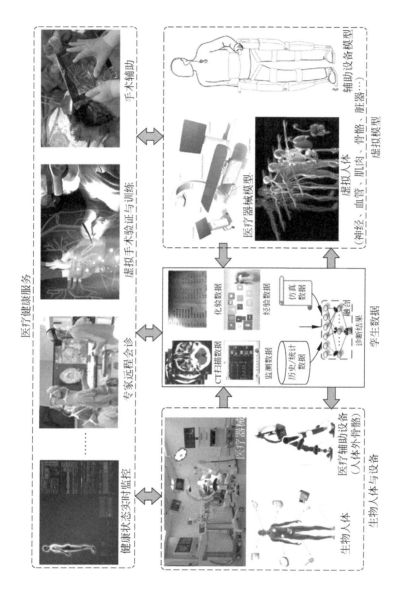

图 4.14　数字孪生医疗[2]

至毫秒、微秒数量级的多时间尺度展现人体生化指标。

（3）孪生数据。有来自生物人体的数据，包括 CT、核磁、心电图、彩超等医疗检测和扫描仪器检测的数据，血常规、尿检、生物酶等生化数据；有虚拟仿真数据，包括健康预测数据、手术仿真数据、虚拟药物试验数据等；此外，还有历史/统计数据和医疗记录等。这些数据融合产生诊断结果和治疗方案。

（4）医疗健康服务。基于虚实结合的人体数字孪生，数字孪生医疗提供的服务包括健康状态实时监控、专家远程会诊、虚拟手术验证与训练、医生培训、手术辅助、药物研发等。

（5）实时数据连接。实时连接保证了物理实体和虚拟模型的一致性，为诊断和治疗提供了综合数据基础，提高了诊断准确性、手术成功率。

基于人体数字孪生，医护人员可通过各类感知方式获取人体动静态多源数据，以此来预判人体患病的风险及概率。依据反馈的信息，人们可以及时了解自己的身体情况，调整饮食及作息。一旦出现病症，基于孪生模型，各地专家无需见到患者，根据各类数据和模型即可进行可视化会诊，确定病因并制定治疗方案。当需要手术时，数字孪生协助术前拟订手术步骤计划，医学生可使用头戴显示器在虚拟人体上预实施手术，如同置身于手术场景，可以从多角度及多模块尝试手术过程，验证方案的可行性并进行改进直到满意为止。此外，还可以借助虚拟人体训练培训医护人员，以提高医术技巧和手术的成功率。在手术实施过程中，数字孪生可增加手术视角及警示死角的危险，预测潜藏的出血，有助于临场的准备与应变。此外，在虚拟人体上进行药物研发，结合分子细胞层次的虚拟模拟来进行药物的虚拟实验和临床实验，可以大幅度降低药物研发周期。数字孪生医疗还有一个愿景，即从孩子出生就可以采集数据，形成虚拟孪生，伴随孩子同步成长，作为孩子终生的健康档案和医疗实验体[2]。孩子数字孪生根据各类生物传感器数据以及高热量食品、酒精、烟草等的消费信息，推荐最好的作息习惯和膳食计划，减少甚至消除相关风险因素[11]。此外，基于与大量疾病相关的变量的计算网络模型以及患者疾病的局部症状，还可以创建病患的数字孪生，并通过计算多种药物对病患数字孪生的不同治疗效果，筛选出对病患数字孪生疗效最好的药物进行对病人的实际治疗[12]。

目前已有不少研究建立了人体器官的数字孪生。例如，Maxime 等[13]为人类舌头创建了数字孪生，能在亚毫米的空间精度实时模拟舌头的非线性动力学行为。作为一个长期应用，人类舌头数字孪生模型可以用来预测手术对人类语音和吞咽功能的影响，同时在临床环境中，为预测舌外科手术对舌头灵活性的影响提供了前景。Croatti 等[14]利用数字孪生来进行病人的创伤管理，对病人的创伤严重程度进行及时评估，使得医护人员能采取适合的治疗策略。数字孪生还可以根据运动员日常训练规律和比赛状态，即使没有教练在场的情况下，为运动员提供训练建议。以足球和短跑的训练为例，使用智能鞋垫收集压力点数据并将其发送到数字孪生中，结合教练的建议，制定运动员的训练策略。在训练期间数字孪生通过触觉臂章进行信号反馈,提醒运动员切换奔跑速度。训练结束后,数字孪生可提供教练和运动员可视化图像,进一步分析和提供训练建议[11]。

4.3.9　数字孪生架车机

架车机是地铁车辆检修维护的重要设备之一,固定式架车机的高效、稳定运行直接关系着车辆检修与维护的进度,以及工作人员的人身安全等。随着信息技术的深入应用,架车机也从原来的粗放式管理进一步发展为精细化数字化管理,在此基础上,实现架车机信息与物理空间的互联互通与进一步融合将是实现车技智能化管控的必经之路。

数字孪生技术的"虚拟模型与物理实体高保真同步""虚拟模型与物理实体交互与优化""基于虚拟模型的仿真预测"等能力与特性,为复杂设备的健康管理、故障诊断与预警提供了一种有效的解决方式。因此,笔者团队将数字孪生应用到架车机中,依托现场数据采集与分析,提供架车机故障分析、寿命预测、远程管理等增值服务。

基于数字孪生五维模型的理论基础,如图 4.15 所示,数字孪生架车机包含以下部分:

(1) 物理实体。架车机系统由单坑架车机、总控制台、无线遥控器、现场控制系统及其与总控制台之间的控制电缆组成,每套单坑架车机包括转向架升降单元、车体升降单元、连接库内轨道的固定轨道桥、遮盖基坑空洞的固定盖板和自动跟随盖板、检修踏板、润滑系统等,每套现场控制系统包括按钮站、接线端子箱、安全防护检测系统等。

(2) 虚拟模型。根据架车机的物理实体,使用 SolidWorks 搭建了架车机的三维几何模型,并采用 unity3d 作为架车机数字孪生的可视化引擎。物理模型方面采用 ANSYS 进行关键零件的受力分析以及承载螺母的磨损分析。行为模型主要是刻画了转向架升降单元和车体升降单元的升降动作行为。最后基于机器学习建立了架车机历史运行数据衍化规则模型,并融合"机械-电气-控制"多领域数字孪生模型,从而解决细粒度模型到系统级模型的构建,得到一个完整的架车机数字孪生模型。

(3) 孪生数据。架车机的孪生数据主要包括架车机几何模型的尺寸、材质,转向架升降单元的升降状态以及升降高度、车体升降单元的升降状态以及升降高度等架车机运行状态数据,架车机历史报警数据,承载螺母磨损故障、承载螺母过热故障、电机过流故障、电机供电故障、承载螺母脱开故障等历史故障数据。

(4) 连接。架车机采用的 PLC 型号是西门子 S7-1500,接口协议采用的是OPC UA 协议。现场采集的实时数据中需要实时展示的数据直接传输到数字孪生软件平台中,另一部分数据则存储到数据库中,形成历史数据库。

(5) 服务。基于数字孪生技术实现故障预测与健康管理。建立了机器学习模型,利用实时数据指标去判断模型的准确度,当模型准确度达不到要求时,采用实时数据与历史数据结合作为训练数据的方法去训练数据模型,优化参数,从而使模型参数能够实现自更新。基于此建立的自更新的数据模型与之前建立的机理模型融合,来实现故障预测与设备管理等决策。

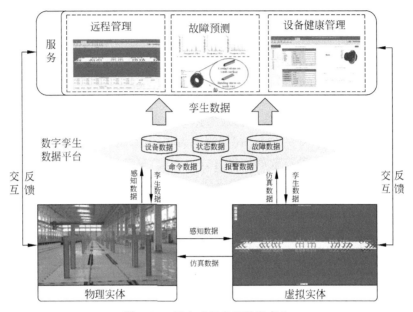

图 4.15　固定式架车机数字孪生

基于数字孪生架车机五维模型,笔者团队开发了基于数字孪生的架车机故障诊断与设备健康管理平台,如图 4.16 所示,主要功能包括架车机状态实时三维可视化展示、升降高度数据展示、限位状态展示、车辆编组设定、故障报警数据展示及记录、历史数据分析、机理模型分析、故障类型及时间预测、设备健康管理等。

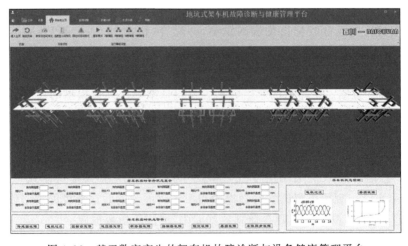

图 4.16　基于数字孪生的架车机故障诊断与设备健康管理平台

4.3.10　数字孪生城市

城市是一个开放庞大的复杂系统,具有人口密度大、基础设施密集、子系统耦合等特点,交通拥堵、治安恶化、大气污染、噪声污染等多种"民生问题"正严重影响着我们的生活[15]。如何实现对城市各类数据信息的实时监控,围绕城市的顶层设计、规划、建设、运营、安全、民生等多方面对城市进行高效管理,是现代城市建设的核心。如图 4.17 所示,借助数字孪生技术,参照数字孪生五维模型,构建数字孪生城市,将极大地改变城市面貌,重塑城市基础设施,实现城市管理决策协同化和智能化,确保城市安全、有序运行[2]。

（1）物理城市:通过在城市天空、地面、地下、河道等各层面的传感器布设,可对城市安防、环保、治理、水务、电网、医疗、公共服务等政务和业务活动充分感知、动态监测。

（2）虚拟城市:通过数字化建模建立与物理城市相对应的虚拟模型(虚拟城市),可模拟城市中的人、事、物、交通、环境等全方位事物在真实环境下的行为。

（3）城市大数据:城市基础设施、交通、环境活动的各类痕迹,虚拟城市的模拟仿真以及各类智能城市服务记录等汇聚成城市大数据,可以驱动数字孪生城市发展和优化。

（4）虚实交互:城市规划、建设以及民众的各类活动,不但存在于物理空间,而且在虚拟空间得到极大扩充。虚实交互、协同与融合将定义城市未来发展新模式。

（5）智能服务:通过数字孪生,可以对城市进行规划设计,指引和优化物理城市的市政规划、生态环境治理、交通管控,改善市民服务,赋予城市生活"智慧"。

数字孪生城市作为面向新型智慧城市的一套复杂技术和应用体系,集成多学科、多物理量、多尺度、多概率及多门技术。数字孪生城市除了数字孪生的通用关键技术外,还有其独特的关键技术,包括基于实景三维的新型智能测绘技术[16]、建筑信息模型(BIM)技术[17]、城市三维地理信息系统(3D. GIS)技术[18]、城市信息化模型(CIM)技术[19]等。

我国政府将数字孪生城市作为实现智慧城市的必要途径和有效手段,雄安新区的规划纲要明确指出要坚持数字城市与现实城市的同步规划、同步建设,致力于将雄安打造为全球领先的数字城市[20]。如张兴旺等[21]以雄安新区图书馆建设为例基于数字孪生五维模型提出了数字孪生图书馆的概念模型。郑伟皓等[18]以数字孪生五维模型为指导,以 GIS 为具体技术实现了城市交通基础设施的数字孪生系统,针对其虚拟模型应包含的几何、物理、规则模型提出了具体的实现技术。分析了交通基础设施分类及孪生数据特点,细化其构件层次关系,实现模型的标识编码与存储方案,在交通运输领域践行了数字孪生。刘占省等[22]针对智能建筑的施工和管理需求,结合数字孪生五维模型,提出了基于数字孪生五维模型的智能建筑应用框架,为智能建筑集成应用复杂的智能技术提供了新的思路。阿里云研究

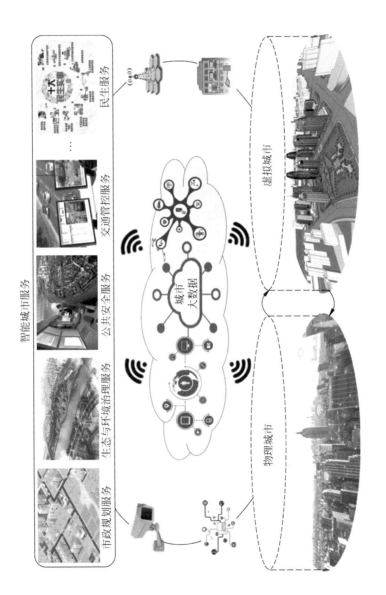

图 4.17　数字孪生城市[2]

中心发布《城市大脑探索"数字孪生城市"白皮书》,提出通过建立数字孪生城市,以云计算与大数据平台为基础,借助物联网、人工智能等技术手段,实现城市运行的生命体征感知、公共资源配置、宏观决策指挥、事件预测预警等,赋予城市"大脑"[23]。2020 年 7 月印发的《智慧海南总体方案(2020—2025 年)》,数字孪生第一次以全省战略的定位、22 次的高频出现,其中包括"以大型消费场所为试点,打造集旅游、住宿、购物等高端消费于一体的 5G 数字孪生 Shopping Mall"具体应用场景[24]。

此外,从国外比较具有代表性的探索来看,新加坡政府已经与达索合作,致力于建立一个数字孪生城市,用来监控城市中从公交车站到建筑物的一切,从而借助数字孪生城市实现对城市的图形化监控、仿真优化、规划决策等功能[25]。Cityzenith 为城市管理搭建了"5D 智能城市平台",基于这个平台,基础设施开发过程可以实现数字化,以及城市的数字化全生命周期管理[26]。IBM Watson 展示了如何在城市建筑中使用数字孪生来控制暖通空调系统并监测室内气候条件,通过创建数字孪生建筑来辅助管理能源并进行故障预测,并为技术人员提供维护、控制等服务支持[27]。Gary 等[28]在线部署了数字孪生体,可供市民能够反馈有关城市规划的信息,模拟城市洪水及人群疏散模拟,允许用户交互以标记诸如垃圾之类的问题。

数字孪生技术是实现智慧城市的有效技术手段,借助数字孪生城市,可以提升城市规划质量和水平,推动城市设计和建设,辅助城市管理和运行,让城市生活与环境变得更好。

4.4　基于数字孪生五维模型的科学问题思考

数字孪生在制造和相关领域的实践应用过程中,还存在一系列科学问题和难点有待突破。围绕数字孪生五维模型,存在以下理论难题与科学问题:[1]

(1)在物理实体维度,难题主要体现在如何实现多源异构物理实体的智能感知与互联互通,以实时获取物理实体对象多维度数据,从而深入认识、发掘相关规律和现象并实现物理实体的可靠控制与精准执行。

(2)在虚拟模型维度,难题包括如何构建动态多维多时空尺度高保真模型,如何保证和验证模型与物理实体的一致性/真实性/有效性/可靠性,如何实现多源多学科多维模型的组装与集成等。目前,数字孪生的模型通常都要从零开始构建,且没有通用的方法、标准或规范进行指导。当要为某个物体或系统构建数字孪生时,研究者必须为其各个部分建模再进行模型组装,而这些为不同目的所构建的模型在被整合起来的时候,因为标准规范的缺乏,极易出现各种错误,且很难保证最终模型的精度与准确度。此外,想要构建出精确的数字孪生体,一个紧密合作的多领域专家团队必不可少,材料科学家、冶金学家、机械师可能需要与工程师、计算机科学家和生产专家合作。随着应用场景变广,需要的专业领域也就更多。而无论是现实世界还是网络世界,都缺少一个能让专业人士交流和共享知识以及软件的通用空间。

(3)在孪生数据维度,难题包括如何实现全要素/全业务/全流程多源异构数据的实时采集与高效传输,如何实现信息物理数据的深度融合与综合处理,如何实现孪生数据与物理实体、虚拟模型、服务/应用的精准映射与实时交互等。决定采集哪些数据通常是数字孪生应用的第一步。[29]例如,如果想构建一个风力发电机模型,可能需要监测齿轮箱、发电机、叶片、主轴和塔架的振动,部分系统的扭矩、转速,各个部件的温度,控制系统的参数,润滑油的状态,以及环境条件(风速、风向、温度、湿度和气压)等,任何缺失或错误的数据都可能会影响结果的准确性。同时,布置传感器的最佳数量和位置也需谨慎衡量:放得太少,预测就会不够准确;放得太多,准确的结果又可能被冗余的数据所淹没。再者,不同类型的数据融合的问题也亟待解决,不同类型数据的计时步调、采样频率、数据格式都可能不同,如振动能以时间长度或频率表示,温度能用摄氏度或华氏度表示,视频和图像的分辨率可能不同。最后,数据的所有者太过分散,从而造成数据难管理、格式不统一、利用不充分的问题。

(4)在连接与交互维度,难题体现在如何实现跨协议/跨接口/跨平台的实时交互,如何实现数据-模型-应用的迭代交互与动态演化等。

(5)在服务/应用维度,难题包括如何基于多维模型和孪生数据,提供满足不同领域、不同层次用户、不同业务应用需求的服务,并实现服务按需使用的增值增效等。此外,如何实现不同领域不同学科专家的协作,如何联合产学研用共同创新也存在实践瓶颈。

通过以下几步有助于为解决上述理论难题与科学问题铺平道路,让数字孪生的研发步调更加一致:[1]

首先,统一数据和模型标准。数据应当进行标准化处理,统一输出为某种通用格式,如果存在其他数据标准,也可广泛推行。例如,电力领域采用电气和电子工程师协会(IEEE)订立的"暂态数据交换通用格式"(COMTRADE)标准;建筑业使用工业基础类(IFC)标准;国际医疗组织则要求数据符合 HL7(Health Level 7)标准。此外,数字孪生还需要兼容所有模型的通用设计和开发平台。

其次,共享数据和模型。创立一个共享数字孪生的公开数据库,由政府资助机构或校企联盟负责管理,数据归属和开放性的问题应当得到妥善处理。这类平台可以让工业界的研究人员购买数字孪生体的数据和模型,或是将它们出借给他人用于研究目的或商业应用开发。

本章小结

数字孪生从理论走向落地应用需要一个系统、通用的参考模型指导。针对这一科学问题与工程应用需求,本章在前期提出的数字孪生五维模型概念基础上,对数字孪生五维模型的内涵进行了深入研究与详细阐述,总结了数字孪生应用准则,探讨了所提出的数字孪生五维模型在卫星工程、船舶、车辆、发电厂、飞机、复杂机电装备、立体仓库、医疗、制造车间、智慧城市 10 个领域的应用。在基于数字孪生五维模型的实践应用分析中,总结了数字孪生研究与应用的若干科学问题和难点。

参考文献

［1］ TAO F,QI Q. Make more digital twins[J]. 2019,573:490-491.

［2］ 陶飞,刘蔚然,张萌,等.数字孪生五维模型及十大领域应用[J].计算机集成制造系统,2019,25(1):1-18.

［3］ GRIEVES M. Digital twin:manufacturing excellence through virtual factory replication [J]. White Paper,2014,1:1-7.

［4］ QI Q,TAO F,HU T,et al. Enabling technologies and tools for digital twin[J]. Journal of Manufacturing Systems,2021,58:3-21.

［5］ TAO F,QI Q,WANG L,et al. Digital twins and cyber-physical systems toward smart manufacturing and industry 4.0:correlation and comparison[J]. Engineering,2019,5(4):653-661.

［6］ 陶飞,程颖,程江峰,等.数字孪生车间信息物理融合理论与技术[J].计算机集成制造系统,2017,23(8):1603-1611.

［7］ 陶飞,刘蔚然,刘检华,等.数字孪生及其应用探索[J].计算机集成制造系统,2018,24(1):1-18.

［8］ TAO F,ZHANG M,LIU Y,et al. Digital twin driven prognostics and health management for complex equipment [J]. CIRP Annals-Manufacturing Technology, 2018, 67 (1):169-172.

［9］ 刘蔚然,陶飞,程江峰,等.数字孪生卫星:概念、关键技术及应用[J].计算机集成制造系统,2020,26(3):565-588.

［10］ 侯增广,赵新刚,程龙,等.康复机器人与智能辅助系统的研究进展[J].自动化学报,2016,42(12):1765-1779.

［11］ BAGARIA N,LAAMARTI F,BADAWI H F,et al. Health 4.0:Digital Twins for Health and Well-Being[M]. Connected Health in Smart Cities. Springer,Cham,2020:143-152.

［12］ BJÖRNSSON B,BORREBAECK C,ELANDER N,et al. Digital twins to personalize medicine[J]. Genome medicine,2020,12(1):1-4.

［13］ CALKA M,PERRIER P,OHAYON J,et al. Machine-Learning based model order reduction of a biomechanical model of the human tongue[J]. Computer Methods and

Programs in Biomedicine,2021,198:105786.

[14] CROATTI A,GABELLINI M,MONTAGNA S,et al. On the Integration of Agents and Digital Twins in Healthcare[J]. Journal of Medical Systems,2020,44(9):1-8.

[15] FARSI M,DANESHKHAH A,HOSSEINIAN-FAR A,et al. Digital Twin Technologies and Smart Cities[M]. Springer International Publishing:Cham,Switzerland,2020.

[16] 田军,唐超.新型测绘技术在轨道交通智慧建造中的应用[J].测绘通报,2020(9):23-26.

[17] 王建伟,高超,董是,等.道路基础设施数字化研究进展与展望[J].中国公路学报,2020,33(11):101-124.

[18] 郑伟皓,周星宇,吴虹坪,等.基于三维 GIS 技术的公路交通数字孪生系统[J].计算机集成制造系统,2020,26(1):28-39.

[19] 刘晓伦.CIM 与数字孪生城市的关系[J].中国测绘,2020(11):82-84.

[20] 中国信息通信研究院 CAICT.雄安数字孪生城市和智能城市长啥样？来看看现实的样板[EB/OL]. https://www.sohu.com/a/231025717_354877.

[21] 张兴旺,王璐.数字孪生技术及其在图书馆中的应用研究:以雄安新区图书馆建设为例[J].图书情报工作,2020,64(17):66-75.

[22] 刘占省,张安山,邢泽众,等.基于数字孪生的智能建造五维模型及关键方法研究[J].中国土木工程学会 2020 年学术年会论文集,2020.

[23] 城市大脑:探索"数字孪生城市"[EB/OL]. https://www.sohu.com/a/240157686_384789.

[24] 智慧海南总体方案(2020-2025 年)[EB/OL]. http://www.hainan.gov.cn/hainan/ztzc/202008/6758897ae22d4b6abb89387b2c41019d.shtml.

[25] Dassault Systèmes. Meet virtual Singapore,the city's 3D digital twin [EB/OL]. https://govinsider.asia/digital-gov/meet-virtual-singapore-citys-3d-digital-twin/.

[26] CHATHA A. Smart cities sparking innovation in digital twin visualization platforms [EB/OL]. https://www.arcweb.com/blog/smart-cities-sparking-innovation-digital-twin-visualization-platforms.

[27] CARLOS G. Breaking down the digital twin with IBM [EB/OL]. https://www.machinedesign.com/mechanical-motion-systems/article/21836684/breaking-down-the-digital-twin-with-ibm.

[28] GARY W,ANNA Z,LARA C,et al. A digital twin smart city for citizen feedback[J]. Cities,2021,110:103064.

[29] KUSIAK A.Smart manufacturing must embrace big data[J]. Nature,2017,544(7648):23-25.

第 5 章

新一代信息技术使能数字孪生

数字孪生是以信息技术为基础,将物理世界中的要素在虚拟世界中动态模拟仿真,实现在虚拟世界中对现实世界的可看、可知、可控、可仿真。数字孪生强调仿真、建模、分析和辅助决策,这与新一代信息技术(New IT)的发展和应用不谋而合。数字孪生的落地应用离不开包括物联网、大数据、边缘计算、人工智能等关键技术在内的新一代信息技术的支持。[1]随着新一代信息技术的不断进步,数字孪生也会在越来越多的行业领域及应用场景发挥重要价值。

5.1 IT 技术发展历程与新一代信息技术的内涵

科学技术的每次革新都会推动制造技术的进步。尤其是电子和信息技术的出现和快速发展,推动着制造不断地向着更加高效、灵活、智能的方向发展。[2]第二次世界大战期间,为了赢得战争,科技领域发生了一次重大飞跃,许多科学技术涌现,其中最具代表性的是电子技术和信息技术。战后,这些科技的进步极大地促进了生产力的发展。[3]尤其在制造领域,电子信息技术与计算机技术的出现和迅猛发展为制造业注入了新的活力。如图 5.1 所示,自 1946 年第一台电子计算机 ENIAC问世,IT 技术就不断地驱动制造向着信息化的方向发展。20 世纪 50 年代,美国麻省理工学院研制成功了第一台数控铣床,制造业进入了数控时代。[4]自动化技术和

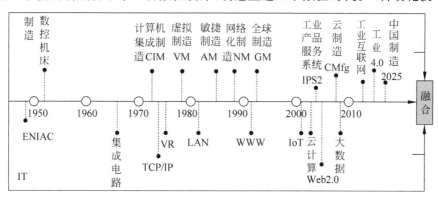

图 5.1　制造与 IT 的融合发展[2]

相关设备的使用,使得生产方式转变为了自动化,极大地提高了加工精度和生产效率。60 年代后,集成电路的发展催动计算机硬件不断更新换代,与此同时,为了充分发挥硬件功能,计算机软件技术也迅速发展。此外,为了适应数据存储、处理、交换共享的需求,数据库、通信、网络技术等也蓬勃兴起,如 TCP/IP 协议、虚拟现实(VR)、局域网(LAN)、万维网(WWW)等技术相继被提出。近年来,互联网和基于互联网的新一代信息技术(物联网、云计算、大数据、移动互联网、人工智能等新兴技术)的快速发展和逐步应用,正支持制造模式在服务化、社会化和智能化方面进行着深刻的变革。[2]

目前,新一代信息技术还没有通用的单一定义。新一代信息技术可以看作是工业技术、信息技术和智能技术的集成,既是信息技术的纵向升级,也是信息技术与不同行业和领域的横向整合。[1]物联网、云计算、大数据和人工智能是新一代信息技术的核心元素。在制造业中,由于数字化,制造资源会产生大量的各种数据,通过物联网可以实时收集数据以进行存储和计算。通过统一调配计算和存储资源,云计算可以有效满足数据计算和存储的需求,而大数据和人工智能技术可以有效挖掘隐藏的有用信息和知识,从而提高智能,更好地满足动态服务需求。因此,物联网、云计算、大数据和人工智能在新一代信息技术中扮演着重要的角色,如图 5.2 所示。

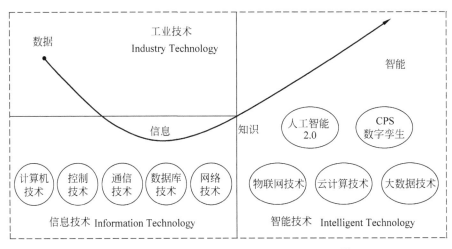

图 5.2   工业技术、信息技术和智能技术的集成[5]

5.2   数字孪生与新一代信息技术的融合

如图 5.3 所示,从数字孪生五维模型的角度出发,新一代信息技术对数字孪生的实现和落地应用起到了重要的支撑作用。[6]数字孪生的实现和落地应用离不开新一代信息技术的支持,只有与新一代信息技术深度融合,数字孪生才能实现物理实体的真实全面感知、多维多尺度模型的精准构建、全要素/全流程/全业务数据的深度融合、智能化/人性化/个性化服务的按需使用以及全面/动态/实时的交互。

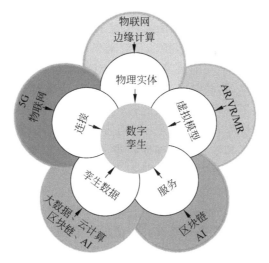

图 5.3　数字孪生五维模型与新一代信息技术的关系[6]

5.2.1　数字孪生与物联网

物联网(IoT)一词由 Kevin Ashton 于 1999 年首次提出。[7-8]物联网归功于 MIT Auto-ID 实验室,并与 RFID 和电子产品代码(electronic praduct code,EPC)紧密相连。物联网的最初愿景是一切都可以通过 Internet 互连。[9]在 2005 年的突尼斯信息社会世界峰会上,国际电信联盟(ITU)对这一概念进行了扩展,并对这一概念进行了解释:"随时随地都可以智能互联。"[10]物联网是一个开放的、全面的智能对象网络,具有自组织,共享信息、数据和资源,针对环境和环境变化做出反应并采取行动的能力。物联网可以从面向互联网、面向物和面向语义 3 个角度来理解。[11]从面向物的角度来看,物联网由大量事物组成,包括各种物理元素,例如个人对象(如智能手机、平板电脑和数码相机等)、装有标签的事物(RFID 或其他)以及环境中的元素等。[12]这些具有身份和虚拟个性的事物连接到 Internet,提供数据、信息和服务。[12]从面向互联网的角度来看,IoT 是 Internet 和 Web 到物理领域的扩展,从用于互连最终用户设备的 Internet 转变为用于互连空间分布的物理对象的 Internet。[13]从面向语义的角度来看,物联网具有提取知识的能力,包括识别和分析数据以做出正确的决定以提供所需的服务。[14]

在相关研究和开发的影响下,物联网已经从将物与物相互连接向信息空间与物理世界相结合与集成发展。借助物联网,可以通过 RFID 技术、全球定位系统(GPS)、传感器、激光扫描仪和其他设备,实时获取所需的各种数据(例如声音、光、热、电、力学、化学、生物学和位置信息)。目前,在制造领域,物联网技术有助于构建一个共享和互连各种制造业资源的平台。[15]物联网与嵌入式系统和技术的快速发展相结合，为实现物理终端制造设备的智能嵌入和 M2M 互连(包括人对人、人对机和机对机)提供了使能技术。

数字孪生是基于数据和模型驱动的,通过采集物理传感器的数据,实现对当前状态的评估、对过去发生问题的诊断以及对未来趋势的预测,并给予分析的结果,模拟各种可能性,提供更全面的决策支持。[16]对物理世界的全面感知是实现数字孪生的重要基础和前提,物联网通过 RFID、二维码、传感器等数据采集方式为物理世界的整体感知提供了技术支持。因此,数字孪生必须与物联网技术密切配合使用。物联网传感器的爆炸式增长使数字孪生成为可能。随着物联网设备的完善,组成物联网的连网设备和传感器精确地收集了构建数字孪生所需的各种数据,这些数据是来自现实世界中对应物的数据。[17]这使得数字孪生能够实时模拟物理对象,并在这个过程中提供对性能和潜在问题的洞察力。例如,将物联网传感器嵌入到产品中,就可以为数字孪生提供输入,让设计者看到产品实际上是如何运行的,然后可以无缝地增强设计并进行修改。[18]借助物联网技术,数字孪生还可以将生产过程细节数据,包括机械、自动化设备、工具、资源甚至是操作人员等各种详细信息数据,与数字孪生模型进行无缝关联,从而实现设计方案和生产的同步,大大提高制造的敏捷度和效率。[22]此外,在数字孪生的任何预测性维护应用过程中,核心都是传感器数据,传感器数据可以用来训练故障检测的分类算法。结合物联网的实时数据感知,数字孪生预测性维护有助于工程师准确确定设备何时需要维护。它可以根据实际需要而不是预定的时间安排维护,从而减少停机时间并防止设备故障。[19]

5.2.2　数字孪生与大数据

大数据是描述由数据源创建的需要花费太多时间和金钱来存储和分析的大量结构化、半结构化和非结构化数据。因此,对于数据本身而言,大数据是指在可容忍的时间内无法通过常规数据工具收集、存储、管理、共享、分析和计算的海量数据。因为对于数据用户而言,他们更注重数据的价值,而不是数量巨大。[20]因此,大数据也被解释为从各种大量数据中快速获取隐藏价值和信息的能力。它超越了用户的一般处理能力。

此外,大数据还可以通过以下特征来定义:Volume(大体量)、Variety(多样)、Velocity(高速)和 Value(低价值密度),即 4V。[21]其中,Volume 指的是数据规模非常大,从几 PB(1000TB)到 ZB(10 亿 TB)。[22]Variety 意味着数据的大小、内容、格式和应用程序是多样化的。例如,数据包括结构化数据(数字、符号、表格等)、半结构化数据(树、图、XML 文档等)和非结构化数据(日志、音频、视频、文件、图像等)。Velocity 意味着数据生成迅速,数据处理需要高时效性。面对海量数据,速度是企业的生命。对于 Value 而言,大数据的重要性不在于其很大的数量,而在于其巨大的价值。如何通过强大的算法从海量数据中提取价值,是赢得竞争的关键。此外,大数据的特征扩展到 10V,即大体量、多样、高速、低价值密度、准确性、视觉、波动性、校验、验证和可变性。[23]

　　大数据和数字孪生都引起了广泛的关注,并被认为是智能制造的关键。为了评估大数据和数字孪生的异同,表 5.1 对二者进行了比较。

表 5.1　制造中大数据与数字孪生的对比[24]

项目	大数据	数字孪生
背景	新一代信息技术的快速发展和广泛应用以及数据量的指数增长	新一代信息技术的飞速发展以及对信息物理集成的渴望
概念	包括数据和处理; 专注于大批量和高价值	包括物理和虚拟世界以及将两个世界联系在一起的数据; 专注于虚拟现实的双反射
功能	挖掘行为特征和模式; 洞察趋势; 数据可视化; 预测和分析问题; 协助决策; 优化和改进流程	虚拟验证; 仿真运行; 超高保真实时监控; 预测和诊断问题; 优化和改进流程
应用	从设计到维护、维修、运行等的产品生命周期	从设计到维护、维修、运行等的产品生命周期
影响	提高效率、客户满意度和管理精度; 延长产品和设备的使用寿命; 降低成本; 促进智能制造	提高效率、客户满意度和管理精度; 延长产品和设备的使用寿命; 降低成本和开发周期; 促进智能制造
关键技术	物联网; 云计算; 数据清理; 数据挖掘; 机器学习; ……	物联网; 虚拟现实; 增强现实; CPS; 仿真; ……
数据源	在产品生命周期的每个阶段都来自物理实体、信息系统和 Internet	在产品生命周期的每个阶段都来自物理实体、虚拟模型及其融合
数据量	大量,从 PB 到 EB,甚至 ZB	无具体数量
数据特征	结构化、半结构化和非结构化数据	结构化、半结构化和非结构化数据
多源关联	专注于数据属性并突出功能之间的关系	专注于多源数据的一致性及其演化和集成
数据获取工具	传感器、RFID 和其他感应设备; SDK、API; 网络搜寻器; ……	传感器、RFID 和其他感应设备; 模型数据接口; ……

续表

项目	大数据	数字孪生
数据处理	通过大数据处理工具、算法平台等	没有具体方法
数据融合	产品生命周期中各个阶段的各种对象数据融合	整个产品生命周期中的全元素、全流程、全业务数据融合
时效性和准确性	高	高
可视化	表格、图表、图形和文件打印等	图像、视频、虚拟现实和增强现实等
结果验证	通过物理执行过程或来自第三方的模拟；比较慢	通过自身的虚拟仿真和演化功能执行预验证；相对提前

智能制造中存在许多可见和不可见的问题，这些问题可以通过数据反映出来。大数据为制造业带来了更高效、更敏锐的洞察力和更多智能。然而，随着制造过程变得越来越复杂，难以快速地识别制造过程中出现的问题。在一般制造过程中，设计师和制造人员隶属于不同的部门或系统，并且独立工作。设计师将产品创意和设计方案提交给制造部门。然后，制造部门会思考如何实施它们，这很容易导致产品信息丢失。设计一旦更改，制造过程就很难实现同步更新。由于加工和组装错误以及其他因素，实际的制造实施和生产计划可能不完全一致，这会降低制造效率，而且制造过程也可能无法满足所有设计要求。此外，常见的产品维护方法通常是被动的而不是主动的，并且通常基于启发式经验。许多故障只能在使用产品的现场进行诊断。因此，如何将从制造过程中收集到的有效信息反馈到产品设计阶段？如何实现制造计划与实施之间的关联和动态调整？如何以数字方式促进故障预测、诊断和维护？这些是巨大的挑战。大数据分析和数字孪生的结合为解决上述挑战铺平了道路。数字孪生可以集成产品生命周期的不同阶段，以打破数据障碍；大数据技术可以快速处理数据并提供对制造的洞察力，以帮助制定决策。

在设计阶段，大数据使设计人员能够及时了解客户需求。在大数据分析的基础上，利用数字孪生技术设计产品的功能结构和组件。与传统方法不同，数字孪生结合大数据不需要先制造产品原型即可方便制造商评估设计质量和可行性。在制造阶段，将所有必需的资源整合在一起，通过大数据进行分析和计划。在数字孪生虚拟世界中对生产计划进行仿真、评估和改进。在获得最佳生产计划后，将其交付给物理世界以实施实际生产。同时，从物理世界收集实时数据，以驱动虚拟模型监控制造过程，并将其与计划进行比较。如果存在差异，则使用大数据分析来找出原因并制定解决方案，例如调整设备或改进计划。在迭代交互中，它确保可以按照最佳计划完全实施生产。因此，数字孪生与大数据的融合可以使生产计划得以优化，使制造过程得以实时调整。在产品的日常运行和 MRO（maintenance，repair & operations，维护、维修、运行）中，物理产品的虚拟模型通过传感器与产品的真实状态同步,可以使技术人员实时掌握产品的运行状态和组件的健康状态。除了传感器数据外,产品数字孪生还集成了历史数据(例如维护记录、能耗记录等)。通过对以上数据进行大数据分析,产品数字孪生可以连续预测产品的健康状态、产品的剩余寿命以及发生故障的可能性。大数据分析负责分析智能制造所需的所有数据,而数字孪生则弥补了大数据分析的弊端,即大数据无法模拟和同步可视化物理过程。[24]图 5.4 示出了基于大数据的数字孪生应用。

数字孪生与
大数据:
360 度比较

图 5.4　基于大数据的数字孪生应用[24]

5.2.3　数字孪生与云雾边

对于智能生产来说,小到生产设备和生产线,大到车间或整个工厂,所有这些都可建立数字孪生。数字孪生可以分为三个层次,即单元级、系统级和复杂系统(复杂系统)级[25]。单元级、系统级和复杂系统级数字孪生是一个逐步递进的系统模型[34]。为了扩展数字孪生应用并提供实现需要非常低且可预测的延迟的解决方案,基于边缘计算,雾计算和云计算将数字孪生进行了分层优化。作者团队在MSEC 2018 会议上发表的"Modeling of Cyber-Physical Systems and Digital Twin Based on Edge Computing,Fog Computing and Cloud Computing Towards Smart Manufacturing"文章中分析了数字孪生与云、雾、边的关系,总结如下[25]:

美国国家标准技术研究院(NIST)对云计算的定义:"云计算是一种模型,用于使人们能够对共享的可配置计算资源（例如网络、服务器、存储、应用程序和服务）的池进行普遍、方便、按需的网络访问。可以通过最少的管理工作或服务提供商的交互来快速配置和发布。"[26] 由于具有无处不在、便利、按需资源共享、高计算和存储功能以及低成本等显著优势，云计算已吸引了许多大型公司（例如亚马逊、谷歌、Facebook 等），通过 Internet 提供服务以获得经济和技术利益。[27] 从用户的角度来看，云通过 IaaS（基础设施即服务）、PaaS（平台即服务）和 SaaS（软件即服务）隐藏了底层的复杂性和异构性。[28] 用户可以将其任务外包给服务提供商，而无需为小任务购买昂贵的设备。云计算的兴起改变了行业和企业开展业务的方式，并为他们创造了全新的机会。但是，网络不可用、带宽过大和延迟等问题使云计算无法解决所有问题。[27]

新一代的智能设备能够在本地处理数据，而不是将其发送到云，从而实现了一种新的分布式计算范式，即雾计算。[28] 雾计算最初是由思科公司引入的，它是网络解决方案的全球领先提供商之一。雾计算被认为是云计算向边缘网络的扩展，提供了靠近用户边缘设备的服务（例如计算、存储等），而不是将数据发送到云。[28-29] 通过直接处理网络（例如网络路由器等）上的数据，雾计算范例可以提高效率，减少必须传输的数据量并提高安全性。雾计算的特征在于位置感知、低延迟、边缘定位、实时交互、互操作性以及对与云的在线交互的支持等。[30-31] 这些特性使应用程序服务部署更加方便。因此，雾计算将在智能制造的众多延迟敏感应用中发挥关键作用。

边缘计算是一个分散的体系结构，由越来越多的智能终端、物联网中的大型网络设备以及计算机组件成本的降低驱动。[31] 由于其具有广阔的应用前景，许多公司致力于边缘计算，例如英特尔、ARM 和华为，它们是信息和通信技术（information and cornmunications technology，ICT）设备的主要提供商。[32] 与雾计算类似，边缘计算还允许在网络边缘但更靠近数据源的位置执行计算。因此，边缘可以定义为更多的朝向终端的资源，不仅是数据消费者，而且是数据生产者。[33] 通过边缘设备中的数据分析和处理，边缘计算可以实现底层对象与对象之间的感测、交互和控制。在制造中，边缘计算可以满足制造现场敏捷连接、实时优化和其他应用程序的关键要求。

鉴于新一代信息技术在制造业中的广泛应用，制造商正面临数据的爆炸式增长。[34] 数字孪生的本质是通过传感器从物理实体和环境中获取数据，然后在网络世界中对其进行计算和分析，从而控制物理实体和环境，再通过建立数据闭环，形成物理世界和网络世界之间的相互作用和融合。制造中的数字孪生的各个级别对数据处理和数据流通有不同的要求，例如等待时间、带宽、安全性等。具有互补属性的边缘计算、雾计算和云计算为实现单元级、系统级和复杂系统级级数字孪生提供了新的思路和方法。从有效利用资源的角度来看，数字孪生可以在基于边缘计算的单元级、基于雾计算的系统级和基于云计算的复杂系统级上进行部署，从而实现资产控制、管理、优化和业务优化等。

构建单元级数字孪生时需要满足的基本要求包括：①状态感知；②计算和处理数据；③物理实体控制。作为将计算、网络和存储功能从云扩展到边缘的体系结构，边缘计算可通过边缘节点中的数据分析和处理实现对对象的感知、计算和控制。如图 5.5 所示，制造资源（例如机器、机器人、组件、AGV 等）以及物理设备（例如机身、主轴、工具等）和网络零件（例如嵌入式系统），形成单元级数字孪生。通过传感器、电子部件可以监视和感知来自物理设备的信息，并通过能够接收控制指令的致动器对物理设备施加控制。由于感知、数据分析和控制能力，边缘计算可以部署在单位级的数字孪生上，将其视为边缘节点。由于数据在单元设备上循环传播，因此边缘计算可以实现更小的应用程序，从而有助于提供更多的实时响应。边缘计算在单元级提供的实时应用程序包括传感器数据实时处理和分析、数据缓冲、高性能实时控制、执行器监控、故障诊断、健康特征提取、周期计数累积、故障处理和安全关机等。例如，在机床或机器人手臂上，传感器用于检测某些故障是否构成安全隐患。在这种情况下，任何延迟都是不允许的。如果将数据发送到云，则响应时间可能太长。但是，通过边缘计算，可以减少时间延迟，因为数据离数据源不远，因此可以实时进行决策。边缘计算体系结构不依赖 Internet 连接，这对单元级数字孪生很有帮助。

如图 5.5 所示，多个单元级的数字孪生通过网络接口和信息管理系统（例如ERP、MES、SCM、CRM 等）连接到网络。系统级数字孪生集成了各种异构单元级数字孪生。此外，通过人机界面（human machine interface，HMI），可以访问和控制每个单元级的数字孪生，以监视和诊断相应系统的状态和运行状况。系统级数字孪生强调其组成元素之间的互连性和互操作性。在此基础上，它着重于不同元素的实时和动态协作控制，以实现物理世界和网络世界的协调与统一。通常，系统级数字孪生在地理位置上很集中（主要在制造企业内部），非常适合雾计算模型。系统级数字孪生的数据（即企业内部数据）可以通过雾计算直接处理以提高效率，而不是散布到云中并从云中返回。考虑到延迟、网络流量、成本等因素，雾计算在网络边缘提供服务，从而促进了实时交互、可伸缩性和互操作性。雾计算环境可以由网络组件（例如路由器、代理服务器、基站等）组成。这些组件可以提供不同的计算、存储、联网功能，以支持智能生产应用程序的实施。单元级的数字孪生使用传感器收集每个设备上的操作数据并进行分析。雾计算环境会汇总来自所有单位级数字孪生的数据，并为智能生产提供可操作的信息（例如相互合作以完成任务）。基于雾计算的系统级数字孪生提供了要求实时性较弱但需要大量计算的应用（例如模型自适应、模型训练、频谱计算、小波变换、警报优先级处理、远程监控、事故记录、远程维护、性能评估、资产可见性等）。例如，在实际生产过程中，机器人将物料或零件放在传送带或自动导引车（automated guided vehicle，AGV）上进行运输，然后由机床将其加工成所需的产品。这样，将实时边缘计算和雾计算与互操作性和可伸缩性相结合，可为系统级数字孪生提供最佳性能。

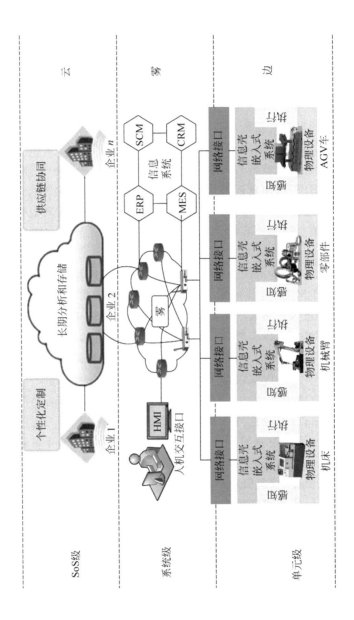

图 5.5 基于云、雾、边的数字孪生分层[25]

通过开发智能服务平台,可以实现多个系统级数字孪生之间的协作优化。结果,多个系统级数字孪生构成了复杂系统级数字孪生。例如,多个生产线或工厂通过智能云服务平台相互协作,实现了整个产品生命周期的企业级系统集成。复杂系统级数字孪生涉及各种参与者和资源,它们可能在地理位置上分散。复杂系统级数字孪生的数据更加丰富多样。因此,复杂系统级数字孪生中需要满足的要求包括:①分布式数据存储和处理;②为企业协作提供数据和智能服务。如图 5.5所示,云计算体系结构有利于大量连接设备的组织和管理,以及企业内部和外部数据的组合和集成。在云计算体系结构中,各种不同类型的存储设备可以通过应用程序软件一起工作,共同为企业提供数据存储和业务访问。海量数据挖掘必须得到分布式处理和虚拟化技术的支持,这是云计算的典型特征。因此,云计算是长期大量存储和分析复杂系统级数字孪生的理想技术。此外,具有互操作性和平台独立性的服务为系统级数字孪生(例如工厂或企业等)之间的协作铺平了道路。借助云架构,可以将各种单元级数字孪生或系统级数字孪生封装到服务中,从而成为即插即用的组件并由其他参与者共享。云计算架构为产品创新和价值创造提供了更多的架构灵活性和外部数据的利用。

5.2.4　数字孪生与人工智能

人工智能(artifical intelligence,AI)是通过将计算机科学与生理智能相结合来使计算机具有人类智能并像人类一样行为的科学。[35]“人工智能”一词包含两个含义。首先,智能是人工智能的核心目标和最终追求。智力是指分析、判断、发明和创造的能力。[2]智力包括建立记忆和理解的能力、从经验中学习的能力、获取和维护知识的能力、识别模式的能力、对变化快速响应的能力、使用推理解决问题的能力等。[2,35]另一方面,人工智能属于计算机科学[36],但可以模拟人类意识和思维的信息过程。人工智能可用于开发决策辅助工具,该辅助工具能够处理大量数据以及执行逻辑操作,以在更短的时间内解决复杂的问题,但更像人类一样。[35,37]与其他传统方法相比,使用人工智能的优势包括灵活性、适应性、模式识别、快速计算和学习能力。[38]

数字孪生是通过各种数字化的手段,将物理设备的各种属性映射到虚拟空间中,形成可拆解、可复制、可转移、可修改、可删除、可重复操作的数字镜像,并通过虚实之间不间断的闭环信息交互反馈与数据融合,以模拟对象在物理世界中的行为,监控物理世界的变化,反映物理世界的运行状况,评估物理世界的状态,预测未来趋势,乃至优化和控制物理世界。[16]然而,数字孪生在数据采集、模型建立、模型迭代和智能服务等方面仍然存在实施挑战。在数据获取方面,仅通过传感器很难获取来自物理实体的全部数据,并且大量采集的数据可能包含一些重复和不正确的数据,这会影响数字孪生模型的准确性。在模型构建方面,数字孪生需要建立准确的模型来满足仿真的要求,而对一些机理知识的缺乏或未知,导致很难建立精确的模型。在模型迭代方面,物理对象的特性会随着时间的推移而发生变化,例如机器性能下降、能耗增加、设备故障率增加等。因此,需要准确地绘制物理制造场景数字孪生,同时能够自动发现偏差并更新模型。而物理场景和对象的演化规律的隐含性,导致模型迭代演化不准确。在智能服务方面,数字孪生需要结合机器学习、大数据和优化算法来解决特定的制造问题。这些挑战导致了数字孪生的准确性和适应性较差。因此,数字孪生需要结合 AI 来应对实施挑战。

(1) 在数据采集方面,一些数据,如电机内部温度和性能参数,往往难以直接测量。[39]为了解决这个问题,数字孪生可以结合人工智能利用软测量技术来获取难以测量的数据。人工智能能够根据目标参数的机制和相关知识,选择与目标参数密切相关且易于测量的数据来建立能够准确描述目标参数与易于测量数据之间关系的软测量模型。因此,通过将易于测量的数据输入到软测量模型中,数字孪生可以获取难以测量的制造数据。除传感器外,数字孪生还可以结合人工智能通过摄像机捕捉到的图像来收集信息。在捕获目标物体周围的图像后,人工智能应用图像预处理技术(如图像去噪、图像融合、图像配准等)去除数据噪声和冗余信息,从而获得高质量的图像,并结合兴趣区域定位和目标分割方法对目标物体进行定位。人工智能基于图像识别和检测方法,可实现物体识别、光学测量、产品质量检测等大量功能。在获得物理实体的数据后,数字孪生可以结合人工智能利用数据处理技术保证数据质量和效率,例如采用预测模型和统计方法计算缺失数据,采用优化算法等相关方法识别重复数据和不正确数据等。

(2) 在模型构建方面,基于精确的公式和专业知识,建立机理模型来描述要素的内部机制和相互关系。机理模型利用物理定律和理论建立数学方程,如代数方程、微分方程、状态方程等。在建立基本方程之后,数字孪生结合人工智能应用算法计算未知参数。统计模型主要依赖于实际测量数据,而不是机理知识。建立统计模型最常用的方法是机器学习,它可以在足够的输入和输出数据基础上建立准确的数据关系。此外,通过人工智能还可建立结合上述两种建模方法的统计-机理融合模型。统计机制模型利用机理知识来建立模型,利用数据分析来弥补机理知识的不足。基于机器学习技术,统计模型可以对机理模型中公式的未知参数进行优化和预测。统计模型从数据中选取合适的样本数据来计算机理模型中的未知参数。另一方面,机理模型可以通过计算模型输出来估计模型精度和校准统计模型。

(3) 在模型迭代方面,在长时间的运行过程中,物理实体的状态会随着时间的推移而变化。例如,设备部件会越来越多地产生磨损并导致故障。为了准确地反映物理实体的实时状态,数字孪生模型能够感知这些变化并相应地调整模型参数。基于机器学习和优化算法,数字孪生模型不断迭代,以保持虚实之间的一致性。数字孪生模型由统计模型和机理模型组成。由于建模方法和理论的不同,每个模型的迭代方法也相应不同。人工智能提供的算法基于领域知识和历史信息,对模型参数进行检测和调整。该算法连续计算和优化参数,并生成新的仿真结果,直到差值低于阈值。对于机理模型,数字孪生结合人工智能检查方程的输出并确定可修正的方程。然后,根据领域知识和历史信息,确定可修正参数,并据此选择优化算法或机器学习等修正方法。对于统计模型,数字孪生结合人工智能首先确定可修正的目标函数,然后根据数据特征和条件选择合适的校正方法,如决策树、人工神经网络等。

(4)数字孪生的关键作用是根据具体要求提供智能服务。以决策为目标的服务包括生产计划、装配、调度、过程控制等。例如,数字孪生驱动的智能制造可根据生产任务,通过合理分配制造资源,制定最优生产计划,实现总成本最小或总生产时间最小的生产目标。生产计划可利用规划算法来制定。常用的智能优化算法有遗传算法、禁忌搜索算法、模拟退火算法和蚁群优化算法。在调度方面,人工智能基于以往的数据,为每一种可能的情况创建规则,生成相应的知识,并利用这些知识来制定调度方案,以达到最优的性能目标。常用的人工智能调度方法有专家系统、人工神经网络、进化算法、群体智能等。对于故障诊断和预测等数据驱动的服务,主要结合机器学习技术和领域知识来支持这类服务。领域知识包含了大量关于故障类型、性能和其他映射关系的信息。相关信息由规则表示,并存储在知识库中。人工智能在感知异常事件或变化趋势时,通过推理知识判断故障原因及相应的故障设备。机器学习技术主要致力于建立数据驱动的诊断模型,对各种故障进行分类。通过建立故障类型和性能的因果关系,人工智能能够判断可能的故障信息。

综上所述,AI 可从感知、认知、学习和适应等方面解决数字孪生的挑战。首先,通过图像、视频、声音等收集信息的能力,AI 可以帮助数字孪生获取大量隐含数据。其次,通过知识推理认知,AI 支持数字孪生理解模型参数的含义并做出最佳决策。然后,AI 通过自学习能力使数字孪生能够追踪数据之间的隐藏关系并建立基于数据的准确模型。最后,AI 通过自检、自诊断和自适应,使得模型的参数更新以确保对物理空间的准确映射。AI 的这些功能分别满足了数字孪生在数据获取、模型建模和迭代以及智能服务等方面的要求。数字孪生有了 AI 的加持,可大幅提升数据的价值以及各项服务的响应能力和服务准确性。

5.2.5　数字孪生与 VR/AR/MR

VR/AR/MR 通过计算机技术创建 3D 动态沉浸式虚拟场景,允许参与者与虚拟对象进行交互,从而可以突破空间、时间和其他客观限制,实现对真实世界的模拟和体验。[40] 虚拟现实(virtual reality,VR)是利用计算机图形学技术生成一个三维空间的虚拟世界,用户借助头盔显示器、数据手套、运动捕获装置等必要设备,与数字化环境中的对象进行交互,产生亲临环境的感受和体验。[41] VR 系统主要关注感知、用户界面、背景软件和硬件。增强现实(augmented reality,AR)是在 VR 技术的基础上将真实世界信息和虚拟世界信息"无缝"集成的技术,目标是虚拟世界套在现实世界并进行互动,是虚拟空间与物理空间之间的融合。AR 系统通过人机交互技术、三维实时动画技术和计算机图形技术，基于配准跟踪技术，构建了虚拟的三维环境模型，并将虚拟模型映射到现实世界中，以便用户处于融合的环境中并获得全新的体验。AR 系统提高了捕获信息的能力，这些信息超出了现实世界中人们的感知范围。[42]混合现实技术（mixed reality，MR）是通过在现实世界、虚拟世界和用户之间搭起一个交互反馈的信息回路，增强用户体验的真实感。MR 的目标是无缝集成虚拟和现实，物理对象和数字对象共存并实时交互，以形成一个新的虚拟世界，其中包括虚拟对象真实环境的特征。[43]在 MR 系统中，物理对象和数字虚拟对象可以实时共存和交互，通过一些关键技术（注册跟踪技术、手势识别技术、三维交互技术、语音交互技术等）实现信息交互。

3R 技术提供的深度沉浸的交互方式使得数字化的世界在感官和操作体验上更加接近物理世界，使得数字孪生应用超越了虚实交互的多种限制。无论是 VR、AR 还是 MR，在数字孪生的各个场景中都有巨大的应用潜力。VR 技术利用计算机图形学、细节渲染、动态环境建模等实现虚拟模型对物理实体属性、行为、规则等方面层次细节的可视化动态逼真显示；AR 与 MR 技术利用实时数据采集、场景捕捉、实时跟踪及注册等实现虚拟模型与物理实体在时空上的同步与融合，通过虚拟模型补充增强物理实体在检测、验证及引导等方面的功能。目前，数字孪生结合 VR/AR/MR 给制造业的设计、生产、管理、服务、销售和营销带来了深刻的变化。[40]数字孪生基于 VR/AR/MR 和仿真技术，对产品生命周期的整个过程进行建模，从而在虚拟世界中实现对产品设计、制造、组装和检查的仿真和优化。以数字孪生装配为例，集成了数字孪生和 3R 技术的数字孪生装配是实现三维可视化装配、提高装配质量和效率并降低装配成本的有效方法。[44]结合了数字孪生和 3R 技术的三维可视化装配，是通过 3R 技术实现虚拟空间和物理空间之间的交互。基于 3R 技术将虚拟模型投影到物理空间中，使用户感受到真实感的交互体验。此外，结合了数字孪生和 3R 技术的三维可视化装配可使用户更好地了解装配过程，并通过实时人机交互系统来控制装配过程。[45]

5.2.6　数字孪生与 5G

5G 是最新一代蜂窝移动通信技术，是继 4G（LTE-A、WiMax）、3G（UMTS、LTE）和 2G（GSM）系统之后的延伸。5G 的核心含义是以最佳方式连接、控制、交换、定位、协作所有事物，并超越空间和时间的限制来创建新的业务模式。[46]与 4G 无线通信网络不同，5G 具有以下特点：①以用户为中心的网络架构；②云无线接入网络架构（C-RAN）；③波束赋形定向天线；④混合和独立毫米波网络以及用户平面（U-Plane）和控制平面（C 平面）。[46]与前几代通信技术相比，5G 通信网络在多个方面都取得了巨大的进步，包括通信容量增加了 1000 倍以上，数据传输速率增加了 10～100 倍，不到 1ms 延迟，大规模连接的数量增加了 10～100 倍，成本更低，用户体验更好。[47]由于 5G 无线通信网络具有这些技术优势，ITU（国际电信联

盟)无线电通信部门(ITU-R)为 5G 的发展确定了 3 种方案:

(1) 增强型移动宽带(eMBB)方案。[48]与现有的移动宽带服务方案相比,eMBB 意味着极高的通信体验和性能的极大提高。eMBB 的潜在代表性应用包括 4K 高清晰度(HD)视频、虚拟现实、增强现实、远程医疗、远程教育、外场支持等。

(2) 大规模机器通信(mMTC)。[48]5G 将带来万物互联,并使参与社会的所有事物智能地运转。高密度和大规模物联网可以帮助现代产业升级为更先进的智能产业。代表性的应用包括智能城市、智能家居、工业信息、智能仓储和物流。

(3) 超可靠和低延迟通信(uRLLC)场景。[48]uRLLC 主要用于通信质量高、时延低的场景,如无人驾驶汽车网络、无人机网络等。只有当要传输的数据既准确又可靠时,才能实现汽车联网以及无人机网络的实时监控和协同控制。

数字孪生通过虚实之间的双向实时映射以及实时交互,实现了所有因素、整个过程和完整业务的数据集成和融合。数字孪生不是传统封闭的计算,而是紧密结合实时数据与数字模型,使管理人员能够在物理系统正常运行的同时,预先对控制与管理带来的影响进行预演和验证,动态调整、及时纠偏。虚拟模型的精准映射与物理实体的快速反馈控制是实现数字孪生的关键。虚拟模型的精准程度、物理实体的快速反馈控制能力、海量物理设备的互联对数字孪生的数据传输容量、传输速率、传输响应时间提出了更高的要求。5G 通信技术具有高速率、大容量、低时延、高可靠的特点[49],能够契合数字孪生的数据传输要求,满足虚拟模型与物理实体的海量数据低延迟传输、大量设备的互通互联,从而更好地推进数字孪生的应用落地。因此,无论是孪生数据的收集,还是孪生模型的构建或应用,都需要 5G 确定性网络的支撑,如图 5.6 所示。

图 5.6　5G 对数字孪生的作用

5.2.7　数字孪生与区块链

区块链是一个分布式的共享账本和数据库,具有去中心化、不可篡改、全程留痕、可以追溯、集体维护、公开透明等特点[50]。区块链的本质是一个去中心化的数据库,可以实现任何规模和类型的物联网节点的访问,打破了数据平台的障碍。首先,分布式分类账和共识机制大大增加了数据篡改的成本,并确保了数据的安全性和可靠性。修改任一节点的数据时,需要获得其他节点的共识,解决了平台的数据同步问题。其次,非对称加密技术使参与者可以获取所需的数据并降低了数据泄漏的风险。另外,区块链适合边缘计算架构,可以充分利用节点本身的计算能力,完成对本地数据的清理、分析和计算,降低云平台的计算压力,并提高相应的速度。交易安全由区块链中的所有参与者维护,而不是第三方机构。随着参与者的逐渐增加,区块链上的交易信息几乎不可能被修改和违反。区块链可对数字孪生的安全性提供可靠保证[51],可确保孪生数据不可篡改、全程留痕、可跟踪、可追溯等。独立性、不可变和安全性的区块链技术,可防止数字孪生因被篡改而出现错误和偏差,以保持数字孪生的安全,从而鼓励更好的创新。此外,通过区块链建立起的信任机制可以确保服务交易的安全,从而让用户安心使用数字孪生提供的各种服务。

本章小结

物联网、大数据、人工智能等新一代信息技术迅速发展,对推动制造业数字化、网络化、智能化进程起到了关键作用。尤其是新一代信息技术对于数据的强大计算和分析能力,为制造业的发展开辟了崭新的空间。新一代信息技术深度发展凸显了数字孪生基于模型、数据、服务方面的优势和能力,赋予了数字孪生新的生命力。数字孪生基于云、雾、边结构,通过物联网感知设备采集到的数据,对物理实体各要素进行监测和动态描述;通过大数据和人工智能分析历史数据、检查功能和性能变化的原因,预测未来,并在分析过去和预测未来的基础上对行为进行指导。

参考文献

[1] TAO F, QI Q, Wang L, et al. Digital twins and cyber-physical systems toward smart manufacturing and industry 4.0: correlation and comparison[J]. Engineering, 2019, 5(4): 653-661.

[2] 陶飞,戚庆林.面向服务的智能制造[J].机械工程学报,2018,54(16):11-23.

[3] 黄光耀.从世界视角看战后科技革命的历史影响[J].科学与社会,2004(1):37-41.

[4] 叶佩青,张勇,张辉.数控技术发展状况及策略综述[J].机械工程学报,2015,51(21):113-120.

[5]　程颖,戚庆林,陶飞. 新一代信息技术驱动的制造服务管理：研究现状与展望[J]. 中国机械工程,2018,29(18)：2177-2188.

[6]　陶飞,刘蔚然,张萌,等. 数字孪生五维模型及十大领域应用[J]. 计算机集成制造系统,2019,25(01)：1-18.

[7]　BANDYOPADHYAY D, SEN J. Internet of things：Applications and challenges in technology and standardization[J]. Wireless Personal Communications,2011,58(1)：49-69.

[8]　MUKHOPADHYAY S C, SURYADEVARA N K. Internet of things：Challenges and opportunities[M]. Springer,Cham,Switzerland,2014,9：1-18.

[9]　MADAKAM S,LAKE V, LAKE V,et al. Internet of Things (IoT)：A literature review[J]. Journal of Computer and Communications,2015,3(05)：164.

[10]　ATZORI L,IERA A, MORABITO G. The internet of things：A survey[J]. Computer Networks,2010,54(15)：2787-2805.

[11]　GUBBI J,BUYYA R,MARUSIC S,et al. Internet of Things (IoT)：A vision,architectural elements,and future directions[J]. Future Generation Computer Systems,2013,29(7)：1645-1660.

[12]　COETZEE L, EKSTEEN J. The Internet of Things-promise for the future? An introduction[C]. In：Proceedings of 2011 IEEE IST-Africa Conference,2011：1-9.

[13]　MIORANDI D, SICARI S, DE PELLEGRINI F, et al. Internet of things：Vision, applications and research challenges[J]. Ad hoc Networks,2012,10(7)：1497-1516.

[14]　AL-FUQAHA A,GUIZANI M,MOHAMMADI M,et al. Internet of things：A survey on enabling technologies, protocols, and applications[J]. IEEE Communications Surveys & Tutorials,2015,17(4)：2347-2376.

[15]　TAO F, ZUO Y, XU L D, et al. IoT-based intelligent perception and access of manufacturing resource toward cloud manufacturing[J]. IEEE Transactions on Industrial Informatics,2014,10(2)：1547-1557.

[16]　陶飞,张贺,戚庆林,等. 数字孪生十问：分析与思考[J]. 计算机集成制造系统,2020,26(1)：1-17.

[17]　KAUR M J,MISHRA V P,MAHESHWARI P. The convergence of digital twin,IoT,and machine learning：Transforming data into action[M]//Digital twin technologies and smart cities,Springer International Publishing：Cham,Switzerland,2020：3-17.

[18]　TAO F, SUI F, LIU A, et al. Digital twin-driven product design framework [J]. International Journal of Production Research,2019,57(12)：3935-3953.

[19]　ERRANDONEA I,BELTRÁN S, ARRIZABALAGA S. Digital Twin for maintenance：A literature review[J]. Computers in Industry,2020,123：103316.

[20]　GANDOMI A, HAIDER M. Beyond the hype：Big data concepts,methods,and analytics[J]. International Journal of Information Management,2015,35(2)：137-144.

[21]　CHEN M,MAO S,LIU Y. Big data：A survey[J]. Mobile Networks and Applications,2014,19(2)：171-209.

[22]　GANTZ J,REINSEL D. Extracting value from chaos[J]. IDC iview,2011,1142(2011)：1-12

[23]　BABICEANU R F, SEKER R. Big Data and virtualization for manufacturing cyber-physical systems：A survey of the current status and future outlook[J]. Computers in

Industry,2016,81：128-137.

[24] QI Q,TAO F. Digital twin and big data towards smart manufacturing and industry 4. 0：360 degree comparison[J]. IEEE Access,2018,6：3585-3593.

[25] Qi Q,Zhao D,Liao T W,et al. Modeling of cyber-physical systems and digital twin based on edge computing,fog computing and cloud computing towards smart manufacturing [C]. Proceedings of the ASME 2018 13th International Manufacturing Science and Engineering Conference (MSEC 2018),June 18-22,College Station,TX,USA,2018. DOI：10. 1115/MSEC2018-6435.

[26] MELL P,GRANCE T. The NIST definition of cloud computing [EB/OL],[2011]. http://faculty. winthrop. edu/domanm/csci411/Handouts/NIST. pdf/2019-09-11.

[27] ARMBRUST M, FOX A, GRIFFITH R, et al. A view of cloud computing [J]. Communications of the ACM,2010,53(4)：50-58.

[28] SKALA K,DAVIDOVIC D,AFGAN E,et al. Scalable distributed computing hierarchy：Cloud,fog and dew computing[J]. Open Journal of Cloud Computing (OJCC),2015,2(1)：16-24.

[29] YI S,LI C,LI Q. A survey of fog computing：concepts, applications and issues[C]// Proceedings of the 2015 Workshop on Mobile Big Data,2015：37-42.

[30] RAO T V N,KHAN A,MASCHENDRA M,et al. A paradigm shift from cloud to fog computing[J]. International Journal of Science, Engineering and Computer Technology, 2015,5(11)：385.

[31] JAIN A. ,SINGHAL P. Fog computing：Driving force behind the emergence of edge computing [C]//Proceedings of IEEE International Conference on System Modeling & Advancement in Research Trends (SMART),Moradabad,India,November 25-27,2016：294-297.

[32] SALMAN O, ELHAJJ I, KAYSSI A, et al. Edge computing enabling the Internet of Things [C]. In Proceedings of IEEE 2nd World Forum on Internet of Things (WF-IoT), Milan,Italy,December,14-16,2015：603-608.

[33] SHI W,CAO J, ZHANG Q, et al. Edge computing：Vision and challenges[J]. IEEE Internet of Things Journal,2016,3(5)：637-646.

[34] TAO F, QI Q, LIU A, et al. Data-driven smart manufacturing [J]. Journal of Manufacturing Systems,2018,48：157-169.

[35] KUMAR K,THAKUR G S M. Advanced applications of neural networks and artificial intelligence：A review[J]. International Journal of Information Technology and Computer Science,2012,4(6)：57-68.

[36] PHAM D T,PHAM P T N. Artificial intelligence in engineering[J]. International Journal of Machine Tools and Manufacture,1999,39(6)：937-949.

[37] BULLERS W I, NOF S Y, WHINSTON A B. Artificial intelligence in manufacturing planning and control[J]. AIIE Transactions,1980,12(4)：351-363.

[38] KUMAR G, KUMAR K, SACHDEVA M. The use of artificial intelligence based techniques for intrusion detection：a review[J]. Artificial Intelligence Review, 2010, 34(4)：369-387.

[39] TAO F,QI Q. Make more digital twins[J]. Nature,2019,573：490-491.

[40]　KE S,XIANG F,ZHANG Z,et al. A enhanced interaction framework based on VR,AR and MR in digital twin[J]. Procedia CIRP,2019,83: 753-758.

[41]　SHERMAN W R,CRAIG A B. Understanding virtual reality[J]. San Francisco,CA: Morgan Kauffman,2003.

[42]　VAN KREVELEN D W F,POELMAN R. A survey of augmented reality technologies, applications and limitations[J]. International Journal of Virtual Reality,2010,9(2): 1-20.

[43]　MILGRAM P,KISHINO F. A taxonomy of mixed reality visual displays[J]. IEICE TRANSACTIONS on Information and Systems,1994,77(12): 1321-1329.

[44]　BLAGA A,TAMAS L. Augmented reality for digital manufacturing[C]. 2018 26th Mediterranean Conference on Control and Automation (MED). IEEE,2018: 173-178.

[45]　JIN R. Developing a mixed-reality based application for bridge inspection and maintenance [C]. The 20th International Conference on Construction Applications of Virtual Reality (CONVR 2020). Teeside University,2020.

[46]　AGIWAL M, ROY A, SAXENA N. Next generation 5G wireless networks: A comprehensive survey[J]. IEEE Communications Surveys & Tutorials,2016,18(3): 1617-1655.

[47]　AGYAPONG P K,IWAMURA M,STAEHLE D,et al. Design considerations for a 5G network architecture[J]. IEEE Communications Magazine,2014,52(11): 65-75.

[48]　DE CARVALHO E,BJORNSON E,SORENSEN J H,et al. Random access protocols for massive MIMO[J]. IEEE Communications Magazine,2017,55(5): 216-222.

[49]　张平,陶运铮,张治.5G 若干关键技术评述[J].通信学报,2016,37(7): 15-29.

[50]　TAO F, ZHANG Y, CHENG Y, et al. Digital twin and blockchain enhanced smart manufacturing service collaboration and management [J]. Journal of Manufacturing Systems,2020.

[51]　HASAN H R,SALAH K,JAYARAMAN R,et al. A Blockchain-Based Approach for the Creation of Digital Twins[J]. IEEE Access,2020,8: 34113-34126.

第6章

数字孪生理论技术体系

　　数字孪生的发展正逐渐使其成为实现工业智能化的关键。数字孪生是从物理实体中获得数据输入,并通过数据分析将实际结果反馈到整个数字孪生体系中,产生决策循环。因此,数字孪生需要诸多新技术的发展和高度集成以及跨学科知识的综合应用。数字孪生应用场景对相关技术提出了前所未有的要求,作者团队在 *Journal of Manufacturing Systems* 期刊上发表的"*Enabling technologies and tools for digital twin*"文章中总结分析了数字孪生的技术体系,涵盖了感知控制、建模分析、数据集成、交互连接和服务等方面[1]。本章对数字孪生的理论技术体系进行总结。

6.1　数字孪生的功能和技术体系

　　通过记录、模拟和预测物理和虚拟世界中实体和过程的运行轨迹,它可以实现信息的高效交换、资源的优化分配、成本的降低以及致命故障的预防。[1]物理实体存在于特定场景中,以实现其自身的功能并提供针对性的服务。因此,数字孪生可以分为实体数字孪生和场景数字孪生,如图 6.1 所示。基于 3D 几何模型,实体数字孪生的功能是集成不同的信息,例如监视信息、感测信息、服务信息和有关物理的行为信息。在整个生命周期中普遍跟踪实体。[2-3]物理实体将具有与其状态、运行轨迹和行为特征完全相同的虚拟双胞胎。对于数字孪生场景,物理场景在虚拟空间中用静态和动态信息表示。静态信息包括空间布局、设备和地理位置;动态信息涉及环境、能耗、设备运行、动态过程等。[4-5]物理场景中的活动可以由数字孪生模拟。

　　某些数字孪生应用程序在功能建模、概念验证、行为模拟、性能优化、状态监视、诊断和预测等方面着重于实体。此类应用程序可以在医疗保健、货运、钻井平台、汽车、航空航天和物联网等方面得到应用。其他一些数字孪生应用程序也针对该场景(即实现特定功能的最佳条件)。例如,生产方案就是以最佳方式生产目标产品。建筑是建造建筑物的生产过程,制造是将原材料或零件变成产品的生产过程。使用方案是指最终用户在何处、如何以及何时使用产品,这可能会影响产品状态和寿命。对于车间或工厂,它可以是产品的生产方案,也可以是机床的使用方

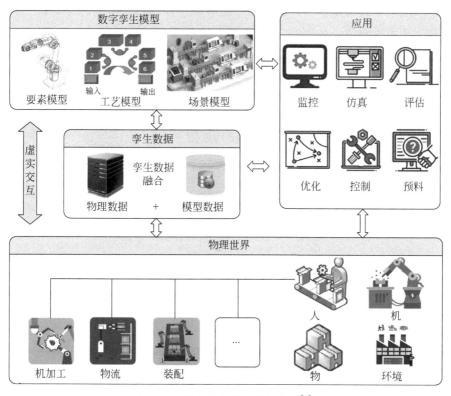

图 6.1　数字孪生的组成与应用[6]

案。数字孪生的全部潜力只能通过实体数字孪生与场景数字孪生之间的集成来
实现。[6]

　　数字孪生反映了虚拟现实与物理世界和虚拟世界之间的映射关系[7]。在数字
孪生的实际应用中,以下要点需要更多注意:

　　(1) 任何数字孪生的核心都是高保真虚拟模型。为此,充分了解物理世界至
关重要。否则,虚拟模型将无法有效地与物理世界相对应。

　　(2) 虽然虚拟模型是数字孪生的关键部分,但数字孪生建模是一个复杂且反
复的过程。一个好的虚拟模型的特点是高度标准化、模块化、轻量级和具有鲁棒
性。[8]编码、接口和通信协议的标准化旨在促进信息共享和集成。模块化可以通过
单个模型的分离和重组提高灵活性、可伸缩性和可重用性。轻量化可减少信息传
输时间和成本。此外,模型的鲁棒性对于处理各种不确定性是必不可少的。

　　(3) 模型和服务的操作全部由数据驱动。从原始数据到知识,数据必须经过
一系列步骤(即数据生命周期)。[9]每个步骤都需要根据数字孪生的特征进行重组。
数字孪生的独特之处在于它不仅可以处理来自物理世界的数据,而且可以融合虚
拟模型生成的数据以使结果更加可靠。

　　(4) 数字孪生的最终目标是为用户提供增值服务,例如监视、仿真、验证、虚拟

实验、优化、数字教育等。[10-11]数字孪生服务通过各种移动应用程序交付。此外，数字孪生还可以容纳一些第三方服务，例如资源服务、算法服务、知识服务等。因此，服务封装和管理都是数字孪生的重要组成部分。

（5）物理世界、虚拟模型、数据和服务不是孤立的。它们通过相互之间的联系不断地相互交流，以实现集体进化。

根据数字孪生五维模型，需要多种支持技术来支持数字孪生的不同模块（即物理实体、虚拟模型、孪生数据、服务和连接），如图 6.2 所示。

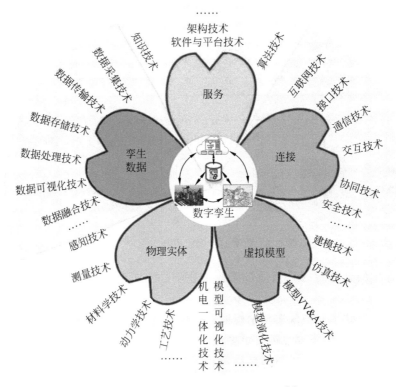

图 6.2　数字孪生使能技术体系[6]

对于物理实体，对物理世界的充分理解是数字孪生的前提。数字孪生涉及多学科知识，包括动力学、结构力学、声学、热学、电磁学、材料科学、流体力学、控制理论等。结合知识、传感和测量技术，将物理实体和过程映射到虚拟空间，以使模型更准确、更接近实际。对于虚拟模型，各种建模技术至关重要。可视化技术对于实时监控物理资产和流程至关重要。虚拟模型的准确性直接影响数字孪生的有效性。因此，必须通过校验、验证和确认（verificetion validation and accreditation，VV&A）技术对模型进行验证，并通过优化算法对其进行优化。[12]此外，仿真和追溯技术可以实现质量缺陷的快速诊断和可行性验证。由于虚拟模型必须与物理世界中的不断变化共同发展，因此需要模型演化技术来驱动模型更新。在数字孪生操作期间,会生成大量数据。为了从原始数据中提取有用的信息,高级数据分析和融合技术是必要的。该过程涉及数据收集、传输、存储、处理、融合和可视化。与数字孪生相关的服务包括应用程序服务、资源服务、知识服务和平台服务。为了提供这些服务,它需要应用软件、平台架构技术、面向服务的架构(SoA)技术和知识技术。最后,数字孪生的物理实体、虚拟模型、数据和服务被互连以实现交互和交换信息。连接涉及互联网技术、交互技术、网络安全技术、接口技术、通信协议等。[6]

6.2　数字孪生物理感知与控制技术

数字孪生五维模型的物理世界通常很复杂。物理世界中各个实体之间存在复杂的属性和连接(包括显式的和不可见的)。虚拟模型的创建基于物理世界中的实体以及它们的关键内部交互逻辑和外部关系。虚拟复制这样一个复杂的系统非常困难。因此,数字孪生的建立和完善是一个漫长的过程。一方面,与物理实体相对应的虚拟模型并不完美,需要发展以逐步改善与物理实体的对应性。[1]这需要对物理世界有充分的了解和感知。另一方面,在将物理实体数字化之后,可以发现许多隐式关联,这些关联可以用来促进物理实体的进化以改变物理世界。[13]

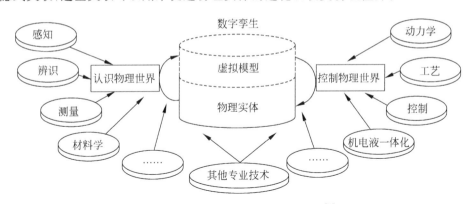

图 6.3　认识和控制物理世界的技术[6]

要创建高保真模型,必须认识物理世界并感知数据。如图 6.3 所示,反映物理世界的第一步是测量参数,例如尺寸、形状、结构、公差、表面粗糙度、密度、硬度等。现有的测量技术包括激光测量、图像识别测量、转换测量和微米/纳米级精度测量。为了使虚拟模型与其真实世界的模型同步,必须收集实时数据(例如扭矩、压力、位移速度、加速度、振动、电压、电流、温度、湿度等)。为此,复杂的数字孪生兄弟不断提取实时传感器和系统数据,以尽可能逼真地刻画物理实体的真实状态。[14]结构分析模型、演化模型和故障预测模型可能因不同行业而异,这需要专业知识。例如,智能制造涉及有关机械工程、材料工程、控制和信息处理等方面的知识和技术。特别是,如何以自适应有效的方式自动控制制造设备是一个主要问题。[15]由于数字孪生的方法、技术和工具具有前瞻性,因此需要不同行业之间的有效协作。

此外,数字孪生还可以改善物理世界中物理实体的性能。当实体世界中的实体执行预期的功能时,能量将由控制系统控制,以驱动其执行器准确完成指定的动作。该过程涉及动力技术(例如液压动力、电力和燃料动力)、驱动系统(例如无轴变速器、轴承变速器、齿轮传动、皮带传动、链条传动和伺服驱动技术)、工艺技术(例如过程计划、设计、管理、优化和控制)和控制技术(例如电气控制、可编程控制、液压控制、网络控制)以及跨学科技术(例如水力机电一体化))。

数字孪生应用程序要求使用新技术来更好地感知物理世界。大数据是指大量的多源异构数据,其特征是 5V,即大体量(volume)、高速(velocity)、多样(varity)、低价值密度(value)、真实性(veracity)。[16]大数据分析提供了一种了解物理世界的新方法。通过数据分析可以从复杂现象中找到有价值的信息,适用于各个行业。作为集成了神经生物学、图像处理和模式识别的跨学科技术,机器视觉可以从图像中提取信息,以进行检测、测量和控制。此外,各个学科和行业的尖端技术都值得进一步研究,以使模型更准确,仿真和预测结果更符合实际情况。例如,对于制造业,新的特殊加工技术、制造工艺和设备技术以及智能机器人技术都可以帮助数字孪生控制智能制造过程。对于建筑业,新兴技术(例如新材料、建筑机械和减震技术)正在改变建筑业。目前,建议使用图像识别和激光测量技术来测量物理世界的参数,并建议使用电气控制、可编程控制、嵌入式控制和网络控制技术来控制物理世界,以及使用大数据分析挖掘内在规律和知识的技术。[6]

6.3　数字孪生建模技术

6.3.1　数字孪生模型构建准则

数字孪生模型构建理论及应用

为使数字孪生模型构建过程有据可依,笔者团队和国家重点研发计划项目合作单位在《计算机集成制造系统》期刊上发表的“数字孪生模型构建理论及应用”文章中提出了一套数字孪生模型“四化四可八用”构建准则,如图 6.4 所示。该准则以满足实际业务需求和解决具体问题为导向,以“八用”(可用、通用、速用、易用、联用、合用、活用、好用)为目标,提出数字孪生模型“四化”(精准化、标准化、轻量化、可视化)的要求,以及在其运行和操作过程中的“四可”(可交互、可融合、可重构、可进化)需求。

1.精准化

数字孪生模型精准化是指模型既能对物理实体或系统进行准确的静态刻画和描述,又能随时间的变化使模型的动态输出结果与实际或预期相符。数字孪生建模的精准化准则,是为了保证构建的数字孪生模型精确、准确、可信、可用,从而满足数字孪生模型的有效性需求。精准的数字孪生模型是数字孪生正确发挥功能的

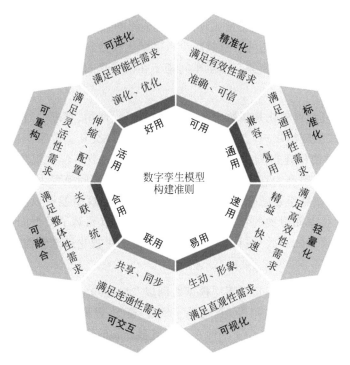

图 6.4 数字孪生模型构建准则：四化四可八用[17]

重要前提。以数字孪生车间为例，精准的数字孪生模型能够在构建数字孪生车间的过程中从根本上阻止模型误差的传递与积累，从而在数字孪生车间运行的过程中有效避免因模型误差迭代放大造成的严重问题。[17]

2．标准化

数字孪生模型标准化是指在模型定义、编码策略、开发流程、数据接口、通信协议、解算方法、模型服务化封装及使用等方面进行规范统一。数字孪生建模的标准化准则，是为了通过保证模型集成、模型数据交换、模型信息识别和模型维护上的一致性，实现面向不同行业、不同领域的不同要素对象构建的数字孪生模型易解析、可复用，且相互兼容，从而在保证数字孪生模型有效性的基础上，进一步满足其通用性需求。以数字孪生车间为例，标准的数字孪生模型不仅可以在面向不同物理车间建模时减少冗余模型和异构模型的产生，还能够显著降低数字孪生车间模型统一集成管理的难度。[17]

3．轻量化

数字孪生模型轻量化是指在满足主要信息无损、模型精度、使用功能等前提下，使模型在几何描述、承载信息、构建逻辑等方面实现精简。数字孪生建模的轻量化准则，是为了在数字孪生模型可用、通用的基础上，进一步满足针对复杂系统的数字孪生建模和模型运行的高效性需求。以数字孪生车间为例,轻量的数字孪生模型基于相对少的参数和变量实现对物理车间的逼真描述,不仅有利于数字孪生车间的快速建模,而且还能够有效减少数字孪生模型参数传输时间、加快数字孪生模型运行速度,进而提高数字孪生车间基于在线仿真的决策时效性。[17]

4．可视化

数字孪生模型可视化是指数字孪生模型在构建、使用、管理的过程中能够以直观、可见的形式呈现给用户,方便用户与模型进行深度交互。数字孪生建模的可视化准则,是为了使构建得到的精准的、标准的、轻量的数字孪生模型更易读、更易用,满足数字孪生模型的直观性需求。例如,数字孪生车间模型由多要素、多维度、多领域、多尺度模型组装融合而成,可视化的数字孪生模型能够以生动、形象的方式展示数字孪生车间模型的结构、演化过程、参数细节和其子模型间的耦合关系,从而有效支持模型的高效分析以及数字孪生车间的可视化运维管控。[17]

5．可交互

数字孪生模型可交互是指不同模型之间以及模型与其他要素之间能够通过兼容的接口互相交换数据和指令,实现基于实体-模型-数据联用的模型协同。数字孪生建模的可交互准则,是为了消除系统内离散分布的信息孤岛,满足针对复杂系统建模的连通性需求。例如,数字孪生车间模型与物理车间中的要素实体可交互,能够有效连通物理车间和虚拟车间,实现虚实互控和同步映射。在此基础上,数字孪生模型之间可交互,能够有效连通整个数字孪生车间,通过模型参数共享和知识互补实现模型协同。同时,数字孪生模型与孪生数据可交互,还能够实现模型运行需求导向的数据高效采传以及数据驱动的模型参数自更新。[17]

6．可融合

数字孪生模型可融合是指多个或多种数字孪生模型能够基于关联关系整合成一个整体,即机理模型、模型数据、数据特征和基于模型的决策能够实现有效融合。数字孪生建模的可融合准则,是为了更全面、更透彻、更客观地分析和描述复杂系统,在系统连通的前提下满足针对复杂系统建模的整体性需求。以数字孪生车间为例,通过多维模型融合、多个模型合用、多类模型关联以及多级模型协同,能够将数字孪生车间表征为一个统一的整体,从而在其运行过程中产生和积累虚实多尺度融合数据,实现基于融合模型和融合数据的全局决策和优化,助力数字孪生车间更安全、更高效地运行。[17]

7．可重构

数字孪生模型可重构是指模型能够面对不同的应用环境,通过灵活改变自身结构、参数配置以及与其他模型的关联关系快速满足新的应用需求。数字孪生建模的可重构准则,是为了避免组装融合后的数字孪生模型难以适应动态变化的环境,以模型活用的方式满足复杂系统模型的灵活性需求。例如,企业在使用数字孪生车间进行生产作业时,需要考虑生产设备更替、工艺路线变化、生产技术改良、车间产能提升、新型产品投产等客观需求,以及设备故障、人员疲劳、环境波动等不确定性事件,数字孪生模型可重构赋予数字孪生车间可拓展、可配置、可调度的能力,提高了数字孪生车间的灵活性,满足企业面向动态市场提高自身竞争力的迫切需求。[17]

8. 可进化

数字孪生模型可进化是指模型能够随着物理实体或系统的变化进行模型功能的更新、演化,并随着时间的推移进行持续的性能优化。数字孪生建模的可进化准则,是为了在上述准则的基础上,基于模型的全生命周期静态数据和模型运行过程动态数据,实现模型的自修正、自优化,让原始模型越来越好用,进而满足设备及复杂系统对智能性的需求。例如,数字孪生车间在运行过程中会产生并积累大量实时孪生数据,在虚拟车间中基于真实数据进行迭代计算可以使模型跟随物理车间的变化进行迭代更新,并使数字孪生车间获得不断优化的决策能力和评估能力,同时,基于有效数据的知识挖掘和知识积累,能够不断提升数字孪生车间的智能化程度。[17]

6.3.2　数字孪生模型构建理论体系

数字孪生模型是现实世界实体或系统的数字化表现,可用于理解、预测、优化和控制真实实体或系统,因此,数字孪生模型的构建是实现模型驱动的基础。数字孪生模型构建是在数字空间实现物理实体及过程的属性、方法、行为等特性的数字化建模。模型构建可以是"几何-物理-行为-规则"多维度的,也可以是"机械-电气-液压"多领域的。从工作粒度或层级来看,数字孪生模型不仅是基础单元模型建模,还需从空间维度上通过模型组装实现更复杂对象模型的构建,从多领域多学科角度进行模型融合以实现复杂物理对象各领域特征的全面刻画。为保证数字孪生模型的正确有效,需对构建以及组装或融合后的模型进行验证,来检验模型描述以及刻画物理对象的状态或特征是否正确。若模型验证结果不满足需求,则需通过模型校正使模型更加逼近物理对象的实际运行或使用状态,保证模型的精确度。此外,为便于数字孪生模型的增、删、改、查和用户使用等操作以及模型验证或校正信息的使用,模型管理也是必要的。综合上述 6 个方面的考虑,笔者团队和国家重点研发计划项目合作单位在《计算机集成制造系统》期刊上发表的"数字孪生模型构建理论及应用"文章中提出了一套包括模型构建、模型组装、模型融合、模型验证、模型修正、模型管理在内的数字孪生模型构建理论体系,如图 6.5 所示。

1. 建:模型构建

模型构建是指针对物理对象,构建其基本单元的模型。可从多领域模型构建以及"几何-物理-行为-规则"多维模型构建两方面进行数字孪生模型的构建。如

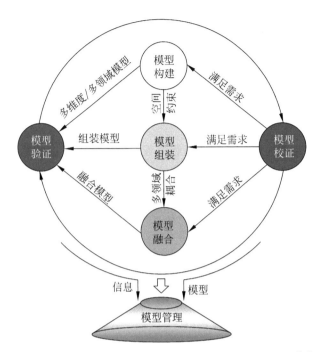

图 6.5　数字孪生模型构建理论体系：建-组-融-验-校-管[17]

图 6.6 所示，"几何-物理-行为-规则"模型可刻画物理对象的几何特征、物理特性、行为耦合关系以及演化规律等；多领域模型通过分别构建物理对象涉及的各领域

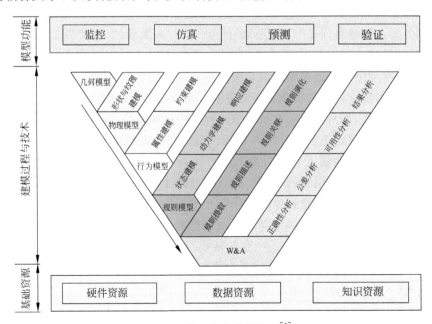

图 6.6　数字孪生建模技术[6]

模型,可以全面刻画物理对象的热学、力学等各领域特征。通过多维度模型构建和多领域模型构建,实现对数字孪生模型的精准构建。理想情况下,数字孪生模型应涵盖多维度和多领域模型,从而实现对物理对象的全面真实刻画与描述。但从应用角度出发,数字孪生模型不一定需要覆盖所有维度和领域,可根据实际需求与实际对象进行调整,即构建部分领域和部分维度的模型[18]。

几何模型根据其几何形状,实施方式和外观以及适当的数据结构来描述物理实体,这些数据结构适用于计算机信息转换和处理。几何模型包括几何信息(例如点、线、表面和实体)以及拓扑信息(元素关系,例如相交、相邻、切线、垂直和平行)。几何建模包括线框建模,表面建模和实体建模。线框建模使用基本线定义目标的山脊线部分以形成立体框。表面建模描述实体的每个表面,然后拼接所有表面以形成整体模型;实体建模描述了三维实体的内部结构,其中包括诸如顶点、边、表面和物体等信息。此外,为了增强真实感,开发人员创建了外观纹理效果(例如磨损、裂缝、指纹和污渍等),并使用位图表示实体的表面细节。纹理技术主要是纹理混合(带有或不带有透明度)和光照贴图[6]。

几何模型描述实体的几何信息,但不描述实体的特征和约束。物理模型会添加信息,例如精度信息(尺寸公差、形状公差、位置公差和表面粗糙度等)、材料信息(材料类型、性能、热处理要求、硬度等)以及组装信息(交配关系、装配顺序等)。特征建模包括交互式特征定义、自动特征识别和基于特征的设计[6]。

行为模型描述了物理实体的各种行为,以履行功能、响应变化、与他人互动、调整内部操作、维护健康状况等。物理行为的模拟是一个复杂的过程,涉及多个模型,例如问题模型、状态这些模型可以基于有限状态机、马尔可夫链和基于本体的建模方法等进行开发。状态建模包括状态图和活动图。前者描述了实体在其生命周期内的动态行为(即状态序列的表示),后者描述了完成操作所需的活动(即活动序列的表示)。动力学建模涉及刚体运动、弹性系统运动、高速旋转体运动和流体运动[6]。

规则模型描述了从历史数据,专家知识和预定义逻辑中提取的规则。规则使虚拟模型具有推理、判断、评估、优化和预测的能力。规则建模涉及规则提取、规则描述、规则关联和规则演变。规则提取既涉及符号方法(例如决策树和粗糙集理论),也涉及连接方法(例如神经网络)。规则描述涉及诸如逻辑表示、生产表示、框架表示、面向对象的表示、语义网表示、基于 XML 的表示、本体表示等方法。规则关联涉及诸如类别关联、诊断/推论关联、集群关联、行为关联、属性关联等方法。规则演化包括应用程序演化和周期性演化。应用程序演化是指根据从应用程序过程中获得的反馈来调整和更新规则的过程;周期性演化是指在一定时间段(时间因应用程序而异)中定期评估当前规则的有效性的过程。建模技术推荐使用:用于几何模型的实体建模技术、用于增加真实感的纹理技术、用于物理模型的有限元分析技术、用于行为模型的有限状态机以及用于 XML 的表示和本体表示。[6]

2．组：模型组装

当模型构建对象相对复杂时，需解决如何从简单模型到复杂模型的难题。数字孪生模型组装是从空间维度上实现数字孪生模型从单元级模型到系统级模型再到复杂系统级模型的过程。数字孪生模型组装的实现主要包括以下步骤：

（1）明确需构建模型的层级关系以及模型的组装顺序，避免出现难以组装的情况。

（2）在组装过程中需要添加合适的空间约束条件，不同层级的模型需关注和添加的空间约束关系存在一定的差异。例如，从零件到部件到设备的模型组装过程，需要构建与添加零部件之间的角度约束、接触约束、偏移约束等约束关系；从设备到产线到车间的模型组装过程，则需要构建与添加设备之间的空间布局关系以及生产线之间空间约束关系。

（3）基于构建的约束关系与模型组装顺序实现模型的组装。[17]

3．融：模型融合

一些系统级或复杂系统级孪生模型构建，如果空间维度的模型组装不能满足物理对象的刻画需求，则需进一步进行模型的融合，即实现不同学科不同领域模型之间的融合。为实现模型间的融合，需构建模型之间的耦合关系以及明确不同领域模型之间单向或双向的耦合方式。针对不同对象，模型融合关注的领域也存在一定的差异。以车间的数控机床为例，数控机床涉及控制系统、电气系统、机械系统等多个子系统，不同系统之间存在着耦合关系，因此要实现数控机床数字孪生模型的构建，要将机-电-液多领域模型进行融合。[17]

4．验：模型验证

在模型构建、组装或融合后，需对模型进行验证以确保模型的正确性和有效性。模型验证是针对不同需求，检验模型的输出与物理对象的输出是否一致。为保证所构建模型的精准性，单元级模型在构建后首先被验证，以保证基本单元模型的有效性。此外，由于模型在组装或融合过程中可能引入了新的误差，导致组装或融合后的模型不够精准。因此为保证数字孪生组装与融合后的模型对物理对象的准确刻画能力，需在保证基本单元模型为高保真的基础上，对组装或融合后的模型进行进一步的模型验证。若模型验证结果满足需求，则可将模型进行进一步的应用；若模型验证结果不能满足需求，则需进行模型校正。模型验证与校正是一个迭代的过程，即校正后的模型需重新进行验证，直至满足使用或应用的需求。[17]

5．校：模型校正

模型校正是指模型验证中验证结果与物理对象存在一定偏差，不能满足需求时，需对模型参数进行校正，使模型更加逼近物理对象的实际状态或特征。模型校正主要包括两个步骤：

（1）选择模型校正参数。合理的校正参数选择，是有效提高校正效率的重要因素之一,主要遵循以下原则:①选择的校正参数与目标性能参数需具备较强的关联关系;②校正参数个数选择应适当;③校正参数的上下限设定需合理。不同校正参数的组合对模型校正过程会产生一定影响。

(2)对所选择的参数进行校正。在确定校正参数后,需合理构建目标函数,使校正后的模型输出结果与物理结果尽可能接近,然后基于目标函数选择合适的方法以实现模型参数的迭代校正。

通过模型校正可保证模型的精确度,并能够更好地适应不同应用需求、条件和场景。[17]

6. 管:模型管理

模型管理是指在实现了模型组装融合以及验证与修正的基础上,通过合理分类存储与管理数字孪生模型及相关信息为用户提供便捷服务。为提供用户快捷查找、构建、使用数字孪生模型的服务,模型管理需具备多维模型/多领域模型管理、模型知识库管理、多维可视化展示、运行操作等功能,支持模型预览、过滤、搜索等操作;为支持用户快速地将模型应用于不同场景,需对模型在验证以及校正过程中产生的数据进行管理,具体包括验证对象、验证特征、验证结果等验证信息以及校正对象、校正参数、校正结果等校正信息,这些信息将有助于模型应用于不同场景以及指导后续相关模型的构建。[17]

模型构建、模型组装、模型融合、模型验证、模型校正、模型管理是数字孪生模型构建体系的 6 大组成部分,但在数字孪生模型的实际构建过程中,可能不需要全部包含这 6 个过程,需根据实际应用需求进行相应调整。例如,为可视化某零件则不必进行模型的组装与融合。

6.4　数字孪生数据管理技术

数据驱动的数字孪生可以感知、响应并适应不断变化的环境和操作条件。如图 6.7 所示,整个数据生命周期包括数据采集、传输、存储、处理、融合和可视化。[9]

(1)数据采集技术。数据源包括硬件、软件和网络。[16]硬件数据包括静态属性数据和动态状态数据。条形码、QR 码、射频识别设备(RFID)、照相机、传感器和其他 IoT 技术广泛用于信息识别和实时感知。可以通过软件 API(application programming interface,应用程序编程接口)打开的数据库接口来收集软件数据,通过 Web 搜寻器、搜索引擎和公共 API 从 Internet 收集网络数据。[6]

(2)数据传输技术。数据传输包括有线传输和无线传输。有线传输包括双绞线电缆传输、对称电缆传输、同轴电缆传输、光纤传输等;无线传输包括短距离传输和长距离传输。广泛使用的短程无线技术包括 ZigBee、蓝牙、Wi-Fi、超宽带(ultra wide band,UWB)和近场通信(near field communication,NFC)。[20]长途无线技术包括 GPRS/CDMA、数字无线电、扩频微波、无线网桥、卫星通信等。有线和无线传输均取决于传输协议、访问方法、多址方案、信道多路复用调制和编码以及多用户检测技术。[6]

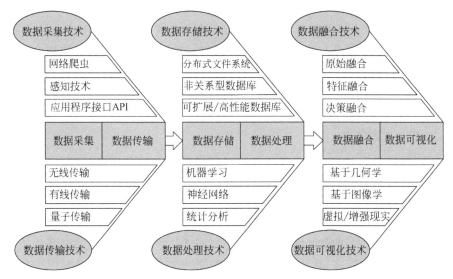

图 6.7　数字孪生数据管理技术[6]

（3）数据存储技术。数据存储用于存储收集的数据,以进行进一步的处理、分析和管理。数据存储离不开数据库技术。但是,由于多源数字孪生数据量的增加和异构性的提高,传统的数据库技术已不再可行。大数据存储技术,例如分布式文件存储（DFS）、NoSQL 数据库、NewSQL 数据库和云存储,越来越受到关注。DFS使许多主机可以通过网络同时访问共享文件和目录。NoSQL 的特点是能够水平扩展以应对海量数据。NewSQL 表示新的可扩展的高性能数据库,它不仅具有海量数据的存储和管理功能,而且还支持传统数据库的 ACID 和 SQL。NewSQL 通过使用冗余计算机来实现复制和故障回复。[6]

（4）数据处理技术。数据处理意味着从大量的不完整、非结构化、嘈杂、模糊和随机的原始数据中提取有用的信息。首先,对数据进行仔细的预处理,以删除冗余、无关、误导、重复和不一致的数据。相关技术包括数据清洗、数据压缩、数据平滑、数据缩减、数据转换等。接下来,通过统计方法、神经网络方法等对预处理数据进行分析。相关统计方法包括描述性统计（例如频率、中心趋势、离散趋势和分布分析）、假设检验（例如 u 检验、t 检验、χ^2 检验和 F 检验）、相关性分析（例如线性相关性、偏相关性和距离分析）、回归分析（例如线性回归、曲线回归、二元回归和多元回归）、聚类分析（例如分区聚类、层次聚类、基于密度的聚类和基于网格的聚类）、判别分析（例如最大似然、距离判别、贝叶斯判别和费舍尔判别）、降维（例如主成分分析和因子分析）、时间序列分析等。神经网络 rk 方法包括前向神经网络（即基于梯度算法的神经网络（例如 BP 网络）、最佳正则化方法（例如 SVM）、径向基神经网络和极限学习机神经网络)、反馈网络(例如 Hopfield 神经网络、汉明(Hamming)网络、小波神经网络、双向接触式存储网络和 Boltzmann 机器)以及自组织神经网络(例如自组织特征映射和竞争性学习)。此外,深度学习为处理和分析海量数据提供了先进的分析技术。[58]数据库方法包括多维数据分析和 OLAP 方法。[6]

(5) 数据融合技术。数据融合通过合成、过滤、关联和集成来应对多源数据,包括原始数据级融合、特征级融合和决策级融合。数据融合方法包括随机方法和人工智能。随机方法(例如经典推理、加权平均法、卡尔曼滤波、贝叶斯估计和 Dempster-Shafer 证据推理)适用于所有 3 个级别的数据融合;人工智能方法(例如模糊集理论、粗糙集理论、神经网络、小波理论和支持向量机)适用于特征级和决策级数据融合。[6]

(6) 数据可视化技术。数据可视化用于以直接、直观和交互的方式呈现数据分析结果。[9]一般而言,任何旨在通过图形来明确数据中所包含的基本原理、定律和逻辑的方法都称为数据可视化。数据可视化以各种方式体现出来,例如直方图、饼图、折线图、地图、气泡图、树形图、仪表板等。根据其可视化原理,这些方法可以分为基于几何的技术、像素导向技术、基于图标的技术、基于层的技术、基于图像的技术等。[6]

随着数据量的不断增加,现有数据技术必将发展。对于数据采集,未来应专注于实时状态数据收集。因此,有必要探索智能识别技术、先进的传感器技术、机器视觉技术、自适应和访问技术等。对于数据传输,有必要探索高速、低延迟、高性能适用性、高安全性的数据传输协议(例如光纤通道协议和 5G)及其相应的设备。此外,量子传输技术也可能适用于数字孪生,包括量子密钥分发(QKD)、量子隐形传态、量子安全直接通信(QSDC)、量子秘密共享(QSS)。可以通过采用新的存储介质(例如感应薄膜和磁性随机存取存储器)和重组存储架构(例如时间序列、分布式和 MPP 架构)来改善数据存储。随着算法变得越来越复杂,新的数据处理架构(例如边缘计算和雾计算[21])可以解决大规模数据处理的问题。此外,应开发新的数据处理技术,例如图形处理和面向领域的数据处理技术。数据融合的未来方向包括实时数据融合、在线数据和离线数据融合、物理数据和模拟数据融合、结构化数据和非结构化数据融合、大数据融合、基于对象的数据融合、相似性融合、跨语言数据融合等。目前,很难将大型和高维数据可视化。未来,应采用多种模型通过并行可视化技术、复杂的数据降维可视化技术、非结构化数据可视化技术等来自定义数据可视化结果。数据生命周期管理关键技术建议包括传感器和其他物联网技术数据采集、用于数据传输的 5G 技术、用于数据存储的 NewSQL 技术、用于数据处理的边缘云架构计算技术、用于数据融合的人工智能技术。数据可视化技术因应用程序而异。[6]

6.5　数字孪生服务应用技术

　　数字孪生集成了多个学科，以实现高级监视、仿真（模拟）、诊断和预测。监视需要计算机图形图像处理、3D渲染、图形引擎、虚拟现实同步技术等；仿真涉及结构仿真、力学（例如流体动力学、固体力学、热力学和运动学）仿真、电路仿真；诊断和预测基于数据分析、涉及统计理论、机器学习、神经网络、模糊理论、故障树等。

　　如图6.8所示，一些硬件和软件资源甚至知识都可以封装到服务中。资源服务的生命周期可以分为3个阶段：服务生成；服务管理；按需使用服务。[22]服务生成技术包括资源感知和评估（例如传感器、适配器和中间件）、资源虚拟化和资源封装技术（例如SOA、Web服务和语义服务）等；服务管理技术包括服务搜索、匹配、协作、综合效用评估、服务质量（quality of service，QoS）、调度、容错技术等；按需使用技术包括交易和业务管理技术等，为实现自动匹配、交易过程监控、综合评估提供支持、服务和用户业务的最佳调度。知识服务涉及知识捕获、存储、共享和重用等过程。知识捕获的常用技术包括关联规则挖掘、统计方法、人工神经网络、决策树、粗糙集方法、基于案例的推理方法等。知识的存储、共享和重用以服务的形式实现。[6]

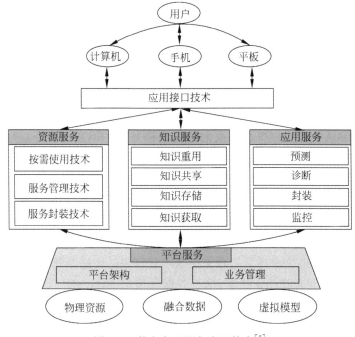

图6.8　数字孪生服务应用技术[6]

　　资源和知识服务、应用程序服务可以通过工业物联网平台进行管理。平台提供了一些支持功能,例如服务发布、查询、搜索、智能匹配和推荐、在线通信、在线订约、服务评估等。与平台相关的技术包括平台架构、组织模式、运维管理、安全技术等[6]。

此外,虚拟模型的创建是复杂且专业的项目,数据融合和分析也是如此。对于没有相关知识的用户,很难构建和使用数字孪生。因此,用户必须共享和使用模型和数据。由于服务可以屏蔽底层的异构性,因此可以将数字孪生组件封装到服务中,以在服务平台中进行管理和使用。可以通过服务封装以便捷的"按需购买"的方式购买,共享内部无法轻松开发的数字孪生组件。[23]受益于全面的服务,可以在服务平台中统一管理数字孪生。在数字孪生服务的支持技术中,面向服务的体系结构最为重要。

将来,移动目标检测对于智能监控非常重要。移动目标检测、分类、跟踪等高级行为分析算法的改进是研究的途径。对于多状态、多物理场、多尺度和复杂的耦合仿真,要求它们更精确、更详细并具有连续的动态优化功能。由于数字孪生是一个集成了多个工程学科的复杂系统,因此未来的研究包括多域仿真、多仿真系统耦合的联合仿真。此外,未来的仿真还需要增强高性能计算和并行可伸缩性功能。大量操作数据的产生对诊断和预测提出了新的挑战。基于大数据的诊断和预测将成为主流研究,包括算法设计、特征提取、性能改进等。服务交易涉及服务提供者、需求者和运营商。如何考虑所有参与者的利益,并平衡他们的效用等瓶颈,仍然有待解决。服务需协同工作以完成目标任务而协作的不确定性,影响了任务的顺利完成。对于知识提取,自然语言处理中缺乏资源,尤其是字典,这是值得将来研究的。效率和安全性是平台的两个基本要素。在不影响性能的前提下,安全性和可靠性的体系结构、算法和标准是研究的重中之重。

6.6　数字孪生连接技术

通过基于物理实体与虚拟模型的连接(CN_PV)的实时数据交换,不仅物理实体的运行状态动态地反映在虚拟世界中,而且虚拟模型的分析结果也被发回以控制物理实体。通过物理实体与孪生数据的连接(CN_PD),数字孪生用于管理整个产品生命周期,为分析、预测、质量跟踪和产品计划奠定了数据基础。通过物理实体与服务的连接(CN_PS),服务(例如监视、诊断和预后)链接到物理实体,以接收数据并反馈服务结果。在物理实体与模型、数据和服务的连接中,物理实体的识别、感知和跟踪至关重要。因此,RFID、传感器、无线传感器网络和其他物联网技术是必要的。数据交换需要统一的通信接口和协议技术[24],包括协议解析和转换、接口兼容性和通用网关接口等。由于人类在物理和虚拟世界中都与数字孪生交互,因此人与计算机的交互技术(例如 VR、AR、MR)以及人与机器人的交互和协作都应纳入考虑。[25]鉴于模型的多样性,CN_VD 需要通信接口、协议和标准技术,以确保虚拟模型和数据之间的稳定交互。同样,服务和虚拟模型之间的连接也需要通信接口、协议、标准技术和协作技术。最后,必须合并安全技术(例如设备安全、网络安全、信息安全)以保护数字孪生的安全。在数字孪生的连接中,应更加注意通信接口和协议技术、人机交互技术以及安全技术。图 6.9 示出了数字孪生的连接技术。[6]

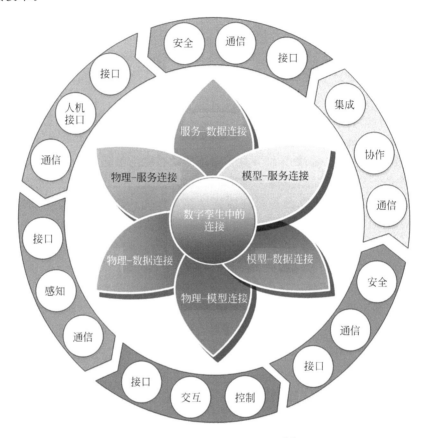

图 6.9　数字孪生的连接技术[6]

　　连接部分用于确保数字孪生不同部分之间的实时交互。当前,接口、协议和标准的不一致是数字孪生连接的瓶颈。有必要研究通用的互连理论、标准以及具有异构多源元素的设备。随着数据流量持续以指数级增长,诸如多维复用(例如时分、波分、频分、码分和模块化)和相干技术之类的研究热点可以提供更多的带宽和更低的延迟访问服务。面对海量传入数据,一种有前途的解决方案是构建具有数千万条小型路由条目的超大容量路由器,以提供端到端通信。有必要开发新的网络体系结构,以实现对网络流量的灵活控制并使网络(作为管道)更加智能。随着通信带宽和能源消耗的增加,有必要为绿色通信开发新的策略和方法。

本章小结

　　数字孪生是一个集成了多个工程学科的复杂系统,许多应用和研究人员可能并不熟悉数字孪生的关键技术。数字孪生五维模型具有良好的实用性和可扩展性,可为数字孪生在不同领域的应用提供通用的参考模型支持。结合数字孪生五维模型,本章对数字孪生的实现技术进行了总结,可为数字孪生实践提供指导。但是,数字孪生的应用与特定对象密切相关。例如,数字孪生城市和数字孪生车间在模型大小、操作规则、数据管理等方面存在很大差异。因此,有关数字孪生技术研究的选择需根据特定领域和对象进行判断和决策。

参考文献

[1]　TAO F,ZHANG M. Digital twin shop-floor: A new shop-floor paradigm towards smart manufacturing [J]. IEEE Access,2017,5: 20418-20427.

[2]　TUEGEL E J,INGRAFFEA A R,EASON T G,et al. Reengineering aircraft structural life prediction using a digital twin [J]. International Journal of Aerospace Engineering 2011,2011.

[3]　GRIEVES M, VICKERS J. Digital twin: Mitigating unpredictable, undesirable emergent behavior in complex systems [M]//Transdisciplinary perspectives on complex systems. Springer,Cham,2017: 85-113.

[4]　ZHENG Y,YANG S,CHENG H. An application framework of digital twin and its case study [J]. Journal of Ambient Intelligence and Humanized Computing, 2019, 10 (3): 1141-1153.

[5]　GUO J,ZHAO N,SUN L,et al. Modular based flexible digital twin for factory design [J]. Journal of Ambient Intelligence and Humanized Computing,2019,10(3): 1189-1200.

[6]　QI Q,TAO F,HU T,et al. Enabling technologies and tools for digital twin[J]. Journal of Manufacturing Systems,2019,DOI: 10.1016/j.jmsy.2019.10.001.

[7]　TAO F,QI Q,WANG L,et al. Digital twins and cyber-physical systems towards smart manufacturing and industry 4.0: Correlation and comparison [J]. Engineering,2019,5: 653-661.

[8]　TAO F, ZHANG M, NEE A Y C. Digital twin driven smart manufacturing [M]. Amsterdam: Elsevier,Academic Press,London,UK,2019.

[9]　TAO F,QI Q,LIU A,et al. Data-driven smart manufacturing [J]. Journal of Manufacturing Systems,2018,48: 157-169.

[10]　CAI Y, STARLY B, COHEN P, et al. Sensor data and information fusion to construct digital-twins virtual machine tools for cyber-physical manufacturing [J]. Procedia Manufacturing,2017,10: 1031-1042.

[11]　TAO F,ZHANG H,LIU A,et al. Digital twin in industry: State-of-the-art [J]. IEEE

Transactions on Industrial Informatics,2018,15(4)：2405-2415.

[12] 陶飞,程颖,程江峰,等.数字孪生车间信息物理融合理论与技术[J].计算机集成制造系统,2017,23(8)：1603-1611.

[13] KRITZINGER W, KARNER M, TRAAR G, et al. Digital twin in manufacturing：A categorical literature review and classification [J]. IFAC-PapersOnLine, 2018, 51(11)：1016-1022.

[14] ANGRISH A,STARLY B,LEE Y S,et al. A flexible data schema and system architecture for the virtualization of manufacturing machines (VMM) [J]. Journal of Manufacturing Systems,2017,45：236-247.

[15] ADAMSON G,WANG L,MOORE P. Feature-based control and information framework for adaptive and distributed manufacturing in cyber physical systems [J]. Journal of Manufacturing Systems,2017,43：305-315.

[16] QI Q,TAO F. Digital twin and big data towards smart manufacturing and industry 4.0：360 degree comparison[J]. IEEE Access,2018,6：3585-3593.

[17] 陶飞,张贺,戚庆林,等.数字孪生模型构建理论及车间实践[J].计算机集成制造系统,2021,27(1)：1-16.

[18] 陶飞,张贺,戚庆林,等.数字孪生十问：分析与思考[J].计算机集成制造系统,2020,26(1)：1-17.

[19] ROBINSON S, BROOKS R J. Independent verification and validation of an industrial simulation model [J]. Simulation,2010,86(7)：405-416.

[20] LEI S. Design of data acquisition system based on Zigbee for wireless sensor networks [C]//Proceedings of MATEC Web of Conferences. EDP Sciences,2018,246：03036.

[21] WU D,LIU S,ZHANG L,et al. A fog computing-based framework for process monitoring and prognosis in cyber-manufacturing [J]. Journal of Manufacturing Systems,2017,43：25-34.

[22] TAO F, ZHANG L, LIU Y, et al. Manufacturing service management in cloud manufacturing：overview and future research directions [J]. Journal of Manufacturing Science and Engineering,2015,137(4)：040912.

[23] QI Q, TAO F, ZUO Y, et al. Digital twin service towards smart manufacturing [J]. Procedia CIRP,2018,72：237-242.

[24] SCHROEDER G N, STEINMETZ C, PEREIRA C E, et al. Digital twin data modeling with automationML and a communication methodology for data exchange [J]. IFAC-PapersOnLine,2016,49(30)：12-17.

[25] YAO B, ZHOU Z, WANG L, et al. A function block based cyber-physical production system for physical human-robot interaction [J]. Journal of Manufacturing Systems,2018,48：12-23.

第7章

数字孪生工具体系

结合数据感知、大数据分析、人工智能和机器学习,数字孪生可用于监视、诊断、预测和优化物理世界[1-3]。通过状态评估、历史诊断以及未来预测,数字孪生可运营决策提供更全面的支持。数字孪生还可以用于培训用户、操作员、维护者和服务提供商[4]。通过数字孪生,还可以将专家经验数字化,从而在整个企业中进行记录、转移和修改,以减少知识差距。数字孪生为提高企业生产率和效率以及减少成本和时间提供了有效手段[5]。然而,当前尽管许多企业强烈希望将数字孪生纳入其日常业务中,但是大多数企业都不熟悉数字孪生的相关工具。此外,数字孪生是一个高度复杂的系统,为了方便研究人员和工程人员来研究和实施数字孪生,笔者团队在 *Journal of Manufacturing Systems* 期刊上发表的"Enabling technologies and tools for digital twin"文章中总结分析了数字孪生的相关工具,涵盖了感知控制、建模分析、数据集成、交互连接和服务等方面[6]。

7.1 数字孪生中物理实体相关工具

数字孪生中物理实体相关工具可以分为认识物理世界的工具和改造物理世界的工具[6]。

1. 认识物理世界的工具

认识物理世界的客观规律是数字化的基础。物联网是数字孪生的主要驱动之一。当物理实体连接到数据传感和采集系统时,数字孪生将数据转化为见解,并最终转化为优化的流程和业务输出。例如,阿里云物联网提供了安全可靠的设备感知能力,从而能够快速访问多协议、多平台、多区域设备。此外,虚拟模型与物理实体是并行运行的。在传感器数据的驱动下,数字孪生能够标记偏离仿真的行为。例如,石油公司可以从连续运行的海上石油钻井平台中传输传感器数据。IoTSyS是一种 IoT 中间件,为智能设备之间的通信提供通信协议栈,支持多种标准和协议,包括 IPv6、oBIX、6LoWPAN 和高效的 XML 交换格式。[7]此外,大多数用于认识物理世界的工具都与视觉有关。例如,在未知的车间环境中,AGV 小车可以使用 LIDAR(光检测和测距)、深度摄像头、GPS(全球定位系统)和通过 ROS(机器人操作系统)软件架构建立的地图来优化路径。[8]类似的软件工具如图 7.1 所示。

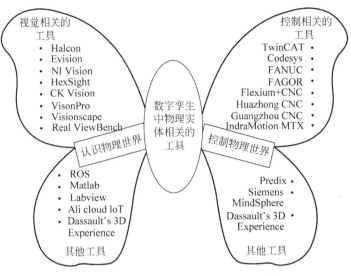

图 7.1　数字孪生中物理实体相关工具[6]

2．改造物理世界的工具

改造物理世界的工具可以使基于反馈信息的物理实体更高效、更安全地运行。反馈信息是对虚拟世界中感知到的物理实体状态信息的分析和处理的结果。数字孪生主要通过控制反馈操作来调整物理世界。因此,改造物理世界的工具大多与控制有关。例如,TwinCAT 软件系统可以将几乎所有兼容的计算机变成具有多 PLC 系统、NC 轴控制、编程环境和操作站的实时控制器。[9] SAP 通过实时数据分析为 Trenitalia(即意大利的主要火车运营商)提供车辆维护和远程诊断服务。此外,它还通过调度系统为健康状态和列车运行状态提供了最佳的运行计划。[10]类似的软件工具如图 7.1 所示。

7.2　数字孪生中建模相关工具

ANSYS Twin Builder 包含了大量特定应用程序的库,并具有第三方工具集成功能,允许多种建模领域和语言。[11] Twin Builder 是用于数字孪生建模的合适软件工具,可以使工程师快速构建、验证和部署物理实体的数字模型。Twin Builder 的内置库提供了丰富的组件,可以在适当的细节级别上创建包括多物理域和多个保真级别的系统动力学模型。此外,Twin Builder 与 ANSYS 的基于物理的仿真技术相结合,将三维细节带入了系统环境。Twin Builder 还易于集成嵌入式控制软件和 HMI 设计,以支持使用物理系统模型测试嵌入式控件的性能。[11]另外,灵活而强大的工具 Siemens NX 软件可以使公司实现数字孪生的价值。它通过集成工具集提供下一代设计、仿真和制造解决方案,以支持从概念设计到工程设计和制造的产品开发的各个方面。

虚拟模型包括几何模型、物理模型、行为模型和规则模型,可再现物理实体的几何形状、属性、行为和规则。因此,用于数字孪生建模的工具包括几何建模工具、物理建模工具、行为建模工具、规则建模工具[6],如图 7.2 所示。

图 7.2　数字孪生中建模相关工具[6]

1. 几何模型构建工具

几何模型构建工具用于描述实体的形状、大小、位置和装配关系,并以此为基础执行结构分析和生产计划。例如,SolidWorks 可用于建立用于 CNC 机床性能测试的数字孪生模型。3D Max 是用于 3D 建模、动画、渲染和可视化的软件,可用于塑造和定义详细的环境和对象(人、地方或事物),并广泛用于广告、电影电视、工业设计、建筑设计、3D 动画、多媒体制作、游戏和其他工程领域。

2．物理模型构建工具

物理模型构建工具用于通过将物理实体的物理特性赋予几何模型来构建物理模型，然后通过该物理模型分析物理实体的物理状态。例如，通过 ANSYS 的有限元分析(FEA)软件，传感器数据可用于定义几何模型的实时边界条件，并将磨损系数或性能下降集成到模型中。[12]Simulink 使用多域建模工具创建基于物理的模型，它基于物理的建模涉及多个模型，包括机械、液压和电气组件。

3．行为模型构建工具

行为模型构建工具用于建立响应外部驱动和干扰因素的模型，并提高数字孪生仿真服务的性能。例如，基于软 PLC 平台 CoDeSys，可以设计 CNC 机床的运动控制系统。运动控制系统可以通过套接字通信与在软件平台 MWorks 中建立的三轴 CNC 机床的多域模型进行信息交互，从而实现数控机床单轴和三轴插值的运动控制。此外，多域模型可以响应外部驱动。

4．规划模型构建工具

规则模型构建工具可以通过对物理行为的逻辑、规律和规则进行建模来提高服务性能。例如，PTC 的 ThingWorx 在 HP EL20 边缘计算系统上的机器学习能力可以监视传感器，以在泵运行时自动获知泵的正常状态。基于学习到的规则，数字孪生可以识别异常运行状况，检测异常模式并预测未来趋势。[13]

7.3　数字孪生中数据管理工具

数据是信息的载体，也是数字孪生的关键驱动。如图 7.3 所示，数字孪生中数据管理工具包括数据采集工具、数据传输工具、数据存储工具、数据处理工具、数据融合工具和数据可视化工具[6]。

1．数据采集工具

数据采集工具可以通过合理放置传感器来获取完整、稳定和有效的数据。例如，DHDAS 信号采集和分析系统是一组信号分析和处理软件，可与多种模型一起使用，以完成对不同信号的实时采集。此外，该软件还具有信号分析处理功能。

2．数据传输工具

数据传输的目的是在确保数据信息不丢失或不损坏的同时，实现实时数据传输，并最大程度地保持数据的真实性。随着大数据时代的到来，传统的 FTP 解决方案已不足以满足速度或可靠性方面的数据传输需求。大数据时代，代表性的数据传输工具是 Aspera，该工具以能够在较长的传输距离上以及在较差的网络条件下传输大文件而闻名。Aspera 使用现有的 WAN 基础结构，以比 FTP 和 HTTP 更快的速度传输数据。Aspera 在不更改原始网络体系结构的情况下，支持 Web 界

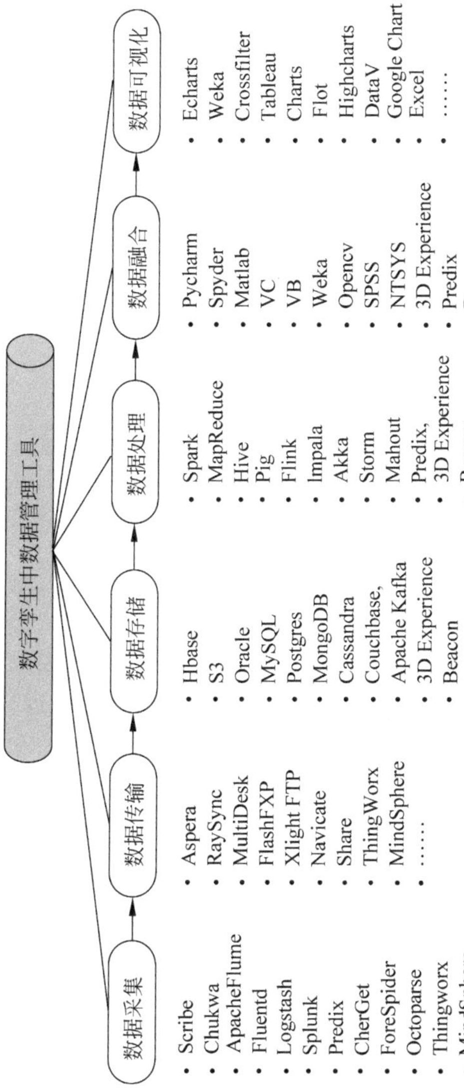

图 7.3　数字孪生中数据管理工具[10]

面、客户端、命令行和 API 进行传输,以及计算机、移动设备、MAC 和 Linux 设备间传输。

3. 数据存储工具

数据存储是后续操作的保证,可以实现数据的分类和保存,并通过有效的读写机制实时响应数据调用。数据存储技术近年来发展迅速。一个典型的例子是基于 Hadoop 平台的 HBase。HBase 是一个高度可靠、高性能、面向列、可伸缩的实时读写分布式数据库,支持半结构化数据和非结构化数据的存储,以及独立索引、高可用性和大量瞬时写入。

4. 数据处理工具

数据处理是消除干扰和矛盾的信息,使数据可供有效使用。例如,Spark 是一个开源集群计算软件,具有实时数据处理能力。Spark 支持用 Java、Scala 和 Python 等多种语言编写的应用程序,从而大大降低了用户的门槛。Spark 还支持 SQL 和 Hive SQL 进行数据查询。

5. 数据融合工具

数据融合是集成、过滤、关联和综合已处理的数据,以帮助进行判断、计划、验证和诊断。例如,Spyder 是支持 Python 编程的常用数据融合工具。Pycharm 能在调试、语法突出显示、项目管理、代码跳转、智能提示、自动完成、单元测试和版本控制方面提高效率。

6. 数据可视化工具

数据可视化为人员提供直观、清晰的数据信息,用于实时监控和快速捕获目标信息。例如,开源软件 Echarts 可以在计算机和移动设备上流畅运行,并且与大多数当前的浏览器兼容。Echarts 为大量和动态数据提供直观、生动和自定义的数据可视化,可以容纳多种数据格式,而无需额外的转换。

7.4　数字孪生中服务应用工具

用于数字孪生服务应用的工具可以分为平台服务工具、诊断和预测服务工具、优化服务工具、仿真服务工具等[6],如图 7.4 所示。

1. 平台服务工具

平台服务工具集成了诸如物联网、大数据、人工智能等新兴技术。例如,ThingWorx 平台可以将数字孪生模型连接到正在运行的产品,以显示传感器数据,并通过 Web 应用程序分析结果。ThingWorx 平台可以提供工业协议转换、数据采集、设备管理、大数据分析和其他服务。HIROTEC 是领先的自动化制造设备和零件供应商,它基于 ThingWorx 平台实现了 CNC 机床操作数据和 ERP 系统数据之间的连接,从而有效地减少了设备停机时间。西门子 MindSphere 平台可以通过安全通道将传感器、控制器和各种信息系统收集的工业现场设备数据实时传输到云中,并为企业提供大数据分析和挖掘、工业 App 和增值服务。

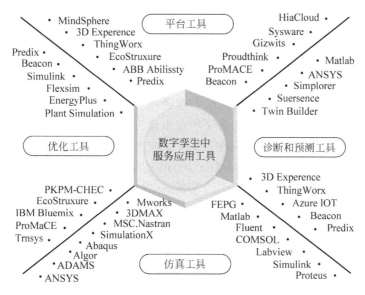

图 7.4　数字孪生中服务应用工具[10]

2. 诊断和预测服务工具

诊断和预测服务工具可以通过分析和处理孪生数据来提供设备的智能预测维护策略并减少设备停机时间等。例如,ANSYS 仿真平台可以帮助客户自己设计与 IIoT 连接的资产,并分析这些智能设备产生的运营数据和设计数据,以进行故障排除和预测性维护。与数据驱动的方法(机器学习、深度学习、神经网络和系统识别等)集成后,Matlab 可用于确定剩余使用寿命,从而在最合适的时间为设备提供服务或更换设备。例如,为石油开发和加工行业提供产品和服务的大型服务公司 Baker Hughes,已经开发了基于 Matlab 的预测性维护警报系统。

3. 优化服务工具

使用传感器数据以及能源成本或性能之类的孪生数据可以触发优化服务工具,以运行数百或数千个假设分析,对当前系统的准备情况进行评估或进行必要的调整。这使系统操作可以在操作过程中得到优化或控制,从而降低风险、降低成本和能耗并提高系统效率。例如,西门子的 Plant Simulation 软件可以优化生产线调度和工厂布局。[14]在数字孪生电网中,Simulink 从电网接收测量数据,然后运行数千个仿真方案,以确定电力储备是否足够以及电网控制器是否需要调整。

4. 仿真服务工具

先进的仿真工具不仅可以执行诊断并确定维护的最佳收益,而且还可以捕获信息以完善下一代设计。例如,在 CNC 机床的设计中如果缺乏适当的 FEM 仿真分析,机床就会发生振动故障。另一方面,如果添加了额外的材料以提高强度并减少振动,CNC 机床的成本将上升。在有限元软件 ANSYS 中进行相应的结构仿真分析,然后辅助适当的评估功能,并考虑性能和成本,可以满足数控机床的精益设计要求。[15]

7.5 数字孪生中连接相关工具

数字孪生中的连接工具用于连接物理世界和虚拟世界,以及连接数字孪生的不同部分。数字孪生的核心是在物理和虚拟世界之间映射,并打破物理和虚拟现实之间的界限。例如,PTC ThingWorx 可以充当传感器和数字模型之间的网关,以将各种智能设备连接到 IoT 生态系统。[13] MindSphere 是西门子提供的基于云的开放式 IoT 操作系统,用于连接产品、工厂、系统和机器。MindSphere 使用高级分析功能来启用物联网生成的大量数据。Cisco Jasper 的 Jasper 控制中心可以使用 NB—IoT 技术更好地管理连接的设备。Jasper Control Center 持续监视网络状况、设备行为和 IoT 服务状态,以通过实时诊断和主动监视连接状态来确保高服务可靠性[6]。

数字孪生中的连接意味着物理实体、数据中心、服务和虚拟模型之间的通信、交互和信息交换。这些信息连接有助于开发问题诊断和疑难解答,基于每种物理资产的特性确定理想的维护计划以及优化物理资产的性能等都是必需的。例如,Microsoft 的 Azure IoT 使罗罗公司建立了基于机器学习的引擎模型并执行数据分析。通过这种方式,可以检测即将发生故障的组件的异常并规定合适的解决方案。[16] 类似的工具如图 7.5 所示。

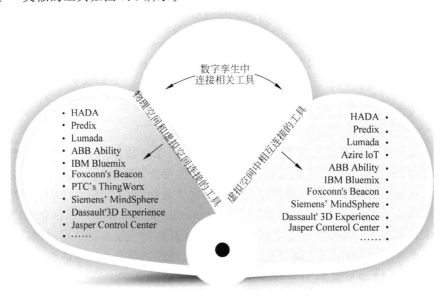

图 7.5 数字孪生中连接相关工具[6]

7.6　综合性工具

有许多全面的工具在数字孪生应用程序中扮演多个角色。例如,有限元分析软件 ANSYS 不仅可以建模,还可以提供仿真服务、故障排除服务等。类似的综合工具包括 GE 的 Predix、西门子的 MindSphere、ANSYS、达索的 3D Experience、富士康的 Beacon、PTC 的 ThingWorx 等[6],如表 7.1 所示。

表 7.1　综合性工具及其在数字孪生各个方面的作用[6]

功能		Predix	ThingWorx	MindSphere	ANSYS	3D Experience	Beacon
物理感知和控制	认识物理世界				√	√	
	改造物理世界	√		√			
建模	几何建模					√	
	物理建模				√	√	
	行为建模				√		
	规则建模		√				
孪生数据管理	数据采集	√	√	√			√
	数据传输		√	√			
	数据存储		√			√	√
	数据处理	√				√	√
	数据融合	√				√	
	数据可视化					√	√
服务	仿真	√		√	√	√	
	优化	√		√			
	诊断/预测	√	√	√	√		√
	平台服务	√	√			√	√
连接	信息世界连接	√		√		√	
	信息物理连接	√	√	√		√	√

注:√ 表示可以用于该方面

数字孪生系统是一个复杂的系统,其实施是一个漫长的过程,需要多种技术和工具才能协同工作。例如,复制一台风力涡轮机需要监视变速箱、发电机、叶片、轴承、轴、塔架和功率转换器的各种数据(例如振动信号、声学信号、电信号等)以及环境条件(例如风速、风向、温度、湿度和压力)。此外,数字孪生还包括实物资产的虚拟表示,需要构建许多模型来复制风力涡轮机,包括几何模型、功能模型、行为模型、规则模型、有限元分析模型、故障诊断模型、寿命预测模型等。以上所有这些都需要一种启用技术和工具。例如,来自风力涡轮机的各种信号的数据收集需要传感器技术;数据传输、存储、处理和融合可以使用 5G、NewSQL、边缘云架构和人工智能技术等;可以通过诸如 SolidWorks、UG、AutoCAD、CATIA 等工具构建几何模型;有限元分析模型可以在 ANSYS、MARC、ADINA 等中运行;Dymola、

MWorks、SimulationX 等可以支持系统建模和仿真。

可以看到，数字孪生涉及由不同公司发明或开发的多种技术和工具。关于这些技术和工具，存在不同的协议和标准。为了使这些技术和工具能够协同工作，数据和模型应标准化并以通用格式、协议和标准提供。只有通过通用格式、协议和标准，这些技术和工具才可以共同实现特定目标。

本章小结

数字孪生在越来越多的领域中得到了应用，例如制造、城市、医疗、汽车、船舶、油气等。但是，由于数字孪生是一个集成了多个工程学科的复杂系统，实施数字孪生的工具是多样和相互配合的。结合五维数字模型，本章对数字孪生的实施工具进行了总结，以为数字孪生实践提供指导。但是，由于格式、协议和标准的不同，当前的工具可能无法集成在一起，也无法同时用于特定目的。因此，将来需要开发用于数字孪生的通用设计和开发平台及工具。此外，数字孪生的工具需要配合满足工业实践并具有高可靠性的基础设施一起使用，才能满足数字孪生的要求。并且与数字孪生关键技术类似，数字孪生的实践与特定对象密切相关，有关数字孪生的工具的选择需根据特定领域和对象进行决策。

参考文献

[1] SÖDERBERG R,WÄRMEFJORD K,CARLSON J S,et al. Toward a digital twin for real-time geometry assurance in individualized production[J]. CIRP Annals,2017,66(1)：137-140.

[2] ZACCARIA V,STENFELT M,ASLANIDOU I,et al. Fleet monitoring and diagnostics framework based on digital twin of aero-engines[C]//Proceedings of ASME Turbo Expo 2018：Turbomachinery Technical Conference and Exposition,2018,June 11-15；Lillestrom (Oslo),Norway. ASME；2018.

[3] CAI Y,STARLY B,COHEN P,et al. Sensor data and information fusion to construct digital-twins virtual machine tools for cyber-physical manufacturing[J]. Procedia Manufacturing,2017,10：1031-1042.

[4] GOOSSENS P. INDUSTRY 4.0 and the Power of the Digital Twin[EB/OL]. https：//www. maplesoft. com/ns/manufacturing/industry-4-0-power-of-the-digital-twin. aspx,Accessed,2019-09-24.

[5] ROSEN R,VON WICHERT G,LO G,et al. About the importance of autonomy and digital twins for the future of manufacturing[J]. IFAC-PapersOnLine,2015,48(3)：567-572.

[6] QI Q,TAO F,HU T,et al. Enabling technologies and tools for digital twin[J]. Journal of Manufacturing Systems,2019,DOI：10.1016/j.jmsy.2019.10.001.

[7] IoTSyS. Internet of things integration middleware[EB/OL]. https：//www. auto. tuwien.

ac. at/index. php/alab-software/iotsys.

[8]　SPRUNK C, LAU B, PFAFF P, et al. An accurate and efficient navigation system for omnidirectional robots in industrial environments[J]. Autonomous Robots,2017,41(2)：473-493.

[9]　TwinCAT. PLC and motion control on the PC[EB/OL]. http：//www. beckhoff. com/twincat/,Accessed,2019-09-24.

[10]　An Update on SAP and Trenitalia's IoT-enabled Dynamic Maintenance Approach[EB/OL]. https：//www. arcweb. com/blog/update-sap-and-trenitalias-iot-enabled-dynamic-maintenance-approach,Accessed,2019-09-24.

[11]　Ansys Twin Builder：数字预测性维护软件[EB/OL]. https：//www. ansys. com/zh-cn/products/systems/ansys-twin-builder.

[12]　MAGARGLE R,JOHNSON L,MANDLOI P,et al. A simulation-based digital twin for model-driven health monitoring and predictive maintenance of an automotive braking system[C]//Proceedings of the 12th International Modelica Conference,Prague,Czech Republic,May 15-17,2017. Linköping University Electronic Press,2017 (132)：35-46.

[13]　Creating a digital twin for a pump[EB/OL]. https：//www. ansys. com/zh-tw/about-ansys/advantage-magazine/volume-xi-issue-1-2017/creating-a-digital-twin-for-a-pump,Accessed：2019-09-24.

[14]　ZHANG Z, WANG X, WANG X, et al. A simulation-based approach for plant layout design and production planning [J]. Journal of Ambient Intelligence and Humanized Computing,2019,10(3)：1217-1230.

[15]　GUPTA A,KUNDRA T K. A review of designing machine tool for leanness[J]. Sadhana,2012,37(2)：241-259.

[16]　How IoT is turning Rolls-Royce into a data-fuelled business[EB/OL]. https：//www. icio. com/innovation/internet-of-things/item/how-iot-is-turning-rolls-royce-into-a-data-fuelled-business,Accessed,2019-09-24.

第3篇

数字孪生车间

第 8 章

数字孪生车间概念

工业制造直接体现了一个国家或地区的生产力发展水平,是实现国民经济发展升级的"国之重器"。当前,无论是发达国家还是发展中国家都将制造业放在了国策中的重要位置,致力于加快"再工业化"和工业化进程,制造业重新成为全球经济发展的焦点。[1]与此同时,随着信息技术和网络技术的进步,制造进入了数字时代。尤其是物联网、云计算、大数据、移动互联网、人工智能等新一代信息技术的飞速发展及其与制造技术的深度融合,给世界范围内的制造业带来了深刻变革。无论是美国、德国、日本还是中国,新型制造战略的核心都是通过新一代信息技术推动传统制造业转型升级,最终实现智能制造。[2]这些战略虽然提出的背景不同,但其共同目标之一是实现制造的物理世界和信息世界的互联互通与智能化操作,而其共同瓶颈之一是如何实现制造的物理世界和信息世界之间的交互与共融。为了解决这一瓶颈问题,数字孪生车间(digital twin shop-floor,DTS)的概念被提出,并在近年来引起了广泛关注。结合作者前期工作,本章首先介绍了智能制造的背景与内涵;接着分析了制造车间的发展历程以及当前数字化车间的研究现状;在此基础上,讨论了数字孪生车间的特点与优势,并对其概念、运行机制、关键技术进行了阐述。

8.1 从制造到智造

本节将从智能制造发展历程,中、美、德典型智能制造战略对比,以及智能制造核心内涵 3 个方面进行阐述,重点总结了德国"工业 4.0"、美国"工业互联网"、"中国制造 2020"在定位、特点、主题、实现方式、重要技术 5 个方面的不同,以及智能制造的 4 个核心步骤。

8.1.1 制造的发展历程

制造一直是人类最主要的生产活动之一,在人类社会发展中起着至关重要的作用。如图 8.1 所示,第一次工业革命之前,人类社会长期处于手工制造阶段。这一时期,产品主要由工匠手工设计和制造。[3]作为最基本的制造形式,手工制造活动使用的工具简单,效率不高。18 世纪后期,蒸汽机的改良和广泛应用拉开了工业革命的序幕,手工劳动逐渐被机器替代,制造实现了生产装备机械化,极大地提高了生产效率。19 世纪 70 年代开始,电力作为一种比蒸汽动力更加高效的新动力能源逐渐应用到工业生产中,配合流水线生产模式,生产效率得到了进一步提高。[3]此外,内燃机的发明进一步扩展了动力源。以电力的广泛使用和内燃机的发明为标志,第二次工业革命驱动了大规模生产的出现。[3] 20 世纪 70 年代后,电子和信息技术在制造领域开始广泛应用。这一时期,制造业根据市场需求不断吸收电子、自动化、计算机等高新科技成果,以发展新工艺,开发新产品。生产技术的不断进步、劳动手段的不断改进、劳动者技能的不断提高,使得生产效率再次被大幅提高,产品也不断丰富。进入 21 世纪以来,在新一代信息技术的驱动下,新的制造模式强调应用“智能机器”和“自治控制”,把制造自动化扩展到了智能化和高度集成化,并为满足多样化需求实行个性化定制。

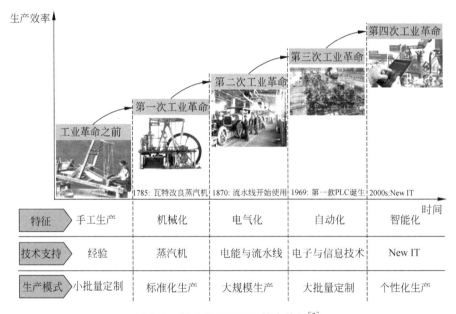

图 8.1　制造发展历程及技术特征[3]

在此背景下,世界主要制造业国家采取了一系列重大举措推动制造业转型升级,具有代表性的如美国推出的“先进制造业国家战略计划”[6]优先突破“工业互联网”[7]技术,以及基于信息物理系统(cyber-physical systems,CPS)的制造或 Cyber Manufacturing;德国提出的“工业 4.0”[8],主题是智能生产和智能工厂;此外,还有日本的机器人新战略、法国的新工业法国方案以及韩国的制造业创新 3.0 战略等。[9]同时,随着我国经济的飞速发展,由“制造大国”向“制造强国”转型升级已成必然趋势,为了抓住新一代技术革命机遇,我国 2015 年也适时提出了“中国制造2025”[10]和“互联网＋先进制造”[11]。此外,“加快发展先进制造业与工业互联网,建设制造强国,推动信息技术与制造技术的深度融合,为制造业转型升级赋能”

也被写入了党的十九大报告与政府工作报告。[12-13]上述一系列国家战略规划的总目标是发展智能制造以提升制造业的竞争力。

8.1.2　智能制造战略对比

1. 德国工业 4.0

2013 年,在汉诺威工业博览会上,工业 4.0 被首次提出。在德国,工业 4.0 被认为是第四次工业革命,旨在通过研发与创新工业领域新一代革命性技术,保持德国的国际竞争力。应用物联网、CPS、IoS(internet of service,务联网)等新技术,"工业 4.0"旨在提高制造业水平,将制造业向个性化、分散化和智能化转型。[14]通过物联网及务联网,全部生产过程被包含在同一网络中,从而将互联工厂转变成为一个智能环境。通过物联网,CPS 能够彼此通信和合作以及与人交互,通过 IoS 组织内外的服务被价值链伙伴共享。工业 4.0 的目标是智能制造,延伸到具体的应用,就是基于 CPS 实现智能工厂。智能工厂能够满足个性化的客户需求。智能工厂和智能生产是工业 4.0 的两大主题。智能工厂是实现智能制造的基础设施,网络化分布生产设施以及智能化生产系统及过程的实现是其重要内容。智能生产是将智能决策、智能物流管理、产品质量控制、智能过程控制、人机交互、3D 打印等先进技术应用于生产过程中,形成网络化、个性化、高度灵活的生产过程。此外,工业 4.0 还将嵌入式系统、广泛分布的传感器、智能控制系统等通过 CPS 形成一个智能网络,使制造的各种元素(人-机-物-环境)以及服务之间能够互联,从而实现三大集成,包括横向集成、纵向集成和端对端集成。综上所述,工业 4.0 战略的核心就是通过 CPS 网络实现"人-机-物-环境"的互联互通,从而构建一个网络化、个性化、数字化和高度灵活的智能制造模式。

2. 美国工业互联网

工业互联网的概念最早由美国通用电气公司(GE)提出,被认为是继工业革命和互联网革命后的第三次浪潮。其目标是通过互联网、低成本传感器、大数据收集及分析技术、高功能设备等的组合,大幅提高产业效率。工业互联网通过先进分析方法、智能机床以及人的连接,深度融合机器世界与数字世界,深刻改变全球工业。[15]"智能"是工业互联网的关键词,工业互联网要表达的,就是从智能装备上升到智能系统,最后实现人的智慧决策。智能化的机器能够使网络与智能机器、智能系统甚至是人进行对话。它的核心是人和大数据,通过智能感知进行数据采集并经存储处理后,人在大数据的支持下,进行更加智慧的决策。工业互联网将人、设备和数据连接起来,并智能地交换这些数据。工业互联网融合了物联网、M2M(man-to-machine,machine-to-machine,man-to-man)、大数据以及机器学习,引领制造业不断向着数字化、网络化、智能化、服务化发展。

综上所述,工业互联网是新一代信息技术与全球工业系统全方位深度融合集成所形成的产业和应用生态,通过机器、物品、控制系统、信息系统、人之间的泛在连接,以及工业云和工业大数据实现海量工业数据的集成、处理及分析,实现智能化生产、网络化协同、个性化定制和服务化延伸。

3. 中国制造 2025

为了积极应对挑战以及抓住当前的战略机遇,我国于 2015 年提出了国家先进制造战略——中国制造 2025。"中国制造 2025"是一个制造业 10 年国家规划,包括 5 大工程和 9 大任务。其中,在新一代信息技术与制造业深度融合的主线下,发展智能制造是"中国制造 2025"的主攻方向。[10]制造业的目的是大力推进制造过程的智能化,推进智能装备和智能产品的研发、生产和产业化。同时,"互联网＋"也被写入了政府工作报告。在制造领域,"互联网＋"表现为利用互联网改造和升级传统制造业的重要手段,它在横向上实现产品全生命周期的物联和数据交互,在纵向上实现工业网络 IP 化和用智能生产数据链接客户,从而实现组织的分散化、生产资源的云端化、制造的服务化和产品的个性化。"互联网＋制造"将是中国制造新一轮发展的制高点,也是实现"中国制造 2025"的重要支撑。随后,"加快建设制造强国,加快发展先进制造业,推动互联网、大数据、人工智能和实体经济深度融合"被写入了党的十九大报告。[12]2019 年,"打造工业互联网平台,拓展'智能＋',为制造业转型升级赋能"在两会《政府工作报告》中被强调。[13]上述系列"制造强国"战略的目标是大力推动制造业的数字化、网络化和智能化,从而建立一个全新的智能工业体系。

基于上述分析,下面从定位、特点、主题、实现方式、重要技术 5 个方面对德国工业 4.0、美国工业互联网以及中国制造 2025 进行分析对比,如表 8.1 所示。

表 8.1 德国工业 4.0、美国工业互联网、中国制造 2025 对比

名称	德国工业 4.0	美国工业互联网	中国制造 2025
定位	第四次工业革命	第三次创新浪潮	国家工业中长期发展战略
特点	基于 CPS 信息物理融合	倡导人、数据、机器连接	信息化和工业化的深度融合
主题	智能工厂,智能生产	智能制造	互联网＋,智能制造
实现方式	通过价值网络实现横向集成、纵向集成和端到端集成	以软服务为主,注重软件、网络大数据等对工业领域的颠覆	通过智能制造,带动产业数字化和智能化水平的提高
重要技术	CPS,物联网,务联网(IoS)	物联网,智能装备,大数据分析	先进制造技术,互联网技术

总体来说,如图 8.2 所示,德国是从第一次工业革命的机械化,经过第二次工业革命的电气化和第三次工业革命的信息化,向第四次工业革命发展,强调的是"硬"制造,走的是自下而上的 P(physical)＋C(cyber)战略。美国认为至今经历了 3 次浪潮,将综合了前两次工业革命和互联网革命浪潮成果的工业互联网称为第 3 次浪潮,强调的是"软"服务,走的是自上而下的 C＋P 战略。中国经过了工业化和信息化、两化融合、两化深度融合到如今的中国制造 2025,走的是渐进聚焦的中间

路线。这些制造模式或国家战略均想通过制造过程海量数据的泛在感知和实时处理分析,最终实现生产系统的优化决策与智能运行。上述三者的侧重点虽然各有不同,但其共同目标是实现智能制造。

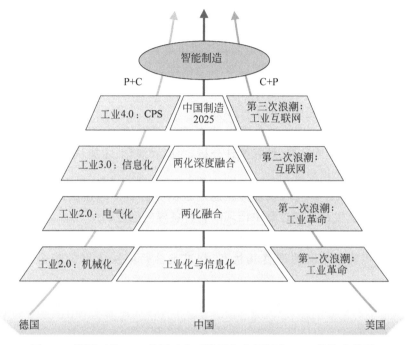

图 8.2　德国工业 4.0、美国工业互联网和中国制造 2025 的演变路径

8.1.3　智能制造的核心内涵

目前,国内外还没有形成一种公认的、通用的、统一的智能制造的定义。本书作者团队在《机械工程学报》期刊上发表的"面向服务的智能制造"文章中总结了智能制造的概念[3]。智能制造也并非一个单一的概念,它既可以是智能制造过程、智能制造系统或模式,也可以是智能制造技术。从字面上理解,智能制造应包含"智能"和"制造"两部分的含义。《现代汉语词典》中解释智能为智慧和能力,即辨析、判断、发明创造的能力[16];《辞海》中解释"智能又称智力,包括在经验中学习或理解的能力,获得和保持知识的能力,迅速而又成功地对新情境作出反应的能力,运用推理有效地解决问题的能力等"[17]。此外,制造有狭义和广义之分,狭义的制造仅仅是指将原材料或零部件加工或装配成成品的制造加工环节;而广义的制造不仅包括了具体的制造加工环节,还包括从市场需求分析、产品设计到质量监控、产品营销、物流运输、售后维修直至产品报废回收等产品全生命周期过程。[18]综上所述,工信部组织专家给出的描述性定义是一个比较全面的定义:"智能制造是基于物联网、云计算、大数据等新一代信息技术,贯穿设计、生产、管理、服务等制造活动

各个环节,具有信息深度自感知、智慧优化自决策、精准控制自执行等功能的先进制造过程、系统与模式的总称。"[19]

根据上述定义,可以认为智能制造的智能化是在泛在感知(物联网)、海量数据高性能计算(大数据、云计算)、人工智能、网络技术等的基础上,通过泛在感知、实时分析、自主决策、精准执行的闭环反馈循环中实现的。如图8.3所示,在新一代信息技术的支持下,实现智能制造需基于以下过程:[3,20]

(1)实时感知。智能制造需以事实为依据进行优化决策,采取行动,因此,对车间"人-机-物-环境"、企业管理系统、制造系统运行状态等进行实时、准确的信息采集和自动识别是智能制造的第一步。

(2)实时分析。数据中包含智能,但数据不是智能,对所获取的实时状态数据进行快速、准确的提炼挖掘、计算统计分析、关联和演化,才能从大量的数据中抽取自主决策所需的知识和规则。

(3)自主决策。智能的表现即是运用数据分析获得的知识进行推理和决策,从而解决产品全生命周期过程中出现的各种各样的问题。

(4)精准执行。当经过自主决策生成解决方法后,产品全生命周期过程中的人-机-物-环境等会自动地调整其状态,精准地执行解决方案的指令以适应各种变化。

经过上述闭环循环,复杂制造系统不断自我学习,实现资源优化配置和智能生产。

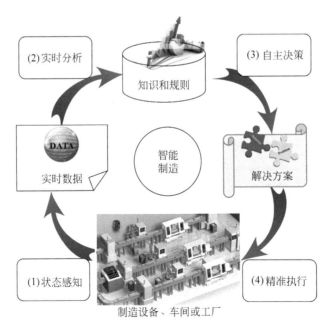

图8.3 智能制造核心内涵[3]

8.2　制造车间的发展历程[21]

车间是制造企业的最底层,也是制造的执行基础,包括生产要素(如人员、设备、物料、工具)管理、生产活动计划、生产过程控制等,能够对生产要素属性数据、生产活动计划数据、生产过程运行数据等进行采集、存储、处理及应用,在满足生产力、生产成本、生产时间、生产质量等系列指标要求和约束前提下,对生产活动进行组织安排,并对实际生产过程进行监测、分析及控制优化,从而实现产品生产制造与企业经济增长。作为制造的基础执行单元,车间的信息物理融合是实现智能制造的基础前提。

如图 8.4 所示,车间的发展当前主要经历了 3 个阶段。第一阶段:车间生产要素管理、生产活动计划、生产过程控制等仅限于物理空间;第二阶段:随着计算机和信息技术的引入和使用,车间信息空间诞生,使得在信息空间开展车间生产要素管理、生产活动计划、生产过程控制成为可能;第三阶段:车间物理空间与信息空间开始交互,且不断增强。[21]然而在第三阶段,由于缺乏车间信息空间与物理空间的进一步交互与融合,导致信息物理空间数据一致性差、对实际生产过程中动态事件的识别或预测不够准确、对生产活动计划评估不够全面等问题,无法满足工业4.0 等先进制造模式对智能生产、智能车间及智能工厂的要求。车间在经历了前3 个阶段后,在第四阶段车间物理空间与信息空间的进一步融合是实现智能制造的迫切需要,也是车间未来发展和演变的趋势。

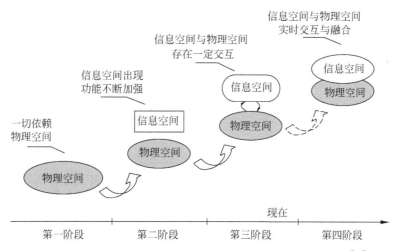

图 8.4　车间从物理空间到信息物理空间交互与融合的演变过程[21]

8.3　数字化车间的理论及应用研究

数字化车间是进一步实现车间信息物理融合的技术基础。它利用数字化、网络化及智能化等手段,实现车间生产资源、生产过程、生产工艺等的数据感知与网络化接入,生产管理系统的构建与集成,以及车间数据流的汇总与共享,并且能够在计算机虚拟环境下对产品设计、工艺编制、生产加工、车间物流等环节进行建模仿真与可视化,支持各环节的设计规划、虚拟验证、分析评估、迭代优化等。[22-24]下面从数字化车间制造物联、建模仿真、虚实交互、数据融合、智能服务等方面对相关研究现状进行分析。

8.3.1　车间制造物联

通过数据感知装置实现对车间生产资源、生产过程、生产工艺等的数据感知与网络化接入是实现数字化车间的基础。

现有研究主要围绕单个设备的智能感知与接入(包括接口、协议、模型)、状态和运行数据采集/传输/处理、运行状态监测与健康管理等开展研究,研制了相关装置,一定程度上实现了单一设备的网络化接入与智能化操作。为实现车间异构要素智能感知与互联,现有研究包括基于 RFID[25]、无线传感网络(wireless sensor networks,WSN)[26]、智能仪表[27]的车间数据采集与过程监测,基于制造服务总线(manufacturing service bus)[28]、PROFINET[29]、OPC UA[30]、AutomationML[31]的车间智能互联协议,基于物联网的感知与接入方法与装置[32]等。

然而,当前对车间异构要素间(如设备与设备、人与设备、设备和环境、人-设备-环境等)的互联互通关注不足,尤其缺少同时综合考虑人-机-物-环境等车间多源异构要素的系统级全面互联互通方面的研究,即缺乏车间异构要素全互联与融合理论和通用装置支撑。

8.3.2　车间建模仿真

车间运行过程的复杂性导致车间模型构建与模型功能应用存在较大差异,现有研究主要集中于以车间生产要素、产品、生产线及生产工艺或过程为对象的建模仿真。

针对车间设备、人员、工具等生产要素,现有工作构建了描述其三维尺寸、位置、结构、装配关系及约束的几何模型与运动行为模型,支持对不同控制策略、参数配置、控制代码下的生产要素运动过程模拟,如机械臂控制逻辑验证与优化[33]、机床加工精度仿真[34]、机床进给驱动系统定位精度仿真[35]、刀具加工路径与 G 代码仿真[36]、操作人员工作姿势评估分析[37]等。

针对产品的建模仿真,主要构建其几何模型、物理参数模型及运动模型等,从而代替物理样机对产品性能进行仿真和测试,如预测产品在制造等阶段对环境的影响[38]、仿真产品部件在加工过程中的三维动态演化过程[39]、基于三维视觉实现工业产品设计[40],以及在概念设计、设计验证以及生产阶段对产品零部件进行多维仿真分析与优化[41]等。

针对生产线的建模,通常包括生产要素的几何建模与各要素交互的逻辑建模,模型仿真可为生产线设备布局优化[42]、物流优化[43]、产线平衡[44]等提供支持。

此外,部分研究针对特定的生产过程与工艺进行建模仿真,包括生产过程与工艺的几何与运动行为建模仿真,以及设备温度、应力、变形等物理参数的建模仿真。[45-46]

从以上研究内容来看,在数字化建模方面,当前的数字化车间模型对物理车间的刻画维度相对单一。[47] ①在生产要素多维模型构建方面,当前针对数字孪生要素建模的研究或应用主要集中在几何模型的构建以支持车间状态的监控,包括利用三维软件直接建模、利用仪器设备测量方式建模、利用视频或图像进行建模等方法。但对车间的物理、行为、规则等多维度刻画不足。②在生产要素多时空尺度模型构建方面,在空间维度,当前建模大多关注关键零部件、设备或产线等单一层级对象,缺乏从"单元级-系统级-复杂系统级"多层次角度对模型组装与融合的系统研究。在时间维度,虽然有关于设计阶段、制造阶段以及运维阶段等不同阶段的研究,但对贯穿全生命周期模型的研究还有待进一步深入。③在生产要素模型一致性验证方面,目前绝大多数采用设计特定实验来进行模型的正确性验证,但设计的实验验证的结果并不能较全面地反映构建模型的准确性。

在生产系统仿真方面,存在仿真约束条件考虑不全、数据与模型融合不深、仿真模式功能单一等因素导致仿真结果与实际过程差距大,进而使得生产运行决策不够精准等问题,具体包括以下几点[47]:①在仿真约束条件设置方面,当前仿真大多关注在工艺约束、资源约束、性能约束和时间约束等固定约束层面,缺乏对动态异常事件可能带来的被动约束的考虑,导致仿真过程模型对动态变化的生产运行环境适应性不足;②在仿真方法方面,一类方法是基于机理模型进行仿真,一类方法是基于数据模型进行仿真,对于基于数据与机理模型之间融合的仿真方法研究不足,需进一步开展数据和模型融合的仿真过程模型研究,以克服模型或数据单一驱动带来的不足;③在仿真模式方面,当前仿真大多是针对单个目的或功能,如车间布局仿真、车间调度仿真、车间物流仿真,对全要素协同的全局仿真考虑不足,导致仿真结果的片面性。

8.3.3　车间虚实交互

虚实交互是连接车间物理与信息空间的桥梁,支持物理与信息空间的数据双向交换。其中,物理车间的数据被源源不断地采集到数字化车间的信息空间,基于这些数据,信息空间对物理空间进行分析计算、建模仿真、测量评估、预测优化等系列操作,生成的优化决策与控制指令再反馈至物理车间,形成闭环的虚实交互。本节主要对数字化车间中基于三维数字模型的虚实交互、基于车间管理系统的虚实交互以及基于现场控制器的虚实交互进行分析。

车间三维数字模型是对车间的三维可视化数字镜像,是数字化车间的主要特点之一。从物理车间生产资源、产品、生产线、生产过程及工艺采集的真实数据可用于支持虚拟空间三维数字模型的构建,这些模型能够在虚拟环境下对物理车间的设备刀具运行轨迹、设备控制策略、操作人员姿态、产品性能、仓储物流、生产工艺等进行迭代仿真与评估分析。根据仿真结果,将优化策略转换为物理车间能够执行的具体指令,实现对实际生产的改进与调控,从而实现虚实交互。

车间管理系统是数字化车间的重要组成部分,提供制造资源状态评估、故障预测、生产排程、过程参数选择决策等功能模块,常见的有制造执行系统、企业资源计划系统、高级生产规划及排程系统等。基于车间管理系统的虚实交互通过采集、传输物理车间数据,使信息空间的管理系统掌握车间订单、在制品、产品、车间物流、物料库存、生产工具等相关数据,在此基础上利用内部模型与算法模块产生库存控制、物流组织、计划制定、人员排班等生产决策,用于指导物理生产过程。

与传统的现场控制器相比,边缘控制器具有更强的数据处理与计算能力,能够提升生产现场设备的协同与适应性。针对数字化车间,目前已有部分人员开展了基于边缘控制器的虚实交互研究。例如,作者团队[48]构建了面向智能制造生产现场的工业 Hub,它能够实现不同接口与传输协议的接入、数据格式的统一转换与数据处理分析,并以服务的形式向设备提供实时优化控制决策。Cheng 等[49]研究了5G 环境下的智能制造模式,阐述了在生产单元层级、生产线层级以及整个生产车间层级中基于边缘控制器的虚实交互方式。Saez 等[50]以生产车间为对象,研究了支持虚实交互的边缘层设备内部的数据转换、存储、处理及分析的特点、方法和工具。

目前,基于三维数字模型的虚实交互与基于车间管理系统的虚实交互具有较强的建模仿真与数据分析能力,而基于边缘控制器的虚实交互具备较强的实时性。但是,当前的虚实交互主要为了实现物理空间的优化运行,却对信息空间的进化及信息物理空间的一致性关注较少。

8.3.4 车间数据融合

数字化车间数据多样,包括生产现场的实时运行数据、模型仿真数据、基于专家经验的规则知识,以及生产管理系统中的生产资源属性、生产订单、生产计划等数据。这些数据可从不同维度对车间同一对象进行描述与刻画。为了提高数据质量,对多源数据进行综合分析,从而挖掘更加全面准确的信息,现有研究对车间数据进行了融合操作,把来自多个数据源的数据加以分析、关联、综合,形成对车间某一实体、过程或环境的完整、统一描述,支持精准生产决策。数据融合一般可分为数据级融合、特征级融合及决策级融合。

数据级融合指将车间多个数据源的数据直接作为融合过程的输入,以期在输出端获得更加精准可靠的数据或特征。[51] 常见的数据级融合方法包括加权平均[52]、卡尔曼滤波[53]、层次分析法[54] 等。特征级融合需对数据源数据进行特征提取,通过融合提取的特征得到新的优化特征或决策策略,该过程也被称为中级融合。[51] 特征级融合方法主要有主成分分析[55]、模糊推理[56]、神经网络[57]、产生式规则[58] 等。决策级融合首先通过处理数据源的数据得到多个决策,接着对多个决策进行融合以期获得新的更优决策,该过程也被称为高级融合。[51] 决策级融合方法主要有 D-S 证据理论[59]、模糊推理[60]、贝叶斯融合[61] 等。

当前的数据融合主要集中在对物理车间数据(如传感器数据、操作数据、专家经验数据)的综合处理与分析上,却对信息空间的仿真数据,尤其是对真实数据与仿真数据的融合数据关注较少。然而,由于环境限制或传感器成本问题,有些数据是难以在物理空间直接测量收集的,这导致支持车间运行优化的数据与信息不够全面等问题。

8.3.5　车间智能服务

车间运行管理涉及生产要素信息管理、生产计划、设备故障预测与健康管理、生产过程参数选择决策、设备动态调度、工艺规划、能耗管理与优化、人机协作、物流规划、生产过程控制等多个关键技术。它们是保证生产过程中生产要素高效组织、生产流程合理规划、生产过程透明可控,从而满足生产任务完成时间、成本、质量等系列指标要求的重要手段。当前关于车间运行技术的相关研究很多,特别是近年来,随着物联网、大数据、边缘计算、云模式等新兴信息技术的发展与在制造领域的深入应用,实时数据分析处理能力、大数据挖掘能力、按需使用的服务模式等使车间运行技术被不断优化增强。

例如,在设备故障预测与健康管理方面,现有研究包括基于云的车间设备故障预测方法[62]、基于云平台和物联网技术的设备远程监控系统[63]、基于物联网嵌入式云架构的车间设备状态智能监测与分析[64]、基于深度学习的旋转部件剩余寿命预测模型[65] 等。在生产过程参数选择决策方面,包括结合 5G 技术的数据实时采集系统(用于支持加工过程参数的实时调整)[66]、基于 RFID 的订单分配与处理顺序优化方法[67]、基于传感器网络的切削参数在线选择优化[68] 等。在设备动态调度方面,包括基于大数据的故障预测方法(可在调度前和调度过程中挖掘潜在的设备故障模式)、基于融合数据的调度过程设备可用时间窗口预测[69]、基于 RFID 的设备实时调度方法[70] 等。

尽管上述工作结合新一代信息技术实现了对生产过程的优化,但由于缺少车间信息空间与物理空间的进一步融合,导致车间模型、交互、数据融合不充分,使车

数字孪生车
间——一种
未来车间运
行新模式

间运行技术在预测、评估、动态事件监测等方面仍存在一些不足,从而影响其有效性、准确性、及时性等。

8.4　数字孪生车间的概念、运行机制及关键技术[21]

　　针对上述数字化车间存在的问题,本书作者团队在《计算机集成制造系统》期刊上发表了"数字孪生车间——一种未来车间运行新模式"文章,将数字孪生技术引入车间,提出了数字孪生车间(DTS)的概念,并分析了其运行机制、特点和关键技术[21]。DTS是基于新一代信息技术和制造技术,实现物理车间与虚拟车间的双向真实映射、实时交互及共同进化,集成和融合物理车间、虚拟车间、车间服务系统的全要素、全流程、全业务数据形成车间孪生数据,并由车间孪生数据驱动支持车间生产要素管理、生产活动计划、生产过程控制等在物理车间、虚拟车间、车间服务系统间的迭代运行,从而在满足特定目标和约束前提下,达到车间生产和管控最优的一种车间运行新模式[71]。

8.4.1　数字孪生车间概念模型

　　DTS的概念模型如图8.5所示,包括物理车间(physical shop-floor,PS)、虚拟车间(virtual shop-floor,VS)、车间服务系统(shop-floor service system,SSS)、车间孪生数据(shop-floor digital twin data,SDTD)、连接(connection,CN)。

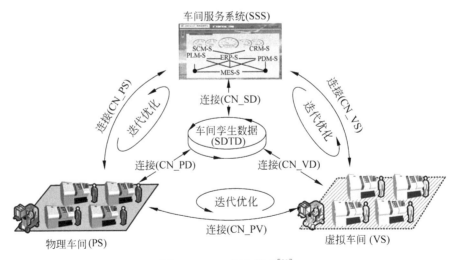

图 8.5　DTS 概念模型[21]

　　PS是车间客观存在的生产设备、人员、产品、物料等实体的集合,主要负责接收 SSS 下达的生产任务,并严格按照 VS 仿真优化后的预定义的生产指令,执行生产活动并完成生产任务。PS 的设备、人员、产品、物料等生产要素的实时状态数据可通过各类传感器进行有效采集。由于这些数据来自不同数据源,存在数据结构不同、接口不同、语义各异等问题,因此,为了实现对多源异构数据的统一接入,需要一套标准的接口与协议转换装置。[48]

VS 是 PS 的忠实完全数字化镜像,从几何、物理、行为、规则多个层面对 PS 进行描述与刻画,主要负责对 PS 的生产资源与生产活动进行仿真、评估及优化,并对实际生产过程进行实时监测、预测与调控等。VS 本质上是由多个几何、物理、行为及规则模型构成的模型集合,能够对 PS 进行全面的多维度描述与刻画。根据数字孪生三层结构[72],VS 中包括人员、设备、工具等单个生产要素的单元级模型,由多个生产要素单元级模型构成的系统级产线模型,以及包括多个系统级产线模型及模型间交互与耦合关系的复杂系统级车间模型。

SDTD 是 PS、VS、SSS 相关数据、领域知识以及通过数据融合产生的衍生数据的集合,是 PS、VS、SSS 运行交互与迭代优化的驱动。融合数据是 SDTD 的重要组成部分,是通过特定的规则将来自物理和信息空间的数据聚合在一起得到的。其中,物理空间的数据主要指 PS 相关数据,这些数据是物理实体产生的真实数据;信息空间的数据主要指 VS 相关数据和 SSS 相关数据,这些数据不是从物理空间直接采集得到的,而是在物理数据的基础上,利用信息空间模型仿真、算法推演、系统衍生等过程得到的,是对物理数据的补充。

SSS 是数据驱动的各类服务功能的集合或总称,它将 DTS 运行过程中所需数据、模型、算法、仿真、结果进行服务化封装,形成支持 DTS 管控与优化的功能性与业务性服务。SSS 的运行过程包括子服务封装、需求解析、服务组合及服务应用。[21]

CN 实现 DTS 各部分的互联互通,包括 PS 和 SDTD 的连接(CN_PD)、PS 和 VS 的连接(CN_PV)、PS 和 SSS 的连接(CN_PS)、VS 和 SDTD 的连接(CN_VD)、VS 和 SSS 的连接(CN_VS)、SSS 和 SDTD 的连接(CN_SD)。

8.4.2　数字孪生车间运行机制

本节将从 DTS 的生产要素管理、生产活动计划、生产过程控制 3 个方面阐述 DTS 的迭代优化机制,如图 8.6 所示。其中,基于 PS 与 SSS 的交互,可实现对生产要素管理的迭代优化;基于 SSS 与 VS 的交互,可实现对生产计划的迭代优化;基于 PS 与 VS 的交互,可实现对生产过程控制的迭代优化。

图 8.6 中阶段①是对生产要素管理的迭代优化过程,反映了 DTS 中 PS 与 SSS 的交互过程,其中 SSS 起主导作用。当 DTS 接到一个输入(如生产任务)时,SSS 中的各类服务在 SDTD 中的生产要素管理数据及其他关联数据的驱动下,根据生产任务对生产要素进行管理及配置,得到满足任务需求及约束条件的初始资源配置方案。SSS 获取 PS 的人员、设备、物料等生产要素的实时数据,对要素的状

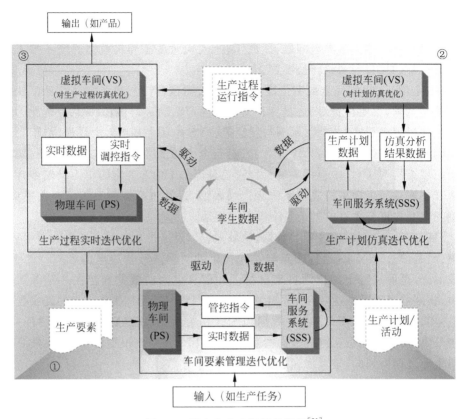

图 8.6　数字孪生车间运行机制[21]

态进行分析、评估及预测,并据此对初始资源配置方案进行修正与优化,将方案以管控指令的形式下达至 PS。PS 在管控指令的作用下,将各生产要素调整到适合的状态,并在此过程中不断将实时数据发送至 SSS 进行评估及预测,当实时数据与方案有冲突时,SSS 再次对方案进行修正,并下达相应的管控指令。如此反复迭代,直至对生产要素的管理最优。基于以上过程,阶段①最终得到初始的生产计划/活动。阶段①产生的数据全部存入 SDTD,并与现有的数据融合,作为后续阶段的数据基础与驱动。

　　图 8.6 中阶段②是对生产计划的迭代优化过程,反映了 DTS 中 SSS 与 VS 的交互过程,其中 VS 起主导作用。VS 接收阶段①生成的初始的生产计划/活动,在 SDTD 中的生产计划及仿真分析结果数据、生产的实时数据以及其他关联数据的驱动下,基于几何、物理、行为及规则模型等对生产计划进行仿真、分析及优化。VS 将以上过程中产生的仿真分析结果反馈至 SSS,SSS 基于这些数据对生产计划做出修正及优化,并再次传至 VS。如此反复迭代,直至生产计划最优。基于以上过程,阶段②得到优化后的预定义的生产计划,并基于该计划生成生产过程运行指令。阶段②中产生的数据全部存入 SDTD,与现有数据融合后作为后续阶段的

驱动。

图 8.6 中阶段③是对生产过程的实时迭代优化过程,反映了 DTS 中 PS 与 VS 的交互过程,其中 PS 起主导作用。PS 接收阶段②的生产过程运行指令,按照指令组织生产。在实际生产过程中,PS 将实时数据传至 VS,VS 根据 PS 的实时状态对自身进行状态更新,并将 PS 的实际运行数据与预定义的生产计划数据进行对比。若二者数据不一致,VS 对 PS 的扰动因素进行辨识,并通过模型校正与 PS 保持一致。VS 基于实时仿真数据、实时生产数据、历史生产数据等数据从全要素、全流程、全业务的角度对生产过程进行评估、优化及预测等,以实时调控指令的形式作用于 PS,对生产过程进行优化控制。如此反复迭代,实现生产过程最优。该阶段产生的数据存入 SDTD,与现有数据融合后作为后续阶段的驱动。

通过阶段①②③的迭代优化,SDTD 被不断更新与扩充,DTS 也在不断进化和完善。

8.4.3　数字孪生车间的特点

DTS 的特点主要包括虚实映射,数据驱动,全要素、全流程、全业务集成与融合,以及迭代运行与优化 4 个方面。

1. 虚实映射

DTS 虚实映射的特点主要体现在以下两个方面:

(1) PS 与 VS 是双向真实映射的。首先,VS 通过数据实时更新与模型校正,实现与 PS 不断从不一致到一致的共同进化。其次,PS 忠实地再现 VS 定义的生产过程,严格按照 VS 定义的生产过程以及仿真和优化的结果进行生产,使得生产过程不断得到优化。

(2) PS 与 VS 是实时交互的。在 DTS 运行过程中,PS 的所有数据会被实时感知并传送给 VS。VS 根据实时数据对 PS 的运行状态进行仿真优化分析,并对 PS 进行实时调控。通过 PS 与 VS 的实时交互,二者能够及时掌握彼此的动态变化并实时做出响应,使生产过程不断得到优化。

2. 数据驱动

SSS、PS 和 VS 以 SDTD 为基础,通过数据驱动实现自身的运行以及两两之间的交互。

(1) 对于 SSS:首先,PS 的实时状态数据驱动 SSS 对生产要素配置进行优化,并生成初始的生产计划。随后,初始的生产计划交给 VS 进行仿真和验证。在 VS 仿真数据的驱动下,SSS 反复地调整、优化生产计划直至最优。

(2) 对于 PS:SSS 生成最优生产计划后,将计划以生产过程运行指令的形式下达至 PS。PS 的各要素在指令数据的驱动下,将各自的参数调整到适合的状态并开始生产。在生产过程中,VS 实时监控 PS 的运行状态,在 VS 反馈数据的驱动下,PS优化生产过程。

（3）对于VS：在产前阶段,VS接收来自SSS的生产计划数据,并在生产计划数据的驱动下仿真并优化整个生产过程,实现对资源的最优利用。在生产过程中,在PS实时运行数据的驱动下,VS不断校正与更新,实现对模型的迭代优化与进化。

3. 全要素、全流程、全业务集成与融合

DTS的集成与融合可体现在以下3个方面：

（1）车间全要素的集成与融合。在DTS中,通过物联网、互联网、务联网等信息手段,PS的人员、设备、物料、环境等生产要素数据被全面接入信息世界,实现了彼此间的互联互通和数据共享。更重要的是,在全面的生产要素数据的驱动下,VS与SSS的仿真、评估及分析功能能够在考虑其他要素状态的同时优化各要素行为,从而支持要素间的联动和优化组合,保证生产的顺利进行。

（2）车间全流程的集成与融合。在生产过程中,PS生产的所有环节与流程（如生产、装配、清洗、检验）数据被实时监控。在DTS环境下,通过关联、组合、加权平均等操作,这些数据在一定准则下被加以自动分析、评估、综合,从而支持各环节间的交互、集成及协作。

（3）车间全业务的集成与融合。由于DTS中SSS、VS和PS之间通过数据交互形成了一个整体,因此,车间中的各种业务（如生产资源配置、生产计划生成、生产过程控制等）彼此紧密关联,通过SDTD实现数据共享,消除信息孤岛,从而在整体上提高DTS的效率。

4. 迭代运行与优化

在DTS中,PS、VS以及SSS两两之间不断交互,迭代优化。

（1）SSS与PS之间通过数据双向驱动、迭代运行,使得生产要素管理最优。SSS根据生产任务产生资源配置方案,并根据PS生产要素的实时状态对其进行优化与调整。在此迭代过程中,生产要素得到最优的管理及配置,并生成初始生产计划。

（2）SSS和VS之间通过循环验证、迭代优化,达到生产计划最优。在生产执行之前,SSS将生产任务和生产计划交给VS进行仿真和优化。然后,VS将仿真和优化的结果反馈至SSS,SSS对生产计划进行修正及优化。此过程不断迭代,直至生产计划达到最优。

（3）PS与VS之间通过虚实映射、实时交互,使得生产过程最优。在生产过程中,VS实时地监控PS的运行,根据PS的实时状态生成优化方案并反馈指导PS的生产。在此迭代优化中,生产过程以最优的方案进行直至生产结束。

DTS在以上3种迭代优化中得到持续的优化与完善。

8.4.4 数字孪生车间关键技术

如图8.7所示,DTS的关键技术依据其主要系统组成分为6大类：

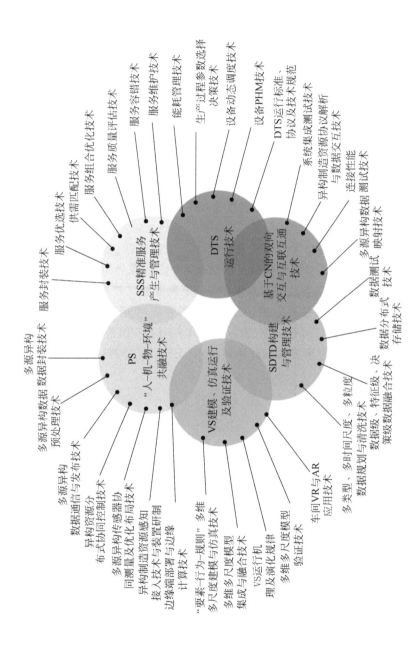

图 8.7　数字孪生车间关键技术[21]

(1) PS"人-机-物-环境"共融技术。主要包括：①多源异构数据封装技术；②多源异构数据预处理技术；③异构制造资源感知接入技术与装置研制；④多源异构传感器协同测量及优化布局技术；⑤多源异构数据通信与发布技术；⑥异构制造资源分布式协同控制技术；⑦边缘端部署与边缘计算技术等。

(2) VS 构建、仿真运行及验证技术。主要包括：①VS 建模技术，如车间"要素-行为-规则"多维多尺度建模与仿真技术；②多维多尺度模型集成与融合技术；③VS 运行机理及演化规律；④多维多尺度模型验证技术；⑤模型运行与管理技术；⑥车间 VR 和 AR 应用技术等。

(3) SDTD 构建与管理技术。主要包括：①多类型、多时间尺度、多粒度数据规划与清洗技术；②数据级、特征级、决策级数据融合技术；③数据分布式存储技术；④数据使用与维护技术；⑤数据测试技术；⑥车间大数据技术等。

(4) SSS 精准服务产生与管理技术。主要包括：①服务封装技术；②服务优选技术；③供需匹配技术；④服务组合优化技术；⑤服务质量评估技术；⑥服务容错技术；⑦服务维护技术等。

(5) 基于 CN 的双向交互与互联互通技术。主要包括：①异构制造资源协议解析与数据交互技术；②多源异构数据映射技术；③多源异构数据传输安全技术；④连接兼容性、可靠性、敏感性测试技术；⑤系统集成测试技术等。

(6) DTS 运行技术。主要包括：①生产要素管理、生产计划、生产过程等迭代运行与优化技术；②DTS 运行标准、协议及技术规范；③设备 PHM 技术；④设备动态调度技术；⑤生产过程参数选择决策技术；⑥能耗管理技术等。

本章小结

实现智能制造是当前世界各国制造业发展的共同目标。DTS 作为一种未来车间运行新模式，对实现工业 4.0、工业互联网、基于 CPS 的制造、中国制造 2025、互联网＋制造、云制造、面向服务的制造等先进制造模式和战略具有重大潜在推动作用。结合作者前期工作，本章首先对智能制造的背景与内涵进行了阐述；接着分析了制造车间的发展历程以及当前数字化车间的研究现状；为了实现车间进一步的信息物理融合，讨论了 DTS 这一未来车间运行新模式，对其概念、运行机制、特点及关键技术进行了阐述。

参考文献

[1] ZHENG P,SANG Z,ZHONG R Y,et al. Smart manufacturing systems for Industry 4.0: Conceptual framework, scenarios, and future perspectives [J]. Frontiers of Mechanical Engineering,2018,13(2): 137-150.

[2]　BOTKINA D,HEDLIND M,OLSSON B,et al. Digital twin of a cutting tool[J]. Procedia CIRP,2018,72：215-218.

[3]　陶飞,戚庆林. 面向服务的智能制造[J].机械工程学报,2018,54(16)：11-23.

[4]　SCHLEICH B,ANWER N,MATHIEU L,et al. Shaping the digital twin for design and production engineering[J]. CIRP Annals,2017,66(1)：141-144.

[5]　HU S J. Evolving paradigms of manufacturing：From mass production to mass customization and personalization[J]. Procedia CIRP,2013,7：3-8.

[6]　HOLDREN J P,POWER T,TASSEY G,et al. A national strategic plan for advanced manufacturing［R］. Washington,DC,USA：US National Science and Technology Council,2012.

[7]　EVANS P C,Annunziata M. Industrial internet：Pushing the boundaries of minds and machines[R].Boston,MA,USA：General Electric,2012.

[8]　KAGERMANN H,WAHLSTER W,HELBIG J. Securing the future of German manufacturing industry：Recommendations for implementing the strategic initiative INDUSTRIE 4.0[R].Bonn,Germany：Federal Ministry Educational and Research,2013.

[9]　TAO F,QI Q. New IT driven service-oriented smart manufacturing：Framework and characteristics[J]. IEEE Transactions on Systems,Man,and Cybernetics：Systems,2019,49(1)：81-91.

[10]　国发〔2015〕28 号. 中国制造 2025［EB/OL］. http：//www. gov. cn/zhengce/content/2015-05/19/content_9784. htm,2015-05-19/2019-09-11.

[11]　国办发〔2017〕90 号.国务院关于深化"互联网＋先进制造业"发展工业互联网的指导意见［EB/OL］. http：//www. gov. cn/zhengce/content/2017-11/27/content_5242582. htm,2017-11-23/2019-09-11.

[12]　决胜全面建成小康社会,夺取新时代中国特色社会主义伟大胜利——在中国共产党第十九次全国代表大会上的报告［EB/OL］. http：//www. gov. cn/zhuanti/2017-10/27/content_5234876. htm,2017-10-18/2019-09-11.

[13]　政府工作报告[EB/OL]. http：//www. gov. cn/premier/2019-03/16/content_5374314. htm,2019-03-16/2019-09-11.

[14]　BRETTEL M,FRIEDERICHSEN N,KELLER M,et al. How virtualization, decentralization and network building change the manufacturing landscape：An Industry 4.0 perspective［J］. International Journal of Mechanical,Industrial Science and Engineering,2014,8(1)：37-44.

[15]　DUAN S H,GAO W,WANG J. A novel network control architecture for large scale machine in industrial internet[C]//Proceedings of IEEE 2015 International Conference on Identification,Information,and Knowledge in the Internet of Things (IIKI),October 22-23,2015,Beijing,China,2015：229-232.

[16]　龚炳铮.推进我国智能化发展的思考[J]. 中国信息界,2012(1)：5-8.

[17]　智力-在线辞海［EB/OL］. http：//www. xiexingcun. com/cihai/Z/Z1023. htm,2015-08-05/2019-09-11.

[18]　TAO F,CHENG J,QI Q,et al. Digital twin-driven product design,manufacturing and service with big data［J］. The International Journal of Advanced Manufacturing Technology,2018,94(9-12)：3563-3576.

[19] 国家制造强国建设战略咨询委员会,中国工程院战略咨询中心.智能制造[M].北京：电子工业出版社,2016.

[20] 周佳军,姚锡凡,刘敏,等.几种新兴智能制造模式研究评述[J].计算机集成制造系统,2017,23(3)：624-639.

[21] 陶飞,张萌,程江峰,等.数字孪生车间：一种未来车间运行新模式[J].计算机集成制造系统,2017,23(1)：1-9.

[22] BRACHT U,MASURAT T. The digital factory between vision and reality[J]. Computers in Industry,2005,56(4)：325-333.

[23] GREGOR M,Medvecky S,Matuszek J,et al. Digital factory[J]. Journal of Automation Mobile Robotics and Intelligent Systems,2009,3：123-132.

[24] 王成城,丁露,张涛.数字化车间数据采集与应用技术探讨[J].中国仪器仪表,2018(2)：37-42.

[25] HAMEED B,KHAN I,DÜRR F,et al. An RFID based consistency management framework for production monitoring in a smart real-time factory[C]//2010 Internet of Things (IOT). IEEE,2010：1-8.

[26] ZHAO G. Wireless sensor networks for industrial process monitoring and control：A survey[J]. Netw. Protoc. Algorithms,2011,3(1)：46-63.

[27] CUTTING-DECELLE A F,BARRAUD J L,VEENENDAAL B,et al. Production information interoperability over the Internet：A standardised data acquisition tool developed for industrial enterprises[J]. Computers in Industry,2012,63(8)：824-834.

[28] BOYD A,NOLLER D,PETERS P,et al. SOA in manufacturing guidebook[J]. MESA International,IBM Corporation and Capgemini Co-branded White Paper,2008.

[29] FERRARI P,FLAMMINI A,VENTURINI F,et al. Large PROFINET IO RT networks for factory automation：A case study[C]//ETFA2011. IEEE,2011：1-4.

[30] HENSSEN R,SCHLEIPEN M. Interoperability between OPC UA and AutomationML[J]. Procedia Cirp,2014,25：297-304.

[31] DRATH R,LUDER A,PESCHKE J,et al. AutomationML—the glue for seamless automation engineering [C]//2008 IEEE International Conference on Emerging Technologies and Factory Automation. IEEE,2008：616-623.

[32] TAO F,ZUO Y,DA XU L,et al. IoT-based intelligent perception and access of manufacturing resource toward cloud manufacturing[J]. IEEE Transactions on Industrial Informatics,2014,10(2)：1547-1557.

[33] DAHL M,BENGTSSON K,FABIAN M,et al. Automatic modeling and simulation of robot program behavior in integrated virtual preparation and commissioning[J]. Procedia Manufacturing,2017,11：284-291.

[34] PATEL K,KALAICHELVI V,KARTHIKEYAN R,et al. Modelling,simulation and control of incremental sheet metal forming process using cnc machine tool[J]. Procedia Manufacturing,2018,26：95-106.

[35] PANDILOV Z,MILECKI A,NOWAK A,et al. Virtual modelling and simulation of a CNC machine feed drive system[J]. Transactions of FAMENA,2015,39(4)：37-54.

[36] FOUNTAS N,VAXEVANIDIS N. Intelligent 3D tool path planning for optimized 3-axis sculptured surface CNC machining through digitized data evaluation and swarm-based

evolutionary algorithms[J]. Measurement,2020,158,DOI: 10. 1016/j. measurement. 2020. 107678.

[37] MUÑOZ A,MARTÍ A,MAHIQUES X,et al. Camera 3D positioning mixed reality-based interface to improve worker safety, ergonomics and productivity[J]. CIRP Journal of Manufacturing Science and Technology,2020,28: 24-37.

[38] RUSSO D, RIZZI C. Structural optimization strategies to design green products[J]. Computers in Industry,2014,65(3): 470-479.

[39] LIU J,LIU X,NI Z,et al. A new method of reusing the manufacturing information for the slightly changed 3D CAD model[J]. Journal of Intelligent Manufacturing,2018,29(8): 1827-1844.

[40] 苗维平. 基于三维视觉的工业产品设计展示平台设计[J]. 现代电子技术,2020,43(4): 120-122+126.

[41] SÖDERBERG R,LINDKVIST L,WÄRMEFJORD K,et al. Virtual geometry assurance process and toolbox[J]. Procedia CIRP,2016,43: 3-12.

[42] MUSTAFA K,CHENG K. Improving production changeovers and the optimization: A simulation based virtual process approach and its application perspectives[J]. Procedia Manufacturing,2017,11: 2042-2050.

[43] 万鹏,王红军. 汽车零部件生产线数字化建模及分析[J]. 机械设计与制造,2012(12): 86-88.

[44] MARDBERG P,FREDBY J,ENGSTROM K,et al. A novel tool for optimization and verification of layout and human logistics in digital factories[J]. Procedia CIRP,2018,72: 545-550.

[45] ANDRADE-GUTIERREZ E S,CARRANZA-BERNAL S Y,HERNANDEZ-SANDOVAL J,et al. Optimization in a flexible die-casting engine-head plant via discrete event simulation[J]. The International Journal of Advanced Manufacturing Technology,2018, 95(9-12): 4459-4468.

[46] WU H B,ZHANG S J. 3D FEM simulation of milling process for titanium alloy Ti6Al4V [J]. The International Journal of Advanced Manufacturing Technology,2014,71(5-8): 1319-1326.

[47] 陶飞,张贺,戚庆林,等. 数字孪生模型构建理论及应用[J]. 计算机集成制造系统,2021, 27(1): 1-15.

[48] TAO F,CHENG J,QI Q. IIHub: An industrial Internet-of-Things hub toward smart manufacturing based on cyber-physical system[J]. IEEE Transactions on Industrial Informatics,2017,14(5): 2271-2280.

[49] CHENG J,CHEN W,TAO F,et al. Industrial IoT in 5G environment towards smart manufacturing[J]. Journal of Industrial Information Integration,2018,10: 10-19.

[50] SAEZ M,LENGIEZA S,MATURANA F,et al. A data transformation adapter for smart manufacturing systems with edge and cloud computing capabilities[C]. 2018 IEEE International Conference on Electro/Information Technology (EIT),May 3-5, 2018, Rochester,MI,US,2018,DOI: 10. 1109/EIT. 2018. 8500153.

[51] CASTANEDO F. A review of data fusion techniques[J]. The Scientific World Journal, 2013,DOI: 10. 1155/2013/704504.

[52] 梁毓明,徐立鸿,朱丙坤. 测距传感器数据在线自适应加权融合[J]. 计算机测量与控制, 2009,17(7): 1447-1449.

[53] WANG H,LI T,CAI Y,et al. Thermal error modeling of thecnc machine tool based on data fusion method of kalman filter[J]. Mathematical Problems in Engineering,2017, DOI: 10.1155/2017/3847049.

[54] MOURTZIS D, VLACHOU E, DOUKAS M, et al. Cloud-based adaptive shop-floor scheduling considering machine tool availability[C]. ASME 2015 International Mechanical Engineering Congress and Exposition, November 13-19, 2015, Houston, Texas, USA, 2015,15: IMECE2015-53025,V015T19A017.

[55] WANG J,XIE J,ZHAO R,et al. Multisensory fusion based virtual tool wear sensing for ubiquitous manufacturing[J]. Robotics and Computer-Integrated Manufacturing,2017,45: 47-58.

[56] SEGRETO T,CAGGIANO A,TETI R. Neuro-fuzzy system implementation in multiple sensor monitoring for Ni-Ti alloy machinability evaluation[J]. Procedia CIRP,2015,37: 193-198.

[57] SEGRETO T,SIMEONE A,TETI R. Multiple sensor monitoring in nickel alloy turning for tool wear assessment via sensor fusion[J]. Procedia CIRP,2013,12: 85-90.

[58] 许芬,咸宝金,李正熙. 基于产生式规则多传感器数据融合方法的移动机器人避障[J]. 电子测量与仪器学报,2009,23(10): 73-79.

[59] 陈侃. 基于多模型决策融合的刀具磨损状态监测系统关键技术研究[D]. 成都:西南交通大学,2012.

[60] TAN Q,TONG Y,WU S,et al. Evaluating the maturity of CPS in discrete manufacturing shop-floor: A group AHP method with fuzzy grade approach[J]. Mechanics,2018,24(1): 100-107.

[61] 祁友杰,王琦. 多源数据融合算法综述[J]. 航天电子对抗,2017,33(6): 37-41.

[62] GAO R,WANG L,TETI R. ,et al. Cloud-enabled prognosis for manufacturing[J]. CIRP Annals,2015,64(2): 749-772.

[63] DA SILVA A F,OHTA R L,DOS SANTOS M N,et al. A cloud-based architecture for the internet of things targeting industrial devices remote monitoring and control[J]. IFAC-PapersOnLine,2016,49(30): 108-113.

[64] LEE H. Framework and development of fault detection classification using IoT device and cloud environment[J]. Journal of Manufacturing Systems,2017,43: 257-270.

[65] DEUTSCH J,HE D. Using deep learning-based approach to predict remaining useful life of rotating components [J]. IEEE Transactions on Systems, Man, and Cybernetics: Systems,2017,48(1): 11-20.

[66] BÄRRING M, LUNDGREN C, ÅKERMAN M, et al. 5G enabled manufacturing evaluation for data-driven decision-making[J]. Procedia CIRP,2018,72: 266-271.

[67] GUO Z X,NGAI E W T,YANG C,et al. An RFID-based intelligent decision support system architecture for production monitoring and scheduling in a distributed manufacturing environment[J]. International Journal of Production Economics,2015,159: 16-28.

[68] TAPOGLOU N,MEHNEN J,VLACHOU A,et al. Cloud-based platform for optimal

machining parameter selection based on function blocks and real-time monitoring[J].
Journal of Manufacturing Science and Engineering,2015,137(4):040909.

[69]　MOURTZIS D,VLACHOU E,XANTHOPOULOS N,et al. Cloud-based adaptive process
planning considering availability and capabilities of machine tools [J]. Journal of
Manufacturing Systems,2016,39:1-8.

[70]　ZHANG Y,HUANG G Q,SUN S,et al. Multi-agent based real-time production
scheduling method for radio frequency identification enabled ubiquitous shopfloor
environment[J]. Computers & Industrial Engineering,2014,76:89-97.

[71]　TAO F,ZHANG M. Digital twin shop-floor:a new shop-floor paradigm towards smart
manufacturing[J]. IEEE Access,2017,5:20418-20427.

[72]　QI Q,TAO F,ZUO Y,et al. Digital twin service towards smart manufacturing[J].
Procedia Cirp,2018,72:237-242.

数字孪生车间设备故障预测与健康管理

  设备故障预测与健康管理(PHM)是数字孪生车间的关键技术之一。当前关于 PHM 的研究一般由传感器采集的设备状态数据驱动,通过对采集数据进行预处理、特征提取、特征融合等操作实现设备的故障诊断或预测。然而,这些研究对于设备虚拟模型与仿真数据的作用关注较少。在数字孪生车间的信息物理融合环境下,如何利用虚拟模型、仿真数据及融合数据驱动更加有效、准确的数字孪生车间设备 PHM 是关注的重点。结合本书作者团队前期工作,本章首先提出了基于数字孪生的复杂设备 PHM 方法流程,接着重点对数字孪生虚实交互与进化、虚实不一致原因判断、基于孪生数据融合的故障诊断与预测关键步骤进行阐述,最后以热压罐设备为例,对提出的 PHM 方法进行了验证。

9.1 设备故障预测与健康管理研究概述

  车间设备(如机床、机械臂、清洗设备、热压罐等)的使用时间可长达数十年。在此期间,车间环境(如高温、多粉尘、腐蚀性气体)的影响、人员误操作带来的破坏、设备正常使用造成的损耗等,会不可避免地使设备在运行过程中出现性能退化乃至故障,从而导致设备停机、维护成本增加及任务延期等一系列问题。因此,如何实现有效的设备故障诊断与维修一直备受关注。

  如图 9.1 所示,早期采用的设备维修大多是事后维修(breakdown maintenance),即当设备出现故障或明显性能退化时采取的非计划性维修。这类维修往往会打乱生产计划,影响生产进度。为了改善这种状况,引入了计划性维修(planned maintenance),即根据专家建议预先制定维修计划,通过对设备进行定期清洁、维护、修理及校准使其处于良好状态。然而计划性维修是按预定的时间间隔进行的,缺乏灵活性,且无法处理突发故障。近年来,基于状态的维修(condition-based maintenance)逐渐进入人们的视野,它通过实时监测设备状态对设备故障进行诊断或预测,从而只在实际需要维修时才采取维修行动,有效降低了维修成本。PHM 从基于状态的维护发展而来,作为支持设备可靠运行的有效方法受到了越来越多的关注。

  PHM 通常分为观察、分析、维修决策 3 个阶段。[1]在观察阶段,不同传感设备

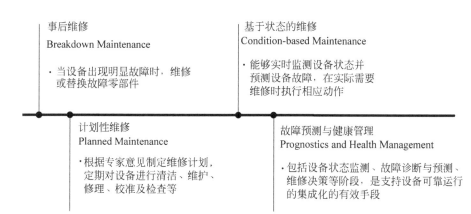

图 9.1　复杂设备维修方法

（如电流传感器、扭矩传感器、力传感器）用于采集设备实时数据，基于这些数据的时域特征、频域特征及时频域特征可对设备状态进行评估。在分析阶段，主要包括3 类故障分析方法，即模型驱动的故障分析法、数据驱动的故障分析法及混合法、模型驱动法旨在建立准确的数学模型用于描述设备关键部件的受损程度。[2] 当精准的数学模型难以建立时，数据驱动法能够利用主成分分析[3]、小波分析[4]、频谱分析[5] 等挖掘设备运行数据中的隐含信息与特征，并通过机器学习算法[6] 等直接建立运行数据与故障间的关联关系。混合法是模型驱动法和数据驱动法的结合，一方面对已知的设备故障机理进行精准数学建模，另一方面利用测量数据对未知部分进行学习与辨识。[7] 在维修阶段，基于故障分析结果，可在考虑维修成本、备件库存及设备可靠性等约束条件的前提下，确定维修时间、维修工具和技术人员等，并生成具体的维修方案[8]。

近年来，越来越多的研究致力于将物联网、大数据、云服务等新兴技术引入PHM。例如，Gao 等[9] 讨论了基于云的车间设备故障预测方法，将设备状态数据集成在云端，利用其强大的数据计算能力和信息共享能力，通过互联网远程向车间用户提供设备故障预测服务。Silva 等[10] 基于云平台和物联网技术构建了电机远程监控系统，包括传感器数据采集、数据转换、信息查询、实时数据分析、未来趋势预测及实时控制模块，该系统能够提供设备监控服务。Lee[11] 基于建立的物联网嵌入式云架构实现了对车间设备状态的智能监测与分析。Deutsch 和 He[12] 利用采集的振动信号大数据，建立了一种基于深度学习的旋转部件剩余寿命预测模型，实现了自动特征提取和寿命预测。

随着信息物理系统（CPS）的发展，增强虚拟空间的仿真功能，实现信息物理空间的无缝集成，将是提高 PHM 准确性与有效性的重要手段。目前已有一些研究利用 CPS 框架，在分析物理设备数据的同时引入设备的数字映射。例如，Lee等[13] 利用三维数字模型集成数百个相似设备的数据，并通过仿真识别设备故障模式。Liu 和 Xu[14] 提出了信息物理机床的概念，以期集成机床物理实体与虚拟模型。Zinnikus 等[15]通过比较物理世界观测的设备真实数据与虚拟世界仿真的期望数据识别设备异常。Penna 等[16]提出了一种面向信息物理环境的可视化维修工具,能够将维修对象的物理元素与虚拟模型相关联,并通过互联网向远程用户提供访问接口。

虽然以上研究引入了设备虚拟模型,并尝试实现信息物理共同驱动的 PHM,但是一些共性的问题仍然存在:在 PHM 过程中缺少保证虚拟模型与其物理设备不断逼近的交互机制;缺少对仿真数据与真实数据的有效融合,导致支持故障预测与诊断的数据不够全面。PHM 是 DTS 的关键技术之一。在 DTS 的信息物理融合环境下,如何利用模型、仿真数据以及真实与仿真数据的融合数据驱动更加有效、准确的 PHM 方法,从而解决上述问题是本章重点。结合本书作者团队相关工作[17-19],本章针对设备渐发性故障与突发性故障,提出了基于数字孪生的 PHM方法流程;对设备数字孪生虚实交互与进化、虚实不一致原因判断、基于孪生数据融合的故障诊断与预测步骤进行重点阐述;以复材加工车间的关键生产设备——热压罐为例,结合电热丝故障、风扇故障、绝热层失效对提出的 PHM 方法进行了验证。

9.2　设备故障预测与健康管理问题分析

根据设备故障发生、发展的进程,故障可分为两类:渐发性故障与突发性故障。渐发性故障是由于设备零部件随着使用时间的增长而出现性能退化引起的,可通过实时监测设备状态进行预测或诊断,常见的故障包括设备零部件磨损、老化、疲劳及腐蚀等;突发性故障是没有明显征兆及发展过程的随机故障,往往由随机扰动引起,如人为干扰、环境突发变化、设备自身质量问题等。[17]

传统的 PHM 方法主要基于物理设备数据实现对上述两种故障的诊断与预测,涉及的数据包括设备运行状态参数、设备属性、设备工作条件。设备运行状态参数集合可表示为 $X=\{x_i|1\leqslant i\leqslant N\}$,其中,$x_i$ 是设备的第 i 个真实状态,如传感器采集的温度、压力、振动、噪声等,N 表示参数个数;设备属性集合可表示为 $A=\{a_w|1\leqslant w\leqslant W\}$,其中,$a_w$ 是设备的第 w 个属性,如设备规格、材料属性、功能、能力等,W 表示属性个数;工作条件集合可表示为 $C=\{c_j|1\leqslant j\leqslant M\}$,其中,$c_j$ 是第 j 个条件参数,如外部环境参数、设定的目标值等,M 表示参数个数。然而,由于缺少对仿真数据,尤其是仿真数据与真实数据融合数据的考虑,传统 PHM 方法在设备故障预测与诊断的准确率方面仍有提升空间。

本章设计的数字孪生增强的设备 PHM 方法,在传统方法的基础上增加了数字孪生虚拟模型的仿真数据。首先,根据第 4 章设计的数字孪生五维模型,使用PE、VE、Ss、DD、CN 分别表示设备数字孪生五维模型的物理实体、虚拟实体、服务、孪生数据及各组成部分间的连接。仿真数据是将已知的 PE 属性 A 与工作条

件 C 加载到 VE 上模拟计算得到的。仿真数据主要分为两类：一类是通过仿真产生的与 PE 真实状态参数一一对应的仿真状态参数，表示为 $Y=\{y_i|1\leqslant i\leqslant N\}$，其中 y_i 是 x_i 的仿真值，N 是参数个数；另一类是通过仿真得到的在物理世界难以直接测量的参数，如零部件应力分布、变形、温度均匀性等，表示为 $Z=\{z_l|1\leqslant l\leqslant L\}$，其中 z_l 表示第 l 个仿真参数，L 是参数个数。将 PE 与 VE 在当前时刻的状态分别表示为 $p_{\mathrm{PE}}=(x_1\cdots x_i\cdots x_K)$ 与 $p_{\mathrm{VE}}=(y_1\cdots y_i\cdots y_K)$，$x_i\in X$，$y_i\in Y$，$K\leqslant N$。当 $\dfrac{\|p_{\mathrm{PE}}-p_{\mathrm{VE}}\|}{\|p_{\mathrm{PE}}\|}\leqslant T_p$（$T_p$ 是预定义的阈值）时，认为 PE 与 VE 一致；当 $\dfrac{\|p_{\mathrm{PE}}-p_{\mathrm{VE}}\|}{\|p_{\mathrm{PE}}\|}\geqslant T_p$ 时，PE 与 VE 不一致。

9.3　数字孪生增强的设备故障与健康管理方法

图 9.2 为数字孪生增强的 PHM 方法框架与流程。如图 9.2(a)所示，该方法可分为 3 个阶段：观察阶段（步骤 1～步骤 3）、分析阶段（步骤 4～步骤 6）及决策阶段（步骤 7），具体阐述如下[17]：

步骤 1　设备数字孪生建模与校正。根据数字孪生五维模型，完成建模后，一方面尽量排查并消除 PE 及其工作环境中的不确定扰动因素；另一方面校正 VE 参数，保证 VE 能够准确刻画 PE。此外，检查 CN，保证五维模型各组成部分间的可靠通信。

步骤 2　仿真与交互。将 PE 属性参数 A 与当前工作条件参数 C 加载到 VE，启动 VE 仿真，保持 PE 参数与 VE 参数的实时交互。

步骤 3　PE 与 VE 一致性判断。计算 p_{PE} 与 p_{VE} 的距离，若 $\dfrac{\sqrt{\sum\limits_{i=1}^{K}(x_i-y_i)^2}}{\sqrt{\sum\limits_{i=1}^{K}x_i^2}}\leqslant T_p$ 成立，则 PE 与 VE 判定为一致，即 PE 与 VE 的差异在允许范围内。在这种情况下，转至步骤 4。若 $\dfrac{\sqrt{\sum\limits_{i=1}^{K}(x_i-y_i)^2}}{\sqrt{\sum\limits_{i=1}^{K}x_i^2}}> T_p$ 成立，则 PE 与 VE 判定为不一致，这可能是由 VE 中模型本身的缺陷或 PE 的突发性故障引起的。在这种情况下，转至步骤 5。这里，对 T_p 的选取需考虑当前应用场景对仿真精度的要求，精度要求越高，T_p 越小；精度要求越低，T_p 越大。同时也需综合考虑仿真本身的时间与硬件成本。

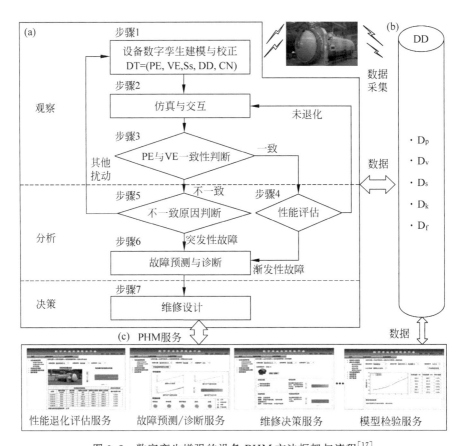

数字孪生驱动的 PHM(故障预测与健康管理)

图 9.2 数字孪生增强的设备 PHM 方法框架与流程[17]

步骤 4 性能评估。在 PE 与 VE 一致的前提下,设备性能退化能够在 PE 真实数据与 VE 仿真数据上同时得到体现。因此,如果 X、Y 及 Z 中的一个或多个参数超出了其正常范围,转至步骤 6;否则返回步骤 2。

步骤 5 不一致原因判断。根据 9.4.2 节,判断 PE 与 VE 不一致原因。若不一致由设备突发性故障引发,则转至步骤 6;否则转至步骤 1,排除 PE 其他扰动或校正 VE 参数。

步骤 6 故障预测与诊断。根据 9.4.3 节,对设备渐发性故障(由步骤 4 转至步骤 6)与突发性故障(由步骤 5 转至步骤 6)进行诊断。

步骤 7 维修设计。根据步骤 6 的故障分析结果,在一组备用方案中选择合适的维修策略,并将选定的维修策略在 VE 上进行验证,检查是否存在冲突。如若存在,则对维修策略进行修改,通过虚拟验证后,再于 PE 上执行。

如图 9.2(b)所示,以上步骤由孪生数据中的数据支持,包括物理设备数据 D_p(如 X 与 C 中数据)、虚拟模型数据 D_v(如 Y 与 Z 中数据)、服务数据 D_s(如模型检验、校正服务数据)、领域知识 D_k(如故障预测的常见模型与算法、虚拟模型的建模方法与规则等)及融合数据 D_f。如图 9.2(c)所示,各步骤实现的功能(如性能退化评估、故障预测/诊断、维修决策)可封装为模块化的服务,在每次执行相应步骤时进行服务调用,并以软件界面的形式提供给相关工作人员。

9.4　数字孪生增强的设备故障预测与健康管理关键技术

本节对数字孪生增强的设备 PHM 方法关键技术进行具体阐述,包括设备数字孪生虚实交互与进化、虚实不一致原因判断以及基于孪生数据的设备故障预测与诊断。[17-18]

9.4.1　设备数字孪生虚实交互与进化

在设备运行过程中,PE 与 VE 不断从一致到不一致,并再次归于一致。图 9.3 描述了 PE、VE、Ss、DD 的两两交互与共同进化过程,其中,PE_i、VE_i、Ss_i、DD_i 分别代表第 i 次交互中的物理实体、虚拟模型、服务、孪生数据。

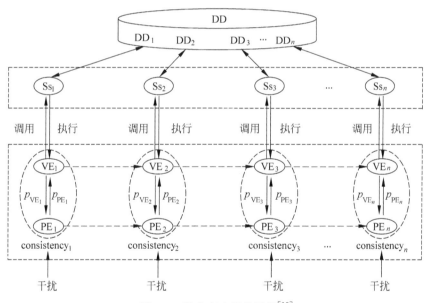

图 9.3　数字孪生进化机制[18]

在第 i 次交互的初始,首先对 VE_i 模型参数进行调整与校正,使 PE_i 与 VE_i 保持一致。为了与其他交互过程中达到的一致状态有所区分,这里的一致表示为 $consistency_i$。由于设备运行过程中外界干扰因素的作用,VE_i 的状态 p_{VE_i} 与 PE_i 的状态 p_{PE_i} 会出现偏差。若是人为已知干扰(如因生产要求变化,人为改变设备运行参数),则调用 Ss_i 中的模型校正服务对 VE_i 进行模型参数与仿真条件调整,使 VE_i 与 PE_i 保持一致,即达到新的一致状态 $consistency_{i+1}$。若为事先未知干扰(如设备突发故障、环境变化、人员误操作),则需根据 p_{VE_i} 与 p_{PE_i} 的差异特征定位干扰源,接着通过设备维修、环境调节、误操作修正等尽可能地完全消除干扰对 p_{PE_i} 的影响,以期达到一致状态 $consistency_{i+1}$;若不能,则说明干扰对 PE_i 产生的影响不能完全消除,这时需调用 Ss_i 中的模型校正服务对 VE_i 进行参数调整,使 VE_i 与当前的 PE_i 一致,从而达到 $consistency_{i+1}$。从 $consistency_i$ 到 $consistency_{i+1}$ 的过程中,一方面,虚拟模型被进一步校正优化,从而更加真实地描述物理实体的运行过程;另一方面,环境中的未知干扰因素可以被逐一识别并消除,从而使物理实体能够按照虚拟模型预定义的计划运行。

此外,不同交互过程涉及的数据 DD_i 被源源不断地存储到孪生数据中,而随着数据的积累,服务中的功能也在不断提升,这使 Ss_i 进化为 Ss_{i+1}。比如,历史交互过程中的 PE 与 VE 不一致数据及对应的不一致原因可被逐渐积累,用于支持最新一次交互中的不一致原因判断服务,这使该服务随着进化过程不断被更新与完善。

数字孪生增强的 PHM 方法正是在上述虚实进化机制的基础上构建的。针对设备渐发性故障,设备的性能退化是随着时间逐渐积累的,假设该变化能够被 VE 记录与仿真,那么在保证 VE 与 PE 一致的前提下,可通过融合 X 与 Z 中的参数值特征实现对故障特征的扩充,从而基于更加全面的特征实现故障预测。而突发性故障属于未知干扰,由于 VE 对于这些干扰事先未知,VE 的仿真条件 C 与 PE 的实际工作条件 C' 是不同的,从而造成 PE 与 VE 状态参数的差异,根据该差异可实现对设备突发故障的诊断。

9.4.2 设备数字孪生虚实不一致原因判断

假设在时刻 t_w,PE 和 VE 被判定为不一致 $\left(\text{即} \frac{\|p_{PE}-p_{VE}\|}{\|p_{PE}\|}>T_p\right)$。为了识别不一致的原因,需进一步判断外界干扰因素类型。

首先确认是否存在已知的人为干扰,如因生产要求变化,人为改变设备运行参数。若存在,则对 VE 的模型参数进行校正,使 VE 与人为调整后的 PE 保持一致;若不存在,则将干扰归为未知干扰。为了进一步确定干扰源,需将表征 PE 状态的 p_{PE} 中 K 个变量的当前时间序列与不同干扰因素作用下各变量历史时间序列进行相似性比较,相似性最高的即为当前干扰因素。这是一个多元时间变量相似性分析的问题。

将 p_{PE} 的第 i 个参数 x_i 在 $[t_s,t_w]$ 时段内的时间序列表示为 $(x_i(t_s)\cdots x_i(t_p)\cdots x_i(t_w))^T$,$1\leqslant i\leqslant K$,$t_s<t_p<t_w$,则 p_{PE} 的时间序列矩阵为

$$\boldsymbol{S}(t)=\begin{pmatrix} x_1(t_s) & \cdots & x_K(t_s) \\ \vdots & \ddots & \vdots \\ x_1(t_w) & \cdots & x_K(t_w) \end{pmatrix} \tag{9.1}$$

假设将未知干扰分为 Q 类(如环境干扰、物料干扰、人员误操作、设备突发故障等),将 q 类干扰作用于历史时段 $[t_{qc}, t_{qd}]$ 时的 x_i 时间序列表示为 $(x_i(t_{qc}) \cdots x_i(t_{qp}) \cdots x_i(t_{qd}))^{\mathrm{T}}$,$t_{qc} < t_{qp} < t_{qd}$,则 p_{PE} 在该时段的时间序列矩阵为

$$S_q(t) = \begin{pmatrix} x_1(t_{qc}) & \cdots & x_K(t_{qc}) \\ \vdots & \ddots & \vdots \\ x_1(t_{qd}) & \cdots & x_K(t_{qd}) \end{pmatrix} \tag{9.2}$$

根据参考文献[20],可采用共同主成分分析(combined principal component analysis,CPCA)与动态时间归整(dynamic time warping,DTW)结合的方法测量 $S(t)$ 与 $S_q(t)(1 \leqslant q \leqslant Q)$ 的相似性。该方法首先采用 CPCA 计算 $S(t)$ 与 $S_q(t)$ 的主成分及各主成分贡献率;接着使用 DTW 分别计算 $S(t)$ 与 $S_q(t)$ 对应主成分间的距离,并根据其贡献率通过加权求和计算 $S(t)$ 与 $S_q(t)$ 间的总距离 L_q。相似地,分别计算 $L_1, L_2, \cdots, L_Q$ 值,其中最小值对应的干扰可认为是当前干扰类型。

9.4.3　基于孪生数据的设备故障预测与诊断

下面对基于孪生数据的两种故障的预测与诊断方法[18]进行介绍。

1. 渐发性故障预测与诊断

渐发性故障预测与诊断包括两个阶段:模型训练与测试阶段;基于模型的故障预测与诊断阶段。在模型训练与测试阶段,首先基于 X 集合与 Z 集合中参数的历史数据提取能够预警不同渐发性故障的特征,前者包括零部件的振动信号幅值、受力平均值、声信号频率中心、转速平均值等物理特征,后者包括仿真的零部件应力平均值、变形值、温度场均匀性等仿真特征,将这些特征值与故障类型对应,形成多个故障样本,并将其分为训练组与测试组;采用神经网络融合训练组基于 X 的物理特征与基于 Z 的仿真特征,并通过样本训练得到特征与故障间的关联关系;使用测试组样本对训练的模型进行准确性测试,通过测试的模型即可用于故障预测与诊断。在基于模型的故障预测与诊断阶段,对 X 与 Z 中参数的当前数据进行特征提取,将提取的特征作为模型输入,则模型输出故障类型。

2. 突发性故障诊断

首先确定 X 集合与 Y 集合中造成 $\dfrac{\|p_{PE} - p_{VE}\|}{\|p_{PE}\|} > T_p$ 的参数;接着确定与这些参数相关的设备零部件(这里和某个参数相关的零部件可能会涉及多个);结合零部件的其他参数特征以及现场经验逐个排除,最终确定故障源。

9.5　案例:复材加工车间热压罐设备故障诊断

本节以复材加工车间热压罐设备为例,对数字孪生增强的 PHM 方法在热压罐故障诊断中的应用进行分析,主要讨论了热压罐数字孪生五维模型的构建方法、

基于虚拟模型的热压罐温度场仿真以及基于孪生数据的热压罐故障诊断等。

9.5.1　案例描述

复合材料由两种或两种以上不同性质的材料组成,比传统材料具有更好的性能,如重量轻、强度高、热膨胀小、耐腐蚀性强等。近年来,复合材料在航空、航天、汽车、可再生能源等领域的应用日益广泛。

热压罐是复材加工车间中实现复材构件固化成型的一种重要工艺设备,尤其是生产大型复材构件的首选。基于热压罐的固化成型工艺是将复材预浸料制成的毛坯铺放在模具型板上,并用真空袋进行密封,密封后的坯料与模具放置在热压罐内,利用热压罐的高温高压环境使材料完成固化反应,形成满足形状设计要求与质量要求的复材构件[21]。热压罐内的加热方式为电热丝加热,以空气或惰性气体为热传导载体,罐底部的风扇作为气体循环的动力,从而完成固化过程的循环加热。[21]

一旦热压罐发生故障,罐内将无法达到预期温度与压力,这会导致复材构件质量受到直接影响,造成孔隙率高、纤维取向性差、厚度不均匀等问题。因此,及时诊断热压罐故障对于保证构件质量具有重要意义。根据本书作者团队在某复材厂的调研,热压罐常见故障分为温度故障、真空故障及冷却故障。本案例主要基于仿真数据对由相关零部件损耗造成热压罐无法正常升温的3种渐发性温度故障进行研究,包括电热丝老化、风扇磨损以及绝热层性能下降故障。

一般地,对热压罐温度故障的监测主要依靠罐内有限个传感器的采集数据。而基于数字孪生的PHM方法将虚拟热压罐仿真的罐内切面温度分布作为新增特征,并与原有物理特征结合,共同作为故障特征支持热压罐故障诊断。下面对数字孪生增强的PHM方法在热压罐故障诊断中的应用进行具体阐述。

9.5.2　模型与方法验证

1. 热压罐数字孪生五维模型构建方法

根据9.3.1节提出的方法流程,首先需构建热压罐数字孪生五维模型,其组成如图9.4所示。

数字孪生增强
的不充分数据
下的热压罐故
障预测

物理设备(PE)指车间的真实热压罐设备,由罐门、罐外壁、罐内壁、风扇、电热丝、冷却装置、安全阀等零部件组成。其中,在罐内壁可部署温度传感器、压力传感器、真空度传感器,分别用于监测罐内温度、压力及真空袋内的真空度。图中的(14)为模具,主要由具有一定厚度的型板与支撑结构构成[22],型板上表面可部署热电偶。由于复材构件在成型过程中由真空袋密封,不直接和罐内空气接触,其受热均匀性主要受型板上表面温度的影响。

虚拟设备(VE)指构建的虚拟热压罐。根据式(4.2),它由G_v、P_v、B_v、R_v等4

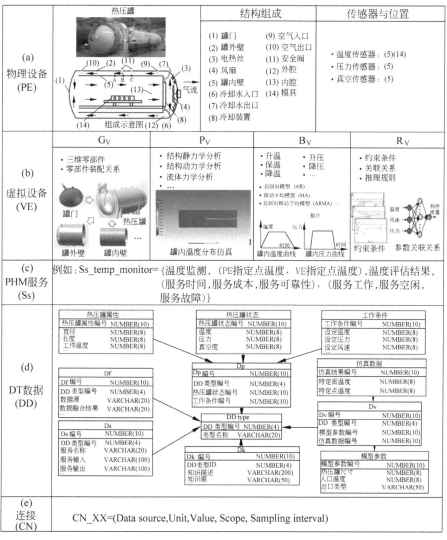

图 9.4　热压罐数字孪生五维模型组成

类模型组成,图 9.4(b)对部分模型进行了展示。其中,G_v 描述热压罐的零部件 3D 模型及其装配关系;P_v 仿真热压罐物理参数,如罐内温度分布、压力分布、空气流速分布;B_v 刻画热压罐升温、保温、降温、加压、降压等系列行为;R_v 包括热压罐属性约束(如罐壁绝热约束)、参数关联关系(如罐内温度、压力、真空度与复材构件质量的关系)等。

服务(Ss)指 PHM 相关服务。图 9.4(c)以温度监测服务为例,给出了描述该服务的五元组,包括功能、输入、输出、质量及状态。

孪生数据(DD)指热压罐的孪生数据。根据式(4.3),DD 包括 D_p、D_v、D_s、D_k、D_f,图 9.4(d)对这 5 类数据的部分数据名称、数据类型及层次关系进行了描述。

连接(CN)指以上各部分间的连接。图9.4(e)中的 CN_XX 代指 CN_PD、CN_PV、CN_PS、CN_VD、CN_VS、CN_SD,尽管这些连接的实现方式不同,但可将它们表示为一个五元组,用于描述连接数据的数据源、单位、数值、取值范围、采样频率。

在本案例中,为了实现对热压罐温度故障的诊断,重点研究了基于 VE 中物理模型 P_v 的罐内温度场仿真。

2. 基于虚拟模型的热压罐温度场仿真

根据9.3节步骤2,基于 P_v 仿真热压罐内温度场分布。根据参考文献[23],热压罐内的温度场存在以下特点:①罐内空间分为流体区域(空气)与固体区域(模具),是一个流固耦合区域;②流体区域与固体区域间存在对流换热,固体区域存在热传导,其中流体与固体间的对流换热通过流固交界的热传导实现;③流体的流动存在湍流现象。

流体流动与热交换遵守质量守恒、动量守恒及能量守恒三大规律,为了模拟热压罐内的流体对流换热与模具固体换热,采用微分形式的质量守恒方程、动量守恒方程及能量守恒方程作为仿真的基本控制方程,具体如下。[22-23]

1) 流体对流换热

质量守恒方程

$$\frac{\partial \rho}{\partial t} + \mathrm{div}(\rho \boldsymbol{U}) = 0 \tag{9.3}$$

动量守恒方程

$$\frac{\partial(\rho u)}{\partial t} + \mathrm{div}(\rho u \boldsymbol{U}) = \mathrm{div}(\eta \times \mathrm{grad}(u)) + S_u - \frac{\partial p}{\partial x} \tag{9.4}$$

$$\frac{\partial(\rho v)}{\partial t} + \mathrm{div}(\rho v \boldsymbol{U}) = \mathrm{div}(\eta \times \mathrm{grad}(v)) + S_v - \frac{\partial p}{\partial y} \tag{9.5}$$

$$\frac{\partial(\rho w)}{\partial t} + \mathrm{div}(\rho w \boldsymbol{U}) = \mathrm{div}(\eta \times \mathrm{grad}(w)) + S_w - \frac{\partial p}{\partial z} \tag{9.6}$$

能量守恒方程

$$\frac{\partial(\rho h)}{\partial t} + \frac{\partial(\rho u h)}{\partial t} + \frac{\partial(\rho v h)}{\partial t} + \frac{\partial(\rho w h)}{\partial t}$$
$$= -p\,\mathrm{div}(\boldsymbol{U}) + \mathrm{div}(\lambda \times \mathrm{grad}(T)) + S_h + \phi \tag{9.7}$$

理想气体状态方程

$$\rho = f(p, T) \tag{9.8}$$

式中,S_u,S_v,S_w 为动量方程的广义源项;ρ 为流体密度;T 为流体温度;$\boldsymbol{U}$ 为流体速度矢量;u,v,w 分别为流体速度在三个方向维度上的分量;h 为流体焓值,与流体压强和流体温度有关,$h = h(p, T)$;η 为流体的动力黏度;S_h 为流体的内热源;p 为流体压力;λ 为流体的导热系数;ϕ 为耗散函数。

2）模具固体换热

$$\frac{\partial \rho_s c_s T_s}{\partial t} = \frac{\partial}{\partial x_j}\left(\lambda \frac{\partial T_s}{\partial x_j}\right) + S_T \qquad (9.9)$$

式中，T_s 为固体温度；ρ_s 为固体密度；c_s 为固体比热；S_T 为固体内部能量源项。

式(9.3)～式(9.9)中共包含 7 个未知量：u,v,w,ρ,T,p,T_s，采用 ANSYS 19.2 数值仿真软件 Fluent 实现对上述 7 个未知量的仿真求解。

如图 9.5 所示，热压罐内温度场仿真主要包括以下几个步骤[24]：

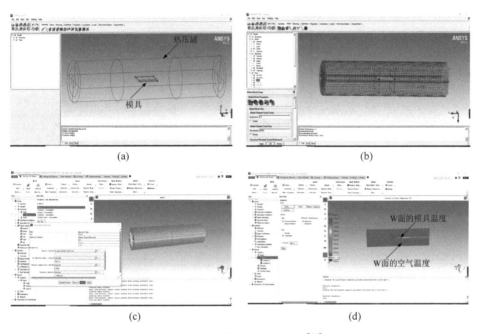

图 9.5　热压罐内温度场仿真[25]

（a）导入/构建几何模型；（b）网格划分与合并；（c）加约束与外载；（d）仿真求解与后处理

（1）在 ANSYS 19.2 的 ICEM 软件中导入或构建热压罐与模具的几何模型，模具简化为型板，未考虑其支撑结构，模具位于罐内部中心位置，如图 9.5(a)所示。

（2）分别对热压罐与模具进行网格划分，如图 9.5(b)所示。为了得到高质量网格，采用 O 型切分划分热压罐网格，同时对模具周围的网格进行加密；将得到的热压罐网格与模具网格合并。

（3）将合并后的网格文件导入 ANSYS 19.2 的 Fluent 中，并对其进行约束与载荷的加载，具体包括计算模型选择、流体（罐内空气）与固体（模具）材料属性设置、流固交界面耦合与类型选择、热压罐入口温度与风速设置、出口类型选择与压力设置等，如图 9.5(c)所示。

（4）对模型进行初始化，并仿真求解，通过后处理可对罐内任一位置和方向的切面温度进行显示。图 9.5(d)展示了升温阶段 $t=1200\text{s}$ 时的 W 面温度分布。W

面经过罐体中心，与该图坐标系中的 X 轴与 Z 轴所在平面平行。可以看出，在 W 面上，空气温度已经升高，且分布基本均匀，但模具升温尚不明显。通过仿真实验发现，W 面空气温度分布能够快速反映热压罐不同状态。例如，热压罐正常时，W 面空气温度分布均匀；而风扇故障时，W 面温度均匀性下降。因此将 W 面温度特征作为故障诊断特征。

图 9.5 所示的三维模拟计算耗时较长。为了降低时间成本，这里将上述仿真简化为二维仿真，即将热压罐圆柱体简化为一个切面（简称 V 面），只计算 V 面温度场，用以代替三维仿真计算的 W 面温度场，其建模与仿真流程同三维类似，具体如图 9.6 所示。

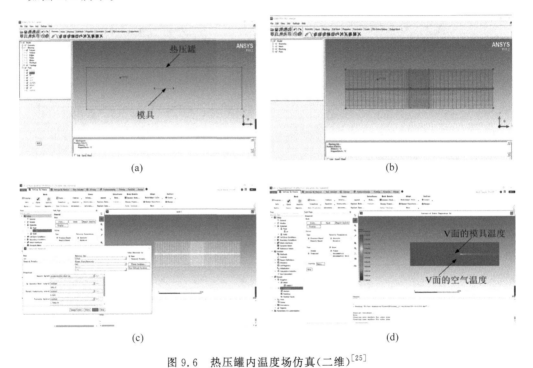

(a)　　　　　　　　　　　　　　　　(b)

(c)　　　　　　　　　　　　　　　　(d)

图 9.6　热压罐内温度场仿真（二维）[25]

（a）导入/构建几何模型；（b）网格划分与合并；（c）加约束与外载；（d）仿真求解与后处理

在相同温度与压力条件下，基于三维模型模拟计算的 W 面与基于二维模型模拟计算的 V 面空气最高温度、最低温度、平均温度如图 9.7(a)～(c)所示。由于二者计算结果基本一致，认为简化过程是合理的。因此，本案例后续的仿真数据基于简化的二维模型模拟计算。

接着，根据 9.3 节步骤 3，对 PE 采集数据与 VE 对应的仿真数据进行一致性比较。在升温阶段，假设温度与压力工艺曲线如图 9.8 所示，在此工作条件下，关注热压罐正常状态、电热丝故障、风扇故障、绝热层失效几种情况。热压罐运行正常时，罐内风速为 1m/s，罐外壁绝热；若电热丝故障，则罐内电热丝产生的热量较

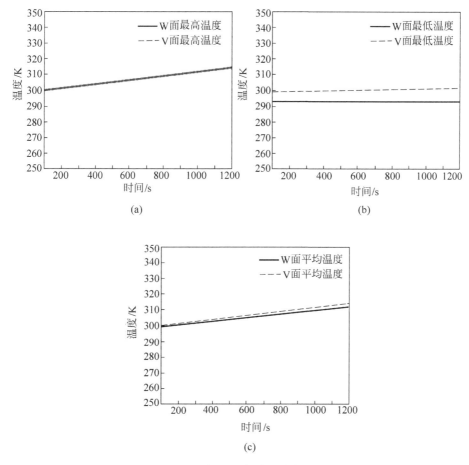

图 9.7　W 面与 V 面部分温度变量比较

（a）空气最高温度；（b）空气最低温度；（c）空气平均温度

低；若风扇故障,则罐内风速降低；若罐壁绝热层失效,则罐壁散热增强。

　　在判断 PE 与 VE 的一致性时,可使用采集的罐内壁 A 点（见图 9.4(a)）温度表示 PE 状态；相应地,基于 VE 二维仿真模拟计算 V 面温度分布,并在 V 面监测 A 点仿真温度,用以表示 VE 状态。若 A 点仿真温度与 A 点采集温度的相对误差在设定范围内,则可认为 PE 与 VE 一致。若 PE 与 VE 一致,按照 9.3 节转至步骤 4,将 PE 的 A 点平均温度、温度斜率与热压罐的正常水平作比较。若当前水平与正常水平的差值超出阈值,则认为热压罐故障,需转至步骤 6 判断具体故障。

3. 基于孪生数据的热压罐故障诊断

　　假设在故障状态下,从 PE 采集的 A 点数据与从 VE 仿真的 A 点数据一致,根据步骤 6,同时融合 PE 的温度特征与 VE 的温度特征进行故障诊断。这里需要说明的是,由于热压罐发生故障的情况在实际生产中占比相对较少,会导致热压罐故

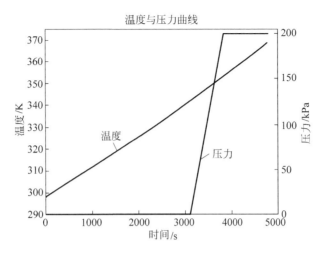

图 9.8　升温阶段工艺曲线

障状态下 PE 数据量不充分。为了完成对提出方法的验证，本案例后续使用的 PE 的 A 点温度是基于仿真得到的。

从 PE 方面，使用 A 点温度平均值(f_1)与斜率(f_2)作为故障诊断的两个特征。从 VE 方面，分别仿真热压罐在电热丝故障、风扇故障、绝热层失效情况下的罐内 V 面温度分布，目的是得到难以直接测量的参数，用以进一步丰富故障特征。图 9.9 展示了在升温阶段的第 1200s，热压罐正常状态及 3 种故障状态下的 V 面

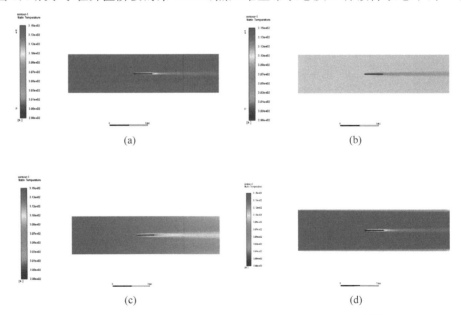

图 9.9　不同状态下的热压罐 V 面温度分布($t=1200\text{s}$)[25]

（a）热压罐正常状态；（b）热压罐电热丝故障；（c）热压罐风扇故障；（d）热压罐绝热层失效

温度分布。与热压罐正常状态对比(图 9.9(a)),电热丝故障时,罐内空气温度整体低于正常水平(图 9.9(b));风扇故障时,罐内温度分布均匀性变低(图 9.9(c));绝热层失效时,罐壁附近出现明显低温(图 9.9(d))。为了反映上述特点,引入 VE 仿真的 V 面空气温度平均值(f_3)、空气温度标准差(f_4)、空气温度最低值(f_5)、空气温度最高值(f_6)作为 VE 提供的特征。

使用极限学习机(extreme learning machine,ELM)[26]融合上述 PE 特征与 VE 特征,并建立特征与不同故障类型间的关联关系。ELM 是一种单隐层前馈神经网络,具有快速的学习能力与良好的泛化能力,它包括 1 个输入层、1 个输出层及 1 个隐藏层。如图 9.10(a)所示,在数字孪生驱动的热压罐故障诊断中,采用的 ELM 输入层有 6 个神经元,输出层有 1 个神经元,隐藏层有 40 个神经元;输入权重与隐藏层神经元偏置随机产生;使用 Sigmoid 激励函数。该网络的输入为 $f_1 \sim f_6$,其中,f_1 和 f_2 是 PE 提供的特征(图 9.10(b)),$f_3 \sim f_6$ 是 VE 提供的特征(图 9.10(c))。输出为故障类型,如图 9.10(d)所示。在本案例中,通过仿真得到模型测试与训练样本,每组样本由 $f_1 \sim f_6$ 及其对应的故障类型(由 s 表示)构成,$s=1$ 代表电热丝故障,$s=2$ 代表风扇故障,$s=3$ 代表绝热层失效。

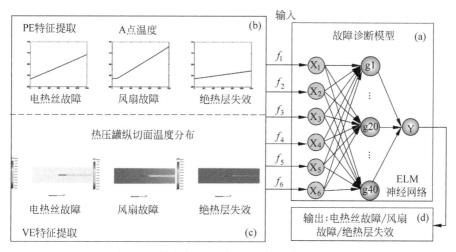

图 9.10　数字孪生驱动的热压罐故障诊断模型

在维修阶段,按照 9.3 节步骤 7,可根据 VE 仿真结果设计维修策略。假设当前故障类型诊断为风扇故障,根据罐内温度分布特征,可采取适当提高罐内压力、降低升温速度的方式改变温度场分布,使之逼近理想状态。提升后的压力与降低后的升温速度参数可在 VE 上进行仿真验证,若满足生产要求则在 PE 上执行。

9.5.3　结果分析

为了说明数字孪生方法的优越性,本节对使用与未使用数字孪生两种情况下的模型故障识别准确率进行比较。未使用数字孪生的方法同样借助 ELM 神经网络建立故障特征与故障类型间的关系。该网络与图 9.10 具有相同的输出层与隐藏层,但是输入层只有 PE 提供的两个特征,即 f_1、f_2,缺少对 VE 特征的考虑。两种方法的故障诊断模型训练与测试结果见表 9.1 与表 9.2。

表 9.1　热压罐故障诊断模型的训练准确率　　　　　　　　　　%

方法	准确率		
	电热丝故障	风扇故障	绝热层失效
使用数字孪生	93	97	100
未使用数字孪生	80	83	100

表 9.2　热压罐故障诊断模型的测试准确率　　　　　　　　　　%

方法	准确率		
	电热丝故障	风扇故障	绝热层失效
使用数字孪生	80	100	100
未使用数字孪生	70	80	90

结果表明,在使用数字孪生的方法中,模型在训练与测试阶段的准确率均有所提升,特别是对电热丝故障与风扇故障的识别准确率明显升高。这是因为在升温阶段,在电热丝故障与风扇故障的情况下,可能会出现 A 点温度值与斜率较为相似的样本,因此仅凭 PE 特征 f_1 和 f_2 可能会将其故障类型混淆。而 VE 特征 $f_3 \sim f_6$ 的加入可从更加全面的角度对两类故障进行描述。在这两种故障下,VE 提供的空气温度标准差(f_4)和空气温度最低值(f_5)均有较明显区别,这有利于进一步区分二者的故障类型,提高故障识别的准确率。

本章小结

本章在 DTS 的环境下研究车间设备的故障监测、诊断及预测,提出了一种数字孪生增强的设备 PHM 方法,对该方法中设备数字孪生虚实交互与进化、虚实不一致原因判断、基于孪生数据融合的设备故障预测与诊断等关键步骤进行了分析,最后以复材加工车间中的热压罐设备故障为例,对提出的方法进行了验证与分析。

参考文献

[1] JOUIN M, GOURIVEAU R, HISSEL D, et al. Prognostics and health management of PEMFC—State of the art and remaining challenges[J]. International Journal of Hydrogen Energy,2013,38(35):15307-15317.

［2］　ZHU S P,HUANG H Z,PENG W,et al. Probabilistic physics of failure-based framework for fatigue life prediction of aircraft gas turbine discs under uncertainty［J］. Reliability Engineering & System Safety,2016,146：1-12.

［3］　朱兴统.基于核主成分分析和朴素贝叶斯的滚动轴承故障诊断[J].现代计算机（专业版），2019(9)：18-22.

［4］　SHAO H,CHENG J,JIANG H,et al. Enhanced deep gated recurrent unit and complex wavelet packet energy moment entropy for early fault prognosis of bearing[J]. Knowledge-Based Systems,2020,188,DOI：https：//doi-org-443. e2. buaa. edu. cn/10. 1016/j. knosys. 2019. 105022.

［5］　MA J,WU J,WANG X. Incipient fault feature extraction of rolling bearings based on the MVMD and Teager energy operator[J]. ISA Transactions,2018,80：297-311.

［6］　XING K,ACHICHE S,MAYER J. Five-axis machine tools accuracy condition monitoring based on volumetric errors and vector similarity measures［J］. International Journal of Machine Tools and Manufacture,2019,138：80-93.

［7］　JUNG D. Engine fault diagnosis combining model-based residuals and data-driven classifiers ［J］. IFAC-PapersOnline,2019,52(5)：285-290.

［8］　WAN S,LI D,GAO J,et al. A knowledge based machine tool maintenance planning system using case-based reasoning techniques ［J］. Robotics and Computer-Integrated Manufacturing,2019,58：80-96.

［9］　GAO R,WANG L,TETI R,et al. Cloud-enabled prognosis for manufacturing[J]. CIRP Annals,2015,64(2)：749-772.

［10］　DA SILVA A F,OHTA R L,DOS SANTOS M N,et al. A cloud-based architecture for the internet of things targeting industrial devices remote monitoring and control[J]. IFAC-PapersOnLine,2016,49(30)：108-113.

［11］　LEE H. Framework and development of fault detection classification using IoT device and cloud environment[J]. Journal of Manufacturing Systems,2017,43：257-270.

［12］　DEUTSCH J,HE D. Using deep learning-based approach to predict remaining useful life of rotating components［J］. IEEE Transactions on Systems,Man,and Cybernetics：Systems,2017,48(1)：11-20.

［13］　LEE J,BAGHERI B,KAO H A. A cyber-physical systems architecture for industry 4. 0-Based manufacturing systems[J]. Manufacturing Letters,2015,3：18-23.

［14］　LIU C,XU X. Cyber-physical machine tool-the era of machine tool 4. 0［J］. Procedia CIRP,2017,63：70-75.

［15］　ZINNIKUS I,ANTAKLI A,KAPAHNKE P,et al. Integrated semantic fault analysis and worker support for cyber-physical production systems[C]. 2017 IEEE 19th Conference on Business Informatics (CBI),July 24-27,2017,Thessaloniki,Greece,2017,1：207-216.

［16］　PENNA R,AMARAL M,ESPÍNDOLA D,et al. Visualization tool for cyber-physical maintenance systems ［C］. 2014 12th IEEE International Conference on Industrial Informatics (INDIN),July 27-30,2014,Porto Alegre,Brazil,2014：566-571.

［17］　TAO F,ZHANG M,LIU Y,et al. Digital twin driven prognostics and health management for complex equipment[J]. CIRP Annals,2018,67(1)：169-172.

［18］　TAO F,ZHANG M,NEE A Y C. Digital twin driven smart manufacturing ［M］.

Elsevier,2019.

[19] 张萌.数字孪生车间及关键技术[D].北京：北京航空航天大学,2020.

[20] 叶燕清,杨克巍,姜江,等.基于加权动态时间弯曲的多元时间序列相似性匹配方法[J].模式识别与人工智能,2017,30(4)：314-327.

[21] 贾云超,关志东,李星,等.热压罐温度场分析与影响因素研究[J].航空制造技术,2016(Z1)：90-95.

[22] 花蕾蕾,安鲁陵,匡海华,等.复合材料构件热压罐成型模具温度均匀性分析[J].南京航空航天大学学报,2019,51(3)：357-365.

[23] 张铖.大型复合材料结构热压罐工艺温度场权衡设计[D].哈尔滨：哈尔滨工业大学,2009.

[24] ZHANG M,TAO F,HUANG B,et al. A physical model and data-driven hybrid prediction method towards quality assurance for composite component[J]. CIRP Annals, 2021, 70(1)：115-118.

[25] WANG Y,TAO F,ZHANG M,et al. Digital twin enhanced fault prediction for the autoclave with insufficient data[J]. Journal of Manufacturing Systems,2021,60：350-359.

[26] HUANG G B,ZHOU H M,DING X J,et al. Extreme learning machine for regression and multiclass classification[J]. IEEE Transactions on Systems,Man,and Cybernetics,Part B：Cybernetics,42(2)：513-529.

第 10 章

数字孪生车间生产过程参数选择决策方法与技术

决策在车间生产中无处不在,贯穿于整个生产管理过程。其中,生产过程参数选择决策是常见问题之一,通过合理选择生产过程参数取值水平,能够实现产品质量、生产成本、生产时间、产量、能耗等系列指标的优化。它既包括单个生产要素过程参数的选择决策,如设备工艺参数(温度、压力、风速)、物料配送参数(如库存量、配送量、使用速度)、人员工作参数(如工作时间、空闲时间)的选择决策,也包括由多个生产要素构成的系统甚至复杂系统过程参数的选择决策。在数字孪生车间信息物理融合环境下,如何利用模型、仿真数据、融合数据增强传统的生产过程参数选择决策方法是本章关注的重点。结合本书作者团队相关工作,本章首先设计了数字孪生增强的生产过程参数选择决策方法流程,接着对基于数字孪生的评价指标构建、备选方案拟定与方案实施反馈关键技术进行重点阐述,最后以复材加工车间的热压罐成型工艺为例,对提出的方法进行了验证与分析。

10.1 生产过程参数选择决策研究概述

决策是从一组备选方案中选出最佳方案的过程。如图 10.1 所示,决策涉及5 个步骤:[1]①搜索信息以确定需要决策的问题;②确定决策目标及其评价指标;③根据决策目标尽可能地拟定可行的备选方案;④从备选方案中选出能最大程度实现决策目标的最佳方案;⑤执行最佳方案。生产过程参数选择决策一直是生产中备受关注的问题,这是因为它能够对产品质量、生产成本、生产时间、能耗等一系列相互联系又相互制约的响应指标产生显著影响。

传统生产过程参数选择一般采用试错法,即通过连续改变过程参数的数值,试验各响应指标趋近生产目标的程度,并根据试验结果不断调整参数设置。然而,由于过程参数数量较多,并且响应指标关系复杂,试错法工作量大、效率低。为了改善上述情况,智能算法、虚拟仿真、实时数据等被逐渐应用于生产过程参数选择决策中。

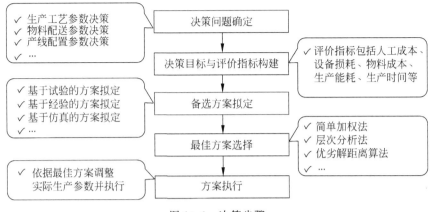

图 10.1　决策步骤

1. 基于算法的过程参数选择决策

在过程参数选择决策中,优劣解距离算法(technique for order preference by similarity to an ideal solution,TOPSIS)、决策试验和评价试验法(decision-making trial and evaluation laboratory,DEMATEL)等主要用于评估备选方案与理想解的差距;层次分析法(analytic hierarchy process,AHP)、加权灰色关联分析法等为不同响应指标分配重要性权重;量化公式、神经网络等可用于估测不同参数组合下的响应指标值。例如,针对微细电火花加工,Tiwary 等[2]采用模糊 TOPSIS 计算不同过程参数(如脉冲开启时间、峰值电流、间隙电压)配置下,材料切削速度、工具磨损速度、过切量等响应指标与理想水平的接近系数。伍晓榕等[3]提出了一种绿色工艺参数选择决策方法,首先运用 DEMATEL 模型确定污染面积、能耗、电解质耗量等各响应指标的关联性与权重矩阵,再计算响应指标在不同水平的电流峰值、脉冲时间、电解质液面高度及冲油压力下的综合得分。Kumar 等[4]分别采用 AHP、等权法及熵权法对粗车削作业的能耗、表面粗糙度、材料去除率进行权重分配,以确定粗车削中的最佳刀尖半径、切削速度、进给速度及切削深度。Gowd 等[5]利用神经网络计算不同参数取值组合下的切削力与零件温度水平,支持车削过程参数的优选。

2. 基于仿真的过程参数选择决策

由于使用数学算法描述复杂的生产过程往往面临很大困难,因此仿真技术成为构建并求解复杂系统的有效方法。基于仿真的决策能够对系统行为、状态转换、输入输出等进行反复系统地模拟,在清晰复现系统运行与变化过程的同时,大大降低传统物理试验的成本。Kitayama 等[6]针对注塑成型工艺,采用有限元仿真对不同熔体温度、模具温度、注塑时间、保压压力、保压时间及冷却时间等过程参数下的在制品变形度与夹紧力进行了模拟。Patro 和 Pradhan[7]利用有限元仿真求解了不同焊接电流、电压、焊接速度、气体流量等过程参数取值下的焊管温度分布与残余应力分布,从而支持最优焊接工艺参数的选择。Sachidananda 等[8]利用离散事件仿真对大批量生产与小批次生产两种不同的生物制药方式进行了仿真实验,目的是实现对制造时间、操作人员数量及操作人员利用率的优化。Padhi 等[9]利用离散事件仿真模拟了机加工过程中不同刀具寿命、刀具轮换周期、检查频率等参数对生产效率的影响。

3. 基于实时数据的过程参数选择决策

随着物联网、传感器网络等先进数据采集技术的发展,实时数据被引入过程参数选择决策中。Bärring 等[10]结合 5G 技术与磨床设备本身的控制系统,实时采集磨床电机温度、电机转矩、电机振动、滑块位置等数据,在此基础上操作者可实时调整加工过程参数。Guo 等[11]基于 RFID 采集车间各工作站的实时生产数据,如工件的加工开始时间与结束时间,并根据实时数据对订单分配与处理顺序等参数进行调整,实现了对生产效率、成本、生产废料等响应指标的优化。Tapoglou 等[12]基于传感器网络采集的设备和刀具实时数据,提出了一种切削参数在线选择优化方法。Wang[13]提出了一种基于互联网的设备可用性监测与生产过程规划分层系统,该系统可在本地或远程实时监测金属切削期间设备的可用性,并在此基础上动态调整生产过程,包括刀具选择优化、加工顺序优化、加工参数配置等。

虽然现有工作已将各类算法、模型仿真、物理车间实时数据应用于生产过程参数选择决策中,但目前仍存在支持方案评价的数据不全面,对备选方案的定量分析不足,以及实际方案与模型仿真的预期方案偏差大的问题。工艺过程参数选择决策是 DTS 的关键技术之一。在 DTS 的信息物理融合环境下,如何利用模型、仿真数据以及真实数据与仿真数据的融合数据增强传统的生产过程参数选择决策方法是本章重点解决的问题。结合本书作者团队相关工作[14],本章首先设计数字孪生增强的生产过程参数选择决策方法流程;接着,对基于数字孪生的评价指标构建、备选方案拟定与方案实施反馈技术进行重点阐述;最后,以复材加工车间的热压罐成型工艺为例,针对罐内升温速度、降温速度、压力、风速等过程参数的选择决策问题,对提出的方法进行验证与分析。

10.2　生产过程参数选择决策问题分析

在过程参数选择决策问题中,过程参数为决策变量,表示为 $P = \{p_x \mid 1 \leqslant x \leqslant s\}$,其中,$p_x$ 表示第 x 个过程参数,s 为参数个数。p_x 的不同水平取值表示为 $P_x = \{p_{xx_j} \mid 1 \leqslant x \leqslant s, 1 \leqslant x_j \leqslant x_l, \}$,$p_{xx_j}$ 为 p_x 的第 x_j 个取值,x_l 为取值个数。假设备选方案集为 $A = \{A_j \mid 1 \leqslant j \leqslant m\}$,$A_j$ 代表第 j 个备选方案,则 $A_j = \{p_{11_j} \cdots p_{xx_j} \cdots p_{ss_j}\}$,$p_{xx_j} \in P_x$,$m$ 为方案个数。

决策目标体系是分层结构,第 1 层为总目标 O,即生产过程参数优选;第 2 层

设 n 个分目标,即 $O_1, \cdots, O_i, \cdots, O_n$,如提高产品质量、提高产量、降低生产成本、降低生产时间等;第 3 层可针对各分目标继续设置其子目标;以此类推,最底层子目标由多个属性(评价指标)进行描述,如人工成本、设备损耗、设备能耗等。不同备选方案对应指标值不同,这就导致各方案对目标实现程度的差异,由此可评价各方案的优劣。假设有 f 个评价指标,A_j 对应的各指标数值表示为 $I_j = \{I_{1j}, \cdots, I_{kj}, \cdots, I_{fj}\}$。$S_{kj}$ 代表 I_{kj} 规范后的数值,表示为

$$S_{kj} = \left| \frac{I_{kj} - I_{kj\_basic}}{I_{kj\_best} - I_{kj\_basic}} \right| \tag{10.1}$$

I_{kj_basic} 代表 I_{kj} 的及格值,I_{kj_best} 代表 I_{kj} 的最佳值,$0 \leqslant S_{kj} \leqslant 1$,$S_{kj}$ 越大表明对应的评价指标越优。各指标关于总目标 O 的优先权重分别为 $\beta_1, \cdots, \beta_k, \cdots, \beta_f$,则式(10.2)为决策目标函数:

$$\sum_{k=1}^{f} \beta_k \times S_{kj} \tag{10.2}$$

使目标函数取值最优的方案即为最佳方案 A_b。

此外,在生成备选方案时,往往对各方案的过程参数值与评价指标值有一定的范围约束。假设过程参数 p_x 的最大与最小阈值分别为 p_{x_max} 和 p_{x_min},第 k 个评价指标的最大与最小阈值分别为 I_{k_max} 和 I_{k_min},则须满足以下条件:

$$p_{x\_min} \leqslant p_x \leqslant p_{x\_max} \tag{10.3}$$

$$I_{k\_min} \leqslant I_{kj} \leqslant I_{k\_max} \tag{10.4}$$

10.3 数字孪生驱动的生产过程参数选择决策方法

为了解决上述生产过程参数选择问题,本节提出了数字孪生增强的过程参数选择决策方法框架与流程,如图 10.2 所示。

如图 10.2(a)所示,该流程可分为 3 个阶段,即信息收集阶段、方案设计与选择阶段、最佳方案实施反馈阶段,对各阶段步骤描述如下:

步骤 1 数字孪生建模与校正。根据数字孪生五维模型构建方法,建立生产过程涉及的单个或多个物理实体(如设备、物料、人员、工具)的数字孪生五维模型。完成建模后,一方面调整 VE 模型参数使其准确描述 PE,另一方面尽量排查并消除 PE 及其工作环境中的不确定扰动因素;此外,检查连接,保证五维模型各组成部分间的可靠通信。

步骤 2 仿真与交互。将当前实施的生产方案(表示为 A_0)的过程参数取值加载到 VE,启动模型仿真,保持 VE 仿真数据与对应的 PE 实际数据的交互比较。

步骤 3 PE 与 VE 一致性判断。根据 9.3 节的步骤 3 判断 PE 与 VE 数据的一致性。若 PE 与 VE 一致,则转至步骤 4;否则,转至步骤 1 进行模型校正。由于第 9 章对设备故障进行了重点讨论,这里未考虑设备故障情况。

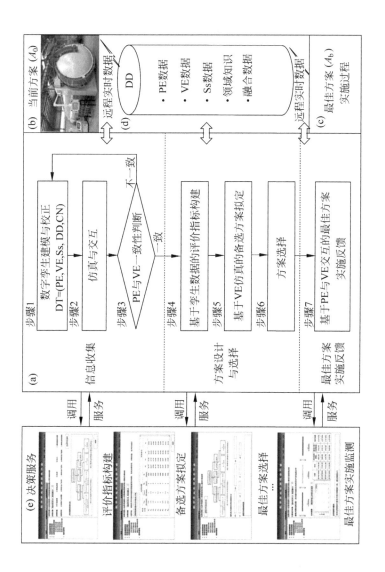

图 10.2　数字孪生增强的生产过程参数选择决策方法框架与流程

步骤 4 基于孪生数据的评价指标构建。在 PE 与 VE 达到一致的前提下,根据 PE 数据与可通过仿真计算的 VE 数据构建备选方案评价指标集 I,具体方法见 10.4.1 节。这里,将评价指标分为 3 类：基于 PE 数据的指标集 R、基于 VE 数据的指标集 V、基于 PE 与 VE 融合数据的指标集 D。

步骤 5 基于 VE 仿真的备选方案拟定。利用 VE 模型,对过程参数进行单因素变化的模拟计算,由此筛选出与评价指标密切相关的过程参数；接着,根据当前方案 A_0 的评价指标值,有针对性地对过程参数取值范围进行优化；基于优化后的参数个数及取值范围生成 m 个备选方案 $\{A_1, A_2, \cdots, A_m\}$；基于 VE 模型,仿真计算各备选方案对应的评价指标值及其规范值 S_{kj}。具体方法见 10.4.2 节。

步骤 6 方案选择。计算分层结构决策目标体系中各层子目标关于上层目标的优先权重,以及评价指标关于最底层子目标的优先权重,最后得出评价指标关于总目标 O 的优先权重,即 $\beta_1, \cdots, \beta_k, \cdots, \beta_f$。结合步骤 5 计算的 S_{kj},根据式(10.2)计算 A_j 的总评价值,取值最高的方案为最佳方案 A_b。

步骤 7 基于 PE 与 VE 交互的最佳方案实施反馈。基于 PE 与 VE 的连续交互,一方面对 A_b 不断优化,另一方面对 A_b 的实际执行过程进行动态调整。具体方法见 10.4.3 节。

以上步骤均由孪生数据(DD)驱动(图 10.2(d))。其中,DD 包括了 A_0 实施过程(图 10.2(b))与 A_b 实施过程(图 10.2(c))的现场数据,前者主要支持信息收集、方案设计与选择,后者主要支持 A_b 的实施反馈。决策过程涉及的部分服务如图 10.2(e)所示,包括评价指标构建服务、备选方案拟定服务、最佳方案选择服务、最佳方案实施监测服务等。

10.4　数字孪生驱动的生产过程参数选择决策关键技术

本节对提出的数字孪生增强的生产过程参数选择决策方法关键技术进行具体阐述。

10.4.1　基于孪生数据的评价指标构建

全面性对于评价指标十分重要。全面的评价指标能够悉数反映各方案在不同属性上表现出的特点与差异,有利于决策者进一步的判断与方案选择；反之,若评价指标不够完善,则可能带来一部分因素被忽略,而另一部分因素作用过分突出的问题,导致方案评价结果不科学。引入孪生数据能够同时获得 PE 真实数据和 VE 仿真数据,两类数据相互补充,从而更全面地对各方案进行多视角的衡量。基于孪生数据的评价指标可以分为 3 类,定义如下。

(1) 基于 PE 数据的 R 类指标($R = \{r_y \mid 1 \leqslant y \leqslant a\}$,$r_y$ 为 R 的第 y 个指标,a 为指标个数)：在掌握 PE 属性规格数据、运行数据、环境数据等的基础上,运用经

验公式或推理逻辑等构建的指标。例如,R 类指标可包括基于设备工作时间、空闲时间、耗电量、电费单价等 PE 数据构建的设备折旧费用、电费、人工费用等与成本相关的评价指标。

(2) 基于 VE 数据的 V 类指标($V = \{v_z \mid 1 \leqslant z \leqslant b\}$,$v_z$ 为 V 的第 z 个指标,b 为指标个数):利用 VE 仿真生产流程、物理状态变化、行为活动等得到难以直接测量或计算的 VE 仿真数据,在掌握仿真数据的基础上,运用经验公式或推理逻辑等构建的指标。例如,V 类指标可包括基于静力学、流体力学等 VE 仿真数据构建的在制品最大变形、最大应力及受热均匀性等与质量相关的评价指标。

(3) 基于 PE 与 VE 融合数据的 D 类指标($D = \{d_g \mid 1 \leqslant g \leqslant c\}$,$d_g$ 为 D 的第 g 个指标,c 为指标个数):同时基于 PE 数据与 VE 数据,利用加权平均、模糊推理、神经网络等融合算法与规则综合两种数据构建的指标。例如,D 类指标可包括基于振动、电压、电流等 PE 数据与应力、应变等 VE 仿真数据构建的设备健康状态相关评价指标。

如图 10.3(a)所示,在分层目标体系中,基于孪生数据的 3 类指标对最底层目标进行评价,一般而言,现有决策研究中的评价指标多属于 R 类指标(如图 10.3(a)中涂了阴影的框),如生产时间、成本,而孪生数据的引入使评价指标中增加了 V 类指标与 D 类指标(如图 10.3(a)中虚线框),这有利于对各方案的多维属性进行更全面的评价。评价指标的构建流程如图 10.3(b)所示。首先根据最底层子目标,尽可能多地列举其评价指标;接着,保留能够基于可用的 PE 与 VE 数据计算或推理的指标(包括 R 类、V 类、D 类指标),并确定这些指标的计算方法;当某个子目标对应的评价指标个数较多时,根据式 $\rho_{XY} = \dfrac{\text{cov}(X, Y)}{\sigma_X \sigma_Y}$ 计算不同指标间的相关性,其中,X 与 Y 分别表示任意两个指标的时间序列,$\text{cov}(X, Y)$ 为二者的协方差,σ_X 为 X 的标准差,σ_Y 为 Y 的标准差,并约简相关性高的指标;最后,检验约简后保留的指标能否表达主要信息量。[15] 若能,则完成评价指标构建,否则转至指标约简步骤再次优化调整。

10.4.2　基于虚拟模型仿真的备选方案拟定

由于 A_0 在某些评价指标上与预期目标存在差距,因此需尽可能地拟定多个可行的高质量备选方案,以期从中选出最佳方案 A_b 减小该差距。

备选方案拟定过程中,主要依靠 VE 仿真计算过程参数在不同取值组合下对应的 R 类、V 类、D 类指标。对于 R 类指标,假设已知一组过程参数值(属于 PE 数据),通过直接将该组过程参数代入经验公式(如 VE 中的能耗计算公式)计算即可;对于 V 类指标,通过 VE 仿真该组过程参数下的生产流程、物理过程、行为活动等模拟计算;对于 D 类指标,利用 VE 中的数据融合模型与规则,综合 VE 仿真数据与 PE 数据计算。基于 VE 仿真的备选方案拟定过程不会对实际生产造成影

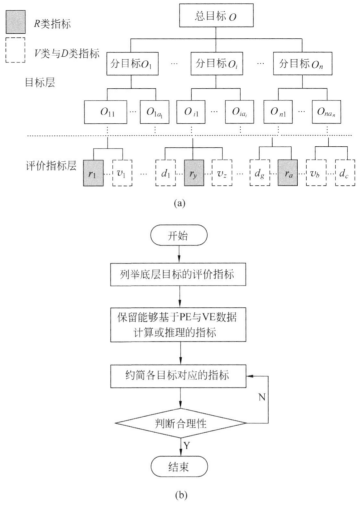

图 10.3　基于孪生数据的评价指标构建

（a）评价指标分类；（b）构建流程

响，且有利于缩短决策周期，避免资金和人力的浪费，具体流程如图 10.4 所示。

首先，基于 VE 仿真对过程参数 p_x 进行单因素变化的模拟计算，即仿真某一参数取值发生变化而其他参数保持不变情况下的 R 类、V 类、D 类指标值。使用 $|s_{kx}|=\dfrac{\Delta I_k}{\Delta p_x}$ 计算指标 I_k 对 p_x 的敏感度，这里 I_k 代表 R 类、V 类、D 类中的任一指标，$1\leqslant k\leqslant f$，$f=a+b+c$，Δp_x 代表 p_x 的变化量，ΔI_k 代表在其他过程参数不变的前提下，由 Δp_x 导致的 I_k 的变化量。$|s_{kx}|$ 值越大，I_k 对 p_x 的变化越敏感。若 p_x 针对各指标计算的 $|s_{kx}|$ 均小于阈值 T_k，则认为 p_x 对各指标影响均较小，将 p_x 剔除。最后，保留的过程参数集合表示为 $P=\{p_x\,|\,1\leqslant x\leqslant s\}$，$s$ 为参数

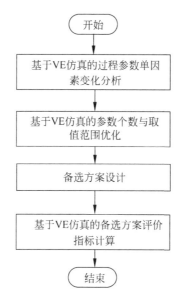

图 10.4　基于 VE 仿真的备选方案拟定

个数。

接着,假设当前实施方案 $A_0 = \{p_{10}, \cdots, p_{x0}, \cdots, p_{s0}\}$, $p_{10}, \cdots, p_{x0}, \cdots, p_{s0}$ 分别表示过程参数 $p_1, \cdots, p_x, \cdots, p_s$ 的取值。利用 VE 仿真计算 A_0 的 R 类、V 类、D 类指标值,并将其表示为 $I_0 = \{I_{10}, \cdots, I_{k0}, \cdots, I_{f0}\}$。根据约束式(10.4)对 A_0 指标值进行评估,若 $I_{k0} > I_{k\_max}$,则在生成备选方案时,可适当将与 I_k 正相关的过程参数(假设为 p_x)可能取值定在小于当前取值(p_{x0})的水平,将与 I_k 负相关的过程参数可能取值定在大于当前取值的水平。若 $I_{k0} < I_{k\_min}$,则在生成备选方案时,可适当将与 I_k 正相关的过程参数(假设为 p_x)可能取值定在大于当前取值(p_{x0})的水平,将与 I_k 负相关的过程参数可能取值定在小于当前取值的水平。

根据正交实验设计法,对各参数的可能值进行组合,生成 m 个备选方案$\{A_1, A_2, \cdots, A_m\}$。最后,基于 VE 仿真计算各备选方案的 R 类、V 类、D 类指标值,将任一备选方案 A_j 的指标值表示为 $I_j = \{I_{1j}, \cdots, I_{kj}, \cdots, I_{fj}\}$。

10.4.3　基于虚实交互的方案实施反馈

在最佳方案 A_b 实施中,可能会出现拟订方案时未曾考虑的干扰,因此需对实施过程进行追踪修订。基于数字孪生的最佳方案实施反馈的基础是 PE 与 VE 的双向交互。VE 数据描述 A_b 的预期执行过程(表示为 A_{be}),PE 数据反映 A_b 的实际执行过程(表示为 A_{ba}),通过二者数据的不断对比,确定实际与预期间的偏差,然后再根据偏差适时修正 A_{be} 与 A_{ba}。这是一个双向优化,具体流程如图 10.5 所示。

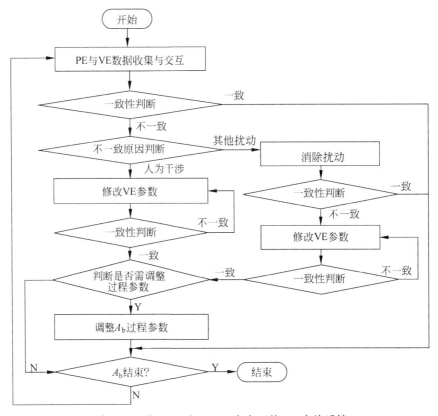

图 10.5　基于 PE 与 VE 双向交互的 A_b 实施反馈

首先,选出 h 个既可从 PE 实时采集,又可利用 VE 仿真求解的变量。将 PE 采集的变量表示为 $Q=\{q_u\,|\,1\leqslant u\leqslant h\}$,将 VE 仿真的变量表示为 $Q'=\{q'_u\,|\,1\leqslant u\leqslant h\}$。一方面,从备选方案拟定步骤对 m 个方案的仿真中直接调用对方案 A_b 的仿真,并监测 Q' 中变量的值,以此表示 A_{be} 过程。另一方面,在 A_b 实施时,采集 Q 中变量的真实值,以此表示 A_{ba} 过程。

接着,判断 A_{be} 与 A_{ba} 的一致性。设置阈值 T_s,在某一时刻,若

$$\frac{\sqrt{\sum_{u=1}^{h}(q_u-q'_u)^2}}{\sqrt{\sum_{u=1}^{h}q_u^2}}\geqslant T_s$$,则判定 A_{be} 与 A_{ba} 不一致,否则二者一致。当二者一致

时,说明 A_{ba} 按照 A_{be} 预定义的过程进行,此时不需任何调整。若二者不一致,需根据 9.4.2 节进行不一致原因判断。首先,确认不一致是否由已知的人为干涉引起(因生产要求变化,人为改变生产过程参数),若是,则直接确定不一致原因。否则,不一致由作用于 PE 的未知扰动引起,如环境变化、人员误操作等。这时,需将表征 A_{ba} 状态的 Q 中变量的当前时间序列与不同扰动作用下各变量历史时间序

列进行相似性比较,相似性最高的确定为当前扰动因素(见 9.4.2 节)。

　　然后,根据不一致原因,分情况校正 VE 参数或消除 PE 上的干扰,直至二者重新恢复一致。利用校正后的 VE 重新仿真计算当前生产过程的 R 类、V 类、D 类指标值,若某个指标值超出阈值,则对相关过程参数的当前取值进行微调。为了更清楚地阐述该过程,图 10.6 对人为干涉与其他扰动情况下的 A_{ba} 与 A_{be} 变化过程进行了分类说明,图中 A_{ba0} 与 A_{be0} 分别表示初始的 A_{ba} 与 A_{be},当 A_{ba} 由于人为干涉或其他扰动作用于 PE 而发生变化时,将其状态依次表示为 A_{ba1}、A_{ba2}、A_{ba3}。相似地,当 A_{be} 由于 VE 参数校正而变化时,将其状态依次表示为 A_{be1}、A_{be2}、A_{be3}。

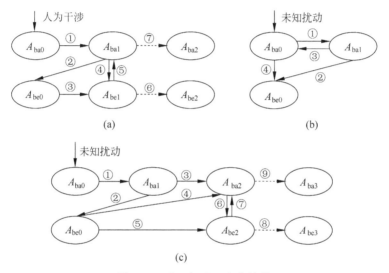

图 10.6　A_{ba} 与 A_{be} 变化过程

(a) 已知人为干涉的作用过程;(b) 未知扰动的作用过程(扰动对 A_{ba} 的作用能完全消除);

(c) 未知扰动的作用过程(扰动对 A_{ba} 的作用未能完全消除)

　　如图 10.6(a)所示,①在人为干扰(因生产需求,人为改变过程参数)的作用下,A_{ba0} 过程参数发生变化,记为 A_{ba1};②通过一致性比较,发现 A_{ba} 的当前状态 A_{ba1} 与 A_{be} 的当前状态 A_{be0} 不一致;③由于 A_{ba} 的变化是由生产实际需求变化引起的,需校正 VE 参数,使 A_{be0} 进化为 A_{be1};④比较表征 A_{ba1} 与 A_{be1} 的变量,确认二者达到一致;⑤基于 VE 仿真计算 A_{be1} 的 3 类评价指标值,若指标值不能满足式(10.4),则调整 A_{be1} 的过程参数,并将其下发至 A_{ba1};⑥参数调整后的 A_{be1} 变为 A_{be2};⑦相应地,A_{ba1} 变为 A_{ba2}。

　　如图 10.6(b)所示,①在其他扰动(如环境变化、人员误操作)的作用下,A_{ba0} 发生变化,记为 A_{ba1};②通过一致性比较,发现 A_{ba} 的当前状态 A_{ba1} 与 A_{be} 的当前状态 A_{be0} 不一致;③通过环境调节或误操作纠正等操作使 A_{ba1} 返回至 A_{ba0} 状态;④比较 A_{ba0} 与 A_{be0},确认二者达到一致。在这种情况下,无需对 A_{be0} 进行调整。

图 10.6(c)同样是在其他扰动情况下发生的,它的①②过程与图 10.5(b)相同,不同的是在过程③中,环境调节或误操作纠正等操作未能完全消除扰动因素对 A_{ba1} 的影响,这使 A_{ba1} 未能返回 A_{ba0} 状态,而是变为 A_{ba2};④比较 A_{ba2} 与 A_{be0},确认二者不一致;⑤为了重新达到一致,校正 VE 参数,使 A_{be0} 转化为 A_{be2};⑥比较 A_{ba2} 与 A_{be2},确认二者达到一致;⑦仿真计算 A_{be2} 的 3 类评价指标值,若不能满足式(10.4),则调整 A_{be2} 过程参数,并下发至 A_{ba2};⑧参数调整后的 A_{be2} 变为 A_{be3};⑨相应地,A_{ba2} 变为 A_{ba3}。

以上过程是对 A_{be} 与 A_{ba} 的双重优化,一方面不断发现 A_{ba} 实际过程中的人为干涉与其他扰动;另一方面不断调整 VE 参数,使基于 VE 生成的 A_{be} 预期过程能够跟踪 A_{ba} 的变化,从而准确仿真 A_{ba} 的真实状态,提供更有价值的生产参数调整策略。

10.5 案例:复材加工车间热压罐成型工艺过程参数选择决策

本节以复材加工车间热压罐设备为例,对数字孪生增强的生产过程参数选择决策方法在热压罐成型工艺过程参数选择决策中的应用进行分析,主要讨论了基于孪生数据的评价指标构建、基于模型仿真的备选方案拟定以及基于虚实交互的方案实施反馈。

10.5.1 案例描述

热压罐成型工艺过程参数包括罐内升温速度、降温速度、压力、风速等。这些参数与复材构件的质量、生产时间、生产能耗等属性直接相关,对其取值的合理选择是提高复材构件质量、降低生产时间及生产成本的关键。

目前,对于热压罐成型工艺过程参数的选择主要依靠试凑法,通过观察、测量到的复材构件指标(如生产时间、构件外观),对参数取值设置进行不断调整,直至达到生产要求。[16] 然而,由于不同构件对工艺参数的要求不同,这种方法往往需大量试验支持,费时费力,增加产品成本;并且,该方法大多以有限个能够实际测量的指标为依据设置参数,无法衡量参数变化对部分难以直接测量的指标带来的影响(如模具表面每个点的温度变化、模具表面温度均匀性)。此外,在复材生产过程中,对罐内温度、压力等参数的调整大多依靠人工经验,在调整策略的合理性方面仍有待提升[16]。

为了解决上述问题,引入 10.3 节提出的数字孪生增强的生产过程参数选择决策方法,以第 9 章案例部分热压罐的材料成型过程为例,进一步说明数字孪生在参数评价、配置与实施过程中发挥的作用。在本案例中,模具简化为型板,不考虑其支撑结构,型板长 2.5m,宽 1.5m,厚 0.01m。根据现场调研,假设热压罐成型工艺过程参数如表 10.1 所示,将其看作初始方案 A_0。本节将提出的数字孪生增强的决策方法应用于热压罐成型工艺过程参数选择中,在一定范围内对 A_0 的参数取值进行重新选择,并基于仿真数据对该方法的有效性进行了验证。

表 10.1　热压罐成型工艺过程参数设置(A_0)

热压罐成型工艺过程参数	取　　值
升温速度 v_{up}	3K/min
降温速度 v_{down}	2K/min
热压罐内风速 V_w	1m/s
热压罐内压强 P_r	300kPa

10.5.2　模型与方法验证

根据 10.3 节的步骤 1～步骤 3,首先需建立生产过程涉及的物理实体的数字孪生五维模型,接着使用虚拟实体模拟计算相关参数,并基于计算结果验证物理实体与虚拟实体间的一致性。由于本节研究的生产过程是单个热压罐的材料成型过程,因此建立单个热压罐的数字孪生五维模型即可,其中,PE 代表物理热压罐,VE 代表虚拟热压罐,DD 代表热压罐的孪生数据,Ss 为成型工艺过程参数决策涉及的服务,CN 为以上 4 个部分的连接。尽管基于 VE 模型能够实现多种仿真,但本章研究的内容主要涉及热压罐温度场分布仿真。由于单个热压罐数字孪生五维模型建立、罐内温度场仿真模拟等已在第 9 章案例部分进行了详细阐述,这里不再赘述。

1. 基于孪生数据的热压罐成型工艺过程评价指标构建

首先,针对热压罐成型工艺过程参数选择决策问题,确定其总目标与各级分目标。这里,总目标 O 为过程参数优化,分目标分别为提高复材构件质量(O_1)、降低生产时间(O_2)、降低生产能耗(O_3)。

接着,按照 10.3 节步骤 4,构建基于孪生数据的评价指标。根据 10.4.1 节,针对各分目标列举能够基于 PE 数据与 VE 数据计算或推理的评价指标,用于后续评估不同备选方案对各分目标的实现程度。

由于复材构件在成型过程中由真空袋密封,不直接和罐内空气接触,其受热均匀性主要受模具和构件接触面(即模具型板上表面,简称为 S 面)温差的影响。[16]而复材构件均匀受热是保证其成型质量的重要因素。因此针对 O_1,需构建能够反映 S 面温度均匀性的指标。

图 10.7 描述了 S 面最大温差(S 面最高温度点与最低温度点之差)的变化规律。如图 10.7(a)所示,S 面最大温差在构件成型过程中是不断变化的:在热压罐升温阶段,S 面温度随罐温升高,最大温差逐渐增大,在 K 点达到最高,温度分布如

图 10.7(b)所示；在热压罐保温阶段，S 面温度继续升高，最大温差逐渐减小，在 L 点达到最低，温度分布如图 10.7(c)所示；在降温阶段，S 面温度随罐温降低，温差在 H 点基本达到最高，温度分布如图 10.7(d)所示；当 S 面温度降低到一定值后卸压出罐，在此过程中 S 面温度继续下降，最大温差逐渐减小。由于 S 面温差的最大值出现在升温阶段与降温阶段，这两个阶段的温差值是影响 S 面温度均匀性的关键。因此，使用出现在升温与降温阶段的 S 面最大温差的最大值评价 S 面的受热均匀性，从而评价对目标 O_1 的实现程度。温差越大，O_1 实现程度越低。

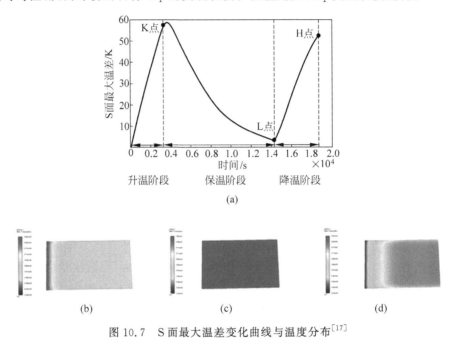

图 10.7   S 面最大温差变化曲线与温度分布[17]

(a) S 面最大温差变化曲线；(b) K 点 S 面温度；(c) L 点 S 面温度；(d) H 点 S 面温度

　　然而，由于使用 Ansys-Fluent 求解三维流固耦合（罐内空气与模具型板耦合）区域温度场分布，进而得到 S 面的最大温差需耗费较长时间。这里把三维模型简化成二维模型，同第 9 章。简化后的二维温度场分布如图 10.8(a)所示，外部区域为罐内空气纵切面温度分布（局部），内部区域为模具型板的纵切面温度分布（该切面长 2.5m，厚 0.01m，分别对应模具型板的长度和厚度），切面的上边线 ab 的最大温差 ΔT_{ab} 可用于近似表征 S 面的最大温差[17]。这是因为从 S 面温度分布来看（如图 10.8(b)所示），S 面上一条水平直线 a'b' 的最大温差（$\Delta T_{a'b'}$）近似于 S 面的最大温差，其中 a' 点温度近似代表 S 面最高温度，b' 点温度近似代表 S 面最低温度。二维仿真计算的 ΔT_{ab} 近似于基于三维仿真计算的 $\Delta T_{a'b'}$，进而近似于 S 面最大温差。在图 10.9(a)和(b)中，通过比较也证实了 ΔT_{ab} 的确与 S 面最大温差相近，因此使用 ΔT_{ab} 代替 S 面最大温差是合理的。

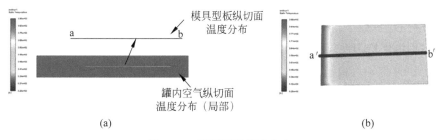

图 10.8　模具型板温度分布

（a）模具型板纵切面温度分布（二维）；（b）模具型板温度分布（三维）

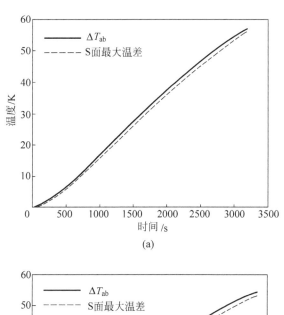

(a)

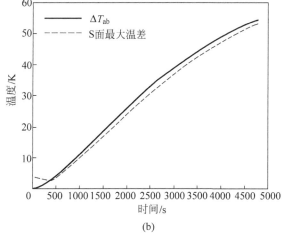

(b)

图 10.9　ΔT_{ab} 与 S 面最大温差比较

（a）升温阶段；（b）降温阶段

基于以上分析,使用 ΔT_{ab} 在升温阶段的最大值(v_1)与降温阶段的最大值(v_2)作为评价 O_1 的两个指标,从而定量反映升温与降温阶段的 S 面最大温差水平,进而反映 S 面温度均匀性。v_1 与 v_2 基于 VE 模拟计算得到,二者属于 V 类评价指标。

为了评价 O_2,构建指标 r_1 衡量生产时间[16,17]:

$$r_1 = \frac{T_h - T_n}{v_{up}} + t_h + \frac{T_h - T_n}{v_{down}} \tag{10.5}$$

式中,v_{up} 与 v_{down} 分别代表罐内的升温与降温速度;T_h 为保温温度;T_n 为室温;t_h 为保温时间。

为了构建评价 O_3 的指标,首先分析生产过程的能耗组成。热压罐的主要能耗是罐内风机、电热丝以及冷却装置消耗的电能。[16]从能量角度来看,这些电能主要转化为复材构件升降温所需能量、罐内空气升降温与运动所需能量、热压罐表面散热等。其中部分能量,如复材构件升降温所需能量与构件材料的质量、比热、成型所需温度紧密相关,不能通过改变 v_{up}、v_{down} 等过程参数而改变,因此这里主要关注与过程参数相关的可变部分 E_c:

$$E_c = E_1 + E_s \tag{10.6}$$

即 E_c 主要由空气运动所需能量(E_1)与热压罐表面散热[17](E_s)构成:

$$E_1 = \frac{\rho_0 \times P_r \times S_{clave} \times V_w^3}{2\eta P_0} \times \left(\frac{T_h - T_n}{v_{up}} + t_h + \frac{T_h - T_n}{v_{down}}\right) \tag{10.7}$$

$$E_s = \delta \times S_a(T_s - T_n) \times \left(\frac{T_h - T_n}{v_{up}} + t_h + \frac{T_h - T_n}{v_{down}}\right) \tag{10.8}$$

其中,V_w 为风速;P_r 为罐内工作压强;S_{clave} 为热压罐截面积;ρ_0 为常压下罐内气体密度;P_0 为常压量;η 为风机效率;T_s 为热压罐表面温度;S_a 为热压罐表面积;δ 为对流换热系数。由于 E_c 能够反映不同参数设置下的热压罐能耗变化,将 E_c 定为评价 O_3 的指标,表示为 r_2。r_1 与 r_2 均可基于 PE 数据计算,属于 R 类指标。

综上,建立的分层目标体系表示为图 10.10,最底层包括了可基于 VE 仿真模拟的 V 类指标与可基于 PE 数据直接计算的 R 类指标。

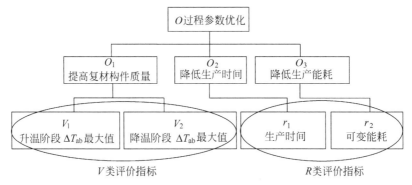

图 10.10　热压罐成型工艺过程参数选择决策分层目标体系

2. 基于模型仿真的热压罐成型工艺备选方案拟定

按照 10.3 节步骤 5,基于 VE 仿真拟定备选方案。根据 10.4.2 节,首先对表 10.1 中的热压罐成型工艺过程参数进行单因素变化分析。当分析评价指标对某个参数变化的敏感度时,其他参数数值不变,仿真计算目标参数在不同取值下指标 v_1、v_2、r_1、r_2 的值即可。v_{up} 的可能取值设为 1.5K/min、2K/min、2.5K/min、3K/min,v_{down} 为 0.5K/min、1K/min、1.5K/min、2K/min;V_w 为 1m/s、2m/s、3m/s、5m/s;P_r 为 300kPa、350kPa、400kPa、450kPa。由于不同参数、不同指标的单位与取值范围不同,为了分析其敏感度,对各参数与指标均进行了归一化处理。

表 10.2、表 10.3 分别给出了指标 v_1 与 v_2 对不同参数变化的敏感度,其中"—"代表该参数与对应指标无关。如前所述,v_1 与 v_2 基于二维温度场仿真获得,监测 v_{up}、v_{down}、V_w、P_r 在不同取值下的 ΔT_{ab},并取升温阶段 ΔT_{ab} 的最大值为 v_1,降温阶段 ΔT_{ab} 的最大值为 v_2 即可。

表 10.2　v_1 对各参数变化敏感度分析

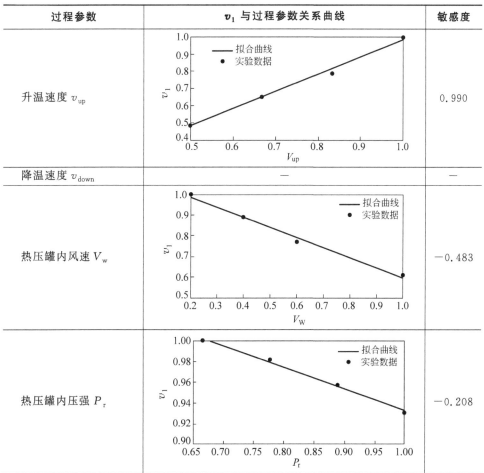

过程参数	v_1 与过程参数关系曲线	敏感度
升温速度 v_{up}		0.990
降温速度 v_{down}	—	—
热压罐内风速 V_w		−0.483
热压罐内压强 P_r		−0.208

表 10.3 v_2 对各参数变化敏感度分析

过程参数	v_2 与过程参数关系曲线	敏感度
升温速度 v_{up}	—	—
降温速度 v_{down}	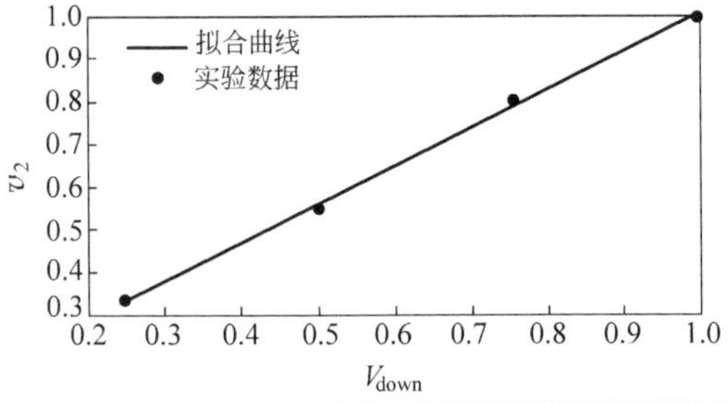	0.907
热压罐内风速 V_w	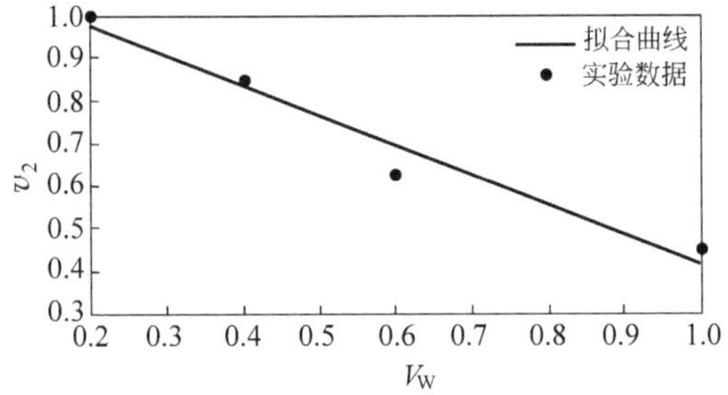	-0.691
热压罐内压强 P_r	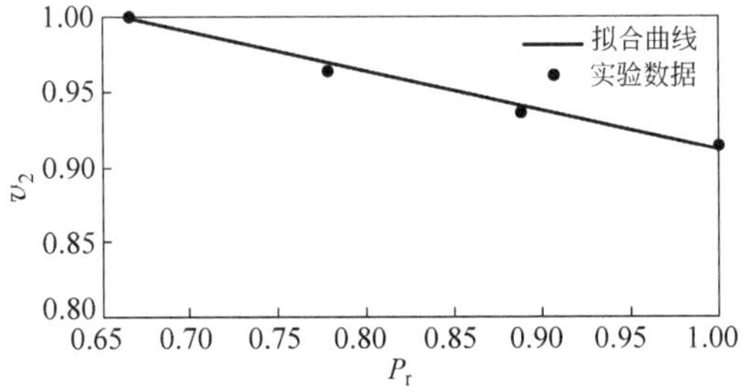	-0.249

表 10.4、表 10.5 给出了 r_1 与 r_2 对不同参数变化的敏感度。根据式(10.5)～式(10.8)计算 v_{up}、v_{down}、V_w、P_r 在不同取值下的 r_1 与 r_2 值即可。

表 10.4 r_1 对各参数变化敏感度分析

过程参数	r_1 与过程参数关系曲线	敏感度
升温速度 v_{up}	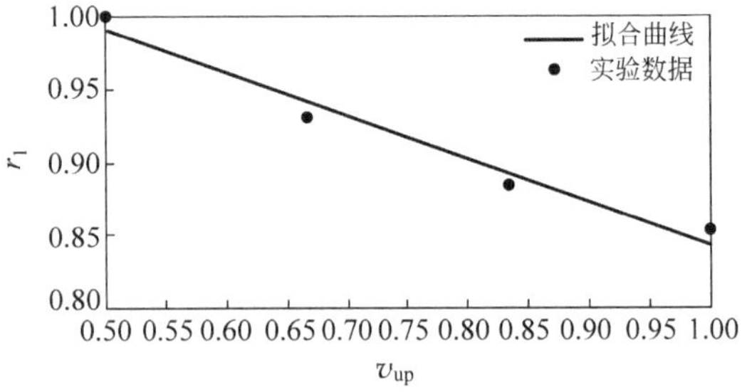	-0.228

续表

过程参数	r_1 与过程参数关系曲线	敏感度
降温速度 v_{down}	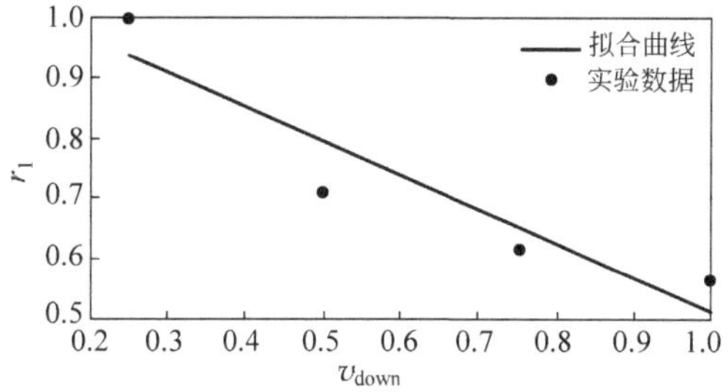	-0.559
热压罐内风速 V_w	—	—
热压罐内压强 P_r	—	—

表 10.5　r_2 对各参数变化敏感度分析

过程参数	r_2 与过程参数关系曲线	敏感度
升温速度 v_{up}	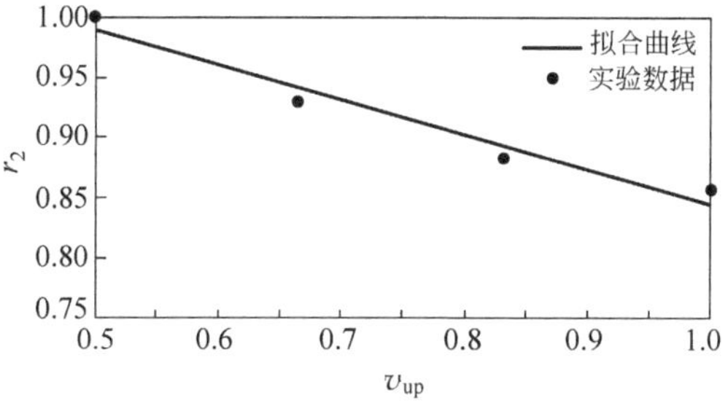	-0.288
降温速度 v_{down}	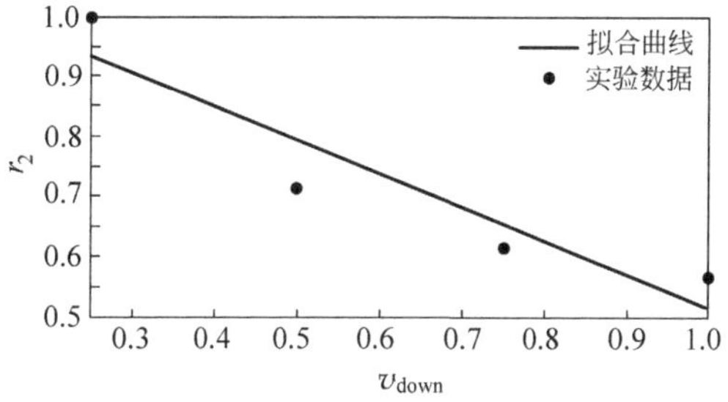	-0.558
热压罐内风速 V_w	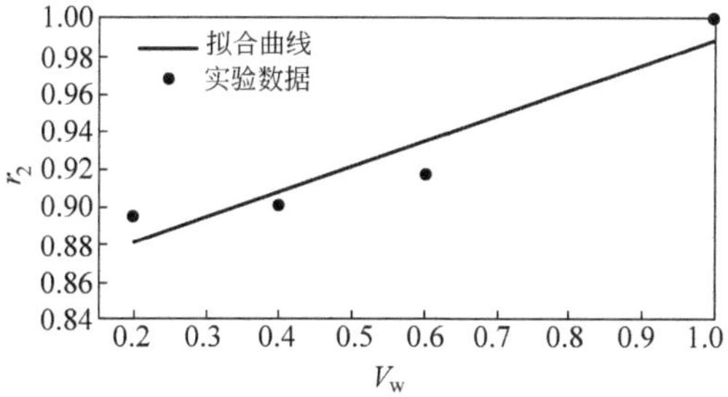	0.135

续表

过程参数	r_2 与过程参数关系曲线	敏感度
热压罐内压强 P_r	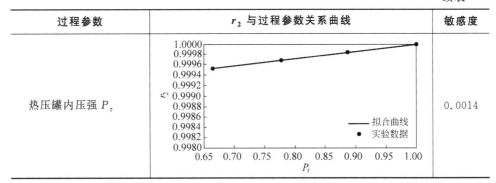	0.0014

根据上述分析结果可知，v_1 与 v_{up} 正相关，与 V_w、P_r 负相关；v_2 与 v_{down} 正相关，与 V_w、P_r 负相关；r_1 与 v_{up}、v_{down} 负相关；r_2 与 V_w、P_r 正相关，与 v_{up}、v_{down} 负相关。由于 v_{up}、v_{down}、V_w、P_r 均至少与一个评价指标有较高的敏感度，因此 4 个过程参数均保留。

接着，计算初始方案 A_0 对应的各项指标，并根据式(10.1)进行规范，结果如表 10.6 所示。

表 10.6 初始方案及评价指标值

初始方案	过程参数				评价指标			
	v_{up} /(K·min^{-1})	v_{down} /(K·min^{-1})	V_w /(m·s^{-1})	P_r /kPa	v_1 /K	v_2 /K	r_1 /min	r_2 /(kW·h)
A_0	3	2	1	300	0.38	0.26	0.96	0.97

根据表 10.6，v_1、v_2 得分明显偏低，这是升降温阶段 ΔT_{ab} 偏大引起的。在生成备选方案时，将与升降温阶段 ΔT_{ab} 正相关的参数取值适当降低，负相关的参数取值适当提高。经权衡，将备选方案中 v_{up} 可能取值设为 1.5K/min、2K/min、2.5K/min，v_{down} 可能取值设为 1K/min、1.5K/min、2K/min，V_w 可能取值设为 2m/s、3m/s、5m/s，P_r 可能取值设为 350kPa、400kPa、450kPa。

利用正交试验设计法生成包含不同参数取值组合的多个备选方案。然后，基于 VE 模型计算各方案对应的评价指标值，根据式(10.1)规范各指标值，结果如表 10.7 所示。

表 10.7 备选方案及规范后的评价指标值

备选方案	过程参数				规范后的评价指标			
	v_{up} /(K·min^{-1})	v_{down} /(K·min^{-1})	V_w /(m·s^{-1})	P_r /kPa	v_1	v_2	r_1	r_2
A_1	1.5	1	2	350	0.77	0.78	0.58	0.30
A_2	1.5	1.5	3	400	0.87	0.72	0.73	0.52

续表

备选方案	过程参数				规范后的评价指标			
	v_{up} /(K·min^{-1})	v_{down} /(K·min^{-1})	V_w /(m·s^{-1})	P_r /kPa	v_1	v_2	r_1	r_2
A_3	1.5	2	5	450	0.99	0.75	0.81	0.39
A_4	2	1	3	450	0.75	0.86	0.66	0.37
A_5	2	1.5	5	350	0.89	0.84	0.81	0.46
A_6	2	2	2	400	0.65	0.46	0.89	0.83
A_7	2.5	1	5	400	0.81	0.95	0.70	0.21
A_8	2.5	1.5	2	450	0.55	0.62	0.86	0.77
A_9	2.5	2	3	350	0.65	0.59	0.93	0.87

接着,按照 10.3 节步骤 6,可使用 AHP 等方法对指标 v_1、v_2、r_1、r_2 进行重要度评估,并对拟定的备选方案进行选择。假设得到的 v_1、v_2、r_1、r_2 关于总目标 O 的权重依次为 0.5、0.25、0.15、0.1。接着,结合所得权重与表 10.7 中备选方案 $A_1 \sim A_9$ 对应的评价指标值,按照式(10.2)计算各方案综合得分:A_1(0.697),A_2(0.777),A_3(0.843),A_4(0.726),A_5(0.823),A_6(0.657),A_7(0.769),A_8(0.636),A_9(0.699)。由于在本节假设的场景下 A_3 得分最高,故将 A_3 选定为最佳方案,用 A_b 表示。使用 VE 模拟 A_b 的运行过程,记录 v_{up}、v_{down}、V_w、P_r 参数变化曲线值,这些数据反映 A_b 的预期执行过程。

3. 基于虚实交互的成型工艺方案实施反馈

按照 10.3 节步骤 7,执行基于虚实交互的方案实施反馈。根据 10.4.3 节,将 VE 数据描述的 A_b 预期执行过程表示为 A_{be},PE 数据反映的 A_b 实际执行过程表示为 A_{ba}。在生产初始时刻,将二者分别表示为 A_{be0} 与 A_{ba0}。假设实际生产中,由于风机性能下降,V_w 并未达到 5m/s,而是 3m/s。在这种情况下,通过比较 A_{be0} 与 A_{ba0},可监测到 V_w 预期值(5m/s)与实际值(3m/s)的差异,此时将实际方案表示 A_{ba1},即 $v_{up}=1.5$K/min、$v_{down}=2$K/min、$V_w=3$m/s、$P_r=450$kPa。在这种情况下,VE 应追随 PE 变化,即将 VE 的风速也调整为 3m/s,此时 A_{be0} 变化为 A_{be1}(A_{be1} 与 A_{ba1} 一致)。根据表 10.2 ~ 表 10.5 中各参数与指标值的关系,V_w 的降低,会导致指标 v_1 和 v_2 升高,从而导致其得分降低。为了尽量减小此影响,查询表 10.7 中的其他方案后发现,方案 A_2 的参数配置可供参考,即将 v_{down} 降低至 1.5m/s,调整后的参数配置方案为 $v_{up}=1.5$K/min、$v_{down}=1.5$K/min、$V_w=3$m/s、$P_r=450$kPa,将其表示为 A_{be2},基于 VE 计算 A_{be2} 的 v_1、v_2、r_1、r_2 指标得分,分别为 0.88、0.72、0.73、0.50,综合得分为 0.78。上述指标值均在可接受的范围内,因此,确定调整后的参数配置方案为 A_{be2}。经相关工作人员审核后,可将 A_{be2} 下达至 PE,由此 PE 的实际方案执行过程由 A_{ba1} 变化为 A_{ba2}(A_{ba2} 与 A_{be2} 一致)。在后续生产中,按照上述过程继续比较 A_{ba2} 与 A_{be2},从而及时发现实际生产与期望方案间的差异,并做出必要调整。

值得注意的是,上述参数调整过程是在不考虑 VE 仿真耗费时间的前提下进行的。由于实际情况中,VE 仿真往往需要较长时间,可以考虑在生产前利用 VE 仿真计算不同生产过程参数配置下的 v_1、v_2、r_1、r_2 指标值,在实际生产中参考 VE 历史仿真结果实现参数调整。

10.5.3　结果分析

10.5.2 节结合热压罐成型工艺过程参数选择决策案例,对 10.3 节提出的数字孪生增强的决策方法流程进行了阐述说明。其中,根据 10.4.1 节,在构建评价指标时,将基于 VE 数据产生的评价指标 v_1、v_2 与基于 PE 数据产生的评价指标 r_1、r_2 结合,从更全面的角度对备选方案进行评价。根据 10.4.2 节,在备选方案拟定时,基于虚拟模型的 P_v 与 B_v 模型,对参数 v_{up}、v_{down}、V_w、P_r 与指标 v_1、v_2、r_1、r_2 间的变化关系进行定量仿真计算与分析,从而有针对性地生成使 v_1、v_2 指标优化的备选方案 $A_1 \sim A_9$。与 A_0 相比,A_b 在指标 v_1 与 v_2 上明显提升。根据 10.4.3 节,在假设方案实施中存在扰动的情况下,基于 A_{be} 与 A_{ba} 的连续交互比较,可在生产过程中及时发现二者的不一致,并在必要时对过程参数值进行调整,使各性能指标仍在可接受的范围内。

本章小结

本章在 DTS 环境下研究了生产过程参数选择问题,提出了一种数字孪生增强的生产过程参数选择决策方法。提出的方法具有以下特点:①PE 数据与 VE 数据相互补充,在此基础上构建更全面的备选方案评价指标;②一方面基于 VE 仿真生产过程,根据仿真结果有针对性地优化过程参数,从而生成多个高质量备选方案;另一方面基于 VE 仿真对不同备选方案进行评估,降低决策时间与成本;③在最佳方案实施过程中,基于虚实连续交互对实施过程与预期方案进行监测与调整,实现二者双重优化。

参考文献

[1]　陶长琪.决策理论与方法[M].北京:中国人民大学出版社,2010.

[2]　TIWARY A P, PRADHAN B B, BHATTACHARYYA B. Application of multi-criteria decision making methods for selection of micro-EDM process parameters[J]. Advances in Manufacturing,2014,2(3):251-258.

[3]　伍晓榕,张树有,裘乐淼,等.面向绿色制造的加工工艺参数决策方法及应用[J].机械工程学报,2013,49(7):91-100.

［4］ KUMAR R，BILGA P S，SINGH S. Multi objective optimization using different methods of assigning weights to energy consumption responses，surface roughness and material removal rate during rough turning operation［J］. Journal of Cleaner Production，2017，164：45-57.

［5］ GOWD G H，GOUD M V，THEJA K D，et al. Optimal selection of machining parameters in CNC turning process of EN-31 using intelligent hybrid decision making tools［J］. Procedia Engineering，2014，97：125-133.

［6］ KITAYAMA S，YAMAZAKI Y，TAKANO M，et al. Numerical and experimental investigation of process parameters optimization in plastic injection molding using multi-criteria decision making［J］. Simulation Modelling Practice and Theory，2018，85：95-105.

［7］ PATRO R，PRADHAN S K. Finite element simulation and optimization of orbital welding process parameters［J］. Materials Today：Proceedings，2018，5(5)：12886-12900.

［8］ SACHIDANANDA M，ERKOYUNCU J，STEENSTRA D，et al. Discrete event simulation modelling for dynamic decision making in biopharmaceutical manufacturing［J］. Procedia CIRP，2016，49：39-44.

［9］ PADHI S S，WAGNER S M，NIRANJAN T T，et al. A simulation-based methodology to analyse production line disruptions［J］. International Journal of Production Research，2013，51(6)：1885-1897.

［10］ BÄRRING M，LUNDGREN C，ÅKERMAN M，et al. 5G enabled manufacturing evaluation for data-driven decision-making［J］. Procedia CIRP，2018，72：266-271.

［11］ GUO Z X，NGAI E W T，YANG C，et al. An RFID-based intelligent decision support system architecture for production monitoring and scheduling in a distributed manufacturing environment［J］. International Journal of Production Economics，2015，159：16-28.

［12］ TAPOGLOU N，MEHNEN J，VLACHOU A，et al. Cloud-based platform for optimal machining parameter selection based on function blocks and real-time monitoring［J］. Journal of Manufacturing Science and Engineering，2015，137(4)：040909.

［13］ WANG L. Machine availability monitoring and machining process planning towards cloud manufacturing［J］. CIRP Journal of Manufacturing Science and Technology，2013，6(4)：263-273.

［14］ 张萌. 数字孪生车间及关键技术［D］. 北京：北京航空航天大学，2020.

［15］ 顾雪松，迟国泰，程鹤. 基于聚类-因子分析的科技评价指标体系构建［J］. 科学学研究，2010，28(4)：508-514.

［16］ 张铖. 大型复合材料结构热压罐工艺温度场权衡设计［D］. 哈尔滨：哈尔滨工业大学，2009.

［17］ ZHANG M，TAO F，HUANG B，et al. A physical model and data-driven hybrid prediction method towards quality assurance for composite component［J］. CIRP Annals，2021，70(1)：115-118.

第11章

数字孪生车间设备动态调度方法与技术

车间调度是生产中的一个重要优化问题,目的是在考虑约束条件(如顺序约束与优先约束)的同时,将 n 个工件安排在 m 台设备上加工,每个工件有特定的加工工艺,通过安排工件在每台设备上的加工顺序,使得某些指标最优,如加工时间最短、完工延迟时间最低、设备能耗最低、设备利用率最高等。当前,随着新一代信息技术的发展,越来越多的数据能够被有效采集与处理,并用于驱动动态调度过程。如何在数字孪生车间信息物理融合环境下,基于模型与数据实现更优的动态调度是本章关注的重点。结合本书作者团队相关工作,本章首先提出了数字孪生增强的设备动态调度方法流程,接着对数字孪生增强的设备可用性预测、扰动监测及动态调度方案评估三个关键技术进行了阐述,最后以液压阀机加工车间的调度过程为例,验证了该方法的有效性与优势。

11.1 车间设备动态调度研究概述

对车间调度的研究始于静态调度,这种调度方法处理动态突发事件的能力较弱。它通常假设生产资源总是正常可用,并且工件属性确定不变。然而,实际生产中总是存在变化的,这些假设并不切合实际。

为了解决上述问题,越来越多的研究人员开始关注动态调度。目前常见的动态调度方法包括反应式调度、主动式调度及预测反应式调度。反应式调度没有预先定义调度计划,完全根据出现扰动时获取的车间信息做出实时反应,尽管易于实现,但却忽略了全局优化的目标。[1]主动式调度是指在尽可能考虑各种动态事件的前提下生成调度方案,从而保证动态事件的发生不至于过分降低调度方案的性能。[2]一个常见的主动式调度策略是提前在调度方案中插入空闲时间,以吸收可能发生的动态事件带来的影响。然而,额外的时间也可能引起其他问题,如工件拖延完成和设备利用率降低。预测反应式调度是当前最常用的调度方法。如图 11.1所示,它首先预定义一个初始的调度方案,当实际生产中有扰动事件发生时,在初始方案的基础上进行重调度。[3]这种方式在计划阶段考虑全局最优的调度目标,同时在实际生产阶段能够尽可能地降低扰动事件带来的不利影响。[3]动态调度考虑的变化因素通常包括设备不可用和交货期不确定、紧急插单、加工时间变化等

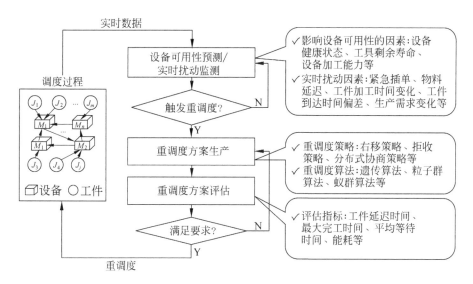

图 11.1　预测反应式调度

扰动。[4]

　　为了解决设备不可用问题,Ji 和 Wang[5] 提出了一种基于大数据的故障预测方法,可在调度前和调度过程中挖掘潜在的设备故障模式。Mourtzis 等[6] 通过融合来自传感器、操作员输入和设备调度表的多源数据,向调度过程提供设备可用时间窗口。Chen 等[7] 提出了一种将生产调度与精确维修相结合的集成优化模型,该模型根据设备加工状态和物理退化规律预测设备可用性。Kan 等[8] 研究了基于工业物联网的设备故障诊断方法,该方法通过功率数据监测设备状态。Zhang 等[9] 探讨了一种基于 RFID 的设备实时调度方法,该方法基于实时制造执行信息评估每台设备的加工能力和可用性。针对其他干扰因素,Xu 等[10] 通过将设备实际能耗和时间消耗与预定义的约束进行比较,监测调度过程中交货延迟、物料延迟等扰动因素的发生。Wang 和 Jiang[11] 通过比较产品实际完成时间与计划完成时间,监测工件加工时间变化、到达时间偏差等隐性干扰。Niehues 等[12] 提出了一种自适应的车间控制方法,通过测量生产计划与实际生产的偏差,监测生产需求变化等扰动因素。另一方面,针对调度方案实施过程中的动态事件,出现了不同的启发式策略,如右移重调度策略[13]、拒收策略[14]、分布式协商策略[15]。此外,在动态调度方案评估方面,基于虚拟仿真的评估方法较为常见,如基于仿真的工件延迟时间评估、最大完工时间评估、平均等待时间评估等。[16-18]

　　尽管上述工作结合物联网、云服务、大数据、仿真等信息技术实现了对调度过程的优化,但当前仍存在以下问题:

　　(1) 对于设备可用性预测,现有工作通常使用物理设备数据驱动,如传感器数据、操作人员输入数据,很少同时考虑仿真数据;

（2）对于其他扰动的监测（如工序加工时间变化），缺少一个总是能够反映当前期望状态的不断更新的参考依据与实际生产数据做比较；

（3）在调度方案评估方面，尚需多维虚拟模型提供更多可供选择的评估类型。

动态调度是 DTS 的关键技术之一。如何在 DTS 的信息物理融合环境下，基于模型与数据解决上述问题，从而实现性能更优的调度过程是本章重点解决的问题。根据本书作者团队相关工作[19,20]，本章阐述了 DTS 环境下的设备动态调度方法，提出了数字孪生增强的设备动态调度方法流程；对数字孪生增强的设备可用性预测、扰动监测及动态调度方案评估 3 个关键技术进行了阐述；最后以液压阀机加工车间的调度过程为例，验证了该方法的有效性与优势。

11.2 车间设备动态调度问题分析

本章考虑的动态调度问题描述如下[19]。假设初始调度方案 S 已知，将 m 个工件分配到 n 个设备上加工。在 S 实际执行过程中，考虑设备不可用与其他扰动（如工序加工时间变化、工件到达时间偏差、紧急插单）的影响，当 S 不能很好地适应实际生产时，需在 S 的基础上触发重调度，并产生重调度方案 R。表 11.1 对文中使用的符号进行了解释说明。

表 11.1 符号列表[19]

符号	说　明	符号	说　明
n	设备个数	S'_{jk}	O_{jk} 在 S 的开始加工时间
m	工件个数	P_{jk}	O_{jk} 的加工时长
M_i	第 i 个设备，$1 \leqslant i \leqslant n$	U_i	M_i 的利用率
J_j	第 j 工件，$1 \leqslant j \leqslant m$	U	设备平均利用率允许的最低下限
l_j	工件 J_j 的工序个数	E_i	M_i 的能耗
O_{jk}	J_j 的第 k 个工序，$1 \leqslant k \leqslant l$	E	设备总能耗允许的最高上限
A_{jk}	O_{jk} 的可选设备集	s_i	M_i 关键部件的应力
$[0,T]$	调度时段	s	关键部件最大应力允许的最高上限
t	隶属 $[0,T]$ 的任一时刻	D	工件完工总延迟允许的最高上限
D_j	J_j 的交货期	X_{ij}	J_j 分配到 M_i，为1；否则，为0
C_j	J_j 在 R 的完工时间	Y_{ijt}	t 时刻，J_j 在 M_i 上加工为1；否则，为0
S_{jk}	O_{jk} 在 R 的开始加工时间	Z_{ijk}	O_{jk} 由 M_i 加工，为1；否则，为0

该问题服从以下假设[19]：

（1）所有设备和工件在初始时刻可用。

（2）每个工件至少分配给一台设备加工。

（3）每台设备在某一时刻只能加工一个工件。

（4）每个工件在某一时刻只能由一台设备加工。

（5）工件的任一工序必须在其前面的工序完成之后才能开始。

（6）工序只能由其可选设备集中的设备加工。

（7）设备一旦开始加工某个工件，除非该设备状态变为不可用，否则加工不中断。

（8）每个工序的加工时间已知，但在实际加工过程中可能会有变化。

（9）维修可使设备从不可用恢复至可用状态；假设 M_i 故障维修或零部件更换所需时长已知，并表示为 $[t_{ib}, t_{if}]$，则在该时段 M_i 不能加工工件。

该动态调度问题可表示为[19]

$$\min\left(\theta_1 \times \max_{1 \leqslant j \leqslant m}(C_j) + \theta_2 \times \sum_{j=1}^{m}\sum_{k=1}^{l}|S_{jk} - S'_{jk}|\right) \tag{11.1}$$

$$\sum_{i=1}^{n}X_{ij} \geqslant 1, \quad \forall j \in [1,m] \tag{11.2}$$

$$\sum_{i=1}^{n}Y_{ijt} \leqslant 1, \quad \forall j \in [1,m], \forall t \in T \tag{11.3}$$

$$\sum_{j=1}^{m}Y_{ijt} \leqslant 1, \quad \forall i \in [1,n], \forall t \in T \tag{11.4}$$

$$S_{jk} + P_{jk} \leqslant S_{j(k+1)}, \quad \forall j \in [1,m], \forall k \in [1,l_j] \tag{11.5}$$

$$Y_{ijt} = 0, \quad \forall i \in [1,n], \forall t \in [t_{ib}, t_{if}] \tag{11.6}$$

$$M_i \in A_{jk}, \quad Z_{ijk} = 1 \tag{11.7}$$

$$\sum_{j=1}^{m}(\max\{(C_j - D_j), 0\}) \leqslant D \tag{11.8}$$

$$\frac{\sum_{i=1}^{n}U_i}{n} \geqslant U \tag{11.9}$$

$$\sum_{i=1}^{n}E_i \leqslant E \tag{11.10}$$

动态调度的目标是在满足式（11.2）～式（11.10）约束条件的前提下，使式（11.1）最小。其中，式（11.1）中的 θ_1 与 θ_2 值是可调节的，它们分别反映了重调度效率（使用 R 的最大完工时间表示，即 $\max_{1 \leqslant j \leqslant m}(C_j)$）和稳定性（使用 R 和 S 工序开始时间的差值表示，即 $\sum_{j=1}^{m}\sum_{k=1}^{l}|S_{jk} - S'_{jk}|$）的权重。式（11.2）～式（11.7）反映了动态调度问题的假设条件，式（11.8）～式（11.10）对工件完工总延迟、设备平均利用率、设备总能耗等设置了额外的约束。

数字孪生增
强的动态车
间调度

11.3 数字孪生驱动的车间设备动态调度方法

为了解决 11.2 节提出的设备动态调度问题,本节提出了数字孪生增强的设备动态调度方法流程,如图 11.2 所示。下面分别对各步骤进行阐述[19]。

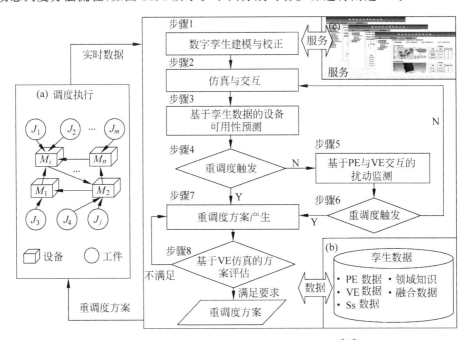

图 11.2 数字孪生增强的设备动态调度方法[19]

步骤 1 设备(M_i,$1 \leqslant i \leqslant n$)数字孪生建模与校正。$M_i$ 的数字孪生建模方法见第 4 章,其中,PE_i、VE_i、Ss_i 及 DD_i 分别表示 M_i 五维模型的物理设备、虚拟设备、服务及孪生数据。完成建模后,一方面检查 VE_i 与 PE_i 参数的一致性;另一方面检查 PE_i、VE_i、Ss_i 及 DD_i 间的双向连接,保证两两间的可靠通信。

步骤 2 仿真与交互。生产开始后,实时采集 PE_i 数据,将 PE_i 的运行条件参数加载到 VE_i,并启动仿真。将 PE_i 实时数据提供给 VE_i 用于模型参数的不断更新,保证 VE_i 的仿真能够真实反映 PE_i 的当前状态。

步骤 3 基于孪生数据的设备可用性预测。通过融合 PE_i 真实数据与 VE_i 仿真数据,对设备故障与刀具剩余寿命进行预测,具体方法见 11.4.1 节。假设预测到 M_i 故障或刀具更换需求的时刻为 t_{im},可在 t_{im} 时刻安排设备维修或刀具更换的时间为 $[t_{ib}, t_{if}]$,在 $[t_{ib}, t_{if}]$ 内 M_i 不可用。

步骤 4 重调度触发。预测设备不可用对最大完工时间带来的影响,在此基础上判断是否需触发重调度。首先,在时刻 t_{im},检查在初始方案 S 中是否有工序安排在 $[t_{ib}, t_{if}]$ 时段。若有,假设将这些工序推迟至 t_{if} 后再加工(其他受影响的工序也顺序向后推迟),并基于 VE 仿真预测工序推迟后的最大完工时间,用 N 表示。然后根据式(11.11)判断 N 是否超出给定阈值:

$$\left|\frac{N-N'}{N'}\right| \geqslant \alpha \tag{11.11}$$

式中,N' 为原计划的最大完工时间;α 为 N 与 N' 相对偏差的上限。若式(11.11)不满足,则不触发重调度,而是将设备故障维修或刀具更换时间 $[t_{ib}, t_{if}]$ 插入 S,并按照上述假设,将原本安排在该时段的工序延后至 t_{if} 后;若超出,则在 t_{im} 时刻触发重调度并转至步骤 7。值得注意的是,α 的取值需反复衡量。若 α 取值过小,可能会导致频繁的重调度;若 α 取值过大,会造成重调度不及时。

步骤 5 基于 PE 与 VE 交互的扰动监测。通过比较 PE_i 的真实运行数据与 VE_i 的仿真期望数据监测实时扰动因素,并基于仿真预测扰动对最大完工时间的影响,具体方法见 11.4.2 节。设在时刻 t_{id} 监测到扰动因素,将预测的受扰动影响的最大完工时间表示为 N。

步骤 6 重调度触发。判断扰动因素对最大完工时间的影响是否足以触发重调度。同样地,根据式(11.11)判断 N 是否超出阈值。若超出,则在时刻 t_{id} 触发重调度,并转至步骤 7;否则,将受到影响的工序延后,然后返回步骤 2 即可。

步骤 7 重调度方案生成。假设在触发重调度时,有 K' 个工序未开始加工。以式(11.1)为目标,式(11.2)～式(11.7)为约束,对这 K' 个工序进行重调度。以其中任一工序 O_{jk} 为例,假设重调度触发时,有 n' 个可用设备(表示为 $M_{i'}$,$1 \leqslant i' \leqslant n' \leqslant n$)有能力加工 O_{jk}。根据式(11.12)决定 O_{jk} 分配给哪个设备:

$$G = \beta_1 \times W_{i'} + \beta_2 \times T_{i'jk} + \beta_3 \times E_{i'jk} \tag{11.12}$$

其中,$W_{i'}$ 表示 $M_{i'}$ 已被占用的时间(使用重调度触发时,$M_{i'}$ 上已加工的和正在加工的工件所需的加工总时长表示),$T_{i'jk}$ 表示 $M_{i'}$ 加工 O_{jk} 所需时间,$E_{i'jk}$ 表示对应能耗,β_1、β_2 及 β_3 分别为 $W_{i'}$、$T_{i'jk}$ 及 $E_{i'jk}$ 的权重,表示这 3 个量的重要程度,$0 \leqslant \beta_1 \leqslant 1, 0 \leqslant \beta_2 \leqslant 1, 0 \leqslant \beta_3 \leqslant 1, \beta_1 + \beta_2 + \beta_2 = 1$。根据式(11.12)的计算结果,将 O_{jk} 分配给 G 值最小的设备。最后,基于工序的分配结果,在满足约束条件式(11.2)～式(11.7)的前提下,使用遗传算法求解式(11.1),从而得到工件的加工顺序,生成重调度方案 R。

步骤 8 基于 VE 仿真的方案评估。利用 M_i 的虚拟设备 VE_i 的几何、物理、行为层面的模型对 R 方案中各设备性能进行评估,具体评估方法见 11.4.3 节。若评估结果满足式(11.8)～式(11.10),则将 R 下达至物理车间执行;否则需返回步骤 7,通过调节 β_1、β_2 及 β_3 的值改变工序与设备的分配关系,并产生新的重调度方案。若改变 β_1、β_2 及 β_3 的值仍不能找到可行解,可考虑放宽式(11.8)～式(11.10)中的限制条件,从而确保该调度问题总有可行解。

以上动态调度方法是由图 11.2(a)的调度执行过程实时数据与图 11.2(b)的孪生数据驱动的,产生的设备可用性预测结果、扰动监测结果及设备评估结果等以服务的形式提供给用户,如图 11.2(c)所示。下面对设备可用性预测、扰动监测及方案评估 3 个步骤进行重点阐述。

11.4 数字孪生驱动的车间设备动态调度关键技术

本节以铣床为例,首先构建被调度设备的数字孪生五维模型,如图 11.3 所示。在此基础上对数字孪生增强的设备动态调度方法关键步骤进行阐述,包括数字孪生增强的设备可用性预测、扰动监测及动态调度方案评估[19]。

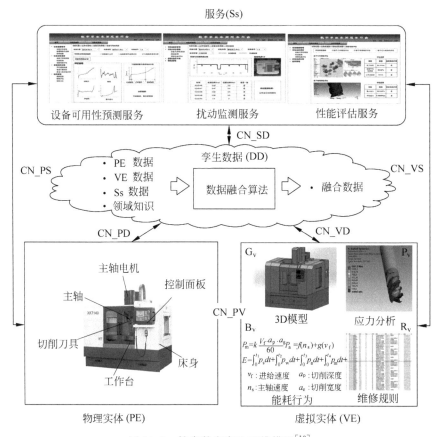

图 11.3 铣床数字孪生五维模型[19]

(1) 物理设备(PE):指铣床实体,由床身、主轴、工作台、底座、刀具等部件组成,通过合理设置铣床的主轴转速、进给速度、切削深度、切削宽度等切削参数可加工出不同形状的工件。物理设备的加工过程数据可利用功率传感器、温度传感器、振动传感器、声发射传感器等实时采集。

(2) 虚拟设备(VE):代表铣床的虚拟实体,由几何模型(G_v)、物理模型(P_v)、行为模型(B_v)及规则模型(R_v)组成。图 11.3 展示了虚拟设备的部分模型。利用

CAD 工具搭建的铣床三维模型属于 G_v；利用 ANSYS 建立的刀具应力仿真模型属于 P_v；考虑待机功率(P_s)、空转功率(P_a)、材料去除功率(P_m)及辅助设备功率(P_{au})的能耗经验计算公式[21]属于 B_v；基于专家经验的操作或维修规则属于 R_v。

(3) 服务(Ss)：指被封装成具有标准输入和输出的服务。对于动态调度,Ss 提供的服务包括设备可用性预测服务、干扰监测服务、方案评估服务、重调度生成服务等。

(4) 孪生数据(DD)：包括物理设备真实数据(如主轴功率、切削力、工作台振动)、虚拟设备仿真数据(如刀具最大应力、最小应力)、服务数据(如设备可用性预测结果、设备方案评估结果、设备扰动监测结果)、领域知识(如设备运行与维护规则)以及通过加权平均、比较、规则推理等方法处理后的融合数据。孪生数据为物理设备、虚拟设备及服务的运行提供准确全面的数据驱动。

(5) 连接(CN)：以上 4 个部分通过 CN_PD、CN_VD、CN_SD、CN_PV、CN_PS 和 CN_VS 相互连接,由数据传输协议(如 MTConnect、OPC-UA 和 MQTT)、数据库接口(如 ODBC)及软件接口(如 API)等支持交互。

基于铣床数字孪生五维模型,下面对设备可用性预测、扰动监测以及方案评估方法进行阐述。

11.4.1　基于孪生数据的设备可用性预测

本章考虑的设备不可用主要由设备故障与刀具磨损引起。基于数字孪生的设备可用性预测的作用是通过在调度过程中预测设备故障与刀具剩余寿命,保证工件提前被调整至设备可用时段进行加工。

针对设备的可用性预测,应用了第 9 章基于数字孪生的设备 PHM 方法相关思路。[22]使用 $X=\{x_p|1\leqslant p\leqslant a\}$ 代表从 PE 采集的真实参数。其中,x_p 代表第 p 个参数,如主轴功率、切削力、工作台振动、声信号,它们能够反映 PE 不同零部件的状态;a 代表参数个数。使用 $Y=\{y_p|1\leqslant p\leqslant a\}$ 和 $Z=\{z_q|1\leqslant q\leqslant b\}$ 代表 VE 的仿真结果。其中,y_p 与 x_p 是一一对应的,代表 x_p 的仿真值,通过 y_p 与 x_p 的差异可判断 PE 与 VE 的一致性;Z 是难以由传感器直接测量的,利用仿真计算的变量的集合,如零部件的应力分布、温度分布、变形,Z 中的数据是对 X 的补充与完善;b 代表参数个数。

如图 11.4(a)所示,为了实现对设备故障(如主轴故障、电机故障、液压系统故障)的准确预测,首先分别从 X 与 Y 中选出 $s(s\leqslant a)$ 个参数,使用 $p_{PE}=(x_1\cdots x_i\cdots x_s)$ 表示 PE 状态,$p_{VE}=(y_1\cdots y_i\cdots y_s)$ 表示 VE 状态。接着,判断 p_{PE} 与 p_{VE} 间的差异是否在预定义的阈值 T_p 范围内,即判断 $\frac{\|p_{PE}-p_{VE}\|}{\|p_{PE}\|}\leqslant T_p$ 是否满足。若不满足,则 p_{PE} 与 p_{VE} 不一致。根据 9.4.2 节提出的方法判断不一致原因,若由设备突发故障引起,则需通过比较 p_{PE} 与 p_{VE} 的差异进一步定位故障部件;若由已知的人为操作或其他扰动引起,首先要判断设备正常,接着视情况对 VE 进行校

正,使其与 PE 保持一致。若 $\dfrac{\|p_{PE}-p_{VE}\|}{\|p_{PE}\|}\leqslant T_p$ 满足,则 p_{PE} 与 p_{VE} 一致。在这种情况下,利用神经网络等数据融合方法同时综合 PE 和 VE 数据(即 X 和 Z)的特征用于故障原因预测。基于以上过程,当预测到设备故障时需预留设备维修时间,且在维修时间内设备不可用;否则,认为设备可用。

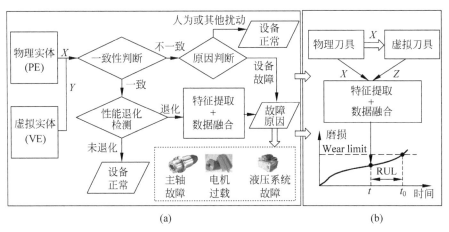

(a)   (b)

图 11.4   基于数字孪生的设备可用性预测[19]

(a) 设备故障预测;(b) 刀具磨损监测

如图 11.4(b)所示,为了预测刀具剩余使用寿命,首先采集 PE 的物理刀具相关数据,包括切削力、工作台振动、声信号以及切削参数,这些参数属于 X;接着,将切削参数等加载到 VE 的虚拟刀具模型上,进一步通过仿真得到难以直接测量的、与刀具剩余寿命相关的仿真变量,如刀具最大应力、最小应力、平均应力,这些参数属于 Z。利用神经网络融合 X 与 Z 的特征用于预测刀具磨损程度,从而估测刀具剩余寿命。根据刀具剩余寿命合理安排更换刀具的时间,在更换刀具时段内,设备不可用。

基于数字孪生的设备可用性预测的主要特点是,融合了 PE 真实数据的特征和 VE 仿真数据的特征,丰富了设备故障预测和刀具剩余寿命预测的信息,从而支持更加准确、可靠的预测结果。

11.4.2   基于虚实交互的扰动监测

针对工序加工时间变化、工件到达时间偏差等扰动因素,基于数字孪生的扰动监测能够通过比较 PE 数据与不断校正更新的 VE 数据有效识别扰动的发生,并基于 VE 仿真预测扰动带来的影响,从而在必要时刻及时触发重调度。

在调度执行过程中实时采集 PE 数据,并与 VE 数据进行连续比较。例如,分别从 X 和 Y 中选出 u 个参数,如 $x_v(1\leqslant v\leqslant u)$ 表示从 PE 采集的主轴功率的真实值,y_v 则表示根据初始方案 S,VE 模拟的主轴功率期望值。实时比较这两个参数值,并将二者差异表示为 $\Delta f_v=\|x_v-y_v\|$,Δf_v 可反映工序加工时间的变化。如

图 11.5 所示,以 y_v 为例,时间段 t_1 为启动阶段,t_2 与 t_4 为空转阶段,t_3 为材料去除阶段,t_5 为停机阶段。若在实际生产中 PE 材料去除阶段时间延长,Δf_v 的值将在延长的时段内(用 Δt_3 表示)变成在一定范围内的正值。这是因为物理世界的扰动只作用于 PE,而 VE 并未受扰动影响,此时的 VE 已经进入有着不同主轴功率水平的下个阶段。因此,Δf_v 的特征(如平均值)可被用来揭示加工时间变化这一扰动。与此同时,其他参数(如切削力、声信号)真实与仿真值的差异特征也可通过傅里叶变换、主成分分析、聚类算法等提取,并应用于其他扰动因素的监测。

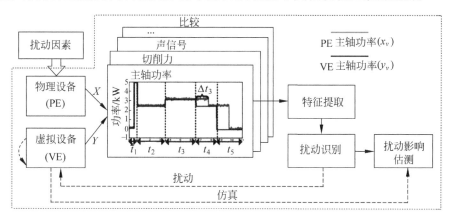

图 11.5　基于数字孪生的扰动监测[19]

在确定扰动因素后,人为将扰动加载到 VE,这会引起 VE 模型与仿真参数的更新。更新后的 VE 产生的数据(如主轴功率)重新与 PE 数据归为一致,并作为新的参考用于监测 PE 与 VE 因后续干扰而产生的偏差。此外,基于更新后的 VE 仿真预测扰动对调度过程带来的影响(如最大完工时间的变化),并根据预测结果判断是否触发重调度。

基于数字孪生的扰动监测能够在调度执行过程中连续比较 PE 真实值与动态更新的 VE 仿真值(代表期望值),根据二者差异尽早发现扰动因素并基于仿真预测扰动因素的影响,从而支持及时的重调度决策。

11.4.3　基于虚拟模型仿真的方案评估

重调度执行前,基于数字孪生的方案评估能够利用 VE 的多维模型与 PE 的真实数据,提前仿真设备性能参数,包括利用率、能耗、应力水平等。

在评估前,PE 的实时数据需提供给 VE 进行模型参数更新,更新后的模型用于设备性能评估。基于 G_v,可使用 FlexSim 工具对调度的工作流进行模拟,从而动态获得不同时段内的设备利用率与各工件的延迟时间。基于 P_v,使用有限元分析工具可计算设备关键部件在不同工作条件下的物理参数,它们反映设备的健康状态。例如,使用 ANSYS Workbench 可仿真不同切削参数(主轴速度、进给速度、切削深度、切削宽度等)下的刀具应力水平,通过调整切削参数可使应力限制在一定范围内,这有利于延长刀具的使用时间。在行为层面,B_v 中的能耗经验公式可用于计算设备在不同阶段的能耗,包括空转能耗、材料去除能耗、待机能耗等;神经网络模型也可用于学习不同切削参数与能耗间的关系。R_v 判断以上基于模型仿真得到的设备性能参数是否在预定义的范围内。

基于数字孪生的方案评估能够基于 VE 的多维模型(即 G_v、P_v、B_v、R_v)对设备性能进行多方面评价。此外,这些模型及其仿真参数可以随实时数据不断更新,得到的仿真结果能够反映设备的当前状态。

11.5 案例: 液压阀加工车间设备动态调度

本节以机加工车间为例,对数字孪生增强的动态调度方法进行验证,主要讨论了基于孪生数据的刀具剩余寿命预测、基于虚实交互的加工时间变化监测以及基于模型仿真的重调度方案评估[19]。

11.5.1 案例描述

液压阀是控制液体压力、流量、方向的关键装置,主要由阀体、阀芯以及驱动阀芯在阀体内做相对运动的装置构成。本案例以对某液压阀加工车间的调研为基础,基于仿真数据进行设计组织。假设有一批不同型号的液压阀阀体需要加工,使用提出的数字孪生方法对设备动态调度过程进行模拟优化,并将得到的调度方案指标(包括最大完工时间、设备利用率、工件完工总延迟)与使用车间原始调度方法得到的方案结果做对比,从而验证数字孪生方法的有效性。

假设有 6 个阀体需要加工,分别表示为 J_1、J_2、J_3、J_4、J_5、J_6;4 台加工设备,包括 2 台铣床(表示为 M_1、M_2)和 2 台加工中心(表示为 M_3、M_4)。如图 11.6 所示,根据工件 J_1 的结构特征,将其分为 4 个工序加工(O_{11}、O_{12}、O_{13}、O_{14}),每个工序对应 1~2 个可供选择的设备。J_2~J_6 与 J_1 的结构类似,仅在尺寸、孔的数量及类型上存在些许差异。

在生产前,首先生成针对这批零件的初始调度计划 S,如图 11.7 所示。根据

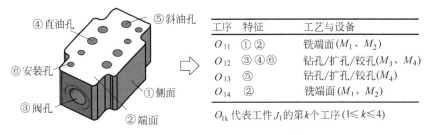

工序	特征	工艺与设备
O_{11}	① ②	铣端面(M_1、M_2)
O_{12}	③ ④ ⑥	钻孔/扩孔/铰孔(M_3、M_4)
O_{13}	⑤	钻孔/扩孔/铰孔(M_4)
O_{14}	②	铣端面(M_1、M_2)

O_{1k} 代表工件 J_1 的第 k 个工序($1 \leqslant k \leqslant 4$)

图 11.6 工件 J_1 的结构与工艺[19]

S,在没有任何扰动因素的情况下,4 台设备使用 55.7min 可完成这批零件的加工。但在生产中扰动是不可避免的,它可能造成这 4 台设备无法在规定时间内完成任务,甚至影响下一批零件准时开工。然而,该车间应对扰动的重调度规则相对单一,只有生产过程超出计划完工时间时才触发重调度。这往往造成工件拖期长、设备利用率低等问题。

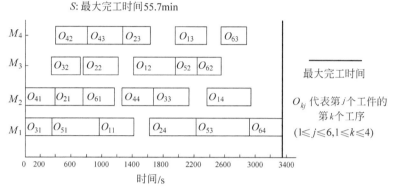

图 11.7　初始调度计划(S)[19]

　　假设扰动为工序 O_{31}、O_{32}、O_{11}、O_{12}、O_{52} 加工时间延长。在这种情况下,若按照车间原有重调度规则,则当调度执行过程超出 55.7min 时才触发重调度,得到的重调度结果 R' 如图 11.8 所示。R' 的最大完工时间为 78.2min,工件总延迟为 18.6min(这里把工件交货期定为 65min,工件总延迟为各工件完成时间超出交货期的时间总和),设备平均利用率为 60.5%$\left(\text{设备利用率}=\dfrac{\text{每台设备工作时间}}{\text{最大完工时间}}\right)$。

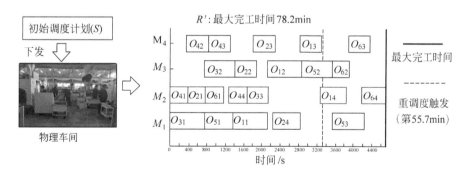

图 11.8　未使用数字孪生的调度过程(R')[19]

11.5.2　模型与方法验证

　　为了改善上述指标,引入数字孪生增强的设备动态调度方法,该方法加入了仿真数据与仿真模型,目的是产生更优的调度结果 R。

1. 基于孪生数据的刀具剩余寿命预测

根据 11.3 节步骤 1～步骤 3，首先基于构建的设备数字孪生预测 M_1～M_4 的可用性。本案例假设设备在加工过程中未出现故障，因此主要考虑刀具磨损对设备可用性的影响。根据 11.4.1 节，基于数字孪生的刀具磨损预测需同时考虑物理刀具的数据特征与虚拟刀具的数据特征。以铣床为例，前者的特征包括刀具在 X 轴方向（切向）切削力平均值（f_1）、Y 轴方向（径向）切削力平均值（f_2）、Z 轴方向（轴向）切削力平均值（f_3），刀具振动信号频率中心（f_4）、频率方差（f_5）、均方频率（f_6）以及声信号平均值（f_7）；仿真数据特征包括刀具应力最大值（f_8）、应力平均值（f_9）、应力作用时间（f_{10}）。其中，f_1～f_7 是刀具磨损预测相关研究中的常见特征，f_8～f_{10} 是基于数字孪生虚拟实体仿真的新增特征。f_1～f_7 的计算方法如表 11.2 所示。

表 11.2　f_1～f_7 计算方法

特征	计算方法	备　注
f_1	$\dfrac{\sum\limits_{x=1}^{n_x}\lvert F_{Xx}\rvert}{n_x}$	F_{Xx}：X 轴方向某时刻的切削力取值 n_x：一段时间内采集的 F_{Xx} 个数
f_2	$\dfrac{\sum\limits_{y=1}^{n_y}\lvert F_{Yy}\rvert}{n_y}$	F_{Yy}：Y 轴方向某时刻的切削力取值 n_y：一段时间内采集的 F_{Yy} 个数
f_3	$\dfrac{\sum\limits_{z=1}^{n_z}\lvert F_{Zz}\rvert}{n_z}$	F_{Zz}：Z 轴方向某时刻的切削力取值 n_z：一段时间内采集的 F_{Zz} 个数
f_4[22]	$\dfrac{\sum\limits_{e=1}^{E} f_e X_e}{\sum\limits_{e=1}^{E} X_e}$	
f_5[22]	$\dfrac{\sum\limits_{e=1}^{E} (f_e - FC)^2 X_e}{\sum\limits_{e=1}^{E} X_e}$	f_e：振动信号频谱上第 e 个谱线的频率 X_e：f_e 的幅值 E：谱线个数，$1 \leqslant e \leqslant E$ FC：指 f_4 的值
f_6[22]	$\dfrac{\sum\limits_{e=1}^{E} f_e^2 X_e}{\sum\limits_{e=1}^{E} X_e}$	
f_7	$\dfrac{\sum\limits_{s=1}^{n_s}\lvert S_s\rvert}{n_s}$	S_s：某时刻的声信号取值 n_s：一段时间内采集 S_s 的个数

图 11.9 是对刀具进行应力计算的过程,利用该仿真能够得到特征 $f_8 \sim f_9$ 的值。首先导入刀具的三维几何模型,用于描述刀具的几何特征,包括直径、总长、刃长、齿数等(如图 11.9(a));接着,对刀具进行材料属性设置,包括密度、硬度、弹性模量及泊松比等,并使用自动生成的四面体网格对刀具进行网格划分(如图 11.9(b));对刀具施加约束与 X、Y、Z 轴的切削力载荷(如图 11.9(c));最后求解刀具应力分布,并从 Details of "Equivalent Stress"窗口中查看得最大应力值(f_8)与平均应力值(f_9)(如图 11.9(d))。

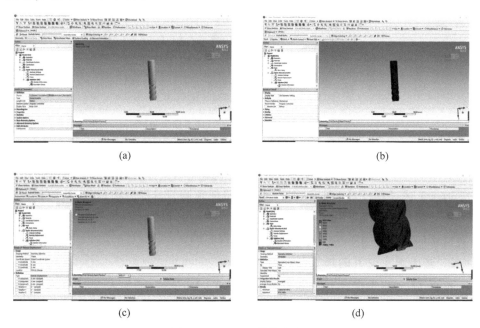

(a)　　　　　　　　　　　　　　(b)

(c)　　　　　　　　　　　　　　(d)

图 11.9　f_8、f_9 的仿真过程

(a) 导入几何模型;(b) 网格划分;(c) 加约束与外载;(d) 仿真求解与后处理

如图 11.10 所示,使用包括 1 个输入层、1 个输出层及 2 个隐藏层的多层神经网络融合这些特征,并建立特征与刀具磨损之间的关系。该网络输入层有 10 个神经元,输出层有 1 个神经元。在 2 个隐藏层中,神经元的数量分别为 30 和 30,隐藏层神经网络的权值与偏置随机产生,采用 Sigmoid 激励函数。训练样本数为 105,测试样本数为 50。每个样本有 10 个特征值作为网络输入,包括 7 个物理特征($f_1 \sim f_7$)和 3 个仿真特征($f_8 \sim f_{10}$),以及 1 个刀具磨损量作为网络输出,这些值都被归一化到 0～1 的范围内。

根据式(11.13)计算神经网络训练与测试的平均相对误差:

$$A_e = \left(\sum_{i=1}^{r} \frac{|O_i - O'_i|}{O_i} \right) \Big/ r \qquad (11.13)$$

其中,O_i 指第 i 个测量磨损值;O'_i 是第 i 个由神经网络计算得到的磨损值;r 为训练

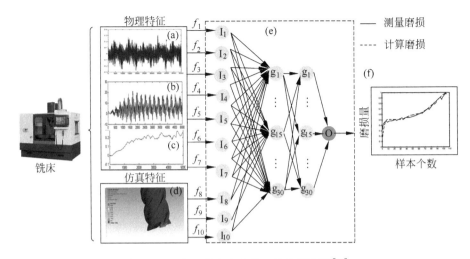

图 11.10　基于数字孪生的刀具磨损预测[19]

(a) 振动信号；(b) 切削力；(c) 声信号；(d) 刀具应力；(e) 多层神经网络；(f) 刀具磨损

或测试样本的个数。经计算，训练与测试的平均相对误差分别为 4.02% 和 6.70%。

通过上述过程可基于物理特征与仿真特征预测刀具的磨损程度，从而提前预知刀具的剩余寿命与更换时刻。根据 11.3 节步骤 4，由于刀具更换所需时间较短，可安排在设备的空闲时段进行，一般不需触发重调度。

2. 基于虚实交互的加工时间变化监测

根据 11.3 节步骤 5，为了监测各工序加工时间的变化，加入 VE_1、VE_2、VE_3、VE_4 仿真的主轴功率（表示为 P_{vi}，$1 \leqslant i \leqslant 4$），用于同 PE_1、PE_2、PE_3、PE_4 在调度过程的功率（表示为 P_{pi}，$1 \leqslant i \leqslant 4$）交互与比较。按照 11.4.2 节，在初始时刻，P_{vi} 是根据初始调度计划 S 得到的，S 反映了各工序期望加工时长与各设备空闲时长。根据主轴功率在材料去除、空转、停机状态的增降规律以及现场经验，可确定 P_{vi} 在不同时段的取值水平。随着扰动出现，调度计划不断变化，P_{vi} 也随之更新。P_{vi} 与 P_{pi} 在 S 规定的每个工序的期望完成时间进行一次比较，当 P_{vi} 与 P_{pi} 被判定为不一致时，标记该时间点。

通过比较得到，根据 S，计划在第 6min 完工的工序 O_{31}，受工序加工时间变长的影响，在该时刻仍处于被加工状态。根据刀具进给速度估测 O_{31} 的剩余加工时间。此时若不做任何调整，预计调度的最大完工时间将延长至 62.4min。根据 11.3 节步骤 6，将测量最大完工时间变化程度的 α 的阈值设为 0.2，由于式(11.11)不满足（$N = 62.4$，$N' = 55.7$，$\alpha = 0.12$），不触发重调度，只是将受到影响的工序顺序后移，此时方案 S 更新为 S_1，结果如图 11.11(a)所示。更新后的 S_1 传达至 $VE_1 \sim VE_4$，相应地，P_{vi} 取值根据 S_1 调整。与此相似，O_{32} 加工时间的延长也未引起重调度，只是引起工序顺序后移，此时 S_1 更新为 S_2，结果如图 11.11(b)所示。

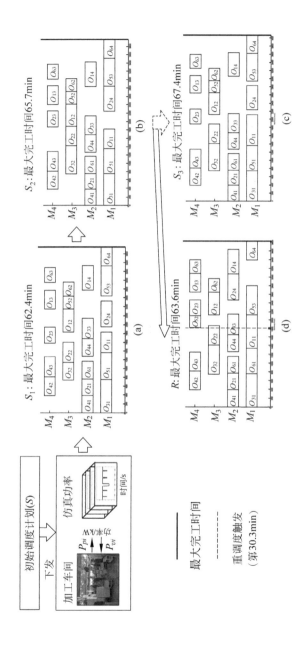

图 11.11　使用数字孪生的动态调度过程[19]

(a) O_{31} 延迟未触发重调度；(b) O_{32} 延迟未触发重调度；(c) O_{11} 延迟触发重调度；(d) O_{11} 延迟未触发重调度

273

更新后的 S_2 传达至 $VE_1 \sim VE_4$，P_{vi} 根据 S_2 调整。接着，物理车间的 O_{11} 在第 30.3min(即 S_2 中的 O_{11} 计划完工时间)被监测到加工时间延长，若此时继续后延相关工序，则最大完工时间将延长至 67.4min，如图 11.11(c)所示。在这种情况下，式(11.11)的条件已满足($N=67.4$，$N'=55.7$，$\alpha=0.21$)，因此应根据 11.3 节步骤 7 在第 30.3min 对还未开始加工的工序 O_{52}、O_{23}、O_{13}、O_{63}、O_{12}、O_{62}、O_{24}、O_{14}、O_{53}、O_{64} 进行重调度，结果如图 11.11(d)所示，表示为 R，相应地，P_{vi} 取值根据 R 调整。

3. 基于虚拟模型仿真的重调度方案评估

根据 11.3 节步骤 8，将 R 传递至 $VE_1 \sim VE_4$，本案例主要评估 R 的设备利用率、工件完工总延迟及最大完工时间指标，按照 11.4.3 节，只调用各设备的 G_v 模型即可。图 11.12 展示了基于 G_v 模型，Flexsim 7.3 对各设备利用率与各工件完成时间(与工件完工总延迟和最大完工时间相关)的仿真结果。基于仿真计算设备平均利用率与工件完工总延迟，由于这两个指标能够满足预定义的约束条件，因此可将方案 R 作为重调度计划，下发至 $PE_1 \sim PE_4$。

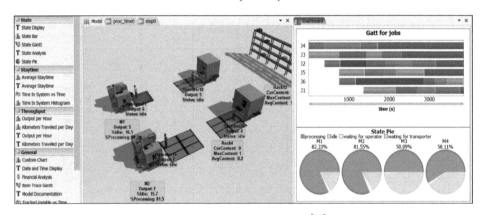

图 11.12　重调度方案 R 评估[19]

在接下来的比较过程中，O_{52} 与 O_{12} 的延长时间同样能够被监测到，但是由于式(11.11)不满足(O_{52} 延长：$N=63.6$，$N'=65.6$，$\alpha=0.03$；O_{12} 延长：$N=63.6$，$N'=66.9$，$\alpha=0.05$)，并未触发重调度。最终的调度结果表示为 R_2，它是在 R 的基础上延长 $O_{52}(R \to R_1)$ 与 $O_{12}(R_1 \to R_2)$ 得到的，如图 11.13 所示。

11.5.3　结果分析

11.5.2 节结合液压阀机加工车间调度过程，对 11.3 节提出的数字孪生增强的设备动态调度方法流程进行了阐述说明。其中，结合 11.4.1 节，融合 PE 数据特征($f_1 \sim f_7$)与 VE 数据特征($f_8 \sim f_{10}$)支持设备刀具的剩余寿命预测，为预测过

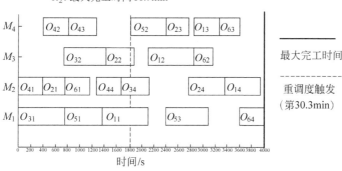

图 11.13　基于数字孪生的最终调度结果（R_2）[19]

程提供了更加全面的信息；结合 11.4.2 节，在扰动监测时，通过比较 PE 的主轴功率与不断更新的 VE 仿真功率数据，有效监测了 O_{31}、O_{32}、O_{11}、O_{12}、O_{52} 工序加工时间的延长，并在必要时及时触发了重调度；结合 11.4.3 节，在调度方案评估方面，基于 G_v 模型，对调度过程的最大完成时间、设备利用率与工件延迟进行了动态评估。

为了进一步验证提出的数字孪生增强的设备动态调度方法的优越性，比较 R'（未使用数字孪生的调度结果）与 R_2（使用数字孪生的调度结果）中的最大完工时间、设备利用率及工件总延迟 3 个指标，如表 11.3 所示。其中，R' 与 R_2 的最大完工时间分别根据图 11.8 和图 11.13 得到，设备平均利用率为各设备利用率的均值，工件延迟为每个工件完成时间超出交货期的时长总和。结果表明，数字孪生方法通过 PE_i 与 VE_i 的连续比较，能够及时触发重调度，降低各设备的空闲时间，从而使最大完工时间、工件延迟以及设备利用率得到优化。另一方面，由于设备可用性能够基于数字孪生的数据融合得到准确预测，设备的磨损刀具将得到及时更换，这也有利于设备保持在良好的工作状态。

表 11.3　使用与未使用数字孪生的调度方法结果比较[19]

方法	完工时间/min	设备利用率/%				工件总延迟/min					
未使用数字孪生（R'）	78.2	M_1	M_2	M_3	M_4	J_1	J_2	J_3	J_4	J_5	J_6
		72.5	66.2	61.0	42.4	0	0	0	0	5.4	13.2
		平均利用率：60.5				总延迟：18.6					
使用数字孪生（R_2）	66.9	M_1	M_2	M_3	M_4	J_1	J_2	J_3	J_4	J_5	J_6
		80.2	79.4	54.2	64.1	0.5	0	0	0	0	1.9
		平均利用率：69.5				总延迟：2.4					

本章小结

本章研究了数字孪生车间环境下预测反应式的设备动态调度,提出了一种数字孪生增强的设备动态调度方法,并对其中的基于孪生数据的设备可用性预测、基于虚实交互的扰动监测以及基于模型仿真的重调度方案评估进行了重点阐述,最后以液压阀加工车间为例验证了所提出方法的有效性与优越性。

参考文献

[1]　NIE L,GAO L,LI P,et al. Reactive scheduling in a job shop where jobs arrive over time [J]. Computers & Industrial Engineering,2013,66(2):389-405.

[2]　BONFILL A,ESPUNA A,PUIGJANER L. Proactive approach to address the uncertainty in short-term scheduling[J]. Computers & Chemical Engineering,2008,32(8):1689-1706.

[3]　PAPROCKA I,SKOLUD B. A hybrid multi-objective immune algorithm for predictive and reactive scheduling[J]. Journal of Scheduling,2017,20(2):165-182.

[4]　OUELHADJ D,PETROVIC S. A survey of dynamic scheduling in manufacturing systems [J]. Journal of Scheduling,2009,12(4):417.

[5]　JI W,WANG L. Big data analytics based fault prediction for shop floor scheduling[J]. Journal of Manufacturing Systems,2017,43:187-194.

[6]　MOURTZIS D,VLACHOU E,XANTHOPOULOS N,et al. Cloud-based adaptive process planning considering availability and capabilities of machine tools [J]. Journal of Manufacturing Systems,2016,39:1-8.

[7]　CHEN X,AN Y,ZHANG Z,et al. An approximate nondominated sorting genetic algorithm to integrate optimization of production scheduling and accurate maintenance based on reliability intervals[J]. Journal of Manufacturing Systems,2020,54:227-241.

[8]　KAN C,YANG H,KUMARA S. Parallel computing and network analytics for fast Industrial Internet-of-Things (IIoT) machine information processing and condition monitoring[J]. Journal of Manufacturing Systems,2018,46:282-293.

[9]　ZHANG Y,HUANG G Q,SUN S,et al. Multi-agent based real-time production scheduling method for radio frequency identification enabled ubiquitous shopfloor environment[J]. Computers & Industrial Engineering,2014,76:89-97.

[10]　XU W,SHAO L,YAO B,et al. Perception data-driven optimization of manufacturing equipment service scheduling in sustainable manufacturing[J]. Journal of Manufacturing Systems,2016,41:86-101.

[11]　WANG C,JIANG P. Manifold learning based rescheduling decision mechanism for recessive disturbances in RFID-driven job shops[J]. Journal of Intelligent Manufacturing,2018,29(7):1485-1500.

[12]　NIEHUES M,BUSCHLE F,REINHART G. Adaptive job-shop control based on permanent order sequencing[J]. Procedia CIRP,2015,33:127-132.

［13］ HE W,SUN D. Scheduling flexible job shop problem subject to machine breakdown with route changing and right-shift strategies ［J］. The International Journal of Advanced Manufacturing Technology,2013,66(1-4)：501-514.

［14］ WANG D,YIN Y,CHENG T C E. Parallel-machine rescheduling with job unavailability and rejection［J］. Omega,2018,81：246-260.

［15］ JIANG Z, JIN Y, MINGCHENG E, et al. Distributed dynamic scheduling for cyber-physical production systems based on a multi-agent system［J］. IEEE Access,2017,6：1855-1869.

［16］ ZHOU E,ZHU J,DENG L. Flexible job-shop scheduling based on genetic algorithm and simulation validation［C］. MATEC Web of Conferences,January 2017,DOI：10. 1051/matecconf/201710002047.

［17］ TURKER A K,AKTEPE A,INAL A F,et al. A decision support system for dynamic job-shop scheduling using real-time data with simulation［J］. Mathematics,2019,7(3),DOI：https：//doi. org/10. 3390/math7030278.

［18］ MIHOUBI B,GAHAM M,BOUZOUIA B,et al. A rule-based harmony search simulation-optimization approach for intelligent control of a robotic assembly cell［C］. 2015 3rd International Conference on Control,Engineering & Information Technology (CEIT),May 25-27,2015,Tlemcen,Algeria,DOI：10. 1109/CEIT. 2015. 7233172.

［19］ ZHANG M,TAO F,NEE A Y C. Digital twin enhanced dynamic job-shop scheduling［J］. Journal of Manufacturing System,2021,58,Part B：146-156.

［20］ 张萌. 数字孪生车间及关键技术［D］. 北京：北京航空航天大学,2020.

［21］ 侯春宏,赵国勇,乔建芳. 数控铣床加工过程能耗计算预测方法［J］. 组合机床与自动化加工技术,2017(7)：86-88.

［22］ TAO F,ZHANG M,LIU Y,et al. Digital twin driven prognostics and health management for complex equipment［J］. CIRP Annals,2018,67(1)：169-172.

［23］ LEI Y,ZUO M,HE Z,et al. A multidimensional hybrid intelligent method for gear fault diagnosis［J］. Expert Systems with Applications,2010,37 (2)：1419-1430.

第12章

数字孪生车间物料准时配送方法与技术

车间物料准时配送是生产顺利运行的重要保障。这是因为,若物料配送过晚,则会延误对应工位的工艺推进,从而延误后续工位的生产进程;若物料配送过早,则会造成物料积压,影响其他物料配送。结合本书作者团队前期工作,本章针对车间物料准时配送问题,主要对工艺完成时间准确预测与有轨无轨混合环境下路径规划进行分析讨论。其中,针对工艺完成时间预测中人员操作完成时间的不确定性,提出了基于了灰色理论的物料需求时间预测方法;针对有轨无轨混合环境下移动运载工具碰撞问题,提出了一种时间可控的混合环境下的路径规划方法。提出的方法在卫星总装数字孪生车间开展了应用验证,实验结果表明,该方法能够有效降低因工人差异而造成的物料需求时间预测误差,并解决了混合环境下路径规划时间不可控的问题。

12.1 车间物料配送研究概述

传统制造企业一般采用准时制生产方式(just in time,JIT)模式进行物料配送,这种方式在生产过程中不允许库存或只允许极少量库存[1-4]。然而,随着人们对个性化产品的需求日增,装配车间零部件种类逐渐增加,而JIT配送模式难以满足多品种、小批量的装配需求。为了解决这一问题,准时化顺序供应(just in sequence,JIS)配送模式应运而生,它要求所有零件按照装配使用顺序配送至工位,这种方式不仅能进一步降低库存量,而且满足多样化的装配需求。但是,实现JIS配送方式面临着一个主要的挑战,即实现物料的准时配送[5]。物料准时配送涉及物料需求时间预测和物料配送路径规划两个问题,国内外学者针对这两个问题已开展了大量研究。

12.1.1 物料需求时间预测研究现状

针对物料需求时间预测问题,目前常见的解决方法有经验估计法、统计学法、仿真建模法及神经网络法。

(1)经验估计法:充分发挥专家的经验,聘请专家对工艺工时进行预测,然后利用数学模型对预测数据进行处理从而得出任务工时[6]。例如,上海某破碎机生产企业由经验丰富的定额员通过查表、类比等方法实现定额工时的预测[7];龚清洪等[8]通过建立基于实例推理的零件加工工时预测评估模型,进行零件加工时间的预测。但是,由于经验估计法存在效率低、误差大、过于依赖个人经验的问题,目前已较少使用[9]。

(2)统计学法:将工艺完成时间预测模型归于数理统计模型,通过分析工艺完成时间的历史数据估计数理统计模型的相关参数。[10]总体来说,统计学法具有较为可靠的数学理论依据,能够针对小规模的制造场景建立较高精度的统计模型。[11]但对于工序较多、分布复杂的制造系统而言,统计学法存在建模效率及精度低的问题,并且系统动态变化特征越明显时,该方法的准确性往往越低。

(3)仿真建模法:通过分析影响加工工艺完成时间的关键要素,利用计算机对生产线的实际情况进行精准建模与仿真,以期获得较高的预测精度。[12-13]仿真建模法往往需要对研究的生产线信息完全已知,尽可能考虑到所有影响工艺完成时间的因素,且仿真模型的维护较为复杂,同时对计算能力要求较高。

(4)神经网络法:在兼顾建模效率与模型精度方面具有一定的优势[14],它需要分析工时的影响因素,并将其作为神经网络的输入。但如何提炼影响因素是个难题[15],且该方法需要大量的历史数据支撑。

12.1.2　物料配送路径规划研究现状

为了解决物料配送路径规划问题,需对车间环境进行建模,利用搜索算法进行路径搜索,并实现多设备路径规划的避碰。

车间环境建模是为了让设备能够了解车间环境信息,比如车间大小、障碍物位置、形状等。[16]设备在执行任务时能够根据车间环境模型的信息进行避障与导航,高效与迅速地完成所承担的任务。目前常用的环境建模方法有栅格法、特征图法及拓扑图法。栅格法由 Elfes 和 Moraves 提出[17],建模时将环境划分为若干个栅格,每个栅格通过给定值标记是否被占用。栅格法较为通用,但是需要注意栅格划分的粒度。特征图法基于环境的几何信息进行地图模型的构建,从环境信息中抽象出几何特征标识环境中的障碍物。[18]特征图法在进行车间环境建模时,对设备和工位等物理实体的点、线、面等几何特征进行提取,从而对环境进行更加紧凑的稀疏描述。[19]拓扑图法利用环境的拓扑结构表示环境,特别适用于自动导引小车(AGV)等寻迹类型设备的路径规划。[20]拓扑图法采用关键节点和节点间的连线对环境进行表示,将环境描述为具有拓扑意义的图。这种方法不依赖于节点之间的相对位置关系,简洁高效,有利于提升搜索算法的效率。但是,拓扑图法规划出的路径被表示为一系列关键点的集合,设备只能沿着关键点之间的路径进行移动,限制了设备的移动空间,不适合有较大自由度的设备。

针对多设备路径规划的避碰,目前主要有重新规划法、时间窗法、加锁法、单向有向图避碰法及串联区域控制模型避碰法。重新规划法是指设备在执行任务时，当检测到路径冲突后，低优先级设备需要重新进行路径规划，对高优先级设备进行避让，从而避免产生路径冲突。时间窗法能够明确每一段路径的具体占用时间，从而实现预测式的避碰，保证了路径执行时间的可控性。[21]加锁法将车间内的关键站点和路径看作一种资源，设备在执行任务的过程中需要申请、获得、使用和释放这些资源，即对关键站点和路径加锁。[22]单向有向图避碰法通过人为规定每条路径都只能单向行驶避免设备之间的相向冲突。[23]对于设备之间的同向冲突和路口冲突，通过采用低优先级的设备等待高优先级设备的策略来避免。串联区域控制模型避碰方法将设备所在场地划分为若干相互不重叠覆盖的区域，每个区域内只有一台设备可以活动，每台设备只能在固定区域活动，相邻区域之间通过交换站来完成设备之间运载货物的交换。[24]

尽管当前在物料需求时间预测与物料配送路径规划方面已存在大量方法与相关研究，但对于具有高度灵活性的离散制造行业而言，实现物料准时配送仍是一个难题。卫星总装是典型的离散制造行业，影响物料需求时间的因素众多，并且物料运载设备灵活。上述预测与规划方法若直接用于解决卫星总装车间物料配送问题，可能会造成物料配送需求时间预测不准、规划路径时间不可控等，从而导致物料配送不准时。下面对卫星总装车间在物料准时配送方面存在的问题进行具体分析。

12.2　卫星总装车间物料配送问题分析

近年来，随着基于低轨卫星通信系统的卫星互联网项目的快速发展，卫星需求数量日益激增[25-30]。基于传统的研制型单星单工位总装模式已经无法满足如此大批量的生产需求，卫星总装正向生产型多星组批脉动式总装模式转型，即卫星在总装生产线中按照特定的顺序移动来完成总装过程，其典型特征是产品按节拍间歇式移动，在不同工位内依次完成某阶段的装配工作[31-33]。相比于传统的单星单工位总装模式，脉动式总装生产节奏更加紧凑，各个工位之间的联系也更加紧密。然而，在脉动式总装过程中，某一工位物料配送延迟会延误对应工位的工艺推进，严重影响其他工位的装配进程；若物料配送过早，则会造成物料积压，影响其他物料的配送，严重降低卫星总装的效率[34]。目前，卫星总装车间脉动式总装过程的物料配送存在以下问题[34]：

（1）物料需求时间预测不准确。卫星总装是将各零部件按照技术要求，用规定的连接方法总装成卫星产品的过程。总装车间的物料从进入车间到完成卫星产品装配，均需按照既定装配工艺经多道工序有序实现，物料的配送流程由工艺流程驱动。[35]目前的卫星总装过程仍然为手工作业主导式生产，工艺完成时间受工人的熟练度、工作时间、工作效率等众多因素影响，而且存在影响因素不完全明确其至动态变化的特点,增加了卫星总装工艺完成时间的不确定性,使物料需求时间难以准确预测。[36]

(2) 物料配送的路径规划时间不可控。卫星总装过程中的物料配送主要包括零部件配送和辅助设备转运。零部件采用多辆有固定导轨的 AGV 进行配送,辅助设备则因在辅助装配的过程中需要有较大的灵活度而采用无固定导轨的运载工具进行转运。在物料配送过程中,往往会出现追击冲突、对向冲突、路口冲突和无固定导轨的运载工具与 AGV 冲突等路径冲突情况,造成转运设备无法按照预定路径配送物料,不能按预期时间将物料和辅助设备配送至需求工位。

针对卫星总装由研制型单星单工位总装模式向生产型多星组批脉动式总装模式转型的迫切需求,本书作者团队前期与北京卫星环境工程研究所合作,以卫星脉动式总装生产验证线为对象,积极推进卫星总装数字孪生车间的建设,开展了大量研究工作,具体包括:①部署了面向卫星总装数字孪生车间的数据实时采集系统,实现了总装过程状态的实时感知;②构建了高保真的卫星总装数字孪生车间虚拟模型,实现了对物理车间的仿真验证与双向映射;③搭建了"人-机-料-法-环"融合的生产线运行集成管控平台,实现了对总装过程的高效精准管控。[37]

在卫星总装数字孪生车间建设的基础上,本章结合作者团队相关工作[34,38],讨论了一种面向卫星总装数字孪生车间的物料准时配送方法。针对物料需求时间预测问题,提出了基于灰色理论的物料需求时间预测方法,有效解决了由工人熟练度差异造成的预测误差问题;针对路径规划问题,提出了基于多模型交互机制的混合环境下时间可控的无碰路径规划方法,避免了 AGV 与无导轨运载工具之间的碰撞,保证了路径规划时间的可控;最后研发了一套卫星总装数字孪生车间物料准时配送系统,实现了车间虚拟模型管理、物料需求时间预测和路径规划、仿真验证等功能,并与卫星总装数字孪生车间进行了集成。

12.3　卫星总装数字孪生车间物料准时配送方法

作者团队在《计算机集成制造系统》期刊上发表的"卫星总装数字孪生车间物料准时配送方法"文章中,提出了卫星总装数字孪生车间物料准时配送方法,如图 12.1 所示。该方法主要包括以下步骤[34]。

步骤 1　车间物流虚拟模型构建。提取车间物流的关键要素并建立其数学模型,作为后续研究的基础,具体见 12.4.1 节。

步骤 2　物料需求时间预测。首先,构建操作节点完成时间灰色理论预测模型,针对卫星总装仍然为手工作业主导、完成时间与工人熟练度强相关的特点,模型增加了工人维度,有效解决了因工人熟练度造成的预测误差问题;然后,在此基础上依次计算工步、工序和工艺的完成时间;最后,根据工艺完成时间预测及物料需求模型生成物料转运任务列表,明确何时何地需要何种物料,具体见 12.4.2 节。

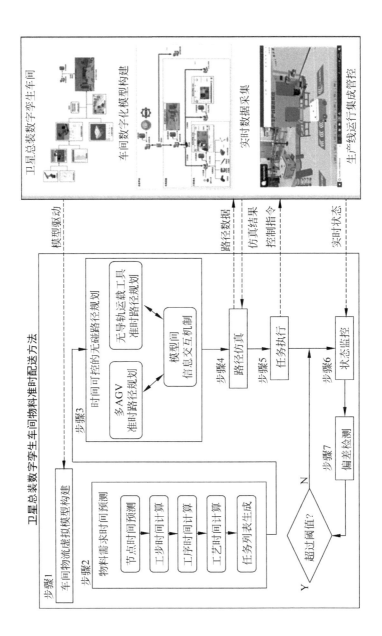

图 12.1　卫星总装数字孪生车间物料准时配送方法总体架构[34]

步骤 3　时间可控的无碰路径规划。对于多 AGV 的路径规划任务,通过多 AGV 准时路径规划算法在拓扑图模型中搜索路径;对于无导轨的运载工具路径规划任务,通过无导轨运载工具准时路径规划算法在栅格模型中搜索路径;为避免多 AGV 与无固定导轨运载工具之间可能产生的路径冲突,建立了基于时间窗的模型间信息交互机制,以保证拓扑图模型与栅格模型之间的信息交互,具体见12.4.3 节。

步骤 4　路径仿真。对任务列表中的物料转运任务进行路径规划后,将路径数据下发至卫星总装虚拟车间,通过虚拟车间的高实时、高保真模型进行仿真,从而避免潜在的路径冲突。

步骤 5　任务执行。通过与卫星总装数字孪生车间交互控制指令,保证转运设备按照规划好的路径对物料进行精准配送。

步骤 6　状态监控。任务开始执行后开启状态监控,与数字孪生车间的数据中心进行实时的数据交互,监测车间内的工艺推进情况、生产过程中的离散事件等数据信息。

步骤 7　偏差检测。此步骤由车间内的工艺推进或离散事件触发。触发后,对比孪生车间的实时数据与仿真数据,若超过阈值,则对物料配送任务进行调整,并为调整后的物料转运任务重新规划路径;若未超过阈值,则继续对车间的状态进行监控。

12.4　卫星总装数字孪生车间物料准时配送关键技术

本节对数字孪生车间物料准时配送关键技术进行阐述,包括面向卫星总装数字孪生车间的物流系统虚拟模型构建技术、物料需求时间预测技术及时间可控的无碰路径规划技术[34]。

12.4.1　物流系统虚拟模型构建[34]

本节首先从车间物流要素、总装工艺和环境地图 3 个方面对车间实体的属性进行分析,然后构建面向物料准时配送的卫星总装数字孪生车间数据模型和三维虚拟模型,在此基础上开展物料准时配送方法的研究。

1. 物流要素模型分析

车间内与物流相关的要素主要包括人员、工位、物料及设备等。其中,人员是工艺操作执行的主体,工位是总装工艺执行的场所,物料是工艺推进的要素,设备是执行物料转运任务的工具。

1) 人员模型

人员是工艺中操作节点的执行者,可表示为

$$E = \{E_i \mid i = 1, 2, \cdots, p\}$$

$$E_i = \{\mathrm{BI}_e^i, D_e^i, \mathrm{AL}_e^i, T_e^i\}, \quad i = 1, 2, \cdots, p$$

其中，p 为车间内工人的数目；BI_e^i 表示人员的基本信息，包括人员的唯一标识、姓名、工号、性别等；D_e^i 表示人员在岗状态，指人员的出勤情况，包括在岗、休息、缺席等；AL_e^i 表示权限范围，指为人员角色所赋予的职责，包括工作场地范围、生产系统准入级别、设备操作权限等；T_e^i 表示任务情况，指人员的工作安排，为人员调度提供依据。

2）工位模型

在多星组批脉动式总装模式下，总装车间按照工位进行布局。车间内的工位可表示为

$$\mathrm{ST} = \{\mathrm{ST}_i \mid i = 1, 2, \cdots, q\}$$

$$\mathrm{ST}_i = \{\mathrm{BI}_{st}^i, \mathrm{type}_{st}^i, F_{st}^i, p_{st}^i\}, \quad i = 1, 2, \cdots, q$$

其中，q 为车间内工位的数目；BI_{st}^i 表示工位的基本信息，包括工位的唯一标识、工位名称、工位状态等信息；type_{st}^i 表示工位类型，根据工位的功能可分为库房、设备停靠区、总装工位、检测工位等；F_{st}^i 表示工位的功能划分，是对工位职责的描述，包括可执行工艺的范围等；p_{st}^i 表示工位的位置信息，指工位在车间中的位置。

3）物料模型

卫星装配过程中涉及的物料数量大、种类多，单颗卫星总装物料数量就达数万件，分散于上千道总装工序中[38]。物料模型的构建从基本信息、种类、用途和库存4 个方面进行，即

$$M = \{M_i \mid i = 1, 2, \cdots, r\}$$

$$M_i = \{\mathrm{BI}_m^i, \mathrm{type}_m^i, U_m^i, I_m^i\}, \quad i = 1, 2, \cdots, r$$

其中，r 为车间内物料的总数；BI_m^i 表示物料的基本信息，包括物料的唯一标识、名称等基本属性；type_m^i 表示物料种类，包括仪器、直属件、热控元器件、标准件及辅助设备五大类[39]；U_m^i 表示物料的用途，指明了物料的安装位置和作用等信息；I_m^i 表示物料的库存情况，包括物料的剩余数量、出入库日期和储存位置等信息。

4）设备模型

设备主要包括车间内执行物料转运的 AGV 和辅助装配的机械臂等装备，可表示为

$$D = \{D_i \mid i = 1, 2, \cdots, s\}$$

$$D_i = \{\mathrm{type}_d^i, \mathrm{BI}_d^i, \mathrm{GP}_d^i, \mathrm{KP}_d^i, \mathrm{LC}_d^i\}, \quad i = 1, 2, \cdots, s$$

其中，s 表示车间内设备的数目；type_d^i 表示设备的基本类型，如 AGV 和机械臂等；BI_d^i 表示设备的基本信息，包括设备的唯一标识、名称、采购日期和电量等基本属性；GP_d^i 表示设备的几何参数，主要指该类设备的长度、宽度和高度等几何信

息；KP_d^i 表示设备的动力学参数，指该类设备的最大速度、转弯半径和导引方式等信息；LC_d^i 表示设备的负载情况，指该类设备的负载、最大承重量等信息。

2．环境地图混合模型分析

为了满足同时为 AGV 和无固定导轨运载工具进行高效路径规划的需求，本节建立了车间环境地图混合模型，包括车间环境的拓扑图模型和栅格模型。拓扑图模型构建时，将车间内的 AGV 导轨抽象成拓扑图，导轨连接处抽象成地图节点；栅格模型构建时，将车间按照划分的粒度栅格化，将栅格抽象成地图节点。卫星总装数字孪生车间布置了定位系统，可以对车间内人、机、物的位置进行实时感知，经协议解析和数据融合，将定位数据上传至数据中心。地图模型与数字孪生车间的数据中心进行实时交互，从而保证地图模型的准确性和实时性。

地图节点模型表示车间内地图模型的节点，可以表示为

$$MN = \{MN_i \mid i = 1, 2, \cdots, l\}$$

$$MN_i = \{type_{mni}, p_{mni}^x, p_{mni}^y, CMN_i\}, \quad i = 1, 2, \cdots, l$$

其中，l 表示节点点数；$type_{mni}$ 表示节点的类型，分为拓扑图模型节点和栅格模型节点；p_{mni}^x 代表节点的 x 坐标；p_{mni}^y 代表节点的 y 坐标；$CMN_i = \{MN_i \mid MN_i \in MN\}$ 代表该节点的邻接节点集合。

时间窗模型表示所有地图节点的时间窗占用情况，可以表示为

$$TW = \{TW_i \mid i = 1, 2, \cdots, d\}$$

$$TW_i = \{MN_{from}, MN_{to}, STW \mid MN_{from} \in MN, MN_{to} \in MN\}, \quad i = 1, 2, \cdots, d$$

其中，d 表示时间窗点数；STW 表示从 MN_{from} 节点到 MN_{to} 节点所对应的时间窗，$STW = \{STW_i \mid i = 1, 2, \cdots, e\}$，$e$ 为节点间时间窗的点数；$STW_i = \{t_{stws}^i, t_{stwe}^i\}$ $(i = 1, 2, \cdots, e)$，表示两个节点之间的时间窗中的一个时间段，其中 t_{stws}^i 为时间窗的开始时间，t_{stwe}^i 为时间窗的结束时间。

3．工艺模型分析

卫星总装数字孪生车间工艺模型主要包括操作节点库模型、物料转运需求模型、操作节点模型、工步模型、工序模型和工艺模型。操作节点库模型明确了所有可执行的工艺操作，物料转运需求模型明确了工艺操作所需的物料情况，操作节点模型、工步模型、工序模型及工艺模型明确了工艺操作的推进顺序与层级关系。

1）操作节点库模型。

操作节点库是卫星总装过程中所有可执行操作的总和，是操作节点模型的重要组成部分，可表示为

$$NL = \{NL_1, NL_2, \cdots, NL_m\}$$

$$NL_i = \{BI_{nl}^i, EE_{nl}^i, NT_{nl}^i, R_{nl}^i\}, \quad i = 1, 2, \cdots, m$$

其中，m 为操作节点库中对应的操作节点数目；BI_{nl}^i 表示基本信息，包括操作节点

的唯一标识、名称和描述等基础属性；EE_{nl}^i 表示执行要素，包括操作执行的人员类型、所需的物料等信息；NT_{nl} 表示该操作节点的工时信息历史数据集合，$NT_{nl} = \{NT_{nl}^i \mid i = 1, 2, \cdots, y\}$，包括该节点执行所需时间的历史数据，为工时的预测提供数据支持，其中 NT_{nl}^i 表示节点的工时信息历史数据点，$NT_{nl}^i = \{NL_j, E_k, t, t_{create} \mid NL_j \in NL, E_k \in E\}(i = 1, 2, \cdots, y)$，$t$ 表示该数据点对应操作节点所用的操作时间，t_{create} 表示该数据点的采集时间；R_{nl}^i 表示约束条件，指节点执行所受的约束，比如所需执行人员的工种等级等。

2) 物料转运需求模型

物料转运需求模型指明了哪个工位需要何种物料由何种设备来转运，可表示为

$$MD = \{MD_i \mid i = 1, 2, \cdots, t\}$$

$$MD_i = \{BI_{md}^i, M_{mdi}, TW_{mdi}, D_{mdi} \mid M_{mdi} \in M, TW_{mdi}$$
$$= \{MN_q \mid MN_q \in MN\}, D_{mdi} = \{D_q \mid D_q \in D\}\}, \quad i = 1, 2, \cdots, t$$

其中 t 表示该数据点对应操作节点所用的操作时间，物料转运需求模型分为基本信息、任务路径点、所需设备和物料情况 4 个方面：BI_{md}^i 表示物料需求的基本信息，包括该需求的唯一标识、名称和备注等信息；M_{mdi} 表示物料转运需求所需的物料，指明该需求所需物料的种类和数量情况；TW_{mdi} 表示任务路径点的集合，包括物料的取料点和放料点等信息；D_{mdi} 表示物料转运中所需的转运设备，包括物料转运需要设备的种类和数量等情况。

3) 操作节点模型

操作节点是卫星总装过程中不可拆分的基础单元，是工艺模型中最小粒度的组成部分，可表示为

$$N = \{N_i \mid i = 1, 2, \cdots, u\}$$

$$N_i = \{NL_{ni}, E_{ni}, MD_{ni}, t_n^i \mid NL_{ni} \in NL, E_{ni} \in E, MD_{ni} \in MD\}, \quad i = 1, 2, \cdots, u$$

其中，u 表示车间内操作节点的个数；NL_{ni} 为操作节点库中的节点，明确该操作节点要执行的操作；E_{ni} 为执行该节点的人员，明确执行该操作的人员；MD_{ni} 为该操作节点的物料转运需求，明确该操作节点执行过程中所需的物料；t_n^i 表示该操作节点执行所需时间的预测值。

4) 工步模型

工步是一系列操作节点的总和，可完成特定装配步骤。工步由操作节点模型及其拓扑关系组成，可表示为

$$S = \{S_i \mid i = 1, 2, \cdots, v\}$$

$$S_i = \{N_s^i, L_n^i, t_s^i\}, \quad i = 1, 2, \cdots, v$$

其中，v 表示车间内工步的总数；N_s^i 为工步 S_i 所包含的节点；L_n^i 为节点之间的约束关系；t_s^i 表示该工步执行所需时间的预测值。

$$N_s^i = \{N_{sj}^i \mid j = 1,2,\cdots,w\}$$

$$N_{sj}^i = \{N_{sij}, t_{nsj}^i, t_{nej}^i \mid N_{sij} \in N\}, \quad j = 1,2,\cdots,w$$

其中，w 为工步 S_i 对应的节点数；N_{sij} 为组成工步的操作节点；t_{nsj}^i 表示该节点的预计开始时间；t_{nej}^i 表示该节点的预计结束时间。

$$L_n^i = \{(N_{sm}^i, N_{sn}^i) \mid N_{sm}^i, N_{sn}^i \in N_s^i, m \neq n\}$$

其中，(N_{sm}^i, N_{sn}^i) 表示节点 N_{sm}^i 为节点 N_{sn}^i 的前驱节点，节点 N_{sn}^i 为节点 N_{sm}^i 的后继节点。

5）工序模型

工序是一系列工步的总和，完成特定的装配工序。工序由工步模型及其拓扑关系组成，可表示为

$$P = \{P_i \mid i = 1,2,\cdots,c\}$$

$$P_i = \{S_p^i, L_s^i, t_p^i\}, \quad i = 1,2,\cdots,c$$

其中，c 表示车间内工序的总数；S_p^i 为工艺 P_i 所包含的工步；L_s^i 为工步之间的约束关系；t_p^i 为该工序执行所需时间的预测值。

$$S_p^i = \{S_{pj}^i \mid j = 1,2,\cdots,q\}$$

$$S_{pj}^i = \{S_{pij}, t_{ssj}^i, t_{sej}^i \mid S_{pij} \in S\}, \quad j = 1,2,\cdots,q$$

其中，q 为工序 P_i 对应的工步数；S_{pij} 为组成工序的工步；t_{ssj}^i 表示该工步的预计开始时间；t_{sej}^i 表示该工步的预计结束时间。

$$L_s^i = \{(S_{pm}^i, S_{pn}^i) \mid S_{pm}^i, S_{pn}^i \in S_p^i, m \neq n\}$$

其中，(S_{pm}^i, S_{pn}^i) 表示工步 S_{pm}^i 为工步 S_{pn}^i 的前驱工步，工步 S_{pn}^i 为工步 S_{pm}^i 的后继工步。

6）工艺模型

工艺是一系列工序的总和，完成特定的装配工艺。工艺由工序模型和其拓扑关系组成，可以表示为

$$T = \{T_i \mid i = 1,2,\cdots,a\}$$

$$T_i = \{P_t^i, L_p^i, t_t^i\}, \quad i = 1,2,\cdots,a$$

其中，a 为车间内并行的工艺数目；P_t^i 为工艺 T_i 所包含的工序；L_p^i 为工序之间的约束关系；t_t^i 为该工艺执行所需时间的预测值。

$$P_t^i = \{P_{tj}^i \mid j = 1,2,\cdots,b\}$$

$$P_{tj}^i = \{P_{pij}, t_{psj}^i, t_{pej}^i \mid P_{pij} \in P\}, \quad j = 1,2,\cdots,b$$

其中，b 为工艺 T_i 对应的工序数；P_{pij} 为组成工艺的工序；t_{psj}^i 表示该工序的预计开始时间；t_{pej}^i 表示该工序的预计结束时间。

$$L_p^i = \{(P_{tm}^i, P_{tn}^i) \mid P_{tm}^i, P_{tn}^i \in P_t^i, m \neq n\}$$

其中，(P_{tm}^i,P_{tn}^i) 表示工序 P_{tm}^i 为工序 P_{tn}^i 的前驱工序，工序 P_{tn}^i 为工序 P_{tm}^i 的后继工序。

4. 虚拟模型构建

接下来，在上述模型分析的基础上构建面向物料准时配送的数字孪生车间虚拟模型，主要包括数据模型和三维虚拟模型。数据模型实现了卫星总装数字孪生车间物理数据、服务数据和孪生数据等卫星总装过程数据的结构化组织；三维虚拟模型为路径规划的虚拟仿真与可视化呈现提供了模型基础。

面向物料准时配送的数字孪生车间数据模型主要包括环境地图、工位、物料、设备、人员、物料转运需求、操作节点库、操作节点、工步、工序和工艺等数据模型，如图 12.2 所示。首先，进行概念建模，通过实地考察卫星总装数字孪生车间的物流运行情况，明确了物流系统运行机制，将其中涉及的物流要素、环境地图和工艺等对象抽象成实体，明确各个实体的边界与关键属性。然后，在概念建模的基础上进行逻辑建模，将概念建模中得到的实体进行进一步的细化与丰富，明确各个实体之间的约束关系，作为系统实现物理建模的基础。

为了对车间物流运行状况进行虚拟仿真与可视化呈现，在卫星总装数字孪生车间虚拟模型构建的基础上，将涉及物流运行的要素进行抽取，构建面向物料准时配送的卫星总装数字孪生车间三维虚拟模型，如图 12.3 所示。首先，利用 Unity进行车间静态场景的构建，整个车间分为仓储区、工位区、AGV 停靠区和无轨运载设备停靠区，车间内的设备主要有 AGV、无轨设备运载工具、导热硅脂涂覆设备和随动吊具等。接着进行场景驱动脚本的编写，分析 AGV 和无轨运载工具的机械运动特性和交互规则，编写对应的实时数据驱动脚本，实现了面向物料准时配送的卫星总装数字孪生车间三维虚拟模型的实时驱动。

12.4.2　物料需求时间预测[34]

针对卫星总装工艺完成时间不确定的特点，本节提出一种适用于卫星总装工艺的物料需求时间预测方法，如图 12.4 所示。该方法包括操作节点完成时间预测，工步、工序、工艺完成时间的计算，以及任务列表生成，具体如下所述[34]。

1. 操作节点完成时间预测

卫星总装操作节点完成时间与工人的熟练度强相关，因此所建模型要综合考虑熟练度对操作节点完成时间的影响，针对工人之间熟练度的差异，为每个工人建立相应操作节点完成时间的预测模型，降低由工人之间熟练度差异造成的预测误差。

对于单个工人某一操作节点完成时间的预测方法如下：①获取该工人对应节点的操作节点库模型 NL_j，从中提取模型的历史数据 NT_{nl}，形成原始数据序列；②对原始数据序列进行预处理，包括有效数据的提取和数据的规范化处理；③构

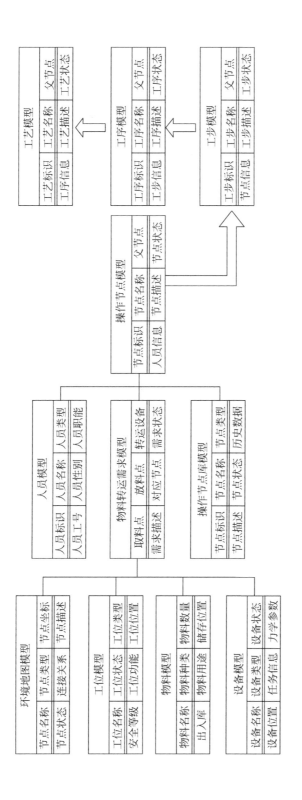

图 12.2　面向物料准时配送的数据模型

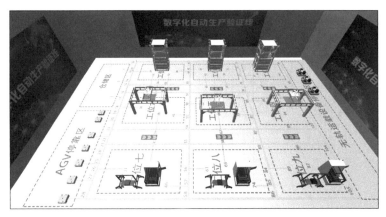

图 12.3　面向物料准时配送的三维虚拟模型

建该操作节点的灰色理论预测模型,包括发展灰数 a 和内生控制灰数 μ 等参数预估值的计算,以及响应方程的拟合;④检验预测模型,即对所构建模型的精度进行检验,保证模型合理、有效;⑤预测操作节点的完成时间,根据所得节点预测模型计算该节点操作完成时间的预测值。伪代码如下[34]:

(1) 初始化时间预测参考序列长度 bl、操作节点模型 N ;

(2) 获取 N 中节点个数 u ,初始化变量 $i \leftarrow 1$;

(3) 获取 N_i 所对应的操作节点库模型 NL_j ;

(4) 获取 NL_j 所对应的工时信息序列 NT_{nl} ;

(5) 由 NT_{nl} 构建灰色理论预测模型;

(6) 根据灰色理论模型预测操作节点完成时间,并将结果填充至 N_i 中的 t_n ;

(7) $i \leftarrow i+1$,若 $i \leqslant u$,则转(3);否则,算法结束。

其中,灰色理论预测模型[41]的构建过程伪代码如下[34]:

(1) 由原始数据序列 $x^{(0)}$ 计算一次累加序列 $x^{(1)}$:

$$x^{(1)}(i) = \sum_{k=1}^{i} x^{(0)} \tag{12.1}$$

式中, $i=1,2,\cdots,N$, N 为原始数据序列的长度

(2) 建立矩阵 $\boldsymbol{B}$ 和 $\boldsymbol{y}$:

$$\boldsymbol{B} = \begin{bmatrix} -\dfrac{1}{2} \times (x^{(1)}(2) + x^{(1)}(1)) & 1 \\[2mm] -\dfrac{1}{2} \times (x^{(1)}(3) + x^{(1)}(2)) & 1 \\[1mm] \vdots & \vdots \\[1mm] -\dfrac{1}{2} \times (x^{(1)}(N) + x^{(1)}(N-1)) & 1 \end{bmatrix} \tag{12.2}$$

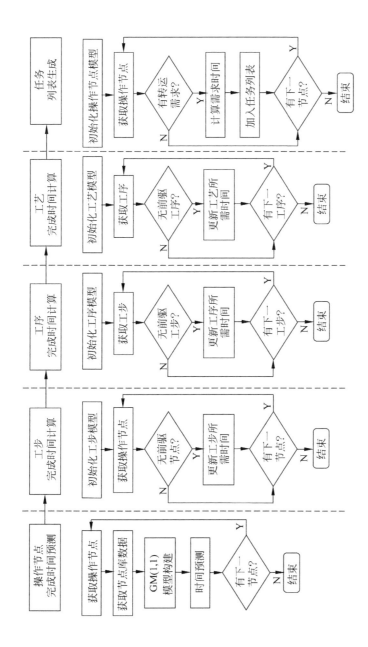

图 12.4　物料需求预测方法总体流程[34]

$$\boldsymbol{y} = \begin{bmatrix} x^{(0)}(2) \\ x^{(0)}(3) \\ \vdots \\ x^{(0)}(N) \end{bmatrix} \tag{12.3}$$

（3）求估计值 $\hat{U}$ ：

$$\hat{\boldsymbol{U}} = \begin{bmatrix} \hat{a} \\ \hat{\mu} \end{bmatrix} = (\boldsymbol{B}^{\mathrm{T}}\boldsymbol{B})^{-1}\boldsymbol{B}^{\mathrm{T}}\boldsymbol{y} \tag{12.4}$$

（4）用时间响应方程计算拟合值 $x^{(1)}(i)$ ：

$$\hat{x}^{(1)}(k+1) = \left[x^{(1)}(1) - \frac{\hat{\mu}}{\hat{a}} \right] \mathrm{e}^{-\hat{a}k} + \frac{\hat{\mu}}{\hat{a}} \tag{12.5}$$

（5）后减运算还原：

$$x^{(0)}(i) = x(i) - x^{(1)}(i-1), \quad i = 2, 3, \cdots, N \tag{12.6}$$

2. 工步、工序、工艺完成时间的计算

工步完成时间的计算在操作节点完成时间预测的基础上进行,接着在工步完成时间计算的基础上进行工序完成时间的计算,最后在工序完成时间计算的基础上进行工艺完成时间的计算。

为了对时间计算方法进行统一描述,先对几个概念进行简单说明。

将操作节点、工步、工序和工艺统称为节点,但是其存在父子关系,即操作节点为工步的子节点,工步为工序的子节点,工序为工艺的子节点。节点由自身信息和指向下一个节点的指针构成。如 A 节点的指针指向 B 节点,则称 A 为 B 的前驱节点,B 为 A 的后继节点,存在 A 到 B 的路径。对于某一个节点,其子节点中前驱节点为空的即为头部子节点,其子节点中后继节点为空的即为尾部子节点,头部子节点与尾部子节点均至少有 1 个,可以有多个。对于头部子节点来说,可达尾部子节点指从头部子节点开始经由某条路径到达的尾部子节点。1 个头部子节点至少有 1 个可达尾部子节点,可以有多个。

计算某一种类型节点的时间时,遍历其所有头部子节点,计算每一个头部子节点至所有可达尾部子节点的所有路径所需的时间,用时最长的路径所需的时间即为执行该节点预计所用的时间。头部子节点至末尾子节点所需的时间,即由头部子节点到尾部子节点所经过的所有子节点所需时间的累加。以工步完成时间计算为例,伪代码如下:[34]

（1）初始化工步模型 S_i 。

（2）获取 S_i 中的节点集合 N_s 。

（3）获取 N_s 中的节点个数 w ,初始化变量 $i \leftarrow 1$,res$\leftarrow 0$,$t \leftarrow 0$ 。

（4）获取 N_{si} ,若 N_{si} 有前驱节点,则转到（8）;否则转到（5）。

（5）初始化变量 temp$\leftarrow N_{si}$ 和队列 queue,将 temp 加入 queue 尾部。

（6）若 queue 为空，则转（8）；若不为空，则令 temp←queue 头部元素，获取 temp 前驱节点的预计结束时间 t_e，无前驱节点则令 t_e←0，然后令 t_{ns}←t_e，t_{ne}←$t_{ns}+t_n$，其中 t_n、t_{ns}、t_{ne} 分别为 temp 节点的执行预计所需时间、预计开始时间和预计结束时间。

（7）若 temp 无后继节点，则令 res←max(t_{ne},res)，转步骤（6）；否则，将 temp 所有后继节点加入 queue 尾部，转（6）。

（8）令 i←$i+1$，若 $i \leqslant w$，则 t←0，转（4）。

（9）将计算结果填充至 N_s 的 t_s，即令 t_s←res。

3．任务列表生成

任务列表生成是根据预测的工艺推进情况对物料转运需求进行预测，具体包括物料所需时间和物料需求内容。对操作节点集合进行遍历，首先计算操作节点的预计开始时间，作为物料需求时间；然后获取该操作节点所关联的物料转运模型，作为物料需求内容；最后将物料需求时间与物料需求内容相关联，作为一个物料转运任务加入任务列表。伪代码如下：[34]

（1）初始化操作节点模型 N、任务列表 task；

（2）获取 N 中的节点个数 u，初始化变量 i←1；

（3）获取 N_i 所隶属的节点模型 N_s^i 中的预计开始时间 t_{nsj}^i、N_s^i 所隶属的工步模型 S_{pj}^i 的预计开始时间 t_{ssj}^i、S_{pj}^i 所隶属的工序模型 P_{tj}^i 的预计开始时间 t_{psj}^i；

（4）获取 N_i 对应的物料转运模型 MD_j，令需求时间 t←$t_{nsj}^i+t_{ssj}^i+t_{psj}^i$，然后将其加入 task；

（5）令 i←$i+1$，若 $i \leqslant u$，则转（3），否则算法结束。

12.4.3　时间可控的无碰路径规划[34]

针对卫星总装过程中物料配送因路径冲突等而导致时间不可控的问题，本节提出一种适用于卫星总装物料配送流程的时间可控的无碰路径规划方法。该方法建立了栅格模型和拓扑图模型的混合模型，可同时为 AGV 和无导轨运载工具进行路径规划；通过建立拓扑图模型和栅格模型之间的时间窗映射机制，避免混合环境下 AGV 与无固定导轨运载工具之间的路径冲突；在路径搜索过程中加入路径时间评估，通过标记到达每个节点的时刻来保证无碰路径规划过程中的时间可控。

1．总体路径规划方法

卫星总装数字孪生车间的路径规划模块接受控制中心下发的任务列表，为其中的每个任务进行路径规划。具体步骤如图 12.5 所示：①任务列表初始化，包括任务格式的校验、根据优先级进行排序等；②获取任务，从任务列表中取出任务，对其进行格式化处理；③路径规划，对获取到的任务按照需求进行路径规划；④判断任务列表是否为空,不为空则转而获取任务步骤,为空则结束路径规划。

图 12.5 路径规划总体流程[34]

卫星总装车间的物料配送任务可以分为零部件配送和辅助设备转运两类。其中,零部件配送任务一般由有固定导轨的 AGV 执行,所在环境可以抽象为拓扑图模型,路径规划时在拓扑图模型中搜索;辅助设备因为在辅助装配过程中需要较大的灵活度,所以其运载工具在移动过程中没有固定导轨,将所在环境抽象为栅格模型,路径规划时在栅格模型中搜索。卫星总装车间的无碰路径规划方法需要能够同时支持这两种物料配送任务的路径规划,具体流程如图 12.6 所示。

首先对任务进行解析,获取任务中的起始点、目的点等信息,并为其指派转运的车辆;然后判别任务的类型,若有导轨 AGV 路径规划任务,则在拓扑图模型中调用多 AGV 准时路径规划算法进行路径搜索,搜索完成后将时间窗映射至栅格模型,以保证拓扑模型中搜索的路径对栅格模型的可见性;若无导轨运载工具路径规划任务,则在栅格模型中调用无导轨运载工具准时路径规划算法进行路径搜索,搜索完成后将时间窗映射至拓扑图模型,以保证栅格模型中搜索的路径对拓扑图模型的可见性。

2. 点到点时间可控路径搜索算法

点到点时间可控的路径搜索算法用于解决两点间的准时路径搜索问题,总体思路是从目的点开始向外搜索可达的节点,在搜索过程中同时标记到达每个节点的时刻,直至找到起始点,即完成搜索过程。为了提高搜索效率,在搜索过程中引入 A* 启发式搜索算法[42]。A* 算法的核心在于评价函数 $f(x)$ 的设计:

$$f(x) = g(x) + h(x)$$

其中,$f(x)$ 表示从目的点到起始点路径代价的估计值;$g(x)$ 表示从目的点到节点 x 的实际路径代价;$h(x)$ 表示从节点 x 到起始点最优路径的代价估计值。

另外,定义函数 $t(\text{MN}_i \rightarrow \text{MN}_j)$ 为预计从节点 MN_i 到节点 MN_j 所需的时间,其中 $\text{MN}_i \in \text{MN}, \text{MN}_j \in \text{MN}$。算法步骤如下[34]:

(1) 初始化需求时间 t、起始节点 MN_s、目的点 MN_e。

(2) 初始化 open 表和 close 表。

(3) 将目的节点 MN_e 加入 open 表,标记节点 MN_e 的到达时间为 t。

(4) 读取 open 表,如果为空,则搜索失败。

(5) 令 cur←open 表中 F 值最小的节点,获取达到 cur 的时间 t_{cur},并将 cur 加入 close 表。若 cur≡MN_s,则搜索成功,返回 cur。

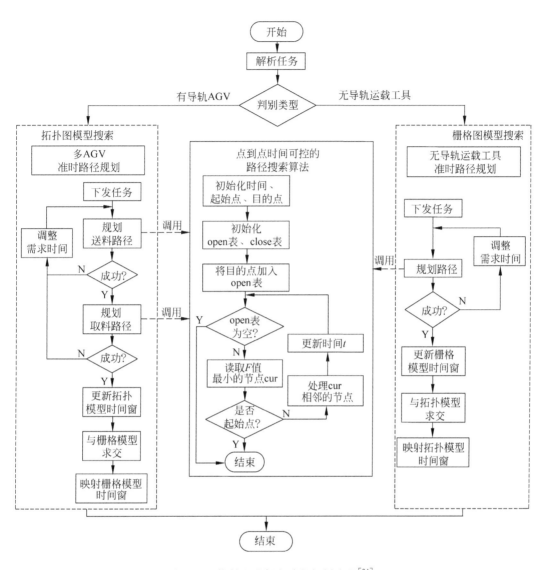

图 12.6　物料配送任务路径规划流程[34]

（6）计算当前节点相邻的所有可到达节点，生成集合 $R = \{\mathrm{MN}_1, \mathrm{MN}_2, \cdots,$ $\mathrm{MN}_k\}$，初始化 $i \leftarrow 1$；

（7）计算 MN_i 到 cur 的时间窗，判断在时刻 t 是否空闲。

（8）对 MN_i 节点进行处理。

```
if(时间窗空闲 && 不在 close 列表中){
    if(MN_i 在 open 表中 && 通过当前节点计算得出的 F 值小于 MN_i 的 F 值){
        更新 MN_i 的 F 值；
        更新 MN_i 的父节点为 cur；
```

更新到达 MN_i 的时间为 $t_{cur} - t(MN_i \rightarrow cur)$；

}
else if(MN_i 不在 open 表中){

将 MN_i 加入 open 表；

设置 MN_i 的 F 值；

设置 MN_i 的父节点为 cur；

标记到达 MN_i 的时间为 $t_{cur} - t(MN_i \rightarrow cur)$；

}
}

（9）$i \leftarrow i+1$，若 $i \leqslant k$，则转（7）；否则，转（4）。

3. 多 AGV 准时路径规划方法

有导轨 AGV 在执行转运任务时首先需要到取料地点领取物料，然后将物料配送至对应的工位。因此，在对 AGV 进行路径规划时，要同时对 AGV 的取料和送料过程进行路径规划，因此需设计两阶段路径规划方法。首先进行送料路径规划，以物料需求时间为时间参数、物料需求的工位为目的点参数、取料地点为起始点参数，调用点到点时间可控的路径搜索算法进行路径规划，如果成功则可以得到转运设备送料的路径，包括需要到达取料地点的时间，如果失败则调整需求时间重新进行路径规划；然后进行取料路径规划，以上一步得到的到达取料地点的时间为时间参数、取料地点为目的点参数、转运设备当前位置为起始点，调用点到点时间可控的路径搜索算法进行路径规划，如果成功则可以得到转运设备取料的路径，如果失败则调整需求时间，转至送料路径规划；最后进行模型间的信息交互，先更新拓扑图模型时间窗，再与栅格模型进行求交，更新对应栅格模型节点的时间窗，确保栅格模型与拓扑模型之间时间窗信息的可见性。具体步骤如下：[34]

（1）参数初始化，包括路径规划失败重试时的调整时间间隔 Δt。

（2）任务参数获取，包括其取料点 MN_p、放料点 MN_r、需求时间 t、执行任务的转运设备 D_i。

（3）获取转运设备 D_i 的位置，作为起始点 MN_s。

（4）调用路径规划方法，规划 MN_p 到 MN_r 的需求时间为 t 的路径。若规划失败，则 $t \leftarrow t + \Delta t$，重新规划；若成功，则返回到达 MN_p 的时间 t_p。

（5）调用路径规划方法，规划 MN_s 到 MN_p 的需求时间为 t_p 的路径。若规划失败，则 $t \leftarrow t + \Delta t$，转（4）。

（6）更新 MN_p 到 MN_r、MN_s 到 MN_p 路径对应的拓扑图模型时间窗。

（7）计算栅格模型中与 MN_p 到 MN_r、MN_s 到 MN_p 路径相交的节点，更新相应节点对应的时间窗。

4. 无导轨运载工具准时路径规划方法

无导轨运载工具在执行辅助设备转运任务时，需要从当前位置移动到对应工位。无导轨运载工具准时路径规划就是要为运载工具规划从当前位置到对应工位的路径。首先,以辅助设备需求时间为时间参数、辅助设备需求的工位为目的点参数、运载工具当前位置为起始点参数,调用点到点时间可控的路径搜索算法进行路径规划,如果成功则可以得到运载工具移动至所需工位的路径,如果失败则调整需求时间重新进行路径规划;然后,进行模型间的信息交互,先更新栅格模型时间窗,再与拓扑图模型进行求交,更新对应拓扑图模型节点的时间窗,确保拓扑图模型与栅格模型之间时间窗信息的可见性。算法步骤如下:[34]

(1)参数初始化,包括路径规划失败重试时的调整时间间隔 Δt。

(2)任务参数获取,包括其任务点 MN_p、需求时间 t、执行任务的运载设备 D_i。

(3)获取转运设备 D_i 的位置,作为起始点 MN_s。

(4)调用路径规划方法,规划 MN_s 到 MN_p 的需求时间为 t 的路径。若规划失败,则 $t \leftarrow t + \Delta t$,重新规划。

(5)更新 MN_s 到 MN_p 路径的时间窗。

(6)计算拓扑图模型中与 MN_s 到 MN_p 路径相交的节点,更新相应节点对应的时间窗。

12.5　案例:卫星总装数字孪生车间物料准时配送

本节结合卫星总装数字孪生车间物料配送过程,对上述方法进行验证分析,主要包括卫星总装数字孪生车间物料需求时间预测、无碰路径规划以及服务系统开发,实验结果验证了本章提出方法的有效性与优势[34]。

12.5.1　案例描述[34]

卫星总装车间概略图如图 12.7 所示。车间占地 36m×22m,有 9 个工位,其中工位 1、2、3 为舱板对接工位,工位 4、5、6 为设备安装工位,工位 7、8、9 为测试工位,各个工位进行的工艺操作如图 12.8 所示。车间内有 9 台运载设备,包括 6 辆AGV(编号为 AGV01~AGV06)和 3 辆无固定导轨运载工具(编号为 NGD01~NGD03)。运载设备的速度调节范围为 0.2~0.3m/s,且速度可控,本节在进行路径规划时取运载设备的速度为 0.25m/s。AGV 沿着车间内拓扑地图标识的导轨行进,而无固定导轨的运载工具没有固定导轨。拓扑图模型节点用数字进行唯一标识,栅格模型中采用的栅格大小为 1m×1m,每一个栅格节点用二维坐标进行唯一标识。本节的实验验证是在仓库物料充足的前提下进行的。

在上述所有工艺操作中,操作节点 N06、N18、N29 有物料转运需求;每个工位有一名操作人员,工位上的所有工艺操作均由该工人完成。物料转运需求情况及操作人员与工位的对应关系如表 12.1 所示。

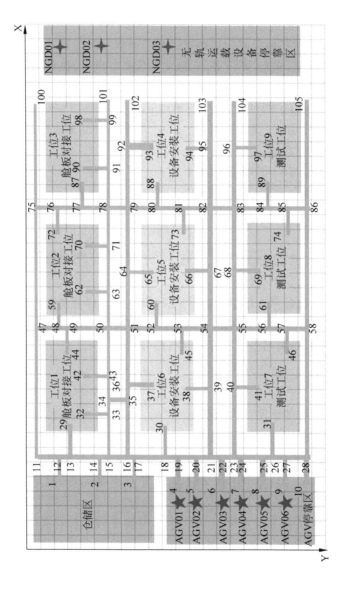

图 12.7 案例场景描述[34]

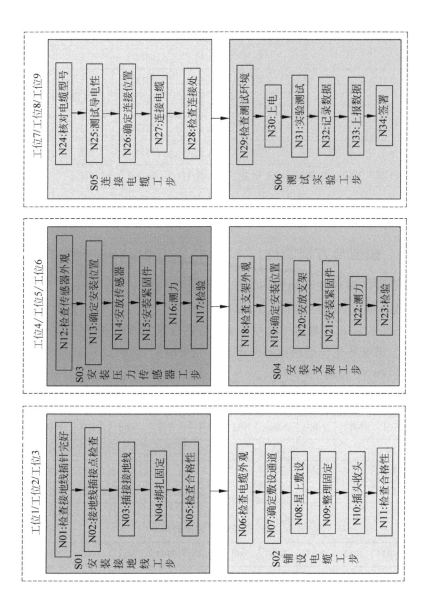

图 12.8　工艺操作描述[34]

表 12.1　物料转运需求模型与人员描述[34]

操作节点编号	所需物料	转运设备类型	需求工位	操作人员	需求编号	取料点	需求点
N06	电缆	AGV	工位 1	人员 A	MD01	1	42
			工位 2	人员 B	MD02	2	62
			工位 3	人员 C	MD03	3	98
N18	支架	AGV	工位 4	人员 D	MD04	1	94
			工位 5	人员 E	MD05	2	66
			工位 6	人员 F	MD06	3	38
N29	辅助设备	无轨运载设备	工位 7	人员 G	MD07	无	(13,17)
			工位 8	人员 H	MD08	无	(20,17)
			工位 9	人员 I	MD09	无	(26,17)

12.5.2　模型与方法验证

1. 卫星总装数字孪生车间物料需求时间预测[34]

以工步 S01 和 S02 中的操作节点为例进行操作节点完成时间预测的验证。设定参考序列长度 bl＝6，提取各个操作节点的历史数据，为每个操作节点建立灰色理论预测模型，根据所建模型预测操作节点的完成时间，结果如表 12.2 所示。操作节点实际完成时间如表 12.3 所示。

表 12.2　操作节点预测完成时间[34]　　　　单位：s

操作人员	N01	N02	N03	N04	N05	N06	N07	N08	N09	N10	N11
A	34	13	46	114	33	10	56	81	58	24	13
B	28	8	48	108	23	9	42	72	50	28	10
C	24	9	40	77	20	8	34	52	44	21	10

表 12.3　操作节点实际完成时间[34]　　　　单位：s

操作人员	N01	N02	N03	N04	N05	N06	N07	N08	N09	N10	N11
A	32	12	47	110	32	10	57	80	57	27	14
B	29	11	46	106	23	9	43	71	48	26	11
C	25	10	41	80	21	9	35	53	43	20	10

将本节方法与基于灰色理论的标准工时预测方法、滑动平均法和考虑工人差异的滑动平均法的预测误差进行对比，结果如图 12.9～图 12.11 所示。其中基于

灰色理论的标准工时预测方法忽略工人的差异,以所有工人对应操作节点的历史数据为基础,基于灰色理论得到标准的操作节点工艺完成时间预测模型;滑动平均法忽略工人的差异性,基于所有工人对应操作节点的历史数据,取平均值作为下次操作的预计完成时间;滑动平均法考虑工人的差异性,基于某一位工人对应操作节点的历史数据,取平均值作为该工人下次操作的预计完成时间。

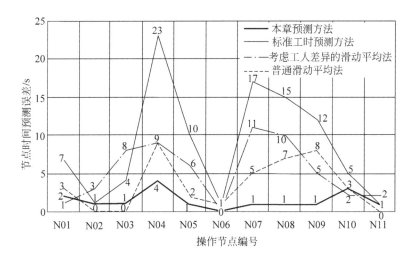

图 12.9　工位 1 操作节点完成时间预测误差对比图[34]

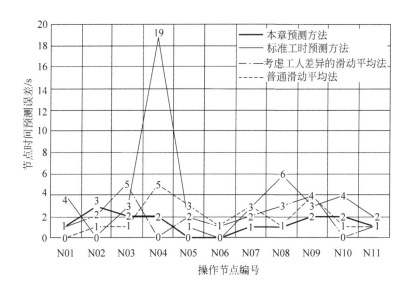

图 12.10　工位 2 操作节点完成时间预测误差对比图[34]

由此可以看出,相比标准工时预测方法、考虑工人差异的滑动平均法和普通滑动平均法,本章方法对操作节点完成时间的预测准确度显著升高。

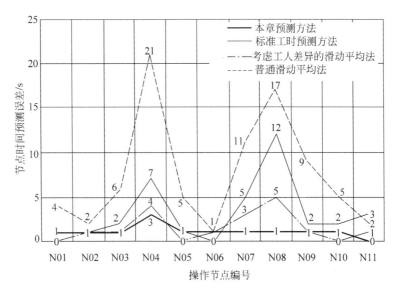

图 12.11 工位 3 操作节点完成时间预测误差对比图[34]

在操作节点完成时间预测的基础上,继续预测工步完成时间,得出物料实际需求时间与各方法预测出的物料需求时间,如表 12.4 所示。

表 12.4 物料实际需求时间与各方法预测的时间[34] 单位:s

需求时间预测方法	物料需求编号								
	MD01	MD02	MD03	MD04	MD05	MD06	MD07	MD08	MD09
物料实际需求时间	233	215	177	410	560	641	187	262	321
本章方法预测时间	240	215	170	418	558	635	196	265	313
标准工时方法预测时间	188	188	188	377	556	671	166	270	356
普通滑动平均法预测时间	215	215	215	386	565	680	152	256	342
考虑工人差异的滑动平均法预测时间	252	223	183	425	569	632	201	252	331

将以上 4 种方法的预测误差进行对比,如图 12.12 所示。

由图 12.12 可见,相比标准工时预测方法、考虑工人差异的滑动平均法和普通滑动平均法,本章方法降低了物料需求时间的预测误差。实验结果表明,本章方法由于引入了灰色理论,所建模型更能反映物料需求时间变化的内在规律;模型考虑工人的维度,有效降低了由人员差异造成的物料需求时间预测误差。综上,本章提出的物料需求时间预测方法能够更好地适应卫星总装物料需求时间预测的需求。

2. 卫星总装数字孪生车间无碰路径规划[34]

以物料的实际需求时间作为输入,对 MD01～MD09 的物料需求进行路径规

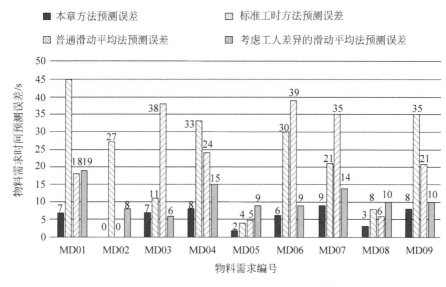

■ 本章方法预测误差　　　　　　　☒ 标准工时方法预测误差

▨ 普通滑动平均法预测误差　　　　▩ 考虑工人差异的滑动平均法预测误差

图 12.12　物料需求时间预测误差对比图[34]

划,结果如表 12.5 所示。表中路径点之间用"♯"隔开。路径点包括两部分,用"-"隔开:"-"之前表示路径点的标识,拓扑图模型路径规划结果用拓扑图节点编号标识,栅格模型路径规划结果用栅格所在的坐标标识;"-"之后表示设备需要到达该节点的时间。

表 12.5　路径规划结果[34]

物料需求编号	设备编号	路径规划结果	送达时间/s	是否准时	碰撞检测
MD01	AGV01	4-131 ♯ 19-139 ♯ 18-143 ♯ 17-151 ♯ 16-153 ♯ 15-159 ♯ 14-162 ♯ 13-172 ♯ 12-174 ♯ 1-180 ♯ 1-180 ♯ 12-186 ♯ 13-188 ♯ 14-198 ♯ 15-201 ♯ 33-215 ♯ 34-219 ♯ 43-225 ♯ 42-233	233	是	无碰撞
MD02	AGV02	5-70 ♯ 20-78 ♯ 19-82 ♯ 18-86 ♯ 17-94 ♯ 16-96 ♯ 15-102 ♯ 14-105 ♯ 2-111 ♯ 2-111 ♯ 14-117 ♯ 13-127 ♯ 12-129 ♯ 11-137 ♯ 47-175 ♯ 48-183 ♯ 49-185 ♯ 50-197 ♯ 63-207 ♯ 62-215	215	是	无碰撞
MD03	AGV03	6-(-26) ♯ 22-(-18) ♯ 21-(-14) ♯ 20-(-9) ♯ 19-(-5) ♯ 18-(-1) ♯ 17-7 ♯ 3-13 ♯ 3-13 ♯ 17-19 ♯ 16-21 ♯ 15-27 ♯ 14-30 ♯ 13-40 ♯ 12-42 ♯ 11-50 ♯ 47-88 ♯ 75-122 ♯ 76-130 ♯ 77-136 ♯ 78-144 ♯ 91-155 ♯ 99-169 ♯ 98-177	177	是	无碰撞

续表

物料需求编号	设备编号	路径规划结果	送达时间/s	是否准时	碰撞检测
MD04	AGV04	7-194＃24-202＃23-204＃22-208＃21-212＃20-217＃19-221＃18-225＃17-233＃16-235＃15-241＃14-244＃13-254＃12-256＃1-262＃1-262＃12-268＃13-270＃14-280＃15-283＃16-289＃17-291＃18-299＃19-303＃20-307＃21-312＃39-334＃54-351＃67-367＃82-385＃95-402＃94-410	410	是	无碰撞
MD05	AGV05	8-397＃25-405＃24-411＃23-413＃22-417＃21-421＃20-426＃19-430＃18-434＃17-442＃16-444＃15-450＃14-453＃2-459＃2-459＃14-465＃15-468＃16-474＃17-476＃18-484＃19-488＃20-492＃21-497＃39-519＃54-536＃67-552＃66-560	560	是	无碰撞
MD06	AGV06	9-527＃27-535＃26-539＃25-541＃24-547＃23-549＃22-553＃21-557＃20-562＃19-566＃18-570＃17-578＃3-584＃3-584＃17-590＃18-598＃19-602＃20-606＃21-611＃39-633＃38-641	641	是	无碰撞
MD07	NGD01	(34,2)-41＃(31,2)-53＃(31,5)-65＃(31,10)-85＃(31,14)-101＃(26,14)-121＃(20,14)-145＃(13,14)-175＃(13,17)-187	187	是	无碰撞
MD08	NGD02	(34,5)-158＃(31,5)-170＃(31,10)-190＃(31,14)-206＃(26,14)-226＃(20,14)-250＃(20,17)-262	262	是	无碰撞
MD09	NGD03	(34,10)-261＃(31,10)-273＃(31,14)-289＃(26,14)-309＃(26,17)-321	321	是	无碰撞

表 12.5 中的路径规划结果对拓扑图模型和栅格模型中时间窗的占用情况如表 12.6 和表 12.7 所示。

表 12.6　拓扑图模型中的时间窗占用情况^[34]　　　　单位：s

路径	占用时间窗	路径	占用时间窗
4-19	[131,139]	43-42	[225,233]
1-12	[180,186]	11-47	[50,88][137,175]
15-33	[201,215]	47-48	[175,183]
33-34	[215,219]	48-49	[183,185]
34-43	[219,225]	49-50	[185,197]
12-1	[174,180][256,262][262,268]	50-63	[197,207]
5-20	[70,78]	63-62	[207,215]
20-19	[78,82][602,606]	6-22	[−26,−18]
24-23	[411,413][547,549]	22-21	[−18,−14]

续表

路径	占用时间窗	路径	占用时间窗
12-11	[42,50][129,137]	91-99	[155,169]
39-38	[633,641]	99-98	[169,177]
17-3	[7,13][13,19][578,584][584,590]	7-24	[194,202]
47-75	[88,122]	24-23	[202,204]
75-76	[122,130]	23-22	[204,208]
76-77	[130,136]	22-21	[208,212][417,421][553,557]
77-78	[136,144]	21-39	[312,334][497,519]
78-91	[144,155]	39-54	[334,351][519,536]
27-26	[535,539]	54-67	[351,367][536,552]
26-25	[539,541]	67-82	[367,385]
21-39	[611,633]	82-95	[385,402]
23-22	[413,417][549,553]	95-94	[402,410]
67-66	[552,560]	8-25	[397,405]
9-27	[527,535]	25-24	[305,411][541,547]
14-2	[105,111][111,117][453,459][459,465]	19-18	[−5,−1][82,86][139,143][221,225][299,303][430,434][484,488][566,570][598,602]
18-17	[−1,7][86,94][143-151][225,233][291,299][434,442][476,484][570,578][590,598]	17-16	[19,21][94,96][151,153][233,235][289,291][442,444][474,476]
16-15	[21,27][96,102][153,159][235,241][283,289][444,450][468,474]	15-14	[27,30][102,105][159,162][198,201][241,244][280,283][450,453][465,468]
14-13	[30,40][117,127][162,172][188,198][244,254][270,280]	13-12	[40,42][127,129][172,174][186,188][254,256][268,270]
21-20	[−14,−9][212,217][307,312][421,426][492,497][557,562][606,611]	20-19	[−9,−5][217,221][303,307][426,430][488,492][562,566]

表 12.7　栅格模型中的时间窗占用情况[34]　　　　单位：s

路径	占用时间窗	路径	占用时间窗
(31,14)-(26,14)	[101,121][206,226][289,309]	(31,2)-(31,5)	[53,65]
(20,14)-(20,17)	[250,262]	(34,5)-(31,5)	[158,170]
(31,10)-(31,14)	[85,101][190,206][273,289]	(13,14)-(13,17)	[175,187]
(34,10)-(31,10)	[261,273]	(34,2)-(31,2)	[41,53]
(31,5)-(31,10)	[65,85][170,190]	(20,14)-(13,14)	[145,175]
(26,14)-(26,17)	[309,321]	(26,14)-(20,14)	[121,145][226,250]

由表 12.6 和表 12.7 可见,本章提出的混合环境下时间可控的无碰路径规划方法所规划出的路径之间无冲突,符合卫星总装数字孪生车间设备的安全运行要求。

实验结果表明,本章提出的混合环境下时间可控的无碰路径规划方法可同时为卫星总装数字孪生车间的 AGV 和无导轨运载工具进行路径规划,路径之间无碰撞且时间可控,能够较好地满足卫星总装车间内设备路径规划的要求。

3. 卫星总装数字孪生车间物料准时配送服务系统开发

结合卫星总装数字孪生车间对物料准时配送的需求,基于 B/S 架构研发了一套卫星总装数字孪生车间物料准时配送系统,包括模型管理、物料需求时间预测、路径规划及仿真验证和系统管理四大模块,如图 12.13 所示。该系统在卫星总装数字孪生车间中取得了良好的应用效果。

1) 模型管理模块

模型管理模块包括人员模型管理、工艺节点库模型管理、节点完成时间配置、工艺模型管理、工艺节点拓扑关系配置、设备类型管理、设备实例管理、栅格图节点模型管理、拓扑图节点模型管理、拓扑图节点连接配置、物料转运需求模型配置子模块,部分系统界面如下。

单击左侧导航栏"模型管理"下的"人员模型管理"菜单,即可进入人员模型配置界面,如图 12.14 所示。单击"添加"按钮,即可增加一个人员模型;选中某个人员模型,然后单击"修改"或者"删除"按钮,即可进行相应的修改或者删除操作。

单击左侧导航栏"模型管理"下的"工艺节点库模型管理"菜单,即可进入工艺节点库模型管理界面,如图 12.15 所示。单击"添加"按钮,即可增加一个工艺节点库模型;选中某个工艺节点库模型,单击"修改"或者"删除"按钮,即可进行相应的修改或者删除操作。

单击左侧导航栏"模型管理"下的"工艺模型管理"菜单,即可进入工艺模型管理界面,如图 12.16 所示。首先单击左侧树状图的节点,然后单击"添加"按钮,即可为选中的节点添加子节点模型;选中某个节点模型,然后单击"修改"或者"删除"按钮,即可进行相应的修改或者删除操作。

单击左侧导航栏"模型管理"下的"设备类型管理"菜单,即可进入设备类型管理界面,如图 12.17 所示。单击"添加"按钮,即可增加一个设备类型,包括寻迹类型、最大负载、最大速度和转弯速度等参数的设置;选中某个设备类型,然后单击"修改"或者"删除"按钮,即可进行相应的修改或者删除操作。

单击左侧导航栏"模型管理"下的"栅格图节点模型管理"菜单,即可进入栅格图节点模型管理界面,如图 12.18 所示。单击"添加"按钮,即可增加一个栅格图节点模型,包括坐标、节点描述、代价值和节点状态等参数;选中某个节点模型,然后单击"修改"或者"删除"按钮,即可进行相应的修改或者删除操作。

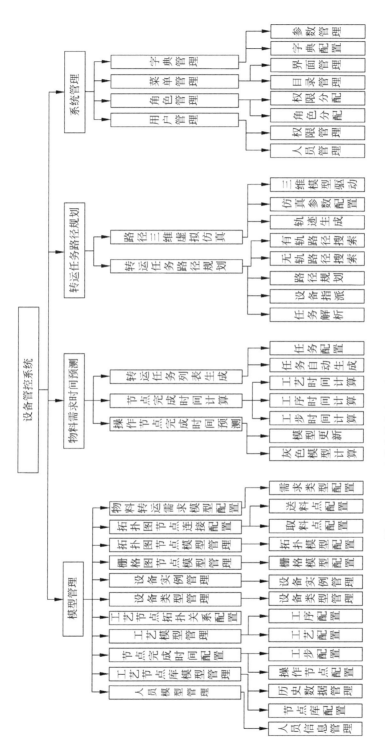

图 12.13　卫星总装数字孪生车间物料准时配送系统功能设计

图 12.14　人员模型管理界面

图 12.15　工艺节点库模型管理界面

图 12.16　工艺模型管理界面

图 12.17　设备类型管理界面

图 12.18　栅格图节点模型管理界面

单击左侧导航栏"模型管理"下的"物料转运需求模型配置"菜单,即可进入物料转运需求模型配置界面,如图 12.19 所示。首先单击左侧树状图的操作节点,然后单击右侧的"添加"按钮,即可增加对应节点的物料转运需求模型,包括取料点、放料点、转运设备类型和设备数量等参数;选中某个节点的物料转运需求模型,然后单击"修改"或者"删除"按钮,即可进行相应的修改或者删除操作。

2) 物料需求时间预测模块

物料需求时间预测模块包括操作节点完成时间预测、节点完成时间计算、转运任务列表生成子模块,部分系统界面如下。

单击左侧导航栏"物料需求时间预测"下的"操作节点完成时间预测"菜单,即可进入操作节点完成时间预测界面,如图 12.20 所示。单击"更新"按钮,即可生成

图 12.19　物料转运需求模型配置界面

所有操作节点完成时间的预测,包括灰色理论模型参数和下次操作预计完成时间等参数。选中某个节点,然后单击"修改"或者"删除"按钮,即可进行相应参数的修改或者删除操作。

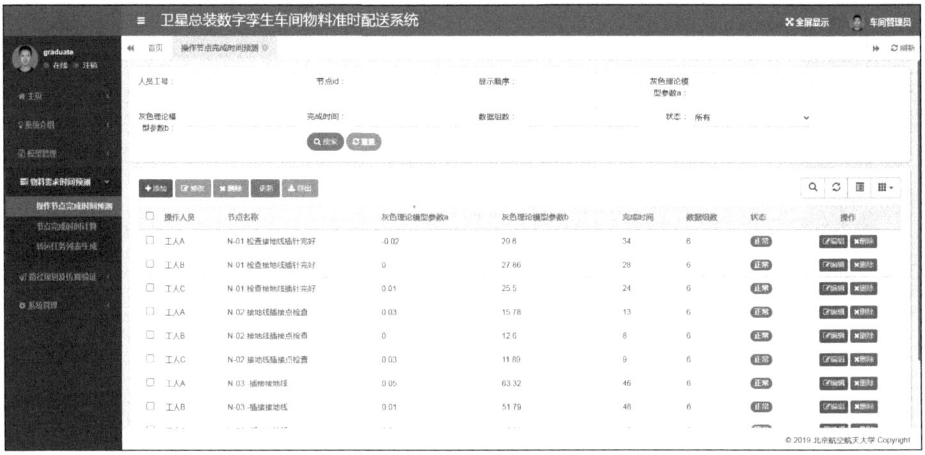

图 12.20　操作节点完成时间预测界面

单击左侧导航栏"物料需求时间预测"下的"节点完成时间计算"菜单,即可进入节点完成时间计算界面,如图 12.21 所示。单击"重新计算"按钮,即可计算出所有操作节点的预计开始时间和预计结束时间。单击左侧的树状图,即可查询相应节点预计完成时间的具体情况。

单击左侧导航栏"物料需求时间预测"下的"转运任务列表生成"菜单,即可进入转运任务列表生成界面,如图 12.22 所示。单击"更新任务"按钮,即可根据配置的物料需求模型和节点完成时间预测生成物料转运任务列表。选中某个任务,然后单击"修改"或者"删除"按钮,即可进行相应的修改或者删除操作。

图 12.21　节点完成时间计算界面

图 12.22　转运任务列表生成界面

3) 路径规划及仿真验证模块

路径规划及仿真验证模块包括转运任务路径规划与路径三维虚拟仿真子模块,部分系统界面如下。

单击左侧导航栏"路径规划及仿真验证"下的"转运任务路径规划"菜单,即可进入转运任务路径规划界面,如图 12.23 所示。首先单击"地图初始化"按钮,即可根据配置的地图模型完成地图的加载;然后单击"路径规划"按钮,即可为所有的物料转运任务生成任务路径,包括路径点和需要达到的时间等信息。

单击某条路径的"可视化"按钮,可以看到对应路径的二维可视化界面,如图 12.24 所示。选中多条路径,单击页面上方的"路径可视化"按钮,可以看到多条路径的二维可视化对比展示,如图 12.25 所示。

图 12.23　转运任务路径规划界面

图 12.24　转运任务单条路径可视化界面

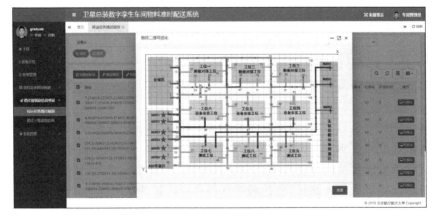

图 12.25　转运任务多条路径可视化界面

　　单击左侧导航栏"路径规划"下的"路径三维虚拟仿真"菜单,即可进入路径三维虚拟仿真界面,如图 12.26 所示。界面可以展示为物料转运任务所规划出来的路径的实时运行仿真情况,右上角显示各个设备执行任务的情况。单击下部的进度条,可以设置界面的仿真时间;在倍速输入框中输入整数,即可控制仿真的速度。

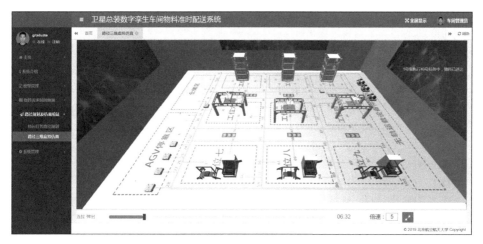

图 12.26　路径三维虚拟仿真界面

本章小结

　　本章针对卫星总装车间物料需求时间预测困难的问题,提出了一种基于灰色理论的适用于卫星总装车间的物料需求时间预测方法。首先,建立了面向物料准时配送的卫星总装数字孪生车间虚拟模型,从车间物流要素、总装工艺和环境地图等方面对车间各个实体的属性进行分析,完成了车间数据模型和三维虚拟模型的构建。其次,提出了一种面向卫星总装工艺的物料需求时间预测方法,以灰色理论为基础建立操作节点完成时间预测模型,实现了对操作节点完成时间的预测,并在此基础上进行工步、工序和工艺完成时间的计算和物料转运需求任务列表的生成,明确何时何地需要何种物料。再次,提出了一种面向卫星总装物料配送的多设备无碰路径规划方法,通过建立拓扑图和栅格图的混合模型来满足物料配送过程中同时为 AGV 和无轨运载工具进行路径规划的需求,通过拓扑图模型和栅格模型之间的信息交互来避免 AGV 与无导轨运载工具之间的碰撞,通过在路径搜索过程中预判到达每个节点的时间来保证路径规划时间的可控。最后,在上述方法的基础上研发了一套卫星总装数字孪生车间物料准时配送系统,实现了车间虚拟模型管理、物料需求时间预测和路径规划及仿真验证等功能。

313

参考文献

[1] MEMARI A,RAHIM A R A,HASSAN A. A tuned NSGA-II to optimize the total cost and service level for a just-in-time distribution network [J]. Neural Computing and Applications,2017,28(11)：3413-3427.

[2] 周群. 长标汽车公司物流优化研究[D]. 南宁：广西大学,2017.

[3] 宋江. 整车企业物料拉动系统的设计和实现[D]. 大连：大连理工大学,2016.

[4] ZHANG D,ZHANG C,XU F,et al. A hybrid genetic algorithm used in vehicle dispatching for JIT distribution in NC workshop[J]. IFAC-PapersOnLine,2015,48(3)：898-903.

[5] YAVUZ M,AKÇALI E. Production smoothing in just-in-time manufacturing systems：a review of the models and solution approaches[J]. Taylor & Francis Group,2007,45(16)：3579-3597.

[6] 李杰,苏莹,赵孟,等. 基于灰色系统理论的任务工时预测研究[J]. 组合机床与自动化加工技术,2010(8)：105-108,112.

[7] 严辉,仲梁维,倪静. 机械加工车间工时管理信息系统的分析与设计[J]. 制造业自动化,2010,32(1)：13-15,34.

[8] 龚清洪,夏雪梅,牟文平,等. 基于加工特征实例的零件工时预测评估[J]. 工具技术,2009,43(3)：58-61.

[9] 李亚杰,何卫平,董蓉,等. 基于制造执行系统数据采集的工时预测与进化[J]. 计算机集成制造系统,2013,19(11)：2810-2818.

[10] SHA D Y,STORCH R L,LIU C H. Development of a regression-based method with case-based tuning to solve the due date assignment problem [J]. International Journal of Production Research,2007,45(1)：65-82.

[11] 汪俊亮,秦威,张洁. 基于数据挖掘的晶圆制造交货期预测方法[J]. 中国机械工程,2016,27(1)：105-108 .

[12] MOHAMED A A M. Lead-time estimation approach using the process capability index [J]. International Journal of Supply Chain Management,2015,4(3)：7-14.

[13] 朱海平,刘繁茂,刘琼,等. 基于车间实时状态的订单完工周期预测方法[J]. 中国机械工程,2009,20(3)：300-304.

[14] CHEN T,WANG Y C,WU H C. A fuzzy-neural approach for remaining cycle time estimation in a semiconductor manufacturing factory-a simulation study[J]. International Journal of Innovative Computing,Information and Control,2009,5(8)：2125-2139.

[15] LIU C Q,LI Y G,WANG W,et al. Feature based man-hour forecasting model for aircraft structure parts NC machining [J]. Computer Integrated Manufacturing Systems,2011,17(10)：2156-2162.

[16] 郭芙. 移动机器人地图创建与路径规划[D]. 长沙：湖南大学,2011.

[17] OGAWA S,WATANABE K,KOBAYASHI K. 2D mapping of a closed area by a range sensor[C]//Proceedings of the 41st SICE Annual Conference. IEEE,2002,2：1329-1333.

[18] 郑宏,王景川,陈卫东. 基于地图的移动机器人自定位与导航系统[J]. 机器人,2007(4)：

297-401.

[19] KUC R, SIEGEL M W. Physically based simulation model for acoustic sensor robot navigation[J]. IEEE Trans Pattern Snalysis Machine Intelligence,1987,9：766-785.

[20] 卫华,陈卫东,席裕庚.基于不确定信息的移动机器人地图创建研究进展[J].机器人, 2001,23(6)：563-568.

[21] 贺丽娜,楼佩煌,钱晓明,等.基于时间窗的自动导引车无碰撞路径规划[J].计算机集成制造系统,2010,16(12)：2630-2634.

[22] 过金超,张飞航,兰东军,等.基于交通管制的多 AGV 调度系统设计[J].电工技术, 2019(16)：147-149.

[23] 史扬.单向固定路径分段控制仿真 AGV 仿真系统研究[D].昆明：昆明理工大学,2002.

[24] 孙奇.AGV 系统路径规划技术研究[D].杭州：浙江大学,2012.

[25] 栾恩杰,王崑声,袁建华,等.我国卫星及应用产业发展研究[J].中国工程科学,2016, 18(4)：76-82.

[26] 刘国青,向树红,易旺民,等.继往开来,开拓创新,努力打造国际一流的航天器 AIT 中心 [J].航天器环境工程,2015,32(2)：135-146.

[27] 万峰,陈小弟,邢香园,等.卫星总装过程数据采集与管理系统研究[J].航天制造技术, 2017(4)：54-59.

[28] 边玉川,谢久林,杨晓宁,等.航天器总装模块化生产模式探讨[J].航天器环境工程,2010, 27(1)：87-91.

[29] 赵晶晶,张立伟,陈昊.脉动式生产在航天器 AIT 中的应用探索[J].航天工业管理, 2017(9)：17-21.

[30] INIGO D P,BRUCE G C,EDWARD F C. A technical comparison of three low earth orbit satellite constellation systems to provide global broadband[J]. Acta Astronautica,2019, 159：123-135.

[31] 陈畅宇,贺文兴,刘广通.航天器数字化总装新模式[J].网信军民融合,2020(7)：52-55.

[32] 王卫东,夏晓春,杜刚,等.航天型号科研生产模式转型的思路与途径(下)[J].航天工业管理,2013(2)：9-12.

[33] 赵晶晶,张立伟,陈昊.脉动式生产在航天器 AIT 中的应用探索[J].航天工业管理, 2017(9)：17-21.

[34] 张连超,刘蔚然,程江峰,等.卫星总装数字孪生车间物料准时配送方法[J].计算机集成制造系统,2020,26(11)：2897-2914.

[35] 郭洪杰.工艺模型驱动的物料动态精准配送技术[J].航空制造技术,2020,63(Z1)：39-45.

[36] 陈畅宇,贺文兴,易旺民,等.航天器总装技术状态的数字化管理方法[J].航空学报,2018, 39(S1)：139-147.

[37] 刘蔚然,陶飞,程江峰,等.数字孪生卫星：概念、关键技术及应用[J].计算机集成制造系统,2020,26(3)：565-588.

[38] 张连超.卫星总装数字孪生车间物料准时配送方法研究[D].北京：北京航空航天大学,2021.

[39] 潘尚洁,赵璐,王哲,等.工序级卫星总装物料自动配套系统设计与实现[J].制造业自动化,2017,39(5)：139-143.

[40] CORDEAU J F,LAPORTE G,MERCIER A. A unified Tabu Search heuristic for vehicle routing problems with time windows[J]. Journal of the Operational Research Society, 2001,52(8)：928-936.

[41] 刘思峰,党耀国,方志耕,等.灰色系统理论及其应用[M].北京：科学出版社,2010.

[42] 王秀红,刘雪豪,王永成.基于改进 A* 算法的仓储物流移动机器人任务调度和路径优化研究[J].工业工程,2019,22(6)：34-39.

第13章

数字孪生车间设备管控系统设计与开发

数字孪生车间设备管控是数字孪生技术在车间的典型应用。基于数字孪生的设备管控能够实时感知物理设备运行状态数据与环境数据；使虚拟模型在孪生数据的驱动下与物理设备同步运行,并产生面向设备状态评估、能耗评估、故障预测、维修决策等仿真数据；融合物理与虚拟模型的实时孪生数据及历史孪生数据,支持设备监控服务、设备维修服务、能耗管理服务等服务的精准按需调用与执行,从而保证物理设备的正常运行。在以上过程中,设备管控系统的主要功能是对各类数据、模型、算法、仿真等进行管理,一方面以工具组件、中间件、模块引擎等形式支撑数字孪生内部功能运行,另一方面以应用软件、移动端 App 等形式满足不同领域用户的业务需求。本章首先阐述数字孪生车间设备管控系统整体设计框架；接着,对本书作者团队基于该框架开发的数控机床管控系统与热压罐管控系统进行介绍。

13.1 数字孪生车间设备管控系统设计

数字孪生车间设备管控系统设计主要包括系统体系结构设计、总体框架设计、技术架构设计及功能组成设计,下面对各部分的设计方法进行具体阐述。

13.1.1 系统体系结构设计

数字孪生车间设备管控系统基于微服务架构,保证了整个系统的可拓展性。如图 13.1 所示,整个微服务平台包括设备管理、维修维保、备品备件、数据采集、数据处理、能耗管理、设备监控、设备仿真、计划管理、报表管理、系统管理、外部接口服务等 12 个服务。该系统能够实现设备孪生模型构建、基本信息管理、健康状况监控、故障预测、能耗分析等功能。因此,数字孪生车间设备管控系统是一套基于数字孪生技术的设备管理与健康评估系统,包含传统设备管理系统的设备台账管理、设备运行记录、设备运行统计、设备维修管理等功能,还包括基于数字孪生技术的设备故障诊断与故障预测功能,能对设备的健康状态进行定期评估,为设备的智能运维提供技术支撑。

微服务平台

设备管理服务
维修维保服务
备品备件服务
数据采集服务
数据处理服务
能耗管理服务
设备监控服务
设备仿真服务
计划管理服务
报表管理服务
系统管理服务
外部接口服务

车床健康管控
热压罐健康管控

CPS技术
数字孪生技术
大数据处理技术
工控组态技术
虚拟仿真技术
PHM技术
TnPM技术

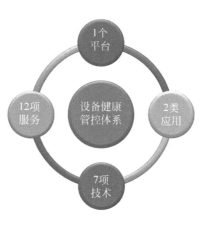

图 13.1   系统体系结构

设备管控系统由 CPS、数字孪生、大数据处理、工控组态、虚拟仿真、PHM、TnPM 技术等 7 项技术支撑。CPS 技术实现车间设备系统的实时感知、动态控制和信息服务；数字孪生技术实现设备的虚实映射；大数据处理技术为车间设备系统的海量数据处理提供技术基础；工控组态技术实现设备的数据采集监测及过程控制；虚拟仿真技术是设备运行仿真、状态仿真的基础；PHM 技术实现了设备的健康管控，包括故障预测、寿命预估、维修决策等；TnPM 技术支撑了车间设备的预防性维保体系。

13.1.2   系统总体框架设计

系统总体架构包括数据层、接口层、组件层、服务层、应用层 5 层结构，如图 13.2 所示。数据层主要包括基础数据库、数采实时数据库、数采历史数据库、知识库、标准规范库等。通过对这些数据的整合和管理，为软件系统提供整体数据支撑。接口层作为设备管理系统与其他系统的支撑，包括 API 接口、仿真工具接口、数据转发接口等。组件层是保障整个车间设备管控系统运行的基础支撑，包括知识管理、数据字典、消息组件、可视化组件、OPC 服务、工控组态组件、服务链路监控等。服务层以服务的形式封装了系统功能，包括数据采集服务、协议转换、智能算法服务、统计分析服务、监控预警、故障诊断、寿命预测、维修决策等。应用层面向使用用户，提供了设备档案管理、数据采集管理、设备运行分析、故障管理等功能。

13.1.3   系统技术架构设计

微服务架构围绕业务领域组件来创建应用，这些应用可独立地进行开发、管理和迭代，在分散的组件中使用云架构和平台式部署、管理和服务功能，使产品交付变得更加简单。微服务架构具有如下优点：

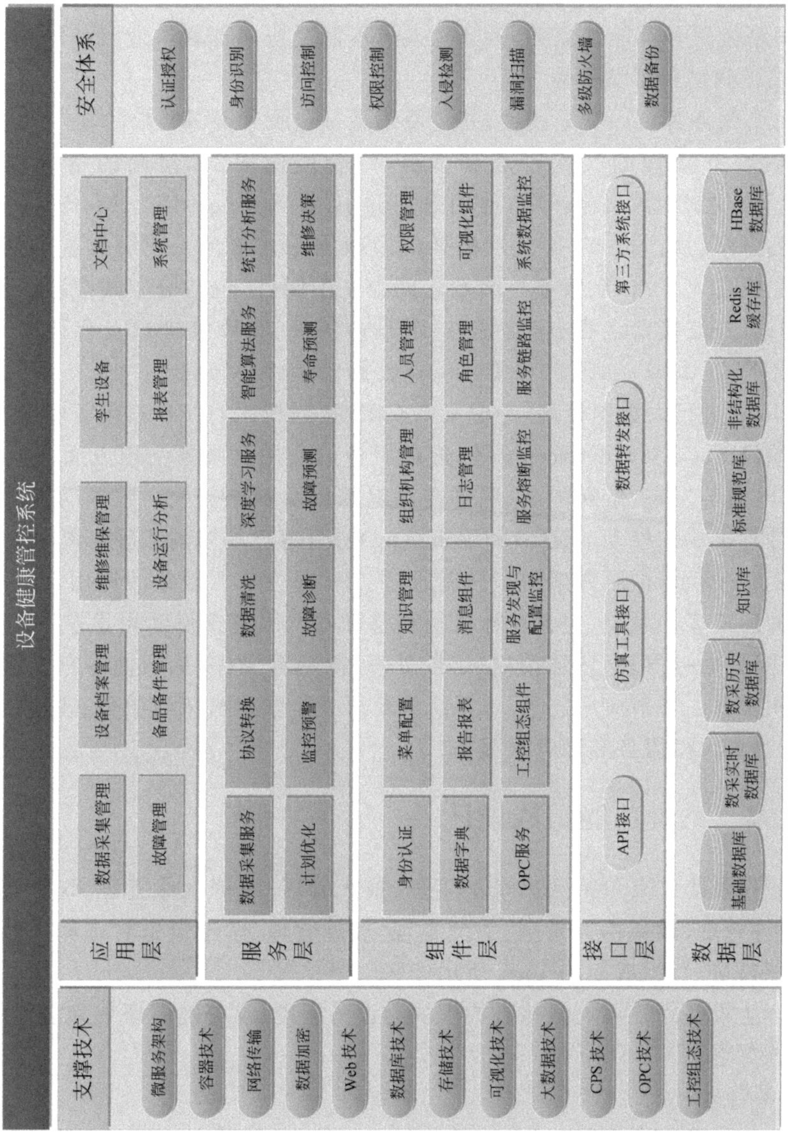

设备健康管控系统

安全体系	认证授权	身份识别	访问控制	权限控制	入侵检测	漏洞扫描	多级防火墙	数据备份

应用层：数据采集管理　设备档案管理　维修维保管理　孪生设备　文档中心／故障管理　备品备件管理　设备运行分析　报表管理　系统管理

服务层：数据采集服务　协议转换　数据清洗　深度学习服务　智能算法服务　统计分析服务／计划优化　监控预警　故障诊断　故障预测　寿命预测　维修决策

组件层：身份认证　菜单配置　知识管理　组织机构管理　人员管理　权限管理／数据字典　报告报表　消息组件　日志管理　角色管理　可视化组件／OPC服务　工控组态组件　服务发现与配置监控　服务熔断监控　服务数据监控　系统数据监控

接口层：API接口　仿真工具接口　数据转发接口　数据分发接口　第三方系统接口

数据层：基础数据库　数采实时数据库　数采历史数据库　知识库　标准规范库　非结构化数据库　Redis缓存库　HBase数据库

支撑技术：微服务架构　容器技术　网络传输　数据加密　Web技术　数据库技术　存储技术　可视化技术　大数据技术　CPS技术　OPC技术　工控组态技术

图 13.2　系统总体框架

319

（1）解决了复杂性的问题，在总量不变的情况下，将应用程序分解为可管理的块或服务，每个服务都以 RPC 或消息驱动的 API 形式定义一个明确的边界。

（2）每个服务都能够专注于该服务的团队独立开发。开发人员可以自由选择任何有用的技术，只要该服务符合 API 接口合作协议即可。此外，由于服务被划分为很多独立的细小模块，因此使用当前技术重写旧服务变得可行。

（3）每个微服务都能独立部署，开发人员不需要协调部署本地服务的变更，这些变化可以在测试后尽快部署。

（4）每个服务都可以独立调整，并且使用最符合服务资源要求的硬件。

综合微服务架构的技术特点和优势，结合应用需求，使用的系统技术如图 13.3 所示。在容器 Docker 中，使用 Spring Boot、Spring MVC、MyBatis、Druid等开发核心框架、视图框架、持久层框架以及数据库连接池。使用负载均衡以及 API 网关完成接入工作，在服务与前端之间存在中间件，包括分布式缓存、日志管理、单元测试、API 接口文档、定时任务、消息中间件、仓库管理以及代码生成器。开发语言不限于 Java、C 语言和 Python，数据库使用 MySQL/Oracle 等。使用 Spark Hadoop 进行大数据处理，考虑菜单权限、按钮权限、URL 权限等安全框架，最终由前端（H5、CSS3、JavaScript 等）进行服务的调用。服务治理方面包括 RPC 框架、服务注册与发现、熔断隔离、服务链路追踪以及服务监控。整体的微服务框架能够由计算机端和移动端（Pad 和手机 App）进行客户端访问和服务调用。

如图 13.4 所示，微服务架构客户端通过 API 网关进行服务的调用，其中客户端支持多种形式多种系统，包含计算机端和移动端。服务提供者可通过 API 网关进行服务注册、服务发现、认证授权、熔断处理、限流等操作，从而使客户能够通过客户端调用服务。针对应用需求，本系统设计开发了孪生机床微服务、孪生热压罐微服务、维修维保微服务和库存微服务。

13.1.4　系统功能组成设计

设备管控系统主要包括数据采集管理、报表管理、维修维保管理、设备运行分析、备品备件管理、设备档案管理、系统管理、故障管理、孪生设备管理和文档中心等十大功能模块，其组成如图 13.5 所示。

数字孪生设备管控系统最核心的模块为设备管理、设备健康评估和能耗管理，其主要功能如下。

1）设备管理

（1）设备台账：提供设备的基本信息维护功能，包括数据的增、删、改、查。

（2）孪生模型：提供设备几何模型、物理模型、行为模型和规则模型展示功能。

（3）设备运行记录：提供设备每天运行状况的记录功能，包括自动记录和人工补充两种模式。

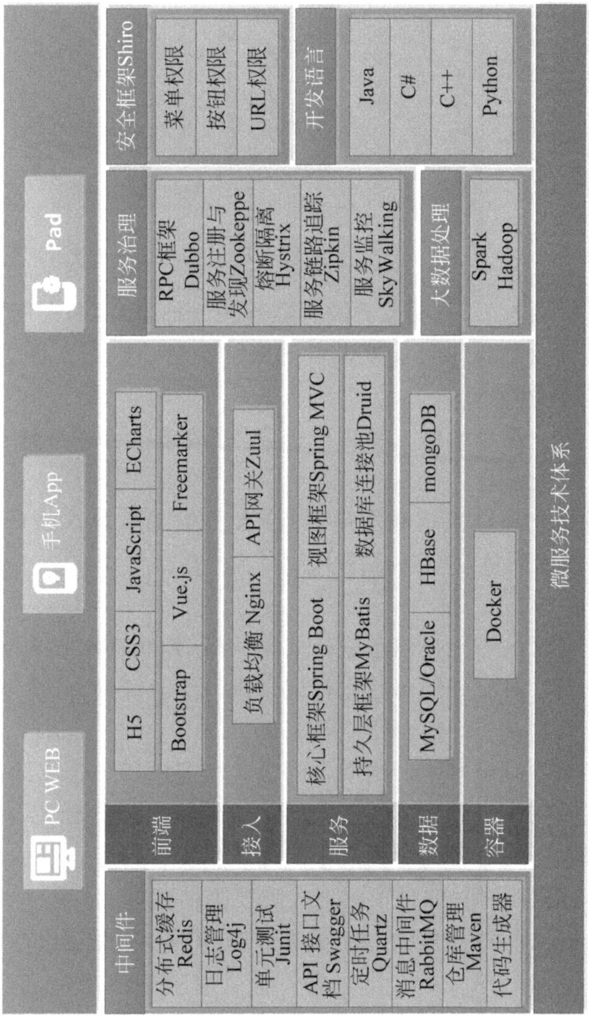
PC WEB
手机App
Pad
中间件
分布式缓存 Redis
日志管理 Log4j
单元测试 Junit
API 接口文档 Swagger
定时任务 Quartz
消息中间件 RabbitMQ
仓库管理 Maven
代码生成器
前端
H5
CSS3
JavaScript
ECharts
Bootstrap
Vue.js
Freemarker
接入
负载均衡 Nginx
API网关Zuul
服务
核心框架Spring Boot
视图框架Spring MVC
持久层框架MyBatis
数据库连接池Druid
数据
MySQL/Oracle
HBase
mongoDB
容器
Docker
服务治理
RPC框架 Dubbo
服务注册与发现Zookeppe
熔断隔离 Hystrix
服务链路追踪 Zipkin
服务监控 SkyWalking
大数据处理
Spark
Hadoop
安全框架Shiro
菜单权限
按钮权限
URL权限
开发语言
Java
C#
C++
Python
微服务技术体系

图 13.3　系统技术选型

图 13.4　微服务架构

（4）故障上报：提供人工、自动监测及智能预测 3 种方式，即人工增、删、改、查设备故障情况；通过后台数据采集实现设备健康状态自动监测；通过后台数据采集实现设备健康状态智能预测。

（5）维修工单管理：跟踪维修工单执行进度，修改未执行的维修工单信息，支持用户增、删、改、查维修工单。

（6）维修工单执行：维修工单派发后，维修人员按工单要求执行维修维护工作，同时将维修维护过程信息反馈到系统中。

2）设备健康评估

（1）故障分析：根据故障上报信息进行故障分析，判断故障影响及处理措施。

（2）设备运行统计：对设备的每日运行记录进行综合统计，分析设备的完好率状况。

（3）设备报警统计：对设备生命周期中的报警情况进行综合统计，考察设备的监测虚警率和预测虚警率状况。

（4）设备健康预测：对设备生命周期中的健康情况进行综合评估，预测设备的剩余寿命和下次故障发生时间，如果预测到故障要提前预警。

（5）数据处理分析：对采集的数据进行数据处理，并从不同维度进行分析展示。

3）能耗管理

（1）能耗参数监控：支持设备能耗参数实时监控，可查询并导出数据。

（2）能耗结构分析：支持工厂水、点、气能耗占比分析，可查询并导出数据。

（3）能耗统计分析：支持能耗分层分阶段统计，可查询并导出数据。

（4）能耗趋势分析：支持工厂或设备能耗趋势预测，可查询并导出数据。

（5）能耗行为分析：支持设备能耗行为分析，可查询并导出数据。

（6）能耗优化分析：支持设备能耗优化分析，可查询并导出数据。

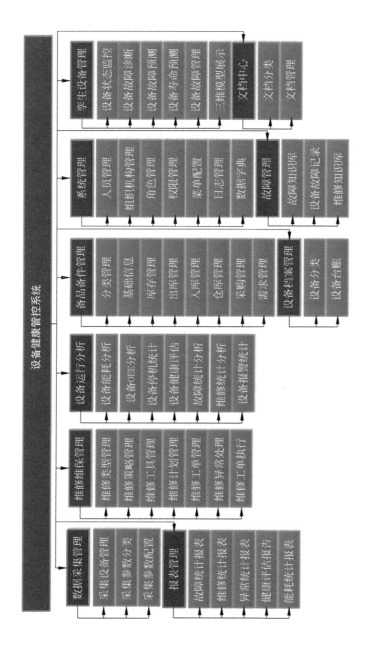

图 13.5　系统功能组成

13.2　案例一：基于数字孪生的数控机床管控系统开发

根据 13.1 节所述系统框架,本书作者团队开发了基于数字孪生的数控机床管控系统。针对数控机床,该系统设计了基础信息维护、备件备品管理、孪生模型管理、故障管理、维修管理等功能。

13.2.1　系统整体架构

基于数字孪生的数控机床管控系统主要分为设备层、通信层、数据层、业务层及交互层,具体如图 13.6 所示。设备层主要包括车间设备本体(即数控机床)和各类传感器(如声学传感器、应力传感器、振动传感器)。通信层主要负责实体设备数

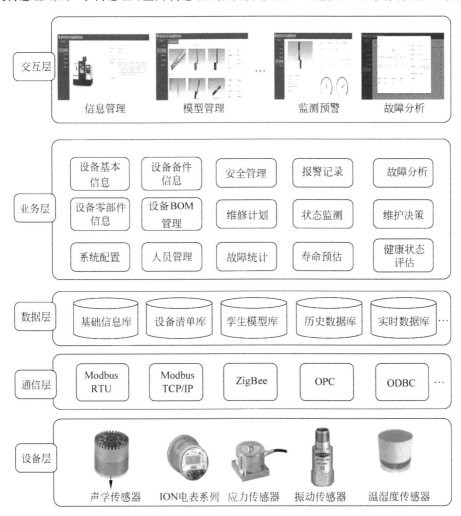

图 13.6　基于数字孪生的数控机床管控系统整体架构

据与环境数据的传输,是设备层与数据层间的桥梁。数据层包括基础信息库、设备清单库、孪生模型库、历史数据库、实时数据库等,通过对数据的整合和管理,为软件系统提供数据支撑。业务层主要包括设备基本信息、设备备件信息、设备零部件信息、设备 BOM 管理、系统配置、人员管理、安全管理、维修计划、故障统计、报警记录、状态监测、寿命预估、故障分析、维护决策、健康状态评估等业务。交互层主要是指系统提供给用户操作的可视化界面,这些界面通过模型、数据等将分析结果呈现给用户。

13.2.2　数据库设计

该系统设计了基础数据库、设备清单库、孪生模型库、实时数据库、故障库共 5个数据库,部分数据库间的关系如图 13.7 所示。基础数据库主要用于管理工厂和车间设备的基本信息,如工厂名称、车间名称、排班信息、设备名称、设备所属车间、设备供应商名称、设备供应商联系人等。设备清单库主要管理设备的备件信息,记录设备维修保养数据与设备使用数据。孪生模型库用于存储设备的几何、行为、规则及物理模型参数,以及模型产生的仿真数据。实时数据库用于存储设备运行数据,包括由数控系统采集的转速、电流、电压,传感器采集的切削力、振动、高频声学信号等。故障库用于存储历史故障案例的发生时间、持续时间、故障特征、故障部位、维修方案、维修结果等信息,以及辅助设备维修的专家知识。

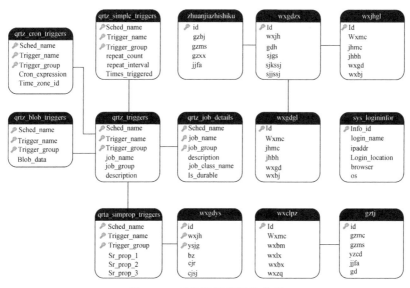

图 13.7　系统数据库间的关系

13.2.3　系统功能模块

软件系统主要包括基础信息维护、备品备件管理、孪生模型管理、故障管理、维修维保管理、系统管理六大子模块,如图 13.8 所示。

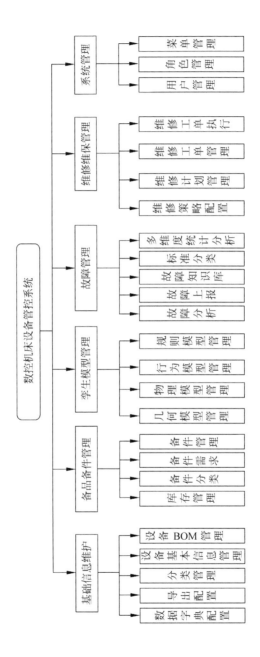

图 13.8　基于数字孪生的数控机床管控系统功能模块

1. 基础信息维护模块

该模块主要对设备基础信息进行管理,包括设备所属工厂名称、工厂代码、车间名称、车间代码、设备参数、零部件信息、BOM 信息等,并对信息进行及时更新。如图 13.9 所示,数控机床零部件信息包括零部件名称、零部件编码、规格型号、零部件是否在用等。

图 13.9　基础信息维护模块示例

2. 备品备件管理模块

备品备件模块主要用于设备维修维保过程中所需关键零部件的备件管理,主要包括库存管理、备件分类、备件需求、备件管理 4 个模块。

库存管理用于管理备件所处仓库信息及仓库中对应备件数量、出厂日期、出厂批次、采购信息。备件分类模块用于对所有备件进行分类管理,将不同类别零件(专用机械构件、标准化零件等)进行编码分类。备件需求模块与维修需求模块关联,负责管理维修工单产生的备件需求,并且根据工单的紧急程度对备件优先级排序。备件管理模块对不同备件名称、分类、编码、型号规格、备件状态、使用特性等进行多维信息管理。图 13.10 为备件管理界面示例。

3. 孪生模型管理模块

该模块主要对设备的孪生模型信息进行管理,包括刀具孪生模型管理和轴承孪生模型管理两个主界面。

在刀具孪生模型管理中对刀具几何与物理模型信息进行管理,如几何模型中的刀具刃径、刃长、槽宽,物理模型中的弹性模量、泊松比等;对刀具行为进行管理,如通过选择不同工况,系统可仿真对应工况下刀具的应力云图变化;对刀具规则进行管理,如刀具性能退化规则。刀具模型管理界面示例如图 13.11 所示。

在轴承孪生模型管理中,对轴承的几何与物理模型信息进行管理,如几何模型中的内圈直径、外圈直径等,物理模型的弹性模量、泊松比、体积模量等;对轴承行

327

为进行管理,如可查看不同工况下的轴承模态响应云图;对轴承规则进行管理,如轴承故障规则。轴承模型管理界面示例如图 13.12 所示。

图 13.10　备件管理界面示例

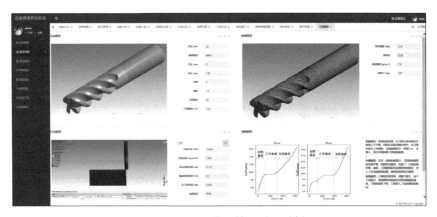

图 13.11　刀具模型管理界面示例

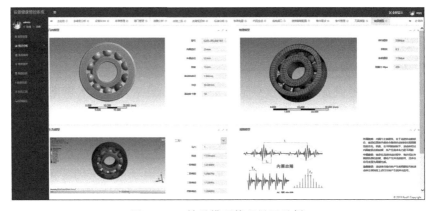

图 13.12　轴承模型管理界面示例

4．故障管理模块

故障管理模块主要包括故障分析、故障上报、标准分类、故障知识库、多维度统计分析 5 个子模块。

故障分析对人为检测和设备自动化检测的两类故障报警进行统计分析，并对当前故障原因、故障状态等进行管理。经过核实后的故障分析信息进入故障上报模块，该模块管理报警确认后的历史故障信息，包括故障号、故障部件、故障模式、故障发生时间、故障发生时机、是否停机、故障发生时对应工单等信息，如图 13.13 所示。该模块可查看故障历史信息，若单击第一条铣刀磨损故障记录中的"查看详情"按钮，系统会自动跳转至图 13.14 所示的刀具故障分析界面，该界面对刀具全生命周期磨损变化、物理参数（如刀具振动）、仿真参数（最大应力、最小应力等）进行管理；若单击轴承故障记录中的"查看详情"按钮，能够查看图 13.15 所示的轴承对应故障情况下的振动信号及模态响应。

图 13.13　故障上报界面

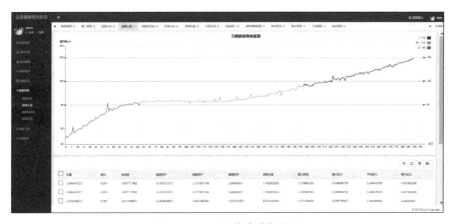

图 13.14　刀具故障分析界面

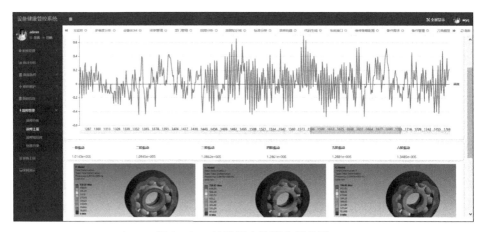

图 13.15　轴承历史故障分析界面

故障管理多维度统计分析模块包括工况统计、能耗统计、历史故障统计、维修维保统计 4 个功能。工况统计用于对数控机床历史加工工时、加工工单数进行统计分析；能耗统计对机床加工的历史能耗进行时间、类别多个维度分析；历史故障统计用于对机床历史故障进行分类别（如刀具故障、主轴故障、伺服故障）统计分析；维修维保统计对历史维修维保任务进行分类统计。故障管理多维度统计分析界面示例如图 13.16 所示。

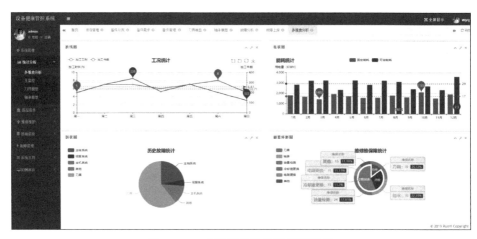

图 13.16　多维度统计分析界面示例

此外，故障知识库模块用于管理不同故障所对应的故障现象、故障原因、解决方案等专家知识。标准分类模块用于对不同故障类别进行标准分类。

5. 维修维保管理模块

维修维保管理模块包括了维修策略配置、维修计划管理、维修工单管理、维修工单执行 4 个子模块。维修策略配置对日常维保任务、点检任务、故障抢修任务进行管理,通过配置不同的维修策略制定维修流程和标准。维修计划管理、维修工单管理、维修工单执行则是对具体的维修计划以及对应的维修工单执行情况进行管理。其中,开发的故障知识库界面如图 13.17 所示。

图 13.17　故障知识库界面

6. 系统管理模块

系统管理模块主要包括用户管理、角色管理、菜单管理等子模块,负责系统基本的人员配置和权限分配,界面如图 13.18 所示。

图 13.18　系统管理界面示例

13.3　案例二：基于数字孪生的热压罐管控系统开发

根据 13.1 节所述系统框架,本书作者团队开发了基于数字孪生的热压罐管控系统。针对热压罐设备,该系统设计了基础信息维护、孪生模型管理、参数配置、实时监测、数据分析等功能。

13.3.1 系统整体架构

热压罐管控系统架构如图 13.19 所示,分为接口层、数据层、算法层和应用层,主要基于数字孪生技术、PHM 技术、能耗管理技术实现对热压罐设备的状态监测、故障诊断与预测、能耗分析、参数配置等。

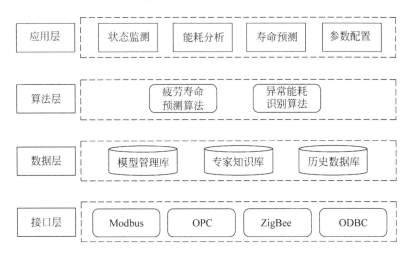

图 13.19　基于数字孪生的热压罐管控系统整体架构

13.3.2 系统功能模块

根据整体架构设计,本书作者团队对热压罐管控系统软件功能进行了设计和开发,包括 6 个功能模块和 17 个功能点,具体如图 13.20 所示。下面主要对孪生模型模块、实时监测模块及数据分析模块进行介绍。

1. 孪生模型模块

孪生模型模块主要是展示热压罐的孪生虚拟模型,包括热压罐的几何模型、物理模型、行为模型以及规则模型。几何/物理模型描述热压罐的几何参数(如尺寸、位置、装配关系)与物理属性(如材料属性、应力分布、温度分布),如图 13.21 所示;行为模型描述热压罐的加工循环以及热压罐在不同参数配置下的加工行为,如图 13.22 所示;规则模型包含热压罐的故障库以及传感器选型库,用户能够切换显示的数据库,每个数据库都包含不同的数据,如热压罐运行规则、传感器选型、故障库等内容,具体如图 13.23 所示。

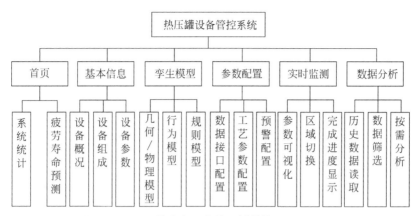

图 13.20　基于数字孪生的热压罐管控系统功能模块

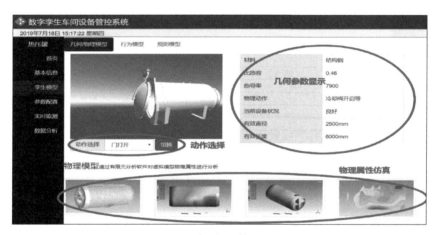

图 13.21　几何/物理模型展示界面

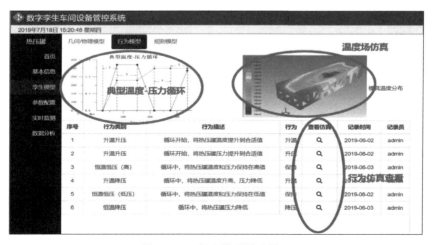

图 13.22　行为模型展示界面

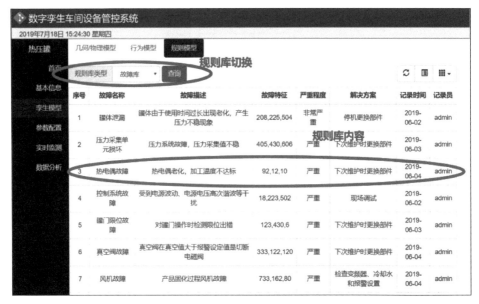

图 13.23 规则模型展示界面

2. 实时监测模块

实时监测模块支持用户对设备进行区域选择,并支持实时采集参数的可视化显示。如图 13.24 所示,该模块在每个可视化表盘下方有预警提示符,当参数不在正常范围内时提示预警。此外,还显示了热压罐的工作状态和当前工艺的完成情况。

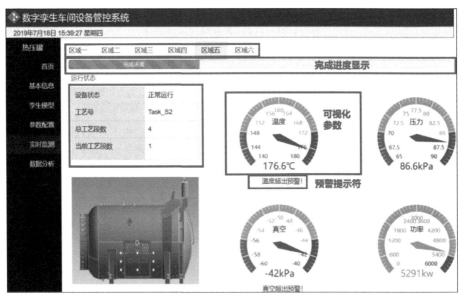

图 13.24 实时监测界面

3. 数据分析模块

数据分析模块使用用户能够对某次热压罐生产的历史数据进行分析,包括温度、压力及能耗 3 个维度,从而为下一次的生产提供指导。用户能够对相关参数(如升温速度、降温速度、风速、压力)进行配置(见图 13.25),并在该参数配置下对热压罐性能进行仿真分析,如查看不同参数配置下的罐内温度分布情况,如图 13.26 所示。

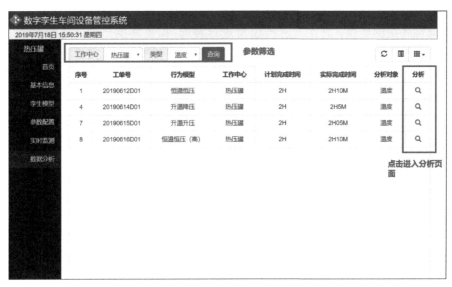

图 13.25　数据分析操作界面

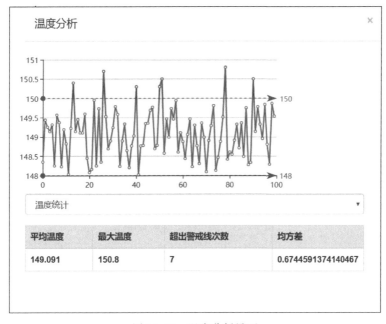

图 13.26　温度分析界面

13.3.3 可视化功能模块

为了更直观地展示热压罐设备信息与模型信息,突破传统的管控系统仅能实现二维可视化展示的局限性,基于 HoloLens 混合现实眼镜开发了热压罐设备可视化交互系统,实现了用户与三维模型的交互与设备信息的直观展示。

首先构建描述设备零部件形状、尺寸、位置、结构等几何信息的三维模型,完成对零部件外观的镜像;其次对三维模型进行装配,描述其零部件的连接关系及装配关系;最后将建好的三维模型导入到 Unity3D 中进行开发,完成设备模型的可视化展示。如图 13.27 所示,该热压罐模型由导流罩、支撑装置、导风管、舱门系统、加热帽、冷却装置、罐体、外部冷水管等构成。由于该模型精度较高,导入到 Unity3D 后发现模型面数达到了 3.3M 面,这导致混合现实设备渲染速度慢、软件运行卡顿等问题,因此对模型进行了减面与重建,保证该模型能够清晰流畅地展示在混合现实设备中。

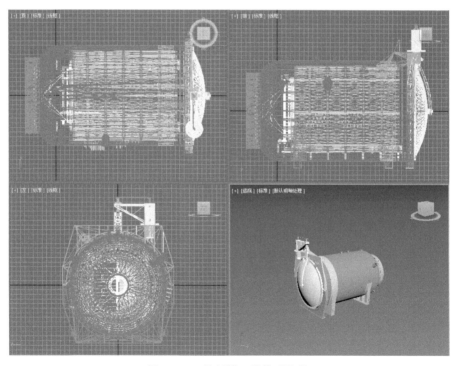

图 13.27 热压罐三维模型简化

基于简化后的三维模型,利用混合现实设备深度融合虚拟场景与真实环境,在Unity3D 中进行混合现实应用的开发,并发布到 Windows 通用应用平台(Universal Windows Platform,UWP)平台,部署在 HoloLens 设备中,实现对热压罐设备可视化功能的开发,具体功能如图 13.28 所示。

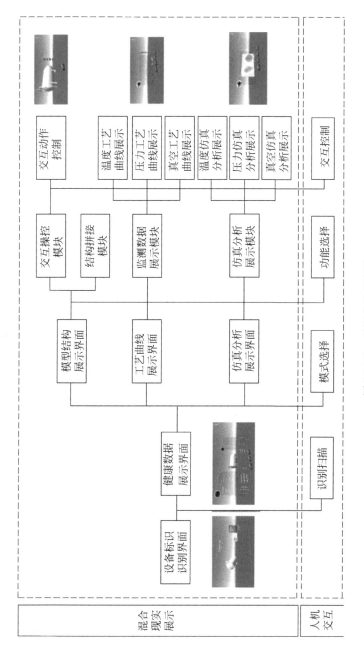

图 13.28　可视化功能架构

1. 设备标识识别模块

设备标识识别模块对热压罐标识图像进行识别,可通过语音或手势点选进入不同的功能界面,如图 13.29 与图 13.30 所示。

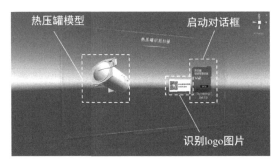

图 13.29　识别扫描界面

图 13.30　识别测试

2. 健康数据展示模块

该模块主要显示 3 类设备健康信息,如图 13.31 所示。状态信息展示实现对设备预冷调节阀开度、空气阀开度等状态值展示;工艺信息展示实现对设备生产任务编号、工艺段号、罐内压力、罐内温度展示;健康信息展示实现对设备运行时间、剩余寿命等信息展示。

3. 模型结构展示模块

该模块主要是显示三类设备模型结构,如图 13.32 所示。模型行为展示实现对三维立体模型动作展示,如模型开门和关门动作展示;模型结构分块展示实现对模型不同部位结构展示,并实现对模型拖拽与旋转操作等;模型结构拼接运用深度摄像头和环境理解摄像头对真实环境空间建模,并且可通过拖动零部件模型实现对整体设备模型的拼接。

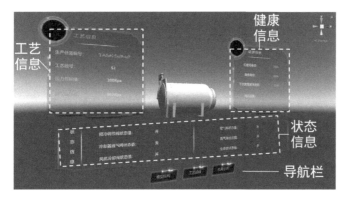

图 13.31　信息数据展示界面

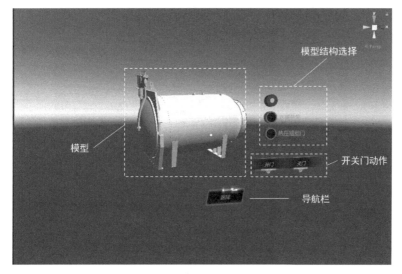

图 13.32　模型结构展示界面

4. 工艺曲线展示模块

该模块展示了 3 类加工工艺曲线,如图 13.33 所示。温度工艺展示实现对实时温度数据与理论数据的同步展示及对比分析;压力工艺展示实现对实时压力数据与理论数据的同步展示及对比分析;真空工艺展示实现对实时真空数据与理论数据的同步展示及对比分析。

5. 仿真分析展示模块

该模块可展示针对热压罐的仿真分析结果,如热压罐内部温度场仿真分析结果、热压罐内部流速分布、热压罐截面的压力分布等,如图 13.34 所示。这些仿真结果可辅助热压罐健康管理,支持对设备故障的分析与预测。

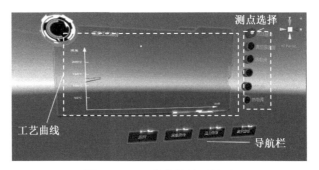

图 13.33　工艺曲线展示界面

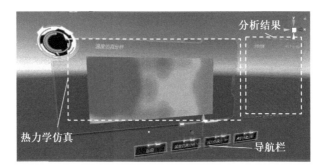

图 13.34　仿真分析展示界面

本章小结

数字孪生车间设备管控系统是实现基于孪生的车间智能调度、高级排产、精细化管理的信息化基础。运用 MES 的思想和方法,以孪生设备为单元,建立数字孪生模型以及车间设备实时管控平台,结合车间的组织结构和管理模式,全面梳理车间设备业务流程和信息流程,实现数字孪生车间生产调度和设备管理的透明化、标准化、流程化,提升车间管理效率和水平。

第14章

数字孪生车间原型系统与应用案例

结合数字孪生车间模型的五维结构,本章将原型系统划分为5个主要的组成部分,包括物理层、模型层、数据层、连接层、服务层,分别对应数字孪生车间中的物理车间、虚拟车间、车间孪生数据库、连接及车间服务系统。其中,物理层对车间人员、设备、物料、工具等生产要素进行实时数据采集与状态感知,并具备物理边缘动态事件处理能力;模型层集成并管理车间生产要素不同维度、不同空间尺度、不同时间尺度的数字化模型,在产前、产中、产后辅助实现基于模型的生产相关业务活动仿真分析;数据层对物理生产要素数据、模型仿真数据、领域知识等多源异构数据进行统一管理,支持数据集成与综合分析;连接层包括各类信息传输方式与软硬件接口,实现物理层、模型层、数据层与服务层各部分间的数据传输;服务层集成现有车间信息系统(如 MES、ERP),实现设备健康管理、动态调度、生产过程参数选择决策、能耗管理、物流优化等一系列智能服务,并且面向不同层次水平用户(如现场操作人员、专业技术人员、管理决策人员等)提供按需使用的便捷易用服务,降低对用户专业能力与知识的要求。数字孪生车间原型系统一方面能够实现对车间物理生产要素、虚拟模型、孪生数据、服务等的配置与统一管理;另一方面能够根据生产需求,通过调用相应的模型、信息物理数据及服务,实现设备健康管理、生产过程参数选择决策、设备动态调度、能耗管理等一系列车间智能管控功能。

14.1　数字孪生车间原型系统设计

本节主要对数字孪生车间原型系统的架构、各组成部分的功能以及系统的实施流程进行设计与阐述。

14.1.1　系统架构设计

数字孪生车间原型系统的实现架构如图 14.1 所示,包括物理层、模型层、数据层、连接层、服务层。

1. 物理层

物理层包括物理车间内的人员、设备、物料、工具、环境等生产要素。在该层部

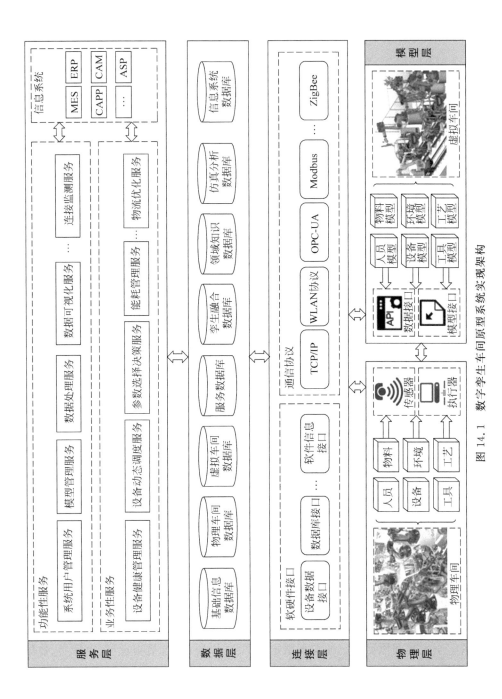

图 14.1　数字孪生车间原型系统实现架构

署各类传感器采集生产要素实时数据,采集的数据一方面支持对生产要素状态的实时监测,另一方面支持虚拟车间模型、仿真条件、服务参数等的更新。此外,可在该层部署边缘端处理器,提高设备对动态事件的分析处理能力。

2. 模型层

模型层包括利用不同建模仿真工具(如 SolidWorks、ANSYS、Matlab、Flexsim 等)构建的描述车间要素几何属性、物理参数、行为活动、规律规则的多维多尺度模型;基于构建的模型,能够在车间产前、产中、产后阶段对不同的业务活动(如生产要素关键参数、生产流程、生产调度计划等)进行仿真分析。

3. 数据层

数据层提供系统所需的各类数据,包括传感器采集的物理车间动态数据,虚拟车间模型仿真过程数据、结果数据、仿真条件数据,服务系统数据,领域知识,从 MES、ERP 等读取的信息系统数据,以及基于上述两种或两种以上数据的融合数据等。

4. 连接层

连接层实现系统各组成部分间的互联互通以及系统与现有信息系统的集成。连接的实现方式较多,需根据连接对象配置相应的软硬件接口与通信协议。

5. 服务层

服务层以应用软件、移动端 App 等形式向用户提供简单明了的输入输出,屏蔽原型系统内部异构性与复杂性,对用户专业能力与知识要求较低。服务层提供的服务包括业务性服务与功能性服务两大类:前者提供设备健康管理、设备动态调度、参数选择决策、能耗管理等面向车间生产管控的业务性服务;后者提供用户管理、模型管理、数据处理、连接监测等基本功能性服务,这些服务为业务性服务提供支持。不论功能性还是业务性服务,实际上都是由更小粒度的子服务组合而成的,这些子服务由孪生数据、模型、算法等统一封装而成。同时,企业现有信息系统,包括 MES、ERP、计算机辅助工艺规划(computer aided process planning,CAPP)等,与数字孪生车间原型系统集成,其功能与数据可被数字孪生车间原型系统使用。

14.1.2　系统功能设计

对数字孪生车间原型系统的物理层、模型层、数据层、连接层、服务层的功能划分如图 14.2 所示。

1. 物理层

(1)感知接入:在设备、物料、工具等生产要素上部署温度传感器、压力传感器、振动传感器、RFID 等数据采集装置,实时采集生产数据,掌握车间全局状态。

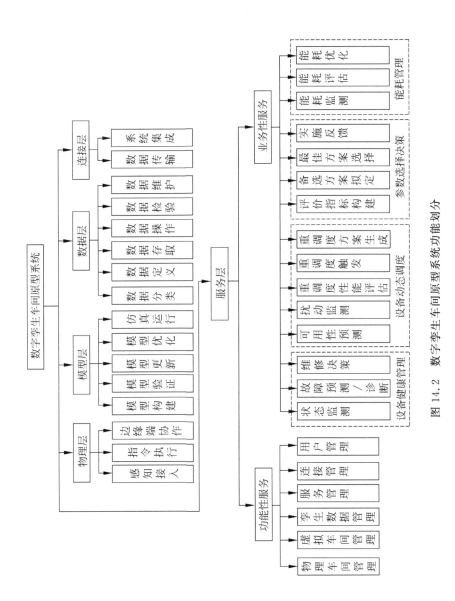

图 14.2　数字孪生车间原型系统功能划分

（2）边缘端协作：在靠近设备端部署边缘处理器，提高设备对数据的实时处理能力与对动态事件的响应速度，提高设备灵活性，从而更好地支持设备间、设备与工作人员间在相同时间与空间下的协作能力。

（3）指令执行：物理车间生产要素接收边缘处理器、服务系统或虚拟车间的指令，按照指令完成生产任务。

2．模型层

（1）模型构建：利用不同建模工具构建描述车间生产要素几何、物理、行为、规则的多维多尺度模型；将模型分为通用模型与专有模型，通用模型针对通用件/标准件构建，可多次重复利用。

（2）模型验证：对模型的输入/输出、准确性、敏感度、一致性等进行验证。

（3）模型优化：多次实验构建模型，根据实验结果对模型进行简化、轻量化、参数调整等。

（4）模型更新：根据物理车间实时数据更新模型与仿真参数，使模型与物理实际保持一致。

（5）仿真运行：配置仿真参数，基于模型对车间产前、产中、产后相关业务活动进行仿真，如生产计划仿真、设备物理参数仿真、设备能耗行为仿真、车间物流仿真、车间布局仿真等。

3．数据层

（1）数据分类：对车间孪生数据进行分类，包括物理车间数据、虚拟车间数据、服务系统数据、领域知识、信息系统数据、融合数据。

（2）数据定义：定义车间孪生数据类型、结构、数据关系、约束条件等。

（3）数据存取：以一定的存储结构、存取路径及存取方式等对车间孪生数据进行存取，提高数据存取效率。

（4）数据操作：支持车间孪生数据的增加、删除、修改及查询操作。

（5）数据检验：检验车间孪生数据的完整性、一致性及安全性。

（6）数据维护：支持车间孪生数据更新、转换、转储、备份、还原以及事务日志管理等操作。

4．连接层

（1）数据传输：对物理车间、虚拟车间、车间服务系统以及车间孪生数据库的数据接口与通信协议进行配置，支持两两间的数据传输。

（2）系统集成：根据用户具体需求，通过对原型系统不同组成部分以及现有信息系统使用的软件、硬件、接口等进行配置，实现不同程度的数据集成、应用功能集成、软件界面集成等。

5．服务层

1）功能性服务

功能性服务主要对原型系统 5 个组成部分的信息、模型、数据等进行管理，为业务性服务的实现提供支持。

（1）物理车间管理：对生产要素相关信息进行增加、删除、修改及查询；对各要素的工作状态、生产指令、工作环境进行实时监测；对部署的传感器、边缘处理器等数据采集与处理设备进行管理。

（2）虚拟车间管理：对虚拟车间的模型信息进行管理，并支持模型信息的增加、删除、修改及查询操作；对模型准确性、一致性、敏感度等的检验结果进行查看；监测模型运行状态；根据用户需求，自动选择与匹配可用模型。

（3）孪生数据管理：对车间孪生数据进行增加、删除、修改及查询；支持清洗、转换、关联、分类、融合等一系列数据处理操作；支持数据集成；对数据可视化方法进行管理与维护；根据用户需求，自动选择与匹配可用数据。

（4）连接管理：对不同连接进行描述，对各连接的信息进行增加、删除、修改及查询，并监测各连接实时状态。

（5）服务管理：对功能性服务、业务性服务，以及支持各种服务的数据、模型、算法等子服务进行统一封装；支持服务搜索、匹配、优选、组合、评估等操作。

（6）用户管理：对系统用户进行管理与维护，基本功能包括用户注册、用户登录、用户基本信息修改、密码修改、用户权限申请、系统日志管理等。

2）业务性服务

业务性服务主要面向车间生产活动的管理与优化，包括设备健康管理、设备动态调度、生产过程参数选择决策、能耗管理等。

（1）设备健康管理：对设备健康状态进行监测与评估，预测设备故障并安排相应维修活动。具体包括设备状态监测、设备故障预测/诊断、设备维修决策等子模块。

（2）设备动态调度：预测/监测设备调度过程中出现的动态事件（如设备不可用、工件加工时间变化、工件延迟等），及时触发重调度，使调度计划更好地适用于实际生产。具体包括设备可用性预测、扰动监测、重调度性能评估、重调度触发、重调度方案生成等子模块。

（3）参数选择决策：根据构建的评价指标体系，在不同的生产过程参数组合方案中评选最优方案，并在最优方案执行中对参数进行动态调整。具体包括评价指标构建、备选方案拟定、最佳方案选择、实施反馈等子模块。

（4）能耗管理：对设备能耗进行管理。具体包括能耗监测、能耗评估及能耗优化等子模块。

除上述服务外，针对车间生产活动，还包括生产过程控制服务、车间物流优化服务、精准装配服务、工艺过程仿真服务等。在原型系统运行过程中，业务性服务的功能可被不断扩充。

14.1.3　系统实施流程设计

数字孪生车间原型系统的实施流程包括现状与需求分析、系统设计、系统开发、系统调试与验证、系统运行与维护 5 个阶段，如图 14.3 所示。

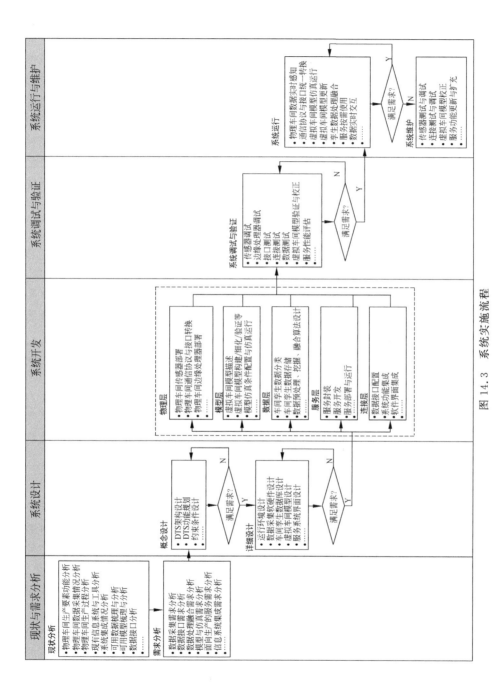

图 14.3　系统实施流程

在现状与需求分析阶段,需对车间现有的硬件与软件设施进行梳理,分析车间在数据采集、数据接口、数据处理融合、模型构建、模型仿真、生产管控服务、系统集成等方面的需求。针对上述需求,对数字孪生车间原型系统进行总体架构、功能规划、约束等方面的概念设计,以及运行环境、车间孪生数据库、虚拟车间模型、车间服务系统界面等方面的详细规划。在此基础上,系统开发围绕数字孪生车间原型系统的 5 个组成部分进行,包括物理车间传感器、边缘处理器部署,虚拟车间模型描述、构建、细化、美化与模型仿真运行,车间孪生数据分类、存储、数据处理与融合算法设计,服务系统开发、部署、运行以及连接数据接口配置等系列工作。在调试与验证阶段,数字孪生车间原型系统试运行,对系统的传感器、边缘处理器等硬件装置进行调试,对虚拟车间模型进行验证与校正,并对开发的服务进行性能评估等。当系统的软硬件均满足其性能要求后,系统可上线运行。在此阶段,需对系统运行状态进行实时监测,在必要时开展系统维护。

14.2　案例一：数字孪生新能源汽车动力电池生产车间

本节对基于上述架构、功能结构划分及实施流程实现的数字孪生新能源汽车动力电池生产车间进行分析阐述,验证所提出的数字孪生车间原型系统实现方法的有效性。

动力电池是新能源汽车的关键组成部件,其制造水平在很大程度上决定了新能源汽车的性能。然而,动力电池的制造工艺复杂,包括配料、涂布、辊压、分条、模切、叠片、焊接封装等诸多工序,每一道工序都会影响产品质量。为了实现对动力电池生产过程的精准管控,机械工业第六设计研究院有限公司(以下简称"中机六院")结合某新能源汽车动力电池智能化车间建设项目,搭建了数字孪生新能源汽车动力电池生产车间原型系统。[1]

1. 物理层

物理层包括车间内隧道炉、静止炉、涂布机、叠片机、提升机、封装机等关键设备,主要功能是完成动力电池生产的配料、涂布、辊压、分条、模切、叠片、焊接封装等工艺。通过传感器、嵌入式数据采集模块、摄像头等传感装置,能够实现对物理车间环境、能源状态、浆料温度、设备运行速度、上下料开关量等数据的实时采集。如图 14.4 所示,运用管理壳对数据传输协议进行统一转换,并对设备进行功能定义与封装,然后将数据统一传输至工业集成总线。

2. 模型层

针对新能源汽车动力电池生产车间,中机六院基于几何模型、工艺数据模型、运动模型、规则约束模型等构建了大量车间虚拟模型,包括车间整体布局模型,焊接、注液、封装等生产线模型,以及涂布机、烘箱等关键工艺设备模型,并从不同粒度和维度对模型进行了处理(如图 14.5 所示)。这些模型形成了虚拟车间模型库,

工业集成总线

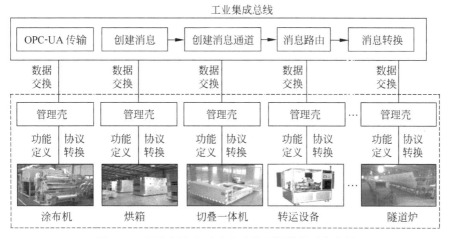

图 14.4　新能源汽车动力电池物理层数据采集传输

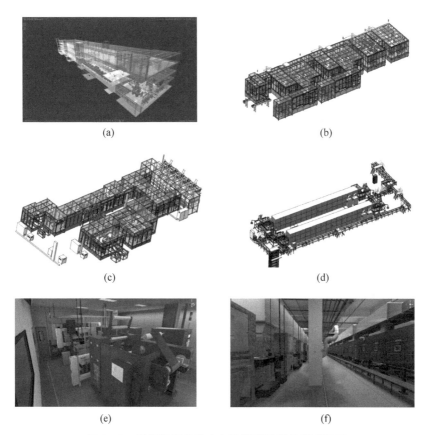

图 14.5　新能源汽车动力电池模型层部分模型展示

（a）车间整体布局模型；（b）焊接生产线模型；（c）注液生产线模型；（d）隧道炉模型；

（e）涂布机模型；（f）烘箱模型

能够从几何、行为、规则等多个维度，以及单元级、系统级、复杂系统级等多个粒度对物理车间进行刻画与描述。基于物理车间采集的生产实时数据与虚拟模型，实现了对生产节拍、线上物流、生产负荷等的实时仿真，模拟了产线利用情况与生产瓶颈等。

3．数据层

车间孪生数据具备多源异构的特点，主要包括：从物理车间采集的状态数据、开关量数据、视频图像等；虚拟车间的模型参数与模型对车间布局、生产节拍、线上物流、生产负荷等的仿真数据；车间服务描述数据、服务运行过程与结果数据、服务评估数据等；车间 SCADA、MES 系统数据，如订单信息、工艺关键绩效指标（key performance indicator，KPI）等。基于对这些数据的综合处理与融合，能够实现生产过程的多维度分析与优化。图 14.6 对数据层中部分字段及字段类型进行了展示。

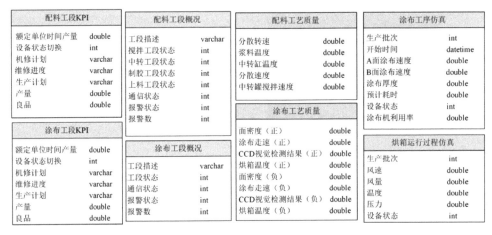

图 14.6　能源汽车动力电池生产车间数据层部分数据字段展示

4．连接层

根据数字孪生车间各组成部分的特点，中机六院开发配置了 OPC（OLE for process control）/OPC-UA（unified architecture）、ESB（enterprise service bus）、Web Service 等数据接口，实现了物理车间、虚拟车间、车间服务系统、孪生数据库，以及车间 SCADA、MES 等信息系统的数据交互与集成，具体如图 14.7 所示。

5．服务层

基于上述工作，中机六院开发了面向车间智能生产的业务服务。图 14.8 对部分服务进行了展示，包括基于虚拟模型的涂布工艺过程仿真服务，基于信息面板、数据标签、数据图表等的孪生数据可视化监测服务，结合 VR 技术的员工模拟培训服务，基于 AR 技术的生产数据与实际设备叠加增强显示的工艺参数查看服务。这些服务通过移动设备提供给车间用户，支持用户对服务的便捷使用。

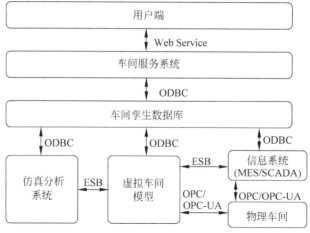

图 14.7　连接层数据接口展示

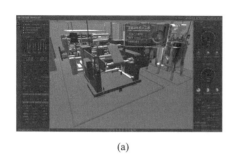 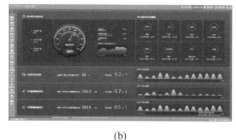

(a)　　　　　　　　　　　　　　　　　(b)

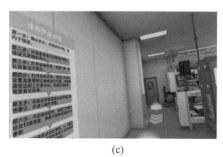 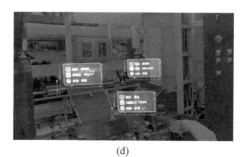

(c)　　　　　　　　　　　　　　　　　(d)

图 14.8　能源汽车动力电池生产车间部分服务展示

(a) 涂布工艺过程仿真服务；(b) 孪生数据可视化监测服务；(c) 员工模拟培训服务；(d) 工艺参数查看服务

　　数字孪生新能源汽车动力电池生产车间基于虚拟车间模型、孪生数据及服务实现了车间生产过程可视化监控、生产工艺仿真及生产过程优化等,是基于数字孪生车间实现智能生产管控的典型案例。

14.3　案例二：数字孪生卫星总装车间

　　卫星总装车间主要负责卫星的装配、集成及测试,包括人员、设备、环境、型号产品、工具等诸多生产要素,是卫星制造的重要部门。为了实现对卫星总装车间的实时监控,建立基于模型与数据驱动的集成化管控平台,本书作者团队与中国空间技术研究院合作,以卫星总装为背景,结合开展的"基于数字孪生的型号 AIT 生产线控制系统研制"项目,设计并研发了一套数字孪生卫星总装车间原型系统[2]。

1. 物理层

物理层包括卫星总装车间内的机械臂、AGV、智能工具、型号产品、车间环境等生产要素,主要负责完成舱板转运、涂覆导热硅脂、紧固件依序安装、光学扫描检验等工序。为了实现对物理层的数据采集,设计了分布式的采集网络结构,如图 14.9 所示。整个采集系统分为工位单元级、车间系统级、总装平台级 3 层架构。在工位单元,通过扫码枪、RFID、温湿度传感器、智能工具等采集机械臂、AGV 等设备的状态数据与工作环境数据;工位单元的上位机通过工业 Hub、路由器相连,统一将数据传输至车间系统级数据库;系统级数据库通过交换机等设备相连,再将数据传输至总装平台。

2. 模型层

模型层包括映射物理车间的三维模型、数据模型、运行规则模型及系统逻辑模型等。如图 14.10 所示,首先构建了机械臂、AGV 等设备的几何模型与运动模型,实现对设备几何属性与运动过程的刻画;利用统一建模语言(unified modeling language,UML)对不同对象数据进行结构化定义与快速建模;将设备的几何、运动模型与构建的数据模型结合,使其能够随实时数据改变位置、动作、方向等状态;接着,将设备模型导入车间场景模型,并添加模型交互、设备操作、模型运动边界等规则;最后,依据物理车间真实数据对模型进行校正与验证。构建的虚拟模型能够基于实时数据不断更新,并且与物理车间对应实体实时交互与同步运行。

3. 数据层

数据层包括物理车间的设备运行数据、环境数据、工艺数据、质量数据,虚拟车间的模型参数、生产流程仿真中间数据、结果数据,车间服务系统的工艺控制数据、方案验证数据,以及车间现有的 MES、ERP 系统数据等。结合加权平均、小波分析、神经网络等算法可对孪生数据进行预处理、特征提取、融合等操作,从而实现对车间装配过程的多维度分析。部分数据如图 14.11 所示。

4. 连接层

通过开发配置 OPC-UA、API、ODBC、WebSocket 等数据接口,实现了物理车间、虚拟车间、车间服务系统、孪生数据库以及车间现有信息系统的数据交互与集成,具体如图 14.12 所示。

5. 服务层

基于虚拟车间模型与孪生数据,实现了对车间装配过程的可视化监测与实时仿真,开发了面向总装过程有效管控的系列智能服务,包括生产进度、物料、产品质量、设备状态等信息的动态监测服务、工单下发与管理服务、工位可视化管理服务、

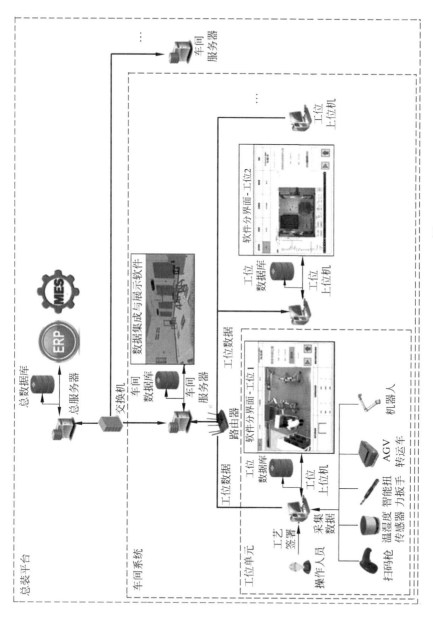

图 14.9　物理层数据采集网络[2]

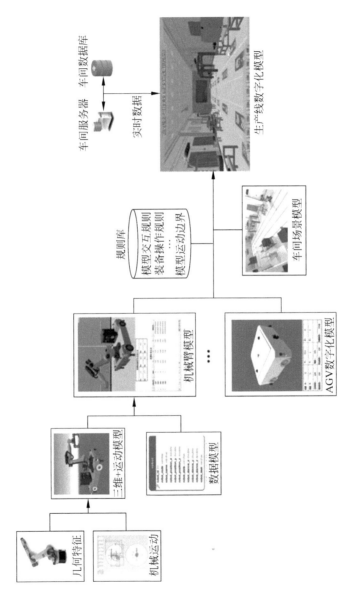

图 14.10 卫星总装车间模型层模型开发流程[2]

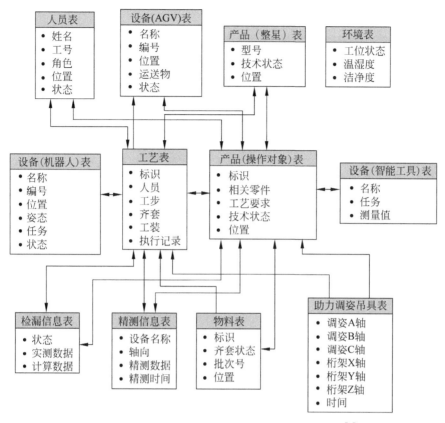

图 14.11 卫星总装车间数据层部分数据字段展示[2]

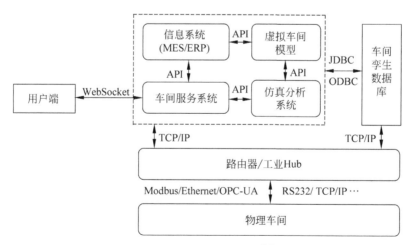

图 14.12 数据接口展示[2]

工艺过程控制服务、虚拟验证服务等,部分界面如图 14.13 所示。这些服务按需下发至各工位的上位机,用于指导现场操作人员高效完成装配任务。

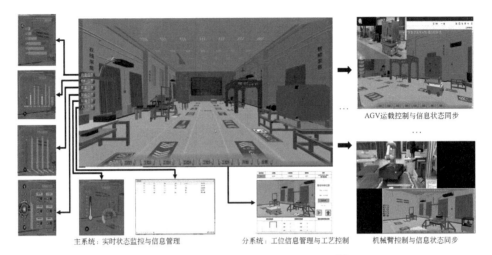

AGV运载控制与信息状态同步

主系统:实时状态监控与信息管理　　　分系统:工位信息管理与工艺控制　　　机械臂控制与信息状态同步

图 14.13　卫星总装车间部分服务展示[2]

数字孪生卫星总装车间基于数字孪生数据与模型构建了总装车间管理与控制系统,实现了设备状态实时监测、信息管理、工位可视化监测、工艺控制等功能,是数字孪生车间原型系统典型案例之一。

本章小结

在前几章的理论研究基础上,本章首先给出了数字孪生车间原型系统的实现架构;接着规划设计了系统主要组成部分的功能结构,并阐述了系统实施流程;最后对基于本文架构实现的数字孪生新能源汽车动力电池生产车间和数字孪生卫星总装车间案例进行介绍,验证了数字孪生车间实现架构的有效性。

参考文献

[1]　陶飞,张贺,戚庆林,等.数字孪生模型构建理论及应用[J].计算机集成制造系统,2021, 27(1):1-15.

[2]　刘蔚然,陶飞,程江峰,等.数字孪生卫星:概念、关键技术及应用[J].计算机集成制造系统,2020,26(3):565-588.